W9-CKD-897

FONDATION HARDT
POUR L'ÉTUDE DE L'ANTIQUITÉ CLASSIQUE

ENTRETIENS

TOME LXVIII

LES CONCEPTS DE LA GÉOGRAPHIE GRECQUE

ENTRETIENS SUR L'ANTIQUITÉ CLASSIQUE

TOME LXVIII

CONCEPTS OF GREEK GEOGRAPHY

EIGHT PAPERS FOLLOWED BY A DISCUSSION
by

Denis Rousset, Aude Cohen-Skalli, Didier Marcotte,
William Hutton, Michele Faraguna, Christof Schuler,
Stephen Mitchell, Isabelle Pernin

Entretiens prepared by Denis Rousset
and presided over by Jean Terrier
22-26 August 2022

Volume edited by Denis Rousset
with the collaboration of Pascale Derron

FONDATION HARDT
POUR L'ÉTUDE DE L'ANTIQUITÉ CLASSIQUE
VANDŒUVRES
2023

ENTRETIENS SUR L'ANTIQUITÉ CLASSIQUE

TOME LXVIII

LES CONCEPTS DE LA GÉOGRAPHIE GRECQUE

HUIT EXPOSÉS SUIVIS DE DISCUSSIONS
par

Denis Rousset, Aude Cohen-Skalli, Didier Marcotte,
William Hutton, Michele Faraguna, Christof Schuler,
Stephen Mitchell, Isabelle Pernin

Entretiens préparés par Denis Rousset
et présidés par Jean Terrier
22-26 août 2022

Volume édité par Denis Rousset
avec la collaboration de Pascale Derron

FONDATION HARDT
POUR L'ÉTUDE DE L'ANTIQUITÉ CLASSIQUE
VANDŒUVRES
2023

Illustration de la jaquette : *Strabonis Geographica. Graece cum versione reficta.* T. 1. Parisiis, A. Firmin-Didot, 1853. Pl. II.

Réalisation de la jaquette : Alexandre Pointet, Shaolin-Design, Lausanne.

ISSN 0071-0822
ISBN 978-2-600-00768-9

TABLE DES MATIÈRES

PRÉFACE

1952-2022 : voici exactement soixante-dix ans, le baron Kurd von Hardt organisait les premiers *Entretiens* de la Fondation qu'il venait de créer, en 1949. Toutefois, les *Entretiens* 2022 portent le numéro 68, ce qui signifie qu'à deux reprises, à deux reprises seulement en soixante-dix ans, le rythme annuel de cette réunion scientifique a connu une exception. La première d'entre elles remonte à 1954. Elle a été provoquée par un deuil qui venait de frapper le baron. La seconde date de 2020. Elle est due à la pandémie de COVID 19.

Il n'est pas inutile de rappeler le principe qui régit les *Entretiens*, tel qu'il a été formulé dès 1952 par Kurd von Hardt lui-même : "Chaque année, au siège de la Fondation à Vandœuvres, auront lieu des *Entretiens sur l'Antiquité classique*, au cours desquels des spécialistes, représentant plusieurs pays, feront des exposés sur un domaine choisi et, au cours des discussions qui suivront, procéderont à d'enrichissants échanges de vues." La formule a fait ses preuves, puisque les *Entretiens* 2022 ont suivi très exactement ce schéma.

À première vue, rien de plus simple que d'inviter quelques orateurs, huit à neuf au plus, à se réunir dans le cadre plein de charme d'un domaine historique de la campagne genevoise. Chaque participant est chargé de présenter une conférence d'une heure au plus. Après une pause suivent les discussions, qui durent une heure aussi.

Plusieurs défis se dressent cependant sur cette voie royale : les orateurs doivent remettre un texte provisoire un mois environ avant la réunion. Ils sont priés de déposer un texte définitif deux mois après la dernière journée. Ces délais sont appliqués de manière stricte, car le recueil des communications et des discussions doit paraître très exactement onze mois plus tard. Ce délai de parution a été respecté depuis des décennies.

L'édition elle-même des volumes a été définie par le baron dès le premier tome. Il fit créer une police nouvelle et veilla à ce qu'un soin particulier soit voué à l'impression et à la reliure. Tous ces principes ont été respectés depuis l'origine, avec quelques adaptations toutefois : alors que la reliure de couleur bleu marine est restée la même depuis l'origine, la jaquette de papier, d'un gris austère, a bénéficié à partir de 2013 (tome LX, *Le jardin dans l'Antiquité*) d'un graphisme modernisé et pourvu d'une illustration. Les volumes se sont enrichis eux aussi de figures, du moins dans la mesure du possible. Enfin les principes d'édition ont été adaptés aux courants actuels. Cette évolution a été conduite à partir de 2010 par Pascale Derron, qui, depuis cette date, veille à l'application à tous les textes d'une ligne éditoriale cohérente et rédige les index.

Un autre défi est la rédaction et la publication des discussions. Lors des premières éditions, les interventions étaient enregistrées, puis transcrites. Les éditeurs responsables se sont vite rendu compte que cette manière de procéder ne donnait pas satisfaction. Depuis plusieurs années, les responsables demandent donc aux participants de rédiger leurs questions et leurs réponses. Cela les conduit à composer leurs interventions comme ils auraient souhaité les prononcer, même si le résultat s'éloigne parfois de ce qu'ils ont effectivement dit en séance.

Le choix des thèmes ne doit rien au hasard, mais il clôt un processus long et complexe, essentiellement piloté par les membres de la Commission scientifique de la Fondation. On distingue deux procédures. La première consiste à lancer un appel de manière assez large, visant à susciter des projets ou des idées d'*Entretiens* futurs. Les projets sont ensuite soumis à la Commission scientifique, qui les analyse et demande à leurs auteurs de préciser la problématique et d'indiquer des noms de spécialistes susceptibles d'entrer dans le groupe des participants futurs.

Une seconde voie est ouverte par les membres de la Commission scientifique eux-mêmes, qui peuvent proposer des thèmes qui n'auraient pas été traités dans une édition précédente et des responsables possibles. Dans les deux cas, une étape essentielle doit être franchie, celle de la désignation d'une personnalité dont la tâche sera de "préparer" les *Entretiens*, selon la terminologie en vigueur au sein de la Fondation depuis des décennies.

Le thème choisi pour le présent volume résulte d'une réflexion conduite par la Commission scientifique, sur une proposition de Denis Rousset, directeur d'études à l'École pratique des Hautes Études, Paris, chargé de préparer ces *Entretiens*. Denis Rousset développe dans son introduction l'arrière-plan scientifique qui a conduit à la réalisation de la présente série. Qu'il suffise de rappeler ici que, depuis les origines, le thème de la géographie antique n'avait jamais été abordé, si ce n'est dans les *Entretiens* de 1994 et le volume qui a suivi, consacrés au périégète Pausanias, mais sous le titre *Pausanias historien*.

La sélection des orateurs est traditionnellement du ressort de la personne chargée de préparer les *Entretiens*, mais toujours en concertation étroite avec la Commission scientifique. Sur ce plan aussi, la tradition et la continuité ont connu des adaptations. La principale réside dans l'attention que la Commission porte à la parité, aussi parfaite que possible, entre oratrices et orateurs.

Une autre innovation est la part réservée à des personnalités plus jeunes, aux côtés de savants, professeurs et chercheurs renommés et reconnus. La multiplicité des langues et des origines constitue un autre principe de sélection des participants. Rappelons qu'au cours des soixante-dix ans d'existence des *Entretiens*, ce sont plus de cinq cents oratrices et orateurs, venus d'une vingtaine de pays différents, qui ont participé à des *Entretiens*.

Les *Entretiens* ont été ouverts cette année par Guillaume Pictet qui, depuis juillet 2022, préside la Fondation. Il succède ainsi à Pascal Couchepin, ancien conseiller fédéral, président de 2010 à 2022. Les *Entretiens* ont été suivis par un certain nombre d'auditeurs, dont Alexandros Yennimatas, consul général de Grèce à Genève, Margarethe Billerbeck et Pierre Ducrey, anciens présidents.

L'expérience montre que les participants à une série d'*Entretiens* forment au terme du cycle de cinq jours une communauté de savants, unis par un projet commun, la réalisation et la publication d'un volume. C'est ce volume qu'on tient en main. La Fondation est heureuse d'exprimer sa reconnaissance aux orateurs et auteurs pour l'heureux aboutissement de cette aventure et en particulier à Denis Rousset, qui a présidé avec compétence au déroulement des séances. Sa gratitude s'étend aux membres de la Commission scientifique, à son président, Angelos Chaniotis, à Pascale Derron, responsable de l'édition du volume, et à l'équipe de la Fondation Hardt, composée de Sabrina Ciardo, administratrice et bibliothécaire, Patricia Burdet, secrétaire administrative, Heidi dal Lago, gouvernante et cuisinière, assistée d'Amadou Lamine Diene et de Bruno Savoy, enfin de Fernando Manuel Mendes, jardinier-concierge, qui ont veillé au confort et à l'harmonie du séjour des participants. Nous remercions enfin le professeur Jacques Berchtold, qui nous a accueillis et conduits au sein de la Fondation Bodmer, dont il est le directeur, et M. Pierre Flückiger, archiviste de l'État de Genève, qui nous a fait bénéficier d'une visite exceptionnelle des Archives cantonales.

À toutes et tous, nous exprimons notre profonde gratitude.

Jean TERRIER, directeur de la Fondation Hardt
Pierre DUCREY, ancien directeur

INTRODUCTION

Qui contemple l'impressionnante collection des *Entretiens sur l'Antiquité classique* publiés depuis près de septante années y trouve traités maints sujets et maintes sources. Littérature, philologie, linguistique, histoire, archéologie, rites et croyances, économie, philosophie, rhétorique, médecine, cosmologie, apologétique, spectacles, ... que sais-je encore ? La sécurité, le jardin, la nuit, la couleur... Quel panorama complet sur l'Antiquité ! Et pourtant, point de géographie... : il n'est aucune session des *Entretiens* qui ait été dévolue à un géographe ancien, d'expression grecque ou latine. N'est-ce pas singulier, au regard des œuvres antiques qui nous sont parvenues ? Ce sont toute la série des périples, et Strabon, Pomponius Mela, Denys le Périégète, Ptolémée, Pausanias, sans oublier non plus la géographie d'autres auteurs anciens (*e.g.* Hérodote, Polybe, Tite Live, Pline, Tacite), qui ne sont pas définis comme essentiellement ou seulement "géographes".[1]

Pourquoi donc cette relégation apparente de la géographie ? Cela reflète sans doute la position, de fait subalterne et sans doute assez généralisée, hélas, de par le monde, de la géographie parmi les disciplines académiques et les cursus universitaires.

Peut-être cette position seconde remonte-t-elle en réalité à l'Antiquité, et à l'Antiquité grecque elle-même. Dans son exposé, D. Marcotte n'énonçait-il pas, de façon pour nous provocatrice : "si l'histoire, science du temps, a été reconnue comme un genre à part entière, la géographie, science de l'espace, n'a jamais vraiment émergé comme une discipline spécifique" ?[2]

[1] Je n'oublie pas que le 41e volume des *Entretiens* porta sur Pausanias ; mais c'est à l'"historien" qu'il fut consacré.

[2] Voir p. 134.

Or, aujourd'hui, heureusement, dans les publications et recherches portant sur la Grèce antique, il n'en va plus ainsi. En effet, — et sans retracer l'histoire de la géographie contemporaine du monde grec antique, qui naquit dans le cercle des géographes allemands (H. Kiepert, C. Bursian, A. Kirchhoff, J. Partsch, E. Oberhummer, A. Philippson),[3] puis connut une évolution décisive grâce à l'œuvre de L. Robert[4] — la géographie de la Grèce et les géographes grecs anciens sont désormais plus que jamais en vogue. En témoignent non seulement de nouvelles revues et collections,[5] mais aussi d'une part les *Companions* et études des auteurs anciens, et par exemple les éditions annotées ou commentées, en progrès constants, de Strabon et de Pausanias. Remarquable est d'autre part — et selon un développement en fait assez nettement séparé des études de textes — la floraison sur le terrain des recherches géomorphologiques,

[3] Voir notamment S. DÉBARRE (2016), *Cartographier l'Asie Mineure. L'orientalisme allemand à l'épreuve du terrain (1835-1895)*, avec bibliographie. — Sur les sources et l'histoire de la géographie historique de l'Antiquité, utile guide d'E. OLSHAUSEN (1991), *Einführung in die historische Geographie der alten Welt.* Voir aussi les articles de P. LEVEAU (1984), "La question du territoire et les sciences de l'Antiquité : la géographie historique, son évolution de la topographie à l'analyse de l'espace", *REA* 86, 85-115 ; (2000), "Le paysage aux époques historiques : un document archéologique", *Annales HSS* 55, 555-582 ; (2005), "L'archéologie du paysage et l'Antiquité classique", *Agri Centuriati. An International Journal of Landscape Archaeology* 2, 9-24. Ces articles traitent cependant surtout de la Méditerranée occidentale et des recherches sur les centuriations et la romanisation ; le dernier ne dit pas un mot du monde grec.

[4] Situation historiographique de la géographie historique de L. Robert par D. ROUSSET (2020), "Louis Robert : l'enseignement, l'œuvre, l'héritage", in J.-L. FOURNET (éd.), *Ma grande église et ma petite chapelle. 150 ans d'affinités électives entre le Collège de France et l'École pratique des hautes études*, 237-256. — On est surpris que l'œuvre de L. Robert paraisse complètement ignorée dans les nombreux traités historiographiques de G. CHOUQUER, par exemple dans l'épais ouvrage (408 p.) écrit avec M. WATTEAUX (2013), *L'archéologie des disciplines géohistoriques*, qui pourtant ne décortique pas moins de 152 intitulés dans l'étude de la "dynamique des espaces dans la longue durée".

[5] Voir *Geographia antiqua* (1, 1992–>) et la collection qui l'accompagne, *Biblioteca di Geographia antiqua* (1, 2003–>) ; *Orbis terrarum. Internationale Zeitschrift für historische Geographie der alten Welt* (1, 1995–>) ; *Rivista di topografia antica* (1, 1991–>) et ses *Supplementi* (1, 2002–>) ; *Agri Centuriati. An International Journal of Landscape Archaeology* (1, 2004–>).

des *surveys* topographiques et des essais de géographie historique. À ces deux branches alimentant le fleuve maintenant puissant de la géographie grecque, s'ajoute encore et toujours un troisième affluent, celui du flot, jamais tari, des recherches sur les représentations de l'espace.

Il est cependant remarquable que les tenants respectifs de ces champs de recherche paraissent ne se lire mutuellement qu'assez peu et qu'ils tendent à utiliser des séries de concepts géographiques largement étrangères l'une à l'autre.

Ainsi, nombre d'éditeurs et commentateurs des sources écrites géographiques continuent souvent à commenter leurs sources suivant des grilles d'interrogation certes légitimes et indispensables, mais classiques : rôle et influence de la géographie homérique, *Quellenforschung*, possible utilisation de cartes par les auteurs anciens, géographie mathématique et métrologie, méthode itinéraire (périple et hodologie organisant la description), traits de la géographie physique (hydrographie, orographie), localisation et identification de *points* et de *lieux* liée à la toponymie et à la réalisation de cartes accompagnant les éditions de textes (*e.g.* Strabon, Ptolémée, Pausanias).

De leur côté, bien des historiens et archéologues — dont certains peuvent être quelque peu détachés de la lecture assidue des sources écrites —, tendent à examiner le "terrain" et à présenter leurs résultats en des termes et des concepts souvent venus du vocabulaire de la géographie et des sciences sociales contemporaines, pour des raisons tenant d'une part à la situation académique, notamment dans le monde anglophone, de l'archéologie, souvent plus liée à l'ethnologie, à la sociologie, à l'anthropologie, à l'écologie qu'aux *Classics* ; il y a d'autre part le rôle joué par les métaphores et le vocabulaire d'ordre spatial au goût du jour dans les sciences sociales, vocabulaire maintenant relayé et répandu à la faveur du *spatial turn*.[6]

[6] Sur ce dernier point, voir *e.g.* A. TORRE (2008), "Un 'tournant spatial' en histoire ? Paysages, regards, ressources", *Annales. Histoire, sciences sociales* 63, 1127-1144 ; W. BARNEY / A. SANTA (2009), *The Spatial Turn. Interdisciplinary Perspectives* ; C. JACOB (2014), "Spatial Turn", in *Qu'est-ce qu'un lieu de savoir ?* (en ligne).

Or, bien des concepts utilisés dans les développements récents de la géographie de la Grèce antique sont largement étrangers au lexique grec ancien — trait qui n'est nullement, précisons-le d'emblée, une façon d'en infirmer la valeur heuristique. Ainsi, les termes de "région" et de "territoire", depuis longtemps répandus et pour ainsi dire indispensables à la géographie historique du monde antique, n'ont ni l'un ni l'autre un correspondant précis en grec — le grec χώρα pouvant signifier selon les cas "lieu", "espace", "région", "territoire". Il serait également difficile de trouver des équivalents grecs au terme "site". On peut en dire autant des concepts d'"environnement", "péri-urbain" et "extra-urbain", "hinterland", "marge", "centre" et "périphérie", "terroir", "finage" — variété de termes qui montre que le vocabulaire géographique contemporain est sans nul doute plus riche dans sa diversité, à la fois technique et conceptuelle, que ne l'était celui des anciens Grecs. Enfin, rien n'est plus usité aujourd'hui que la notion, sans équivalent en grec ancien, de "paysage" ("landscape", "Landschaft", "paesaggio"), au point qu'on la décline également en "paysage religieux", "paysage sonore", "memoryscape", "statuescape", etc.

Rappeler ces termes n'a pas pour but d'en révoquer comme illégitime l'utilisation. Bien au contraire, celle-ci témoigne entre autres du fait que les antiquisants ne se contentent plus, depuis quelque temps et à juste titre, de toponymie et de topographie, mais cherchent à reconstituer entre les points et les lieux des *relations* et des *réseaux*, économiques, sociaux, cultuels et culturels, en analysant l'espace suivant un ensemble de concepts pour le monde grec nouveaux et à ce titre possiblement fructueux.

Le thème proposé pour des *Entretiens* de la Fondation Hardt, *Les concepts de la géographie grecque*, avait donc pour but de contribuer au dialogue entre une géographie des points et des lieux, née des sources écrites, et une géographie des relations et des réseaux, fruit des questions que les archéologues, topographes et historiens d'aujourd'hui posent avant tout aux sources du terrain — pour présenter de façon schématique deux des principaux versants actuels de la géographie de la Grèce antique. Il s'agissait également de savoir dans quelle mesure l'une et l'autre de ces géographies peuvent contribuer à la reconstitution de la "géographie mentale" des Grecs. C'est ce qu'avait commencé P. Janni dans son *La mappa e il periplo* (1984), mettant en évidence la pensée hodologique des Anciens et le caractère unidimensionnel des descriptions itinéraires dans maintes œuvres géographiques anciennes. C'est également la représentation mentale que l'on tentait naguère de retrouver dans les traits de la géographie empirique et spontanée des Anciens ("Features of Common Sense Geography") en cherchant dans les textes géographiques les structures cognitives qui étaient alors, pour les "non-experts" et "non-techniciens", les structures implicites de leur espace ("Implicit Knowledge Structures in Ancient Geographical Texts").[7]

Ces développements parallèles, voire séparés, de la géographie d'origine "philologique", de la géographie "de terrain" et de la géographie "mentale" rendaient donc particulièrement stimulant de comparer et de confronter les termes et les concepts qu'elles emploient à propos de la Grèce, pour préciser les conditions d'utilisation des uns et des autres, en définir ou en rappeler l'origine épistémologique et les acceptions mêmes, et juger de leur pertinence et de leur portée heuristiques, en les confrontant, au besoin, aux *realia* qu'analyse sur le terrain l'archéologue-topographe-historien. Ainsi, "les concepts de la géographie grecque" que nous nous proposions d'examiner, c'étaient à la fois les concepts de la géographie qu'ont dressée les Grecs anciens, et les concepts que d'autres ont utilisés ou emploient encore, à commencer par nous-mêmes, pour écrire la géographie de la Grèce. Il s'agissait notamment de comparer à la conceptualisation géographique produite par les Grecs de l'Antiquité, conceptualisation qui en était peut-être restée à ses tout débuts, la nôtre, certainement plus riche et plus nuancée en raison du développement des sciences géographiques d'aujourd'hui.

[7] K. Geus / M. Thiering (éd.) (2014), *Features of Common Sense Geography. Implicit Knowledge Structures in Ancient Geographical Texts*. — Je dois avouer que les fruits de ces études ne m'ont pas tous paru à la mesure de leur novatrice ambition.

Bien sûr, il était impossible d'examiner et de discuter à travers tous les documents laissés par les Grecs toutes leurs conceptions de l'espace ou des espaces. C'eût été, en outre, en partie superflu, puisque l'espace des Grecs fut déjà scruté d'une part d'un point de vue narratologique,[8] d'autre part dans la pensée philosophique et politique des époques archaïque et classique,[9] ou encore pour les conceptions de l'*oikoumenê* depuis Hérodote jusqu'à Ptolémée.[10]

Par conséquent, et tenant compte également de développements historiographiques récents, qui ont les uns suscité de nouvelles interrogations, les autres résolu ou épuisé quelques questions, on a organisé la soixante-huitième session des *Entretiens*, dévolue aux "Concepts de la géographie grecque", en trois ensembles, destinés à se compléter mutuellement : — d'une part, trois exposés portaient sur des historiens et géographes des époques hellénistique et impériale, si bien qu'étaient volontairement laissées de côté des œuvres qui sont essentiellement l'énumération de toponymes ou d'indications métrologiques, tels les périples et la *Géographie* de Ptolémée ; — d'autre part, trois présentations allaient examiner des concepts en leur précise application dans des périodes ou des espaces circonscrits ; — enfin, trois exposés devaient analyser des concepts usités transversalement : d'une part une série de concepts largement employés, tels que *e.g.* "région", "territoire", "espace rural" et "paysage" ; d'autre part la notion, sans doute délicate à employer pour le monde grec, de "cadastre" ; et enfin la catégorie, tant soit peu galvaudée, de "paysage religieux".[11]

[8] Voir *e.g.* I.J.F. De Jong (éd.) (2012), *Space in Ancient Greek Literature*.

[9] *E.g.* P. Lévêque, P. Vidal-Naquet (1966), *Clisthène l'Athénien. Essai sur la représentation de l'espace et du temps dans la pensée politique grecque de la fin du VIe siècle à la mort de Platon* ; M. Piérart (1974), *Platon et la cité grecque* ; K. Algra (1995), *Concepts of Space in Greek Thought*.

[10] *E.g.* F. Hartog, C. Jacob, K. Geus.

[11] L'exposé sur le "paysage religieux" n'a pu finalement recevoir un traitement complet et autonome durant les *Entretiens*, en raison de l'indisponibilité, pour cas de force majeure, de la personne qui avait bien voulu s'en charger. C'est la raison pour laquelle ce thème fut en définitive étudié dans la communication de l'organisateur (voir p. 35-40).

La présente introduction se gardera de déflorer la teneur des exposés qui furent effectivement donnés et peuvent être lus directement ci-après, d'ailleurs précédés d'un *Abstract* qui en extrait assurément "la substantifique moelle".

Le préparateur soussigné voudrait plutôt ici renouveler ses remerciements à la Commission scientifique qui accepta, en 2018, que "Les concepts de la géographie grecque" devinssent le sujet d'*Entretiens* — dont la tenue à la Fondation même fut différée par la pandémie des années 2020-2021. Si ce délai a peut-être permis aux participants d'étendre leurs recherches préalables, d'approfondir leurs exposés et d'améliorer leurs contributions écrites, il devait en revanche s'avérer de toute façon trop long pour que nous puissions en faire connaître ne seraient-ce que les premiers résultats au Président du Conseil scientifique de la Fondation, le regretté Jean-Louis Ferrary, qui avait dès 2017 accueilli et soutenu ce thème pour la programmation des *Entretiens*. C'est en effet à l'été 2020 que la Parque ravit à ses chers amis, à ses nombreux collègues si proches et à la communauté internationale des antiquisants cet insigne savant et ce promoteur engagé de nos institutions scientifiques.

En saluant la mémoire de Jean-Louis Ferrary, qui présidait alors à la sélection scientifique de la Fondation Hardt, on voudrait aussi célébrer la liberté des échanges que favorise et soutient cette institution — y compris sur des thèmes aussi austères que des "concepts". En effet, la Fondation Hardt constitue une remarquable singularité dans un monde académique qui est dominé par la mise en compétition de projets réputés innovants, censés produire aussi vite que bien grâce à de brefs financements, sur des thèmes en partie à la mode, voire attendus. Or, dans le domaine des "humanités", les institutions qui ne se sont pas rangées aux modes dominantes sont peu nombreuses. En Europe et pour l'Antiquité classique, on n'en connaît que fort peu, à côté des Écoles et instituts archéologiques en Méditerranée. La Fondation Hardt est un de ces havres de paix et de science, qui permettent d'avoir, sans impératif à court terme, des échanges sur des sujets "absolus".

Pour leur soutien à la recherche dans "la longue durée" et pour leur confiance en faveur de l'accueil de la géographie grecque dans la série des *Entretiens*, les participants disent leur gratitude à la communauté de la Fondation Hardt, au Président, au Directeur, aux Anciens président et directeur, et aux membres de la Commission scientifique. Nous remercions aussi chaleureusement Mmes et MM. Patricia Burdet, Sabrina Ciardo, Lamine Diene, Heidi Dal Lago, Fernando Manuel Mendes, David Phillipon, Bruno Savoy qui ont si bien contribué à rendre les soixante-huitièmes *Entretiens*, non seulement — espérons-nous — fructueux, mais aussi pour nous inoubliables. À Mme Pascale Derron, à son acribie et à son efficacité, nous devons la parfaite qualité éditoriale et formelle du présent volume.[12]

Denis ROUSSET

[12] Je remercie également Mme Aude Cohen-Skalli, qui a activement participé à la mise au point des textes des discussions, et qui a en outre bien voulu relire la présente introduction et la version écrite de la première communication. Cette même communication a également bénéficié de judicieuses remarques dues à MM. Patrice Hamon et Sylvian Fachard.

I

Denis Rousset

DE QUELQUES CONCEPTS EN USAGE DANS LA GÉOGRAPHIE HISTORIQUE DE LA GRÈCE

Abstract

The historical geography of the Greek world has been based for more than a century on a few concepts, which are mainly 'site', 'frontier', 'region', 'territory', 'rural' or 'extra-urban' space and 'landscape' (or their equivalents in the other languages of "Altertumswissenschaft"). The paper examines the respective fortunes of these terms in bibliography and historiography, looks for their possible counterparts in ancient Greek, and discusses their comparative relevance, also clarifying their definition with the help of contemporary geographers. The notion of 'landscape', which is nowadays as widespread as it is poorly defined, is particularly examined. Did the concept of landscape exist for the Greeks? On the other hand, to what extent is the notion of 'religious landscape' heuristically relevant? Shouldn't we actually use the term 'landscape' more appropriately, preferring other notions, such as 'environment', if necessary?

Le sujet des présents *Entretiens*, "Les concepts de la géographie grecque", est, comme il est indiqué dans l'Introduction générale au volume, volontairement ambivalent : ce sont à la fois les concepts de la géographie que les Grecs anciens ont eux-mêmes dressée, et les concepts que d'autres emploient, à commencer par nous-mêmes, pour écrire la géographie de la Grèce. Mais de quelles périodes de l'histoire de "la Grèce" vais-je donc ici traiter ? S'il s'agissait de retracer dans toute leur durée les concepts de la géographie hellénophone, ne conviendrait-il pas d'une part de tenter de remonter jusqu'à l'époque du linéaire B, et d'autre part d'aller en aval interroger jusqu'aux géographes et historiens de la Grèce contemporaine ? Il est vrai cependant que d'un côté la langue mycénienne apparaît fort pauvre en noms communs de sens géographique,[1] et que de l'autre interroger les contemporanéistes nous amènerait, pour discuter de leurs concepts, à considérer un espace qui a désormais subi, depuis la Révolution industrielle, des mutations sans commune mesure avec les évolutions antérieures du monde hellénophone depuis le haut archaïsme antique jusqu'à Byzance.

Cependant, j'ai choisi de ne pas limiter les analyses qui suivent à l'Antiquité ni *a fortiori* à la Grèce des cités, pour la raison que la géographie de la Grèce est dressée et écrite, depuis la fondation et les développements de la géographie historique du monde "hellénique" par les savants allemands et français, dans l'esprit d'une plus ou moins grande continuité, implicite ou proclamée, de l'Antiquité à Byzance, voire jusqu'à l'époque préindustrielle.

Je me propose donc d'examiner d'un point de vue historiographique[2] et épistémologique l'usage et la portée heuristique de quelques concepts ayant servi ou servant la géographie du monde hellénophone en particulier dans sa "longue durée" : de nous interroger par conséquent sur la pertinence de concepts utilisés pour l'histoire de ce monde, en les comparant au besoin aux concepts que les Grecs eux-mêmes utilisaient dans leurs écrits. Ce n'est pas dire, bien sûr, que l'ensemble conceptuel et le lexique qu'utilisaient "les anciens Grecs" eux-mêmes, pour autant que cet ensemble et ce lexique soient à la fois chronologiquement et spatialement homogènes et en outre plus ou moins stables, doivent et puissent servir de pierre de touche pour l'outillage conceptuel que nous pourrions ou devrions de nos jours employer pour contribuer à la géographie, ou bien aux diverses géographies, de "la" Grèce, antique ou post-antique. Chacun

[1] Casevitz (1998) 418.

[2] À chaque pas de l'analyse on pourrait multiplier les références. J'ai préféré n'indiquer que celles qui m'ont paru les plus éclairantes, dont le cas échéant quelques-unes peu connues.

sait en effet qu'appliquer à une société et à une civilisation des concepts qu'elle-même n'a pas utilisés, ou du moins explicités, peut largement aider l'historien, le linguiste, le sociologue, le géographe à en décrypter les traits impensés, ou idéologiquement dissimulés.

Examinons d'abord, dans le panorama conceptuel de la géographie historique hellénique, quelques cas assez simples, avant de discuter en détail d'autres concepts qui se trouvent au cœur des usages passés ou présents et des débats actuels.

Site et *settlement*

Parmi les concepts qui, largement en usage dans l'histoire, l'archéologie et la géographie des mondes anciens, n'ont sans doute pas leurs correspondants dans le lexique des anciens Grecs, figure la notion de SITE (Location, Site ; Standort, Fundort ; Sito). On peut l'entendre, soit, à la façon des géographes contemporains, comme un lieu doté de caractéristiques physiques qui l'individualisent dans l'espace et le pourvoient (ou bien le privent) d'un potentiel de localisation pour une présence ou une activité humaines ;[3] soit à la façon des archéologues ou des historiens, antiquisants entre autres, comme l'étendue dense, voire continue, d'aménagements, de constructions ou de vestiges *existants*, et résultant précisément d'une telle présence ou activité.[4] Parmi les termes grecs anciens, celui qui peut le plus souvent correspondre à ces emplois serait assurément τόπος, même si

[3] Définition reprise ou adaptée, comme bien des suivantes, principalement à partir des dictionnaires suivants : BRUNET / FERRAS / THÉRY ([3]1993) ; LÉVY / LUSSAULT (2013) ; GREGORY *et al.* ([5]2009). — Le dictionnaire édité par SONNABEND (1999) est en général utile, mais guère pour notre présent propos, car il ne définit pas les principaux concepts que j'aurai à discuter : *Landschaft, Region, Territorium,* etc.

[4] On sait cependant que définir la notion et la réalité d'un "site" au sens "archéologique" reste une question discutée, en fonction notamment de la densité et de la continuité des vestiges.

ce mot ne contient pas intrinsèquement l'idée d'une occupation humaine, potentielle ou réalisée.[5]

Relevons également le terme anglais SETTLEMENT (Siedlung ; Insediamento), très utilisé dans les publications de *surveys*, qui désigne une agglomération humaine ou unité de peuplement, sans préjudice de son statut juridique ou institutionnel. Parmi les termes grecs anciens, ni *κώμη*, ni *κατοικία* ne lui correspondent exactement.[6]

Frontière

Considérons maintenant le concept de FRONTIÈRE (Border ; Grenze ; Frontiera). C'est peut-être celui dont le présent contributeur a, parmi les concepts de la géographie historique, le plus expérimenté la valeur heuristique pour la Grèce antique.[7] Toute communauté humaine a — et d'autant plus si cette communauté est sédentarisée —, la perception, voire la revendication de ses frontières, à savoir les limites la séparant de l'altérité. S'il existe bien des frontières, entre autres dialectales ou culturelles, c'est dans le sens institutionnel et juridique, celui des limites de la compétence territoriale d'un État, que le concept de frontière fut pour la Grèce antique largement utilisé, avant tout au sujet des cités. Ce fut un des apports majeurs de L. Robert que d'avoir infléchi cette géographie, qui était restée jusqu'à il y a un siècle surtout topographiste et toponymiste (placer des noms de lieu et nommer des sites),[8] vers une géographie du territoire, laquelle naquit sans doute en fait de la redécouverte d'abord des

[5] Voir *e.g.* CASEVITZ (1998) ; *Polybios-Lexikon* III 2 (2004), *s.v.* — La notion géographique de "situation", à savoir les caractéristiques d'un lieu ou d'une portion de l'espace résultant de sa relation aux autres lieux ou espaces, est exprimée en grec ancien par θέσις, voire τοποθεσία.

[6] CASEVITZ (1985) 164-165 ; SCHULER (1998) 32, 41 et 289-290.

[7] ROUSSET (1994) ; (2002) ; DAVERIO ROCCHI (1988) ; FACHARD (2017).

[8] On songe ici notamment d'une part à l'école de cartographie et géographie historiques d'H. Kiepert, C. Bursian, R. Kiepert, etc. ; d'autre part à la tradition d'études toponymistes d'abord développée pour l'Occident romain (et notamment la Gaule) par E. Desjardins et A. Longnon.

frontières civiques, commencée à travers les sources écrites. Ce sont en effet les documents d'arbitrage international entre cités grecques qui ont attiré l'attention de L. Robert et celle de ses lecteurs sur la documentation spécifique aux frontières, avant même qu'il ne fût en mesure d'en parcourir et d'en reconnaître en profondeur la *chôra* (ici entendu comme l'espace extra-urbain, cf. *infra*) à la faveur de ses explorations du terrain grec, puis turc surtout à partir des années 1930.[9]

On connaît le tableau que L. Robert a dressé des frontières civiques, avant tout comme une zone-frontière, le cas échéant précisée ou partiellement transformée en une ligne-frontière à l'occasion des litiges, des délimitations et des démarcations. Cependant, ce que L. Robert mit en évidence, c'est d'une part le rôle de la zone-frontière "naturelle", formée le plus souvent par la montagne ; ce sont d'autre part les bouts ou extrémités des pays : "les ἐσχατιαί dans une cité grecque, c'est la région au-delà des cultures, des domaines et des fermes qui occupent les plaines et les vallons : c'est la région "au bout", les terres de mauvais rapport et d'utilisation difficile ou intermittente, vers la montagne ou dans la montagne qui borde toujours le territoire d'une cité grecque ; elles jouxtent la région frontière ou elles s'y fondent, cette région de montagnes et de forêts, laissée à l'usage des bergers, des bûcherons et des charbonniers."[10] Le terme le plus adéquat pour rendre ἐσχατιαί est sans doute "MARCHES" (March ; Mark ; Marca), plutôt que "confins", terme qui désignerait plutôt un espace relevant, ou perçu comme relevant, de façon simultanée ou rivale, de deux territoires ou souverainetés en juxtaposition ou opposition.

"Zone-frontière", "marches", à l'occasion "ligne-frontière" : tels sont les principaux et divers concepts dont use la géographie historique de la Grèce pour traiter de "*la* frontière" de la cité grecque. Comparons maintenant au lexique ancien, en nous fondant notamment sur une étude de M. Casevitz, "*Les* mots

[9] Voir *e.g.* ROBERT (2007) 89 et 126.
[10] ROBERT (1960) 304-305 (= *OMS* II, 820-821) ; ROBERT / ROBERT (1983) 101-109.

de *la* frontière en grec" [les italiques sont miennes].[11] Il existe plusieurs mots dans le lexique grec : ὅροι ("bornes"), τέρμα et τέρμων ("limite fixée" ; terme cependant peu attesté dans le sens territorial et politique) et ἐσχατιαί ("marches"). En revanche, il n'y a presque aucun emploi d'un substantif singulier[12] qui corresponde à notre abstrait singulier "la frontière", et *a fortiori* à l'idée de "ligne-frontière", celle-ci entendue en particulier comme dessinant le tour *complet* d'un territoire.[13] Serait-ce le signe que, si en définitive, ici ou là, des segments de ligne-frontière furent tracés, voire matérialisés pour diviser des "marches" en mettant fin aux incertitudes nées de tel litige, cette évolution ne fut aux yeux des anciens Grecs ni complète et totale, ni perçue comme vouée à le devenir ?[14]

Venons-en désormais à quelques concepts indiquant les différentes surfaces découpées par l'occupation ou l'action humaines dans l'espace, autrement dit ses diverses "mailles".[15]

Pérée

Le concept de PÉRÉE (περαία, sous-entendu γῆ ou χώρα) est devenu usuel dans la géographie historique du monde égéen, pour désigner une étendue de terre qui est coupée, généralement par un bras de mer, de la partie principale du territoire où se trouve la ville principale ou capitale (ἄστυ). On soulignera, à la suite entre autres d'A. Ellis-Evans, que le mot pérée, adapté du

[11] CASEVITZ (1993).

[12] Rarissime apparaît le féminin singulier ὁρία : *IG* II^2 2630 ; *IG* IX 1^2, 177.

[13] Autre chose que la "ligne-frontière" est le περιορισμός : en effet, dans le cas des cités grecques, la "délimitation" ne définit que fort rarement la totalité d'une frontière civique sur tout son pourtour ; dans presque tous les cas, il s'agit de fixer la limite séparant d'un territoire un seul autre parmi les divers territoires limitrophes d'une cité, ou bien même seulement une section contestée dans l'une des zones frontalières de la cité. Voir ROUSSET (2002) 165 ; (2010) 50-51.

[14] Cf. ROUSSET (1994) 125.

[15] Sur "maille" et "maillage", voir les dictionnaires de termes géographiques déjà cités.

grec, a en réalité rencontré dans la littérature historique contemporaine sur la Grèce antique une fortune bien plus grande qu'il n'eut d'attestations dans les sources antiques elles-mêmes, où la partie continentale d'un territoire dont la ville-capitale est située sur une île pouvait aussi bien être désignée comme le "continent" (ἤπειρος).[16]

Le terme "pérée" correspond dans le vocabulaire géographique contemporain à une "exclave" (*i.e.* une étendue coupée du territoire principal et considérée depuis celui-ci), qui en outre est située en "enclave", c'est-à-dire entourée d'un ou plusieurs territoires autres. Il est remarquable que ce type de rattachement territorial au-delà d'un bras de mer est aujourd'hui, non pas complètement inconnu, mais rarissime dans la géographie politique[17] — comme si au fil des époques la répartition de l'espace avait conduit à une rationalisation des rattachements juridiques, à la faveur d'un renforcement de la continuité territoriale.[18]

Région

Venons-en maintenant au terme RÉGION (Region ; Regione), depuis longtemps répandu et devenu pour ainsi dire indispensable dans la géographie et l'histoire de la Grèce antique, surtout d'expression française et anglaise, même s'il est par ailleurs aujourd'hui fortement contesté ou repoussé par bien des géographes contemporanéistes.[19] La région est une portion d'espace

[16] ELLIS-EVANS (2019) 177-188 (alléguant notamment les cas d'ἤπειρος pour Thasos et Rhodes). Sur les pérées, voir aussi FUNKE (1999) 55-75 ; CARUSI (2003).

[17] Je parle ici des frontières des États comme personnes de droit international, et non pas des limites de leurs subdivisions politiques ou administratives, pour lesquelles on connaît encore bien des cas d'exclave formant enclave : par exemple pour le canton de Genève la commune de Céligny (la géographie administrative de la Confédération helvétique présente maints cas d'exclaves). — Utile article "Enclave et exclave" sur Wikipédia en version française.

[18] Y eut-il dans d'autres civilisations *anciennes* des cas de terres continentales faisant partie d'un territoire qui était pour l'essentiel insulaire et siège de l'autorité politique ?

[19] Voir les dictionnaires mentionnés n. 3.

de taille moyenne, c'est-à-dire d'une part plus grande que le "local" — en l'occurrence *e.g.* un territoire de cité — et d'autre part plus petite que le monde panhellénique ou même l'Hellade ou l'Asie Mineure. En outre, la région a pour caractère de présenter une homogénéité, voire une identité — et dans le monde grec le cas échéant une "ethnicité". Le terme de région a rencontré un vif succès pour la Grèce antique dans la littérature scientifique, et non pas seulement francophone (voir *passim* dans les manuels, *e.g.* numismatiques ou dialectologiques ; dans maints tableaux d'institutions grecques ; dans les publications de *surveys*[20]) et ce terme est encore ardemment défendu et usité.[21] Il faut au passage relever que, dans la littérature germanophone classique concernant l'Antiquité grecque, le concept de "région" trouve en fait un correspondant dans le terme de "Landschaft",[22] ainsi que l'entendait par exemple A. Philippson dans sa monumentale *Die griechischen Landschaften. Eine Landeskunde* (1950-1959), qui n'est autre qu'une géographie des régions de la Grèce considérées dans leur histoire. C'est dans cette même tradition que s'inscrit en partie la monographie consacrée par M. Heinle à l'Éolide, sous le titre *Eine historische Landeskunde der Aiolis* (2015).[23]

Pour en revenir au terme "région" lui-même, on soulignera qu'il ne possède aucun synonyme exact et univoque dans le lexique grec antique, même si lui correspondent assurément bien des emplois de χώρα, voire également de γῆ. En effet, là où pour notre part nous parlons souvent de région, *e.g.* la région

[20] Voir aussi les tables des matières, qui donnent aux chapitres successifs les titres *e.g.* de "*la* Bithynie", "*l'*Ionie", "*la* Carie", "*la* Lycie", "*la* Cilicie", plutôt que de recourir aux noms de peuples correspondants.

[21] Solide justification du terme "région" et de l'histoire "régionale" par Ellis-Evans (2019) 5-12. Cf. aussi Thonemann (2011), *vide infra*.

[22] Sur la correspondance entre "Landschaft" et "région" et la similitude entre la "Landschaftskunde" et la géographie régionale française, voir Hallair (2010), notamment p. 123 et 321.

[23] Voir notamment aux p. 3-7 l'intéressante discussion (avec la bibliographie antérieure) sur les notions de "Landeskunde" et "Landschaft" ; M. Heinle finit cependant par élargir considérablement le terme "Landschaft" pour l'entendre de fait comme l'anglais "landscape" (voir *infra*).

de l'Attique, de la Béotie, de l'Ionie, on sait que les sources, du moins grecques, emploient non pas le substantif féminin singulier, à savoir l'adjectif qualifiant χώρα ou γῆ sous-entendu, mais bien plus souvent un ethnique (un "gentilé" en français) au pluriel, d'ailleurs masculin, désignant un peuple et de fait un groupe d'habitants et d'habitats : ainsi, l'ethnique pluriel désigne la communauté formée par un groupe de cités, par une confédération, par un *koinon* ou un *ethnos*, voire une communauté dialectale ou "ethnique". Rappelons d'autre part que c'est le groupe humain, sous la forme également de l'ethnique masculin pluriel, *e.g.* οἱ Δελφοί, qui sert souvent dans la langue grecque antique à indiquer le lieu d'établissement principal de cette communauté, sans qu'il existe toujours un autre terme désignant dans l'espace ce même lieu ou point (principal) occupé par *e.g.* les Delphiens, c'est-à-dire une substantivation même du lieu (sans distinction des différentes parties du territoire). Ainsi, l'adjectif ethnique désigne en grec, au pluriel substantivé, la communauté sans intrinsèquement l'ancrer à un point ou à une zone dans l'espace, ce qui ne surprend pas l'antiquisant, familier de la mobilité des Grecs sous forme de migrations, colonies, dédoublements de communautés, etc. Aussi doit-on reconnaître que notre usage systématique et si commode de la notion de région pour l'histoire de la Grèce se fait certainement en décalage au moins partiel par rapport à la conceptualisation de la partition de l'espace en groupes humains qui était certainement celle des Grecs — ou du moins de certains Grecs à bien des époques.

On prendra garde aussi au fait que pourrait être également trompeur le concept de "régionalisme" si du moins il était compris (ainsi en français) comme le processus actif d'*affirmation* ou de *mise en valeur* d'un particularisme *régional* (et non pas *stricto sensu* ethnique ou identitaire). Autre chose est naturellement l'emploi simplement descriptif du terme "regionalism" pour regrouper des marques communes qui ne sont ni strictement locales, ni panhelléniques : ainsi dans quelques titres plus ou moins récents.[24]

[24] *E.g.* REGER (1994) ; ELTON / REGER (2007).

Pour autant que ces remarques soient dans l'ensemble exactes, ne faudrait-il pas en outre chercher si, dans la littérature ancienne depuis les premiers géographes, historiens ou philosophes jusqu'aux plus récents — *e.g.* Strabon et Pausanias —, l'usage de l'adjectif féminin singulier substantivé (*e.g.* ἡ Φωκίς, sous-entendu χώρα ou γῆ) n'en vint pas à croître, peu à peu ? C'est une interrogation dont la réponse éventuellement positive pourrait indiquer d'une part que la partition de l'espace aurait pu tendre à cesser d'être pensée avant tout en termes de groupes humains — du moins peut-être par des auteurs récents. Faudrait-il en outre considérer que pareille évolution se serait produite à la faveur de l'affaiblissement des cités et de l'intégration progressive du monde grec dans le cadre des provinces plus ou moins vastes, qui faisait le cas échéant fi des identités communautaires particulières ? Ainsi, cette hypothétique évolution pourrait indiquer que les écrits d'époque tardo-hellénistique puis impériale ont de plus en plus recouru à un concept implicite, correspondant sans doute à notre "région" — peut-être d'ailleurs sur le modèle des noms de provinces romaines, au féminin singulier — et à une réification topographiquement ancrée, voire délimitée, de ce qui auparavant était défini avant tout par des communautés humaines.

Territoire

À côté du concept de région, une notion historiographiquement primordiale de la géographie de la Grèce antique fut celle de TERRITOIRE (Territory ; Territorium ; Territorio). Le territoire est la portion de l'espace qui fait l'objet d'une appropriation par un groupe, que cette appropriation soit juridique, militaire, administrative, économique, culturelle ou affective. Dans la géographie historique de la Grèce antique, le territoire fut avant tout entendu, ou du moins étudié, comme désignant la zone de souveraineté politique d'une communauté, en l'occurrence le plus souvent une cité. La redécouverte du territoire de la cité grecque fut un des apports majeurs de L. Robert, qui replaça les habitats et les sanctuaires, jadis identifiés grâce aux auteurs et aux voyageurs, fouillés en priorité, riches de maints trésors épigraphiques et archéologiques, dans le cadre complet de la cité grecque : celle-ci était formée du centre urbain, le cas échéant de quelques villages, et surtout de l'espace composé de l'*ager* (zone des labours), du *saltus* (zone des pacages) et enfin des zones-frontières, sises souvent dans la forêt (*silua*) ou vers la montagne.[25] L. Robert démontra l'unité politique et économique formée par ces diverses composantes de la cité avec persuasion, comme le prouvent maints articles ou ouvrages montrant son influence, soit implicite, soit expressément reconnue, dans le monde francophone et ailleurs.

Pour préciser la situation épistémologique et la portée historiographique du concept de territoire développé dans l'œuvre de L. Robert ainsi que dans son sillage, il faut en outre souligner que ce savant conduisit la redécouverte des territoires du monde grec en mettant avant tout en évidence la "part du milieu", à la façon de P. Vidal de La Blache, dont il revendiquait l'héritage, tout en inclinant en fait pour sa part vers un "déterminisme" discret.[26] L'histoire des pays écrite par L. Robert s'inscrivait en outre dans la "longue durée" et suivant le "temps géographique", deux fils directeurs qui étaient également ceux, au même moment, de F. Braudel. En effet, les traits communs entre la géographie historique de L. Robert et les lignes qui innervent la première partie de *La Méditerranée et le monde méditerranéen à l'époque de Philippe II*, à savoir l'"histoire au ralenti, révélatrice de valeurs permanentes", et la "géographie [qui] aide à retrouver les plus lentes des réalités structurales" sont évidents, et rendent d'ailleurs assez énigmatique l'absence, apparemment complète, de mentions ou d'allusions réciproques entre ces deux œuvres, pourtant exactement contemporaines.[27]

[25] Rappelons que des idées analogues furent simultanément développées par KIRSTEN (1956).

[26] Cf. *e.g.* ROBERT (1974) 168.

[27] Œuvres qui étaient en outre contiguës par les institutions communes où L. Robert et F. Braudel exercèrent simultanément.

Ainsi, L. Robert — même s'il ne manqua pas, à l'occasion, de marquer des changements, voire des évolutions que tel finage[28] avait pu connaître par rapport à l'Antiquité, et surtout aux époques moderne et contemporaine, dans son aspect physique et ses espèces cultivées[29] —, a avant tout mis en évidence des traits pérennes ou durables de l'histoire et de l'économie rurale, pastorale et sylvicole des communautés, séparées et comme conditionnées dans les replis de la géographie méditerranéenne, traits ayant jusqu'à l'ère préindustrielle persisté selon des échelles et dans des cadres comparables (sinon analogues).[30] Or, cette question de la continuité et des constantes éventuellement dues au "milieu" depuis l'Antiquité jusqu'à Byzance, voire au-delà, nous la retrouverons plus loin.

Campagne

La (re)découverte du territoire de la cité grecque dans ses diverses composantes fit école particulièrement chez les historiens et archéologues francophones,[31] en orientant les uns vers l'étude privilégiée de la "CAMPAGNE" ou de l'"ESPACE RURAL" (Countryside, Rural Landscape ; Land, Ländlicher Raum, aussi Umland ; Campagna, Area rurale). C'est ce que l'on appelle souvent la χώρα, selon un emploi restrictif et particulier du terme grec ancien,[32] qui a cependant l'inconvénient de ne pas être distinct de façon suffisamment obvie de χώρα désignant *l'ensemble* d'un finage ou d'un territoire. Ne faut-il donc pas parler plutôt de l'espace ou du territoire EXTRA-URBAIN — qualification en

[28] Le finage est l'aire exploitée par une communauté villageoise.

[29] Voir ROBERT (2007) 127 ; (1980) 65-66 (le cas de Prousias).

[30] ROBERT (²1962) 429-430 : "je considérerais volontiers qu'il existe pour les pays grecs 'une géographie ancienne', qui comporte deux sections successives et souvent, sinon toujours, inséparables, la géographie 'antique' et la géographie 'byzantine'." Voir mon article ROUSSET (2020) 250-252.

[31] *E.g.* Y. Garlan, G. Rougemont, P. Brun, A. Schnapp, P. Ellinger, M. Brunet.

[32] Cf. *e.g. Polybios-Lexikon*.

vogue, qui est pourtant sans doute presque complètement étrangère au grec ancien ?[33]

Un second développement de l'étude du territoire extra-urbain conduisit d'autres historiens à étudier la répartition spatiale des habitats, sanctuaires et nécropoles et le rôle que jouaient les relations entre ces divers lieux, et à examiner les rapports entre "centre" et "périphérie". Ces recherches allèrent de plus en plus, au fil des années 1980-2000, se fondant sur les représentations du territoire dans son ensemble, que ces relations et représentations fussent directement connues par les témoignages propres des anciens Grecs — cas à vrai dire assez rares —, ou bien qu'elles fussent — le plus souvent — reconstituées à travers les regards mêmes des historiens d'aujourd'hui — on y reviendra. D'autre part, le sanctuaire extra-urbain, lié aux autres parties du territoire, notamment par des rites de parcours et de procession, en vint à être revêtu d'un rôle "structurant" pour l'ensemble du territoire civique, à l'époque archaïque par F. de Polignac,[34] puis par ses émules, qui l'étendirent également à des périodes antérieures ou postérieures, ou à la Grèce des *ethnê*.[35] Ce modèle fut en outre élargi à l'échelle d'une confédération, celle de Phocide, où P. Ellinger voulut retrouver la "dialectique bipolaire du sanctuaire central et du sanctuaire périphérique" dans les relations géopolitiques et religieuses qu'il discernait dans le "territoire" et l'"État" des Phocidiens — deux concepts dont la transposition à propos d'une confédération doit être discutée.[36]

Cependant, le concept de territoire, entendu et étudié comme zone de souveraineté d'une communauté (et en l'occurrence

[33] Notons au passage une récente ramification de ces recherches, l'étude du *péri-urbain* : DARCQUE / ÉTIENNE / GUIMIER-SORBETS (2014) ; MÉNARD / PLANA-MALLART (2015).

[34] POLIGNAC ([2]1995) *e.g.* 59.

[35] Voir le rôle attribué aux sanctuaires "interétatiques" dans l'organisation spatiale et politique de la Grèce de l'Ouest durant l'Âge du Fer et le haut archaïsme, par MORGAN (1990).

[36] ELLINGER (1993) 293-295. Résumé d'une discussion dans ROUSSET (2021).

avant tout celui de la cité), devait tendre à être relégué dans la géographie historique de la Grèce au cours des années 1990, pour plusieurs raisons qui venaient en conjonction. N'était-il donc pas temps de mener une géographie toute différente à la fois de celle qui s'inspirait de l'école allemande du XIXe siècle et de celle qui se réclamait de l'héritage de Vidal de La Blache, l'une et l'autre d'ailleurs également regardés comme surannés par bien des géographes contemporains ? D'autre part, les sources écrites, essentielles pour la toponymie et la démarcation des frontières, c'est-à-dire pour la géographie institutionnelle et politique de l'État, n'avaient-elles pas déjà été largement exploitées, voire épuisées par les classicisants ?[37] En outre, remonter toujours plus haut dans la géographie et l'histoire des communautés grecques, à l'époque géométrique et jusque dans les Âges obscurs, n'exposait-il pas *ipso facto* l'historien à être presque totalement privé de sources sur l'État et sa zone de souveraineté politique exclusive, et ne le rendait-il pas avant tout tributaire de l'archéologie, qui éclaire peu — voire pas du tout — sur l'organisation institutionnelle et juridique d'une communauté ?

Or, c'est justement à cette époque également que les historiens et archéologues de la Méditerranée orientale promouvaient, à côté des fouilles, la méthode et l'application de la prospection intensive, qui devait fournir des indices et des matériaux neufs à l'histoire démographique, économique et culturelle. C'était d'une part sur le modèle d'enquêtes précédemment conduites dans les mondes coloniaux grecs de Mer Noire et d'Occident. C'était d'autre part et surtout à la vive instigation des archéologues anglophones, qui, menés notamment par A. Snodgrass, prônaient l'adoption en Méditerranée du *survey*, méthode d'investigation venue de l'école archéologique nord-américaine et étroitement liée à l'anthropologie. Dans un article-manifeste publié en 1982, A. Snodgrass se faisait le chantre de la prospection intensive, qui devait pour la Grèce et le monde méditerranéen fournir de

[37] C'est ce que reflète à sa façon l'escamotage complet des sources écrites *e.g.* dans ROBERT (2011).

"nouvelles archives", notamment en procurant des données quantitatives en masse et en permettant la constitution de cartes détaillées des occupations successives — grande nouveauté pour l'histoire grecque —, et autant d'indications sur les évolutions du peuplement et de l'exploitation des campagnes. Ce sont en effet la "Grèce rurale" et les "habitats ruraux" que devait permettre de mieux connaître la prospection archéologique, laquelle était appelée à devenir, "autour de 1995 (...) la principale source d'informations sur les régions en archéologie de la Méditerranée".[38]

Paysage

À côté des "régions" et de l'"espace rural", notions qui tendaient à reléguer le territoire comme cadre heuristique, c'est le concept de PAYSAGE (Landscape ; Landschaft ; Paesaggio)[39] qui, marquant davantage encore l'évolution conceptuelle accompagnant le renouvellement des sources, fut bientôt mis en avant pour étudier la Grèce, de pair avec le développement de la "Landscape Archaeology" particulièrement fort depuis les années 1970.[40] Ainsi, pour la Grèce même, O. Rackham et A. Snodgrass promouvaient, dans deux articles publiés en 1990, ce concept : le premier, dans "Ancient Landscapes", mettait l'accent sur la végétation, l'environnement et les "zones" écologiques ; le second, dans "Survey Archaeology and the Rural Landscape of the Greek City", vantait l'intérêt de la prospection intensive et ses apports à l'histoire de l'habitat groupé ("villages") ou isolé ("farmsteads").[41]

L'époque critique pour le succès du concept de "landscape" dans la géographie historique du monde grec fut constituée

[38] SNODGRASS (1982) 810. Noter dans la citation le terme "régions".

[39] À propos de "Landschaft" au sens de "région" dans la littérature germanophone plus ancienne, voir *supra* p. 16.

[40] Voir KNAPP / ASHMORE (1999) ; DAVID / THOMAS (2008), notamment T. DARVILL, p. 60-76. Voir aussi CHOUQUER / WATTEAUX (2013) 126-139.

[41] RACKHAM (1990) ; SNODGRASS (1990) 85-111 et 113-136.

par la parution dans les années 1990 de plusieurs livres, parmi lesquels doivent être cités particulièrement *Graecia capta. The Landscapes of Roman Greece* (1993) de S.E. Alcock, et *The Making of the Cretan Landscape* (1996) d'O. Rackham et J. Moody. Le premier livre retraçait l'intégration dans l'Empire romain de l'aire géographique qui allait devenir, à partir de 27 avant J.-C., la province d'Achaïe, tout en portant sur une plus large période, de 200 av. J.-C. à 200 ap. J.-C. ; il se fondait sur les résultats d'une quinzaine de prospections, pour établir le tableau de la "Grèce romaine" dans la "longue durée".[42] Les évolutions démographiques, économiques et spatiales étaient présentées en différents "landscapes" : "the rural landscape", "the civic landscape", "the provincial landscape", "the sacred landscape", sans omettre les "imaginery landscapes". Il est vrai que le concept de "landscape", d'abord reconnu par S. Alcock comme difficile à cerner, était finalement défini comme "the arrangement and interaction of peoples and places in space and time".[43] On pouvait donc finalement y faire entrer, sans difficulté aucune, toute la géographie et toute l'histoire...

Pour leur part, O. Rackham et J. Moody, dans *The Making of the Cretan Landscape* (1996), se dispensaient de définir ce même concept, pour eux également fort large, et examinaient un "paysage" — énoncé avant tout au singulier —, celui de la Crète, en y trouvant surtout des éléments stables, depuis la Préhistoire jusqu'au milieu du XXe siècle, dans la géologie, l'hydrologie, la faune, la végétation, les pratiques agro-pastorales, les caractères de la vie insulaire, etc.

Or, ces deux livres eurent sans doute, à côté de quelques autres, une influence profonde dans l'usage des divers concepts de la géographie historique de la Grèce égéenne. Il faut souligner

[42] Pour des considérations sur ce livre et à partir de ce livre, voir ROUSSET (2004) ; complété et remplacé par ROUSSET (2008), où sont analysées en détail les thèses soutenues sur les évolutions du peuplement et de l'économie et leurs biais épistémologiques — notamment au sujet des fondements de la chronologie. Cette critique de fond du livre semble être restée ignorée dans la production anglophone ultérieure.

[43] ALCOCK (1993) 6.

que cette histoire du paysage ou des paysages ignorait souvent, de façon plus ou moins délibérée, le cadre géopolitique des cités grecques et de leurs territoires. Cette ignorance était liée à ce qui concourait à former alors un modèle en faveur de ces nouvelles recherches, à savoir d'une part l'histoire dans la très longue durée du paysage anglais de W.G. Hoskins, et d'autre part les recherches développées, notamment en Amérique du Nord et par des archéologues-anthropologues, sur des sociétés dont l'organisation n'était nullement comparable à celle des cités-États.[44] Ainsi, les prospections dont les résultats étaient utilisés dans le cadre de l'Hellade avaient été, pour nombre d'entre elles, menées sur de vastes régions définies indépendamment de la carte politique variable suivant les périodes, entre autres parce que leur louable ambition chronologique était d'étudier ces espaces sur une durée bien plus longue que celle de *e.g.* la cité grecque, voire sur plusieurs millénaires, depuis la Préhistoire jusqu'à l'époque ottomane. En outre, si ces prospections découvraient certes des vestiges d'occupation et d'exploitation dispersés dans l'espace rural, en revanche elles ne trouvaient presque jamais trace des frontières politiques qui divisaient cet espace, notamment celles des cités-États de l'Antiquité classique.[45] Par conséquent, les prospecteurs, en portant sur la carte les vestiges de l'occupation et de l'exploitation de la campagne, remplissaient, non pas des territoires entendus comme zones de souveraineté politique exclusive, mais un continuum spatial s'étendant autour de villes ou de villages et le plus souvent dépourvu de frontières et de subdivisions territoriales. C'est donc bien une organisation ou du moins une distribution *régionale* de l'occupation qui était ainsi reconstituée, et non pas les différents

[44] Je fais ici allusion d'une part au fameux livre de W.G. HOSKINS, *The Making of the English Landscape* (1955), et d'autre part aux travaux de L. BINFORD et à la *New Archaeology*, et à leur influence sur les archéologues anglophones en Méditerranée.

[45] Sur ce point, on attend beaucoup de la publication complète du récent *survey* de la zone-frontalière de Mazi entre l'Attique et la Béotie, dirigé par S. FACHARD, K. PAPANGELI et A.R. KNODELL : voir une brève synthèse préliminaire dans *RA* 2020, p. 171-178 ; cf. aussi *supra* n. 7.

finages, considérés pour leur peuplement et leur économie respectifs, d'États ou de communautés limitrophes les uns des autres. Il était donc en quelque sorte inévitable que les prospections, assurément pourvoyeuses de très précieuses "nouvelles archives", missent, pour la Grèce comme ailleurs, au premier plan la notion de "paysage", sans guère avoir la possibilité — ni même à vrai dire, le plus souvent, le dessein — de contribuer à l'étude des territoires, et *a fortiori* ceux des cités grecques[46] — du moins à cette époque-là du développement de la "landscape archaeology" dans le monde égéen.[47] On ne s'étonnera donc pas que, dans le cas de l'Hellade, l'utilisation des prospections ait conduit à présenter l'Achaïe romaine comme un ensemble de "landscapes", et à ressusciter ainsi l'image, ancienne dans l'historiographie, d'un *continuum* géographique unitaire.

C'est également l'image d'un ensemble géographique homogène qui ressortait de l'étude du "paysage crétois" par O. Rackham et J. Moody, adoptant une perspective plurimillénaire pour étudier la grande île égéenne, dont l'histoire, alliant nature et culture, avait produit un "cultural landscape". Les deux auteurs écartaient en effet l'idée de profonds changements dans l'environnement, et ils laissaient également de côté de possibles différenciations locales à l'intérieur de l'île, par eux considérée comme un tout assez unitaire. Ils négligeaient notamment — pour ce qui nous intéresse ici, l'Antiquité — le morcellement territorial de la Crète, aux si nombreuses cités-États.

Ces deux études régionales et quelques publications plus spécialisées de *surveys*, parues également dans les années 1990, portant respectivement sur Kéos, Méthana et la Laconie,[48] contribuèrent puissamment à promouvoir, puis à imposer le concept de "landscape" comme central dans la conception des prospections,

[46] Cela ressort clairement de maintes publications de *surveys* : voir par exemple DAVIS *et al.* (1997) 398-399.

[47] Depuis, quelques prospections ont été conçues et conduites à une échelle plus petite, dans le cadre d'un territoire civique : voir les monographies de LOLOS (2011) ; FACHARD (2012) ; KOLB (2008).

[48] CHERRY / DAVIS / MANTZOURANI (1991) ; MEE / FORBES (1997) ; CAVANAGH *et al.* (1996-2002).

dans l'élaboration de leurs résultats et dans la géographie historique de la Grèce, ainsi qu'en témoignent de nombreux volumes ultérieurs.[49] Tandis que le concept de "paysage" rencontrait également un plein succès dans la Méditerranée et l'Europe occidentales,[50] il suscita à l'occasion pour la Grèce égéenne des notes d'humeur,[51] et d'autre part des appels à réinsérer les résultats des *surveys* dans le cadre politique de la cité grecque et la géographie de ses territoires.[52]

On relèvera ici, sans y insister autant que la masse des références le rendrait possible, le fait que "paysage" et "landscape" sont désormais devenus, plutôt que des concepts toujours explicitement ou rigoureusement définis, des termes passe-partout, voire une métaphore envahissante, vague ou indolente — que d'ailleurs l'histoire hérite de l'ensemble des sciences humaines, sociales et politiques et plus généralement de la langue à la mode.[53] C'est également l'effet de ce que l'on a appelé le "spatial turn", analysé par C. Jacob : "L'espace, le territoire, le lieu, la frontière, le centre, la périphérie, (...) ont été utilisés comme des concepts opératoires, des métaphores heuristiques pour apporter un surplus d'intelligibilité à des phénomènes complexes et multidimensionnels. Il peut s'agir d'un espace topographique ou géographique (...). Il peut aussi s'agir d'espaces en apparence immatériels, comme ceux de l'identité, du genre, de l'inconscient, de la pensée (...)".[54] Quant à la vogue toujours grandissante du

[49] *E.g.* RIZAKIS (1992-2000) ; WISEMAN / ZACHOS (2003) ; DOUKELLIS (2005) ; DAVIES / DAVIS (2007) ; FARINETTI (2011). Voir aussi *infra* n. 77.

[50] Voir LEVEAU (2000).

[51] PIKOULAS (1992-1998) ; (2000-2003). Même si les réticences exprimées par cet auteur dans ces deux articles n'emportent pas mon adhésion complète, je veux ici saluer la mémoire de l'ami Yannis Pikoulas, fauché par la Parque au printemps 2022, symposiaste inoubliable, savant à l'enthousiasme communicatif, connaisseur hors pair des pays égéens.

[52] *E.g.* ROUSSET (2004) ; (2008). — La conduite du *survey* dans le cadre de la cité est illustrée par les excellentes monographies de LOLOS (2011) et FACHARD (2012).

[53] Alors que je rédigeais ces pages, je recevais une lettre circulaire d'un syndicat de chercheurs intitulée : "Le paysage de la recherche en France : une diversité à préserver et renforcer". Juste cause !

[54] JACOB (2014).

terme "paysage", ne traduit-elle pas également d'une part la nostalgie d'un cadre biophysique moins marqué ou transformé par l'homme, et d'autre part l'aspiration des urbains pour la considération, y compris mentale, d'un environnement perçu dans toute sa profondeur et jusqu'au loin, paré de végétation et propre à faire naître l'émotion esthétique ?

Ainsi, désormais, en histoire ancienne également, tout fait ou phénomène, lorsqu'il est considéré dans son ensemble, tend à être dit "paysage" ou "landscape", qu'il ressortisse à l'archéologie, la linguistique, à la sociologie, à la numismatique, à l'histoire des institutions, des idées ou des idéologies, des cultes, etc. Par exemple, l'ensemble des émissions monétaires d'une période constitue un "paysage monétaire", titre qui est donné également à une liste chronologique de frappes et de types :[55] ainsi, c'est en tant qu'étendue spatiale qu'est présentée une distribution chronologique. Étudier une divinité dans une région, c'est réfléchir sur des "paysages onomastiques, iconographiques et cultuels".[56] Passer en revue et examiner les traits, régionaux ou locaux, de monuments funéraires, c'est étudier des "paysages funéraires", par exemple en Béotie ; on en vient alors à isoler le cas d'une des cités béotiennes, Thespies, comme un "paysage funéraire béotien fortement localisé", ou inversement, s'agissant des influences de la Béotie sur les régions voisines, à y voir "l'image d'un paysage régional fort, qui déborde parfois sur les régions limitrophes".[57] Le concept de style est-il donc décidément obsolète ?

De même, le champ d'exercice de la *Landscape Archaeology* ne paraît-il pas désormais sans limites, puisque cette discipline paraît avoir englobé toute l'archéologie, jusques et y compris le genre, la mémoire, le corps, les sens, etc. ?[58] Retracer l'histoire même de l'archéologie d'une région, c'est examiner "the creation

[55] Assenmaker (2014) 300 et 307.

[56] Rivault (2021).

[57] Marchand (2019), particulièrement 205 et 212.

[58] Voir l'épais manuel collectif de David / Thomas (2008), comptant 65 chapitres.

of the archaeological landscape", c'est-à-dire "not only a real geographical *space*, but also a problematised *ideological field*" (je souligne).[59] C'est encore sous le nom de paysage qu'on cherche à reconstituer un milieu sonore, dénommé "paysage sonore" ou "soundscape".[60]

À considérer ces quelques exemples, auxquels on pourrait en ajouter bien d'autres, on doit reconnaître que, si tout "environnement" ou "milieu" finit par être dit "paysage" — au motif qu'il est mentalement (et non pas seulement visuellement) considéré dans (toute) son extension —, le concept de paysage risque fort de perdre tout sens discriminant et toute portée heuristique. Essayons plutôt de cerner le concept de paysage de façon à lui garder une force épistémologique pour la géographie historique de la Grèce antique.

Voici quelques définitions récentes de la part de géographes. Le dictionnaire dirigé par R. Brunet rapporte cette étymologie pour paysage : "ce que l'on voit du pays, d'après le mot italien *paesaggio*", et il ajoute, au fil d'un long article : "Il n'est de paysage que perçu. Certains de ses éléments n'ont pas attendu l'humanité pour exister, mais s'ils composent un paysage, c'est à la condition qu'on les regarde. Seule la représentation les fait paysage".[61] Le dictionnaire dirigé par J. Lévy et M. Lussault donne deux définitions : "Agencement matériel d'espace — naturel et social — en tant qu'il est appréhendé visuellement, de manière horizontale ou oblique, par un observateur" (J.-L. Tissier) ; "Construction sociale effectuée par l'action d'un individu ou d'un groupe par le fait même de regarder un espace donné" (M. Lussault).[62] De son côté, l'historien du paysage français J.-R. Pitte énonçait : "Le paysage est l'expression observable par les sens à la surface de la Terre de la combinaison entre la nature, les techniques et

[59] PAPAZARKADAS (2019) 103.

[60] *E.g.* EMERIT / PERROT / VINCENT (2015) ; ANGLIKER / BELLIA (2021).

[61] BRUNET / FERRAS / THÉRY ([3]1993) 373 *s.v.* Noter que l'origine italienne attribuée au terme français paraît erronée : voir *infra* la discussion p. 56-57.

[62] Le glossaire de Géoconfluences énonce : "Le paysage est l'étendue d'un pays s'offrant à l'observateur."

la culture des hommes."[63] Enfin, et quelle que soit la diversité des usages de "landscape" dans les sciences humaines anglophones, on constate néanmoins que l'analyse de la notion dans le *Dictionary of Human Geography* la fait ressortir comme "a way of seeing".[64]

Ainsi, c'est bien la perception humaine qui définit, de l'assentiment général, la spécificité du concept de "paysage", en le différenciant entre autres de termes indiquant les différentes portions ou "mailles" de l'espace, *e.g.* la "région", le "territoire". C'est par conséquent également à juste titre le caractère perçu et culturel, voire "subjectif" du "paysage" qui a été mis en avant par exemple dans un volume collectif, *La Béotie de l'archaïsme à l'époque romaine. Frontières, territoires, paysages* (2019), d'une part dans l'introduction même du volume,[65] et d'autre part par C. Chandezon, qui, cherchant "la mémoire des marais" aux alentours de Chéronée dans l'œuvre de Plutarque,[66] y définit le paysage en tant que perception, non sans cependant d'abord évoquer à juste titre un vif débat que nous ne pouvons nullement éluder.

Le concept de paysage existait-il donc pour "les Grecs" de l'Antiquité ? Selon une analyse d'A. Berque, qui a fait date, il faut distinguer "dans l'histoire de l'humanité, les sociétés à paysage des sociétés sans paysage".[67] Les sociétés proprement "paysagères" sont celles qui réunissent les quatre catégories de *représentations* suivantes : "1. des représentations linguistiques, c'est-à-dire un ou des mots pour dire 'paysage' ; 2. des représentations littéraires, orales ou écrites, chantant ou décrivant les beautés du paysage ; 3. des représentations picturales ayant pour thème le paysage ; 4. des représentations jardinières traduisant une appréciation esthétique de la nature". Et le même A. Berque

[63] PITTE (2001) 19. Le même notait avec humour, p. 16 : "Chez les Anglo-Saxons, le paysage ne donne lieu à aucun état d'âme. Le concept de *landscape*, complété parfois par celui de *townscape*, est d'une grande richesse."

[64] GREGORY *et al.* ([5]2009), *s.v.* "Landscape" (J. WYLIE).

[65] LUCAS / MÜLLER / ODDON-PANISSIÉ (2019) 16 et 22.

[66] CHANDEZON (2019).

[67] BERQUE (1995) 34-35.

de classer, en s'appuyant sur des enquêtes d'A. Cauquelin et C. Jacob, les anciens Grecs parmi les sociétés sans paysage, essentiellement parce qu'ils "n'avaient pas de mot pour dire 'paysage' et, pour autant qu'on le sache, ils ne peignaient pas de paysage".[68]

Depuis, A. Rouveret a réexaminé cette question précise à partir du cas de la peinture "hellénistique et romaine", en tentant également plus généralement de "montrer la genèse de la notion de paysage depuis l'époque hellénistique jusqu'à l'Empire".[69] S'il existe désormais un exemple certain de paysage peint remontant au IVe siècle av. J.-C. en Grèce — dans la tombe de Philippe II à Vergina —, en revanche on doit restreindre la portée de plusieurs passages d'auteurs grecs qu'A. Rouveret avait allégués, pensant pouvoir faire remonter assez haut dans la littérature l'intérêt pour le paysage : ainsi, la place qu'accordent ici ou là Platon ou Thucydide, puis plus souvent Polybe, à la mention ou à la description de lieux ou d'espaces procède, non pas d'une sensibilité au paysage, mais le plus souvent d'une attention aux réalités stratégiques. D'autre part, quelques auteurs latins décrivent des éléments peints, en vogue dans la peinture romaine à la fin de la République et au début de l'Empire, sous le mot, tiré du grec et latinisé, *topia* (neutre pluriel ; attesté, à partir de Vitruve, en une poignée de passages au total). On doit interpréter, ainsi que le montre de façon convaincante A. Rouveret, ces *topia* comme désignant des "motifs paysagers", et non pas le concept unificateur de "paysage".[70] En définitive, s'il ressort de cette étude que la période débutant au Ier siècle av. J.-C. dans le monde romain révèle certainement l'"affirmation d'une notion de paysage", en revanche l'hypothèse que cette notion remonte aux époques antérieures, l'époque classique et la haute époque hellénistique, reste très fragile, voire non démontrée. C'est également une nette différenciation chronologique, au cours même

[68] Berque (1995) 65-67, renvoyant à Cauquelin (1989) : voir aux p. 25-38 de la réédition de 2000 ; Jacob (1992) 14, rappelant notamment l'absence de paysage sur les vases peints.

[69] Rouveret (2004).

[70] Rouveret (2004) 341.

de l'époque hellénistique, que fait ressortir une enquête en cours, déjà publiée pour sa première partie portant sur le IIIe siècle et le IIe siècle av. J.-C., de G. Biard au sujet de "Sculpture et paysage dans le monde grec à l'époque hellénistique".[71] L'auteur y montre la place dans la sculpture de ces deux siècles d'"éléments paysagers", encadrant ou jalonnant de façon décorative, allusive ou symbolique des scènes historiques ou mythologiques, sans que cependant le paysage soit jamais devenu, durant ces deux siècles, "un thème autonome de représentation". On pourrait sans doute étendre cette conclusion à une assez grande partie de la littérature grecque antique elle-même, si l'on en croit entre autres B. Pouderon.[72]

On ne peut clore cette indispensable discussion sur l'hypothétique existence du concept de "paysage" chez "*les* Grecs" sans souligner à nouveau qu'il n'existe dans leur lexique aucun terme correspondant, n'était un des sens de τόπιον que l'on déduit de sa transposition dans le rarissime neutre pluriel latin *topia*.[73] Il me semble donc, en l'état présent des diverses enquêtes, que c'est par trop généraliser et extrapoler que d'"affirmer que les Grecs et les Romains ont eu une culture pré-paysagère".[74] Au cas, clairement établi, des seconds, on ne saurait assimiler celui des premiers.

Que les anciens Grecs n'aient pas connu, du moins jusqu'à la période hellénistique avancée, le concept de "paysage" et n'aient laissé jusqu'à cette époque que de rarissimes représentations verbales ou picturales de paysages, qu'ils aient donc sans

[71] BIARD (2022). Sur les "éléments paysagers" dans la littérature grecque, voir *e.g.* JACOB (1992) ; n. suivante.

[72] Voir B. POUDERON, "Avant-propos" et "Foreword", in POUDERON / CRISMANI (2005) 7-16 et 17-26. Bien d'autres titres pourraient être cités, qui vont dans le même sens.

[73] Voir *LSJ s.v.* "τόπιον", ainsi que *LSJ Suppl. s.v.* "τοπειώδης", d'après *topeodes* une fois chez Vitruve ; cf. ROUVERET (2004) 332.

[74] CHANDEZON (2019) 80. — De son côté, ROGER (1997) 50-52, classe la Grèce comme une société proto-paysagère, en raison de l'absence d'un mot signifiant "paysage".

doute été durant la plus grande partie de leur histoire une civilisation "non paysagère" — pour reprendre la catégorisation d'A. Berque —, est-ce donc dépourvu de toute conséquence sur la portée heuristique de l'application du concept de paysage dans la géographie historique ? Non, bien au contraire. Certes, il reste acquis, comme nous y avons déjà insisté (p. 10-11), que l'existence d'un concept grec ancien n'est pas une condition *sine qua non* à son applicabilité dans nos recherches. Mais, dans le présent cas, si nous cherchons à faire l'histoire des paysages grecs, et s'il est bien entendu que *c'est la perception ou la représentation qui constitue le paysage* (suivant les définitions citées plus haut), il reste à éclaircir quelle perception ou représentation nous mettons en évidence en dressant le tableau des paysages grecs antiques : est-ce donc celle des anciens Grecs, ou bien la nôtre ? La question est, insistons-y, ici *intrinsèquement liée à la pertinence heuristique du concept de paysage.*

Bien sûr, il est indubitable que les anciens Grecs avaient une perception et une vision de leur territoire, de leur milieu et de leur environnement, et qu'ils devaient s'en faire également une représentation mentale. Mais le fait demeure qu'ils n'ont pas — ou bien fort peu et de façon relativement tardive — exprimé cette vision et cette représentation en tant que paysage, et qu'en outre ces représentations, verbales ou figurées, ne nous sont pas parvenues en nombre. Dans ces conditions, deviendrait-il légitime de superposer aux rares représentations laissées par les Grecs les représentations que nous élaborons de notre côté et que nous pourrions être amenés, sciemment ou non, à leur prêter, en nous laissant ainsi conduire à constituer un tout que nous appellerions les paysages de la Grèce ou des Grecs ? Si la tentation est grande pour tout historien de mêler à l'établissement des "*faits*" — insaisissables objets, chimérique objectif ! — les représentations qu'il prête aux hommes qu'il étudie ou les siennes propres, le danger de pareil amalgame est encore plus pernicieux à propos du paysage — même si en réalité on voit assumé, voire revendiqué ce mélange lui-même.

En effet, l'amalgame entre vision des Grecs et vision des historiens de la Grèce est explicite chez plusieurs d'entre ces derniers.[75] Ainsi, P.N. Doukellis et L.G. Mendoni mettaient en exergue de leur introduction au volume intitulé *Perception and Evaluation of Cultural Landscapes* cette citation de W.J.T. Mitchell : "Landscape is a natural scene mediated by culture. It is both a represented and presented space, both a signifier and a signified, both a frame and what a frame contains, both a real place and its simulacrum, both a package and the commodity inside the package." Par conséquent, disaient-ils, il est difficile, et en réalité vain, de chercher à tracer les limites entre l'approche "quasi-ontological" et l'approche "phenomenological" du paysage.[76] Qu'il n'y ait nullement à chercher à distinguer la "représentation" de la "réalité" est encore affirmé par P.N. Doukellis, fort de citations de M. Merleau-Ponty ou de L. Wittgenstein, au seuil d'autres volumes collectifs qui regroupent à la suite des études portant sur l'archéologie, la topographie, l'histoire, l'art moderne et contemporain, la cartographie et la littérature modernes et contemporaines de la Grèce.[77]

On touche ici, inévitablement, à une question centrale — peut-être la question épistémologique primordiale — des sciences humaines, le rapport entre la réalité et la représentation (nos représentations), question qu'on ne saurait évoquer de façon raisonnable en quelques lignes. Déjà C. Jacob l'avait aussi posée à sa façon, sur notre sujet même : "Les paysages grecs, dans leur matérialité même, ont disparu. Il serait naïf de s'appuyer sur les sources littéraires pour reconstituer leur configuration — ce serait présupposer une objectivité, une transparence de la description qui n'existent plus depuis que la poétique moderne a démonté ses mécanismes et ses stratégies. Entre ce que l'on voit et ce que l'on en dit ou en écrit, il y a toujours un

[75] Je parle ici des historiens et je n'examine pas les emplois ni la pertinence de la notion de "paysage" dans les analyses littéraires.

[76] Doukellis / Mendoni (2004) XI-XII ; de même dans la conclusion de ce volume par le premier auteur, p. 250.

[77] Doukellis (2005) 10 ; Doukellis (2007) 10.

écart, une métamorphose, une perte ou un gain symbolique." Et le même de préciser : "Le paysage est moins une réalité qu'un regard sur cette réalité. Et pour l'historien, comme pour l'anthropologue ou le sociologue, le regard importe davantage que cette réalité."[78]

Il faut donc prendre position. La fonction du chercheur n'est pas, du moins à mon avis, de mêler intentionnellement son regard ou sa représentation à ceux des Anciens et à la "réalité" des Anciens — dans la mesure cependant où cette réalité "en soi" n'est pas par nous réputée être définitivement inaccessible. Au contraire, il lui incombe, certes sans naïveté, mais sans renonciation non plus, de "*dé*mêler" des représentations — celles des Anciens, celle de nous Modernes — quelques onces ou traces du reste, c'est-à-dire, peut-être, la réalité d'*alors*.[79] Précisons que parmi les "réalités d'alors", objets de notre discours historique, peuvent se trouver des représentations que les Grecs se faisaient de leur territoire, de leur milieu ou de leur environnement, représentations que nous ne devons cependant pas nous laisser aller à enrichir ou compléter des nôtres.

Paysage religieux

Une fois affirmée cette position, examinons un exemple plus précis, celui du PAYSAGE RELIGIEUX en Grèce ancienne — "domaine" qui à lui seul aurait pu occuper ici une communication, et qui fit déjà ailleurs l'objet de réunions et de discussions.[80] Publiant un recueil de travaux intitulé *Qu'est-ce qu'un "paysage religieux" ? Représentations cultuelles de l'espace dans les sociétés anciennes*, J. Scheid et F. de Polignac commençaient par dresser

[78] JACOB (1992) 12 et 11.

[79] Il va de soi que notre discours historique ne produit pas "la réalité" des Anciens, mais *une* représentation parmi d'autres.

[80] Voir *supra* p. 6 et n. 11. La Fondation Hardt a accueilli en février 2023 une table-ronde, organisée par l'École suisse d'archéologie en Grèce, et intitulée "Reconstruire un paysage religieux grec", dont j'ai écouté les travaux.

un excellent historique des relations entre “dimension spatiale” et “religion” et un dense bilan des progrès acquis grâce au structuralisme, à l’anthropologie et à l’archéologie, pour énoncer ensuite cette définition du “champ” exploré : “L’ensemble de ces signes, de ces repères, forme ce qu’on appelle désormais un *paysage religieux, entendu à la fois dans sa matérialité visible et métaphoriquement comme le spectre d’identités religieuses multiples et négociées* [je souligne]. La notion de paysage religieux naît de la constatation que le culte et les rites n’existent qu’en tant qu’ils sont ancrés dans l’espace, que ce soit de manière stable ou provisoire.”[81] Où d’une part l’on voit à nouveau que, si l’on justifie la notion de paysage par l’ancrage spatial de l’acte, alors tout acte, y compris mental ou identitaire, est susceptible de faire partie d’un paysage, voire de plusieurs (religieux, mental, économique, politique, etc.) ; aussi risque-t-on de vider le concept de sa vertu discriminante et de sa force heuristique. D’autre part et surtout, si l’on entend le paysage également à titre “métaphorique”, que n’y inclura-t-on pas ?

De son côté, F. de Polignac en venait à affiner la conceptualisation : “La notion de ‘paysage religieux’ (…) ne recouvre donc exactement ni celle de paysage cultuel (l’intégration des pratiques et parcours cultuels dans les éléments constitutifs d’un paysage), ni celle d’espace cultuel (la structuration d’un espace social par la répartition et la hiérarchisation des lieux de culte), mais les intègre dans un réseau de constructions symboliques de l’espace à partir d’un lieu précis de représentation.”[82] Pour ma part, je ne crois nullement qu’introduire la notion d’*espace*, qu’il s’agisse ici des cultes ou bien d’autres domaines de la géographie historique, soit une féconde distinction, tout simplement parce qu’il nous faut considérer l’espace comme le cadre le plus large de la géographie elle-même :[83] l’espace englobe donc tout lieu

[81] Scheid / Polignac (2010) 430-431.

[82] Scheid / Polignac (2010) 494-495.

[83] Brunet / Ferras / Théry ([3]1993) 194 *s.v.* : “L’espace géographique est l’étendue terrestre utilisée et aménagée par les sociétés en vue de leur reproduction — au sens large : non seulement pour se nourrir et s’abriter, mais dans toute

et tout paysage. Il reste en outre et surtout à dire à la fois *de* "quel lieu précis de représentation" *i.e.* de perception on parle : de quel lieu s'agit-il ? Et à partir de quel lieu la représentation se fait-elle ?

Pas plus que "paysage religieux", l'expression anglaise homologue, qui rencontre elle aussi aujourd'hui un large succès, ne trouve de claire et précise définition. Ainsi, cette catégorie, qui est au centre de *Urban Rituals in Sacred Landscapes in Hellenistic Asia Minor* (2021), n'a reçu de la part de l'auteur, C.G. Williamson, pourtant friande de théorie et de cadres méthodologiques, aucune définition explicite, non plus d'ailleurs que deux autres termes géographiques constamment utilisés dans cette épaisse monographie consacrée à la Carie, "region" et "territory".[84] De son côté, M. Horster, dans un bilan détaillé sur les "Heterogeneous Landscapes", vante l'intérêt des "sacred landscape-studies", pour y englober finalement à peu près tout : "Sacred landscapes created by material objects and (alleged) ritual activities are based on religion and geography at a particular point in time. They reflect the socio-political mediation of the participants involved and of those absent and refer to the institutional organisation of a group or society. Connected by architecture, ritual, landscape, human behaviour etc., this kind of network is dynamic and open for development."[85] De son côté, O. Rackham n'avait-il donc pas eu raison de constater dès 2015 : "The concept of sacred landscape is elusive" ?[86]

Examinons donc maintenant l'usage effectif de la notion de "paysage religieux" en Grèce antique. Remarquable — et d'une

la complexité des actes sociaux. Il comprend l'ensemble des lieux et de leurs relations. C'est l'espace qu'étudient les géographes."

[84] Williamson (2021) 10, 12, 14, 16, 34, 52, 53, 55, 71-72, 75, 81, 431-432. — Pas de définition de "paysage" dans le livre non moins récent consacré à Zeus en Carie, Rivault (2021).

[85] Horster (2022) 34-37.

[86] Rackham (2015) 49. Les éditeurs de ce décevant volume mentionnent en introduction p. 12 et 14 entre autres les notions de "sacred landscape", "holy landscape" et "ritual landscape", sans les définir. De ce défaut on pourrait citer maints autres exemples.

honnêteté me semble-t-il rare — fut le *caveat* exprimé par O. Gengler au seuil d'une étude sur "Le paysage religieux de Sparte sous le Haut-Empire". Il avertissait en ces mots : "Comment, dans ce cadre, a évolué le paysage religieux ? Nous disposons, pour esquisser une réponse, de données archéologiques, de textes épigraphiques et, surtout, d'un témoignage littéraire : la *Description de la Grèce* de Pausanias. D'emblée, il faut préciser que, malgré sa richesse, ce texte ne nous donne qu'une information partielle. Il est en effet sélectif, comme l'auteur le rappelle lui-même (…). En outre, une de ses caractéristiques est de mêler l'évocation de choses vues et de choses sues : l'auteur tente de retrouver dans les cités de la Grèce la trace de leur passé et agrège dans son texte traditions anciennes et évocation du présent, sans qu'il soit toujours possible de les démêler ni de les réduire à tel ou tel type de discours, narratif ou descriptif. La curiosité de Pausanias est guidée par l'intérêt qu'il porte au passé (…). Il en résulte une tendance à préférer ce qui est ancien ou, plutôt, ce qui passait pour tel. Il s'ensuit également un certain écrasement des perspectives qui donne à l'assemblage de faits, de traditions, de monuments de différentes époques une unité qui, en dehors du discours érudit de Pausanias — et peut-être de certains de ses contemporains — n'a pas nécessairement d'existence."[87]

S'il y a donc pareil risque reconnu d'amalgame chronologique lorsqu'on reconstitue un "paysage religieux" pour le seul Haut-Empire, alors que ne faut-il pas craindre au sujet des enquêtes qui mettent en œuvre des sources s'échelonnant sur plus d'un millénaire ? On pourrait ainsi passer au crible des présentations de cas régionaux ou des enquêtes plus générales qui ont ébauché ou reconstruit le paysage religieux d'un territoire ou d'une région,[88]

[87] GENGLER (2010) 616. Voir également p. 618 : "On ne peut notamment exclure qu'il [Pausanias] livre une image du territoire des cités qui ne correspond déjà plus à la réalité cultuelle de son temps (…). En outre, il n'est pas absolument certain que tous les sanctuaires connus pour l'époque impériale aient fonctionné simultanément, même ceux que mentionne Pausanias."

[88] Je songe à quelques cas étudiés par F. de Polignac dans POLIGNAC (^{2}1995), qui avait dressé des ébauches synthétiques quelquefois trop rapides, en partie

voire plus largement un "paysage sacré",[89] en mettant bout à bout de minces vestiges archéologiques des époques géométrique ou archaïque d'interprétation ambiguë, divers passages des auteurs des époques archaïque et classique, des inscriptions des époques hellénistique et impériale, le tout couronné par Pausanias.[90] Dresser ainsi un paysage religieux depuis le début du Ier millénaire av. J.-C. jusqu'à l'époque impériale, c'est de fait écraser la stratigraphie chronologique, tout comme si l'on s'aventurait à dessiner le tableau religieux du christianisme dans une région depuis le Moyen Âge jusqu'au XXIe siècle en le représentant sur une seule et même carte. Car tout historien, qu'il se fasse une carte mentale ou bien qu'il publie ou utilise des cartes de distribution topographique des sites cultuels, doit ne pas se laisser tromper par l'aplatissement chronologique dont elles risquent, tout particulièrement sous le titre de "paysage", de faire naître l'image illusoire.

En outre, comment passer d'une constellation de *points* et de *lieux* de cultes inventoriés ou cartographiés à une reconstitution des *relations* que ces lieux pouvaient, au-delà d'une simple et éventuelle intervisibilité, entretenir entre eux — pour ceux du moins qui furent en usage de façon simultanée —, vu la rareté des sources anciennes exprimant elles-mêmes de tels rapports (*e.g.* parcours rituels ; processions ; relation effective entre la ville et un sanctuaire rural) ? On remarque que bien des études

faute de sources assez nombreuses ou explicites, comme l'ont par la suite montré des enquêtes plus détaillées ; cf. *e.g.* HALL (1995) ; pour Halieis et Hermionè, cf. JAMESON (2004), qui a donné une reconstruction nuancée et prudente (cf. notamment 151, 154 et 157-158) de la carte religieuse de l'Argolide méridionale ; au sujet de Métaponte, voir CARTER (2006) 160. Voir aussi plusieurs contributions réunies dans ALCOCK / OSBORNE (1994).

[89] Ainsi, BRULÉ (2012), qui, faisant appel à des sources fort distantes les unes des autres, depuis le linéaire B jusqu'à Pausanias, ne les place guère dans une perspective diachronique.

[90] Voir par exemple BAUMER (2010a) : aux p. 63 et 64, comparaison de la carte (fig. 15) des sanctuaires ruraux en Attique aux "époques archaïque et classique" (soit quatre siècles) avec celle (fig. 16) de "l'époque impériale" (soit trois siècles), ainsi commentée : "la réduction du nombre des sites est évidente." On pourrait formuler des remarques analogues à propos de l'article du même, BAUMER (2010b).

synthétiques régionales sur les cultes et sanctuaires, par exemple en Arcadie, en Crète, en Argolide, à Cos, en Élide, ne se sont pas risquées sans la plus grande prudence à la reconstitution de la "vie religieuse", ni *a fortiori* à celle de "réseaux" cultuels.[91] Or, il est à craindre que la difficulté ou l'incertitude à passer d'une juxtaposition de points à un réseau, lorsque les relations entre les lieux ou les fonctions religieuses à travers l'espace n'ont pas été exprimées par les Anciens eux-mêmes, ne soient occultées à la faveur de la catégorie du "paysage religieux", paysage dans lequel la relation ressentie et le regard porté entre les divers lieux par les anciens Grecs eux-mêmes risquent d'être supplantés, voire, si leurs attestations sont insuffisamment nombreuses ou font défaut, remplacés par nos interrogations, nos réponses et nos propres regards.[92] Certes, il y a dans toutes les sciences humaines et sociales un risque, qui est à la fois indispensable et inévitable, à tisser entre des "données" ponctuelles des relations que les sources n'explicitent pas. Mais ce risque est encore accru par l'actuelle utilisation ambiguë de la notion de paysage, à la faveur de laquelle on superpose et on entremêle des regards divers. Enfin, on prendra garde que la catégorie de "paysage religieux", donnant le primat à la dimension spatiale et faisant songer avant tout à une image fixe,[93] accroît encore le risque d'estomper ou d'effacer la diachronie.

Faudrait-il par conséquent laisser de côté le concept de "paysage", et lui préférer d'autres notions pour conduire la géographie historique ? C'est ce que je croirais pour ma part, considérant que les termes "landscape" et "paysage", ont maintenant fait, provisoirement, leur temps, comme il peut arriver à tout concept dans toute science.

[91] Jost (1985) ; Sporn (2002) ; Jameson (2004) ; Paul (2013) ; Pilz (2020).

[92] À la difficulté d'interpréter un réseau cultuel, on peut comparer la difficulté à décrypter une stratégie de défense, une fois établie la carte des forteresses et ouvrages fortifiés sis sur un territoire — compte tenu également de l'incertitude sur la contemporanéité de construction et d'usage de ces sites. Cf. *e.g.* Fachard (2012) 293-294.

[93] Comparer le sens métaphorique de "tableau".

N'est-ce pas ce que déjà montrait *The Maeander Valley. A Historical Geography from Antiquity to Byzantium* (2011) — livre qui est une des récentes publications à revendiquer par son titre même le rattachement à la discipline ici en jeu ? Dans cette monographie, on remarque que P. Thonemann n'a que très rarement employé le terme "landscape". Soulignons que c'est à vrai dire quelque peu paradoxal, puisqu'il s'agit là de la vallée du Méandre, l'une des plus longues et des plus larges vallées du monde égéen, qui, prolongée par la vallée du Lycos, dominée par de puissants massifs montagneux, eux-mêmes échancrés au Sud par les vallées du Morsynos, de l'Harpasos et du Marsyas, fut et demeure propre à ménager, depuis de nombreux points, de vastes vues en des sens divers, sur de longues distances et jusqu'au rivage de l'Égée : il y a donc là des horizons larges et des perspectives variées à contempler, mer, rivières, terres, montagnes, flore et végétations diverses, formant des "paysages" au sens de l'iconographie picturale moderne.

Or, précisément P. Thonemann, qui publie maintes vues photographiques de la "région" et l'a lui-même contemplée autant qu'étudiée, n'hésite pas à affirmer que, si la vallée du Méandre a pu former historiquement une unité, c'est non pas tant à cause de sa conformation géographique naturelle que grâce au sentiment, partagé par ses habitants, d'une "*regional association*" et en raison de ses "contemporary perception and usage" : ce fut donc grâce au "*perceived* space" que s'est créée une "regional consciousness."[94] Ce n'est pas ici le lieu de discuter en détail cette thèse, qui me paraît en réalité procéder du fort goût de l'auteur pour le paradoxe, et conduit en l'occurrence à amoindrir le rôle du cadre biophysique dans l'unité d'une "région", de façon à finalement plaider sa perception unitaire en se fondant sur une argumentation subtile, en l'occurrence d'ordre onomastique et iconographique.[95] La position de P. Thonemann me

[94] THONEMANN (2011) 23-24, 49, 340 : affirmation forte du "possibilism" contre le déterminisme géographique (cf. aussi XIV).

[95] Voir surtout le chap. I du livre.

paraît au total procéder d'un "antidéterminisme" géographique un peu excessif.[96] En outre, restreindre l'impact de la conformation topographique de la vallée dans sa perception paraît inattendu à qui a voyagé en Asie Mineure et a éprouvé, s'il compare aux étroites et courtes vallées et aux cuvettes compartimentées de maintes autres régions, le fort sentiment d'une unité physique et visuelle de la vallée du Méandre, ne serait-ce qu'en tant qu'axe de circulation majeur et ce, depuis une haute antiquité. Ainsi, c'est à mon avis autant la large intervisibilité naturelle et la rareté des obstacles au déplacement humain entre le fleuve et les piémonts qui créent aujourd'hui — et ont également *pu* créer dans l'Antiquité — le sentiment d'une *unité régionale* dans la vallée du Méandre.

Quoi qu'il en soit de ces diverses causes, l'unité perçue de la vallée ou de la région aurait pu susciter l'idée d'un "Maeandrian landscape", et d'un "paysage mental" communs à ses habitants.[97] Il n'en est rien sous la plume de P. Thonemann, qui s'est peut-être refusé — et l'on ne peut que s'en réjouir — à céder à la facilité du terme, souvent affadi ou galvaudé, de "landscape".

Il est vrai aussi que l'auteur, qui utilise de façon dûment informée et maîtrisée toute la riche palette du lexique géographique, met en définitive au tout premier plan les trois notions suivantes : "region", "space" et "nature". C'est d'abord la notion de région qui sert à définir le sujet d'étude : "the Maeander valley of antiquity and the middle ages can usefully be treated as a geographic social and conceptual unit (a 'region'); but this 'regionality' is itself a human construct, not an essential and inherent quality of the landscape patiently waiting to be mediated through human activity."[98] C'est d'autre part l'idée de l'espace, également vu

[96] On pourrait ainsi discuter les vues soutenues sur le rôle des lignes de partage "écologiques", qui sont dites "to a large extant social constructs", THONEMANN (2011) 136 et n. 13.

[97] Notons que P. Thonemann recourt ailleurs à l'expression de "conceptual geography" (169) et parle de "the mental map of territorial domination", à propos de la reconstitution du rôle de la zone d'Euménéia de Phrygie, certes brillante, mais discutable : cf. n. 103.

[98] THONEMANN (2011) XIV.

comme une production sociale historiquement contingente, qui innerve le livre, dont la conclusion s'ouvre ainsi : "The first key theme of the book was that of the *production of space.* (...) I argued that it would be highly misleading to regard the Maeander valley as a 'natural' space, objectively determined by geological facts. The Maeander valley was a historically contingent social construct, created by human communities at a specific point in past time."[99] On voit que l'auteur, inspiré par la géographie d'esprit marxiste (H. Lefebvre, D.W. Harvey), met en avant, aussi bien à travers cette deuxième notion, "space", que déjà celle de "region", la part de la construction humaine et sociale. C'est d'ailleurs la relation dans le temps entre l'homme et l'environnement que P. Thonemann avait définie comme l'objet de la géographie historique.[100]

Or, il faut enfin souligner que la part de l'homme définit également une troisième notion, elle aussi mise en évidence au terme du livre : "A second theme of the book was the *production of nature.* By this I mean not only the second nature created by human hands in the inherited natural world through deforestation, wetland reclamation, irrigation and so forth (...). I was also concerned to show the subjective character of human appraisals of natural resource."[101] Et l'auteur de souligner que la vallée du Méandre n'était pas intrinsèquement ou "naturellement" vouée à telles productions économiques, et que les orientations variables de celle-ci résultèrent au fil des siècles de dynamiques sociales diverses.

Ainsi, à suivre l'auteur dans ses conclusions — sinon dans tous ses développements, qu'il faudrait sans doute passer au crible —, c'est l'action humaine et sociale qui définit, plus ou moins, mais tout à la fois la "région", l'"espace" et la "nature", du moins tels que les entend P. Thonemann. Soit ! Cependant, ne gagnerait-on pas alors à mieux définir les sens et les usages

[99] *Ibid.* 339.
[100] *Ibid.* XIII : "Uncovering this dialectical relationship between men and women and their environment over time is the proper task of historical geography."
[101] *Ibid.* 340.

respectifs de ces trois termes, en les différenciant les uns des autres plus clairement, à la lumière peut-être de la nomenclature de géographes contemporains ? On a rappelé plus haut que la "région" est une portion d'espace de taille moyenne présentant une homogénéité, voire une identité : en ce sens, la vallée du Méandre forme certainement une région. En revanche, il ne nous semble pas fructueux, comme nous l'avons dit *supra*, d'utiliser la notion d'espace, puisque c'est le cadre le plus large de la géographie elle-même. Enfin, pour la partie de l'espace entourant des hommes et interagissant avec eux, faut-il vraiment parler de "nature", et non pas plutôt d'"ENVIRONNEMENT" (Environment ; Umwelt ; Ambiente) ?[102]

De l'étendue spatiale revenons enfin à l'extension chronologique. Il est remarquable que P. Thonemann, tout en mettant en avant les causes humaines et sociales dans l'organisation économique et l'évolution du peuplement et en soulignant, contre la tradition du déterminisme géographique, sa conception "possibiliste", en soit pourtant venu à retrouver, en étudiant la vallée du Méandre de l'Antiquité classique jusqu'au XIIIe siècle *après* J.-C., bien des traits récurrents et des organisations similaires. C'est par exemple le rôle de la zone d'Euménéia de Phrygie comme frontière, qui s'est perpétué de la période attalide à l'époque impériale romaine et jusque et y compris au XIIe siècle ap. J.-C. : ainsi, la situation récurrente de la très haute vallée du Méandre comme limite de souveraineté territoriale et la fonction répétée de la place d'Euménéia comme verrou frontalier, au fil des impératifs stratégiques à la fois contingents et successifs de Pergame, Rome et Byzance, auraient contribué à créer une "permanent imperialist geography".[103] Plus généralement, P. Thonemann

[102] Environnement : "Ensemble des réalités extérieures à un système, notamment un système social, conditionnant son existence et interagissant avec lui. Spécialement, les réalités biophysiques comme environnement des sociétés" (J. Lévy).

[103] *Ibid.* Chap. IV, avec sa conclusion (177) : "the mental map of territorial domination was perpetuated unchanged from one empire to another; (...) the point is the way in which contingent strategic imperatives were translated into a permanent imperialist geography." Ce chapitre également me paraît empreint d'un antidéterminisme géographique excessif.

présente l'organisation agraire de la vallée du Méandre et des régions adjacentes comme dominée par des traits avant tout récurrents depuis l'époque hellénistique jusqu'à l'époque byzantine, et ce sont les analogies, voire la permanence de la longue durée qui l'emportent dans les tableaux ainsi dressés. Ainsi naît implicitement l'idée d'une civilisation rurale largement homogène, voire unitaire, en dépit de la diachronie.[104] C'est donner finalement une image d'ensemble qui n'est en réalité guère différente de celle qui ressortait déjà de l'œuvre de Louis Robert, elle pourtant beaucoup plus teintée d'un déterminisme plus ou moins implicite, et accessoirement risquer d'apporter crédit à l'idée d'"une économie rurale méditerranéenne traditionnelle".[105]

Entre une géographie historique, qui donne sans doute de fait la primauté à l'espace, et une histoire géographique, qui accorde la précellence au temps et le cas échéant aux discontinuités, il est peu aisé de tenir égale la balance, quelle que soit la région égéenne antique et byzantine, parce que la documentation, ponctuant de loin en loin les siècles et les périodes, est clairsemée et empêche par conséquent de démontrer des ruptures, et parce que la volonté de considérer d'ensemble cette région et dans la fameuse "longue durée" pousse avant tout à tisser entre les sources des fils de continuité.

Sur le "paysage" conceptuel de la géographie historique de la Grèce antique, on a ici tantôt jeté de brefs coups d'œil, tantôt conduit quelques "gros plans" prolongés, à propos d'un choix de notions aujourd'hui largement usitées. Descriptif, le présent essai ne saurait avoir d'ambition prescriptive, puisque, pas plus que ses objets, les concepts de la géographie historique ne sont et ne demeureront identiques d'une langue à l'autre, ni fixes et immobiles. Qu'il suffise donc que chacun prenne soin de définir ses concepts de façon explicite et précise !

[104] Point relevé dans l'utile analyse du livre par WHITTOW (2013). Voir aussi le compte rendu de CHOUQUER (2014).

[105] Voir HALSTEAD (1987).

Bibliographie

ALCOCK, S.E. (1993), Graecia capta. *The Landscapes of Roman Greece* (Cambridge).

ALCOCK, S.E. / OSBORNE, R. (éd.) (1994), *Placing the Gods. Sanctuaries and Sacred Space in Ancient Greece* (Oxford).

ANGLIKER, E. / BELLIA, A. (éd.) (2021), *Soundscape and Landscape at Panhellenic Greek Sanctuaries* (Pise).

ASSENMAKER, P. (2014), *De la victoire au pouvoir. Développement et manifestations de l'idéologie impératoriale à l'époque de Marius et Sylla* (Bruxelles).

BAUMER, L. (2010a), "Un paysage déserté par les dieux ? Les sanctuaires et les temples extra-urbains dans l'Attique romaine et tardo-antique", in ID., *Mémoires de la religion grecque* (Paris), 47-84.

— (2010b), "Le paysage cultuel de l'Attique de l'époque classique à l'époque impériale", *RHR* 227, 519-533.

BERQUE, A. (1995), *Les raisons du paysage, de la Chine antique aux environnements de synthèse* (Paris).

BIARD, G. (2022), "Sculpture et paysage dans le monde grec à l'époque hellénistique. Première partie, les IIIe et IIe s. av. J.-C.", *RA* 2022, 3-55.

BRULÉ, P. (2012), *Comment percevoir le sanctuaire grec ? Une analyse sensorielle du paysage sacré* (Paris).

BRUNET, R. / FERRAS, R. / THÉRY, H. (³1993), *Les mots de la géographie. Dictionnaire critique* (Montpellier).

CARTER, J.C. (2006), *Discovering the Greek Countryside at Metaponto* (Ann Arbor).

CARUSI, C. (2003), *Isole e peree in Asia Minore. Contributi allo studio dei rapporti tra poleis insulari e territori continentali dipendenti* (Pise).

CASEVITZ, M. (1985), *Le vocabulaire de la colonisation en grec ancien* (Paris).

— (1993), "Les mots de la frontière en grec", in Y. ROMAN (dir.), *La frontière. Séminaire de recherche* (Lyon), 17-24.

— (1998), "Remarques sur l'histoire de quelques mots exprimant l'espace en grec", *REA* 100, 417-435.

CAUQUELIN, A. (1989, rééd. 2000), *L'invention du paysage* (Paris).

CAVANAGH, W. *et al.* (1996-2002), *Continuity and Change in a Greek Rural Landscape. The Laconia Survey* I-II (Londres).

CHANDEZON, C. (2019), "La mémoire des marais : perception des paysages du Bas-Céphise et de l'ouest du Kopaïs dans l'œuvre de Plutarque", ", in LUCAS / MÜLLER / ODDON-PANISSIÉ (2019), 75-102.

CHERRY, J.F. / DAVIS, J. / MANTZOURANI, E. (1991), *Landscape Archaeology as Long-term History. Northern Keos in the Cycladic Islands* (Los Angeles).

CHOUQUER, G. (2014), "Compte rendu" de THONEMANN (2011), *Annales HSS* 69, 507-508.

CHOUQUER, G. / WATTEAUX, M. (2013), *L'archéologie des disciplines géohistoriques* (Paris).

DARCQUE, P. / ÉTIENNE, R. / GUIMIER-SORBETS, A.-M. (éd.) (2014), *Proasteion. Recherches sur le périurbain dans le monde grec* (Paris).

DARVILL, T. (2008), "Pathways to a Panoramic Past: A Brief History of Landscape Archaeology in Europe", in DAVID / THOMAS (2008), 60-76.

DAVERIO ROCCHI, G. (1988), *Frontiera e confini nella Grecia antica* (Rome).

DAVID, B. / THOMAS, J. (éd.) (2008), *Handbook of Landscape Archaeology* (Walnut Creek).

DAVIES, S. / DAVIS, J.L. (éd.) (2007), *Between Venice and Istanbul. Colonial Landscapes in Early Modern Greece* (Athènes).

DAVIS, J.L. *et al.* (1997), "The Pylos Regional Archaeological Project. Part I, Overview and the Archaeological Survey", *Hesperia* 66, 391-494.

DOUKELLIS, P.N. (éd.) (2005), *Το ελληνικό τοπίο. Μελέτες ιστορικής γεωγραφίας και πρόσληψης του τόπου* (Athènes).

—— (éd.) (2007), *Histoires du paysage. Rencontre scientifique de Santorin, septembre 1998* (Athènes).

DOUKELLIS, P.N. / MENDONI, L.G. (éd.) (2004), *Perception and Evaluation of Cultural Landscapes. Proceedings of an International Symposium, Zakynthos, December 1997* (Athènes).

ELLINGER, P. (1993), *La légende nationale phocidienne. Artémis, les situations extrêmes et les récits de guerre d'anéantissement* (Athènes).

ELLIS-EVANS, A. (2019), *The Kingdom of Priam. Lesbos and the Troad between Anatolia and the Aegean* (Oxford).

ELTON, H. / REGER, G. (éd.) (2007), *Regionalism in Hellenistic and Roman Asia Minor. Acts of the Conference Hartford, Connecticut (USA), August 22 - 24 1997* (Pessac).

EMERIT, S. / PERROT, S. / VINCENT, A. (éd.) (2015), *Le paysage sonore de l'Antiquité. Méthodologie, historiographie et perspectives. Actes de la journée d'études tenue à l'École française de Rome, le 7 janvier 2013* (Le Caire).

FACHARD, S. (2012), *La défense du territoire. Étude de la chôra érétrienne et de ses fortifications* (Gollion).

—— (2017), "The Resources of the Borderlands: Control Inequality and Exchange on the Attic-Boeotian Borders", in S. VON REDEN (éd.), *Économie et inégalité. Ressources, échanges et pouvoir dans l'Antiquité classique*. Entretiens sur l'Antiquité classique, Fondation Hardt, t. LXIII (Vandœuvres-Genève), 19-61.

FARINETTI, E. (2011), *Boeotian Landscapes. A GIS-based Study for the Reconstruction and Interpretation of the Archaeological Datasets of Ancient Boeotia* (Oxford).

FUNKE, P. (1999), "Einige Überlegungen zum Festlandbesitz griechischer Inselstaaten", in V. GABRIELSEN *et al.* (éd.), *Hellenistic Rhodes. Politics, Culture, and Society* (Aarhus), 55-75.

GENGLER, O. (2010), "Le paysage religieux de Sparte sous le Haut-Empire", *RHR* 227, 609-637.

GREGORY, D. *et al.* (éd.) ([5]2009), *The Dictionary of Human Geography* (Hoboken).

HALL, J.M. (1995), "How Argive Was the 'Argive' Heraion? The Political and Cultic Geography of the Argive Plain, 900-400 B.C.", *AJA* 99, 577-613.

HALLAIR, G. (2010), *Histoire croisée entre les géographes français et allemands de la première moitié du XXe siècle. La géographie du paysage (Landschaftskunde) en question* (Paris, thèse en accès libre sur HAL).

HALSTEAD, P. (1987), "Traditional and Ancient Rural Economy in Mediterranean Europe: Plus ça change?", *JHS* 107, 77-87.

HEINLE, M. (2015), *Eine historische Landeskunde der Aiolis* (Istanbul).

HORSTER, M. (2022), "Heterogeneous Landscapes: From Theory to Impact", in M. HORSTER / N. HÄCHLER (éd.), *The Impact of the Roman Empire on Landscapes. Proceedings of the Fourteenth Workshop of the International Network Impact of Empire (Mainz, June 12-15, 2019)* (Leyde), 18-44.

HOSKINS, W.G. (1955), *The Making of the English Landscape* (Londres).

JACOB, C. (1992), "Culture du paysage en Grèce ancienne", in L. MONDADA / F. PANESE / O. SÖDERSTRÖM (éd.), *Paysage et crise de la lisibilité. De la beauté à l'ordre du monde. Actes du colloque international de Lausanne, 30 septembre-2 octobre 1991* (Lausanne), 11-45.

—— (2014), "Spatial Turn", in ID., *Qu'est-ce qu'un lieu de savoir ?* (Marseille), <http://books.openedition.org/oep/654>.

JAMESON, M.H. (2004), "Mapping Greek Cults", in F. KOLB / E. MÜLLER-LUCKNER (éd.), *Chora und Polis* (Munich), 147-183.

JOST, M. (1985), *Sanctuaires et cultes d'Arcadie* (Paris).

KIRSTEN, E. (1956), *Die griechische Polis als historisch-geographisches Problem des Mittelmeerraumes* (Bonn).

KNAPP, A.B. / ASHMORE, W. (1999), "Archaeological Landscapes: Constructed, Conceptualized, Ideational", in ID. (éd.), *Archaeologies of Landscape. Contemporary Perspectives* (Oxford), 1-30.

KOLB, F. (2008), *Burg — Polis — Bischofssitz. Geschichte der Siedlungskammer von Kyaneai in der Südwesttürkei* (Mayence).
LEVEAU, P. (2000), "Le paysage aux époques historiques : un document archéologique", *Annales HSS* 55, 555-582.
LÉVY, J. / LUSSAULT, M. (dir.) (2013), *Dictionnaire de la géographie et de l'espace des sociétés*. Nouv. éd. (Paris).
LOLOS, Y.A. (2011), *Land of Sikyon. Archaeology and History of a Greek City-State* (Princeton).
LUCAS, T. / MÜLLER, C. / ODDON-PANISSIÉ, A.-C. (éd.) (2019), *La Béotie de l'archaïsme à l'époque romaine. Frontières, territoires, paysages* (Paris).
MARCHAND, F. (2019), "Les paysages funéraires béotiens : régionalismes et influences", in LUCAS / MÜLLER / ODDON-PANISSIÉ (2019), 197-215.
MEE, C. / FORBES, H. (éd.) (1997), *A Rough and Rocky Place. The Landscape and Settlement History of the Methana Peninsula, Greece* (Liverpool).
MÉNARD, H. / PLANA-MALLART, R. (éd.) (2015), *Espaces urbains et périurbains dans le monde méditerranéen antique* (Montpellier).
MORGAN, C. (1990), *Athletes and Oracles. The Transformation of Olympia and Delphi in the Eighth Century BC* (Cambridge).
PAPAZARKADAS, N. (2019), "The Making of the Archaeological Landscape of Boeotia in Early Modern Greece", in LUCAS / MÜLLER / ODDON-PANISSIÉ (2019), 103-120.
PAUL, S. (2013), *Cultes et sanctuaires de l'île de Cos* (Liège).
PHILIPPSON, A. (1950-1959), *Die griechischen Landschaften. Eine Landeskunde*. 4 vol. (Francfort-sur-le-Main).
PIKOULAS, G.A. (1992-1998), "Τόπος, καὶ ὄχι τοπίον", *Horos* 10-12, 577-578.
— (2000-2003), "Η Ιστορική Τοπογραφία σήμερα", *Horos* 14-16, 415-424.
PILZ, O. (2020), *Kulte und Heiligtümer in Elis und Triphylien. Untersuchungen zur Sakraltopographie der westlichen Peloponnes* (Berlin).
PITTE, J.-R. (2001), *Histoire du paysage français*. Nouv. éd. (Paris).
POLIGNAC, F. DE (^{2}1995), *La naissance de la cité grecque. Cultes, espace et société VIIIe-VIIe siècles* (Paris).
POUDERON, B. / CRISMANI, D. (éd.) (2005), *Lieux, décors et paysages de l'ancien roman des origines à Byzance. Actes du 2e colloque de Tours, 24-26 octobre 2002* (Lyon).
RACKHAM, O. (1990), "Ancient Landscapes", in O. MURRAY / S. PRICE (éd.), *The Greek City from Homer to Alexander* (Oxford), 85-111.
— (2015), "Greek Landscapes: Profane and Sacred", in L. KÄPPEL / V. POTHOU (éd.), *Human Development in Sacred Landscapes,*

Between Ritual Tradition, Creativity and Emotionality (Göttingen), 35-49.

RACKHAM, O. / MOODY, J. (1996), *The Making of the Cretan Landscape* (Manchester).

REGER, G. (1994), *Regionalism and Change in the Economy of Independent Delos, 314-167 B.C.* (Berkeley).

RIVAULT, J. (2021), *Zeus en Carie. Réflexions sur les paysages onomastiques, iconographiques et cultuels* (Bordeaux).

RIZAKIS, A.D. (éd.) (1992-2000), *Paysages d'Achaïe* I-II (Paris).

ROBERT, J. / ROBERT, L. (1983), *Fouilles d'Amyzon en Carie.* T. 1, *Exploration, histoire, monnaies et inscriptions* (Paris).

ROBERT, L. (1960), "Recherches épigraphiques", *REA* 62, 276-361.

— (^{2}1962), *Villes d'Asie Mineure. Études de géographie ancienne* (Paris).

— (1974), *Opera minora selecta. Épigraphie et antiquités grecques.* 4, *Bibliographie et rapports sur les cours et les travaux* (Amsterdam).

— (1980), *À travers l'Asie Mineure. Poètes et prosateurs, monnaies grecques, voyageurs et géographie* (Paris).

— (2007), *Choix d'écrits* (Paris).

ROBERT, S. (dir.) (2011), *Sources et techniques de l'archéogéographie* (Besançon).

ROGER, A. (1997), *Court traité du paysage* (Paris).

ROUSSET, D. (1994), "Les frontières des cités grecques", *Cahiers du Centre G. Glotz* 5, 97-126.

— (2002), *Le territoire de Delphes et la terre d'Apollon* (Paris).

— (2004), "La cité et son territoire dans la province d'Achaïe et la notion de 'Grèce romaine'", *Annales. Histoire, Sciences sociales* 59, 363-383.

— (2008), "The City and its Territory in the Province of Achaea and 'Roman Greece'", *HSCPh* 104, 303-337.

— (2010), *De Lycie en Cabalide. La convention entre les Lyciens et Termessos près d'Oinoanda* (Genève).

— (2020), "Louis Robert : l'enseignement, l'œuvre, l'héritage", in J.-L. FOURNET (éd.), *Ma grande église et ma petite chapelle. 150 ans d'affinités électives entre le Collège de France et l'École pratique des hautes études* (Paris), 237-256.

— (2021), "La géographie politique et religieuse des Phocidiens", *REG* 134, XVI-XVIII.

ROUVERET, A. (2004), "*Pictos ediscere mundos* : perception et imaginaire du paysage dans la peinture hellénistique et romaine", *Ktèma* 29, 325-344.

SCHEID, J. / POLIGNAC, F. DE (éd.) (2010), "Qu'est-ce qu'un 'paysage religieux' ? Représentations cultuelles de l'espace dans les sociétés anciennes", *RHR* 227, 425-719.

SCHULER, C. (1998), *Ländliche Siedlungen und Gemeinden im hellenistischen und römischen Kleinasien* (Munich).
SNODGRASS, A.M. (1982), "La prospection archéologique en Grèce et dans le monde méditerranéen", *Annales ESC* 37, 800-812.
— (1990), "Survey Archaeology and the Rural Landscape of the Greek City", in O. MURRAY / S. PRICE (éd.), *The Greek City from Homer to Alexander* (Oxford), 113-136.
SONNABEND, H. (1999), *Mensch und Landschaft in der Antike. Lexikon der historischen Geographie* (Stuttgart).
SPORN, K. (2002), *Heiligtümer und Kulte Kretas in klassischer und hellenistischer Zeit* (Heidelberg).
THONEMANN, P. (2011), *The Maeander Valley. A Historical Geography from Antiquity to Byzantium* (Cambridge).
WHITTOW, M. (2013), "Compte rendu" de THONEMANN (2011), *JRA* 26, 914-924.
WILLIAMSON, C.G. (2021), *Urban Rituals in Sacred Landscapes in Hellenistic Asia Minor* (Leyde).
WISEMAN, J. / ZACHOS, K. (éd.) (2003), *Landscape Archaeology in Southern Epirus, Greece*. I (Princeton).

DISCUSSION

S. Mitchell: The question of the geographical terminology used by Greek writers certainly needs to take account both of the chronological evolution and the generic diversity of geographical writing extending from Homer to writings of late Antiquity. We can perhaps identify a very general evolution from the geographical concepts found in Herodotus, the summation of the earliest Greek explorations of the known world, to increasingly encyclopedic and scientific works that were inspired by the conquests of Alexander and by the rapid expansion of the Roman empire, covering the span from Eratosthenes to Strabo, and a more technical approach to the recording and measurement of space found in itineraries, *periploi*, and agronomists of the Roman period, whose purpose is perhaps more utilitarian than conceptual.

D. Rousset: Vous posez justement la question de l'évolution diachronique de la terminologie, en lien avec l'histoire de la géographie grecque ancienne. Dans les limites imparties, mon exposé n'a pu dresser qu'un tableau, laissant de côté les évolutions propres à la littérature grecque. C'est une question pertinente, et la différenciation diachronique reste à faire.

C. Schuler: Der Begriff der Landschaft („paysage", „landscape") wird in der Tat häufig inflationär und ohne Definition gebraucht. Andererseits wäre es überraschend, wenn eine genauere Bestimmung des Landschaftsbegriffs dazu führen würde, die Griechen als „Gesellschaft ohne Landschaft" einzuordnen. Wie in allen vorindustriellen Gesellschaften dominierte im antiken Griechenland die Landwirtschaft den Alltag der großen Mehrheit der Menschen. Vor diesem Hintergrund würde man im Gegenteil erwarten, dass die Griechen die Fähigkeit besaßen,

Landschaften besonders aufmerksam und genau zu „lesen“. Mögliche Beispiele für die griechische Wahrnehmung von Landschaft und Natur sind die ländlichen Szenen im Rahmen der Schildbeschreibung in der *Ilias*, die Darstellung der Landarbeit in Hesiods *Werken und Tagen* oder auch die Gedichte Theokrits. Texte dieser Art lassen vermuten, dass die Griechen in der Lage waren, kleinere oder größere Räume als zusammenhängend wahrzunehmen und ihnen einen bestimmten Charakter zuzuschreiben, auch wenn sie nicht über eine exakte Entsprechung des modernen Begriffs der Landschaft verfügten.

D. Rousset: Les anciens Grecs avaient bien sûr — on ne saurait en douter le moins du monde — une vision de leur territoire et une représentation mentale de leur environnement. Dans des sociétés qui étaient organisées avant tout d'une part sur l'exploitation principalement agraire du sol et d'autre part sur l'habitat groupé en villages ou agglomérations, ils avaient également une perception de leur milieu extra-urbain et rural, qui fait partie de ce que, *nous*, nous appelons "paysage", chose que nous percevons et désignons comme un ensemble. Mais on peut assurément dire que les Grecs anciens ne l'exprimaient assurément pas sous un concept d'ensemble comparable. Je renvoie aux citations d'A. Berque dans ma communication, et lui ajoute celle-ci, tirée du même ouvrage, certes générale, mais s'appliquant à mon avis parfaitement au monde grec, p. 57-58 :

> "Dans les mentalités de la paysannerie traditionnelle, le paysage est absent (...). Ce sont d'autres valeurs que paysagères — telle la fertilité — qui attachent le paysan à sa terre. (...) En Chine comme en Europe, l'apparition du paysage comme tel s'est produite dans les couches non paysannes de la société. Historiquement, la sensibilisation des couches paysannes au paysage est un fait d'acculturation très récent, en vérité corrélatif à la disparition des masses paysannes traditionnelles et à leur remplacement par un petit nombre d'agriculteurs professionnels (...). En un mot, les paysans de la tradition n'avaient pas, vis-à-vis de leur environnement, le recul des regards citadins. Ce sont les citadins qui ont découvert le paysage rural, pas les paysans."

Toute personne qui a fréquenté les paysans et les ruraux en Méditerranée ne peut être que convaincue et frappée par la véridicité de ces affirmations d'A. Berque. De nos jours encore, un paysan ne parle pas de son paysage, et certainement pas spontanément ; c'est bien plutôt quand le citadin vient l'interroger à ce sujet… Ainsi, paysannerie et sensibilité "paysagère" sont deux choses bien différentes.

D'autre part, ce sont bien des "*éléments*" paysagers que présentent la littérature et les arts grecs jusqu'au milieu de l'époque hellénistique : on peut renvoyer à de nombreuses études, *e.g.* l'article déjà cité d'A. Rouveret, l'étude récente de G. Biard sur le paysage dans la sculpture hellénistique du IIIe et du IIe siècle av. J.-C., ou encore le motif du méandre sur les émissions monétaires de quelques cités de la vallée étudiée par P. Thonemann, qui portent ce symbole stylisé du fleuve régional (*The Maeander Valley. A Historical Geography from Antiquity to Byzantium*, p. 31-48). Ce sont donc bien des objets, des indices, isolés, qui rappellent ou suggèrent tel milieu *topographique* (antre, montagne, vallée, etc.), sans pour autant donner à contempler un tableau complet, un paysage.

D. Marcotte: Dans l'analyse d'A. Berque, très suggestive et stimulante par ailleurs, il y a un certain schématisme, me semble-t-il, à réduire les Grecs à une "société sans paysage", même en considérant la période classique. Dès les premières pages du *Phèdre* de Platon (230b-c), qui dépeignent le couvert végétal des rives de l'Ilissos, ne peut-on pas reconnaître une véritable description paysagère ? Le cadre décrit offre en effet une forte unité spatiale, au point d'être caractérisé comme un possible *alsos* ; d'autre part, la description lui confère aussi une unité sensorielle, dans la mesure où elle en est véritablement synesthésique : elle est tout à la fois visuelle, sonore et olfactive, voire tactile avec l'évocation du vent. Tout en s'y montrant sensible, Socrate affirme cependant qu'il n'a rien à apprendre des *chôria* et des *dendra* (230d). Comment, après l'évocation expressive qu'on vient de dire, comprendre la mention conjointe de ces deux réalités, sinon comme relatives à un "paysage" ? Au IVe siècle, le paysage n'a pas reçu, en grec, de nom qui le désigne d'une manière *catégorique*, mais la formule employée par Socrate me paraît pouvoir être interprétée comme une désignation qui se rapproche du concept (cf. E. Heitsch, "Die Landschaft und die Bäume").

D. Rousset: Je n'affirmerais certes pas qu'il n'y a aucune représentation paysagère dans la littérature grecque. Sans doute faut-il réexaminer une à une les sources, alléguées dans l'article d'A. Rouveret, en faisant la différence entre d'une part l'époque classique et la haute époque hellénistique, et d'autre part la période qui s'ouvre à partir de la basse période hellénistique. Quant à *ta chôria* dans ce passage du *Phèdre*, ne seraient-ce pas les champs, par opposition aux *dendra*, c'est-à-dire les espaces de labour libres d'arbres ? Il est en outre particulièrement frappant — et cela va exactement dans le sens de l'analyse d'A. Berque — que ce morceau de nature, les rives de l'Ilissos, soit en fait découvert et remarqué par un Socrate qui se dénombre précisément parmi les hommes de la ville (οἱ ἐν τῷ ἄστει ἄνθρωποι), la ville d'Athènes dont Phèdre a réussi à le faire sortir pour l'occasion, en parfait ξεναγός (230 b-d). Ne faut-il donc pas distinguer, par leur place et leur fonction dans la littérature grecque ancienne, le décor bucolique (qui sert en l'occurrence de cadre au début du *Phèdre*), voire éventuellement plus tard idyllique, sous l'aspect du *locus amœnus*, de ce que nous recherchons, à savoir le "paysage", qu'il soit rural ou considéré dans son ensemble ? Disons enfin un mot de *paradeisos* : ce microcosme végétal et animal n'est-il pas un élément clos, et pour ainsi dire exotique pour les Grecs ? Loin d'être une réalité "paysagère" du monde grec, le *paradeisos* y faisait au contraire figure de singularité isolée.

D. Marcotte: Le cas du latin *topia*, sans équivalent attesté en grec, pose un problème *sui generis*. Par la formule *opere topiario*, qu'il applique à l'action du figuier d'Inde (*NH* 12, 21-22), Pline décrit finalement le travail d'un "paysagiste" ; du moins est-ce ainsi qu'on est tenté de comprendre, mais il serait intéressant de savoir si le modèle de son exposition est grec.

S. Mitchell: Landscape in normal English usage implicitly or explicitly has a pictorial sense, and tends to be used subjectively, from the viewpoint of the observer. While it is surely legitimate as a geographical term, it shouldn't be asked to carry too much analytical weight. Since questions of genre are obviously important when discussing geographical descriptions in prose and verse literary texts, the *topos* of the *locus amoenus*, an idealised, and often morally loaded account of natural or artificial settings, which were precisely locational, can be followed throughout Greek and Latin literature from Homer onwards and should perhaps have a place in the discussion. Remarks of Louis Robert in *Journal des Savants* 1962, 73-74 (*OMS* VII 139-140) and *OMS* IV 388-393 help to locate the genre in a geographical and cultural perspective.

M. Faraguna: Due osservazioni di dettaglio e una domanda. La prima osservazione riguarda il termine "sito". Esso evoca una presenza umana e da questo punto di vista non sembra corrispondere perfettamente a *topos*. Mi viene ad esempio in mente l'iscrizione di Oropo (*Agora* XIX, L6) dove si fa riferimento, nel contesto di un paesaggio montuoso, ad un τόπος ἔφυλος, un luogo boscoso che doveva trovarsi in una posizione verosimilmente remota. La mia seconda osservazione riguarda il termine *eschatia* : negli studi più recenti si è messo in evidenza come *eschatia* sia un termine che più che avere un significato topografico rimanda ad una definizione di tipo qualitativo della terra. Vi è innanzitutto la terra più fertile, quella di prima occupazione, e poi l'*eschatia* che può essere valorizzata (ad esempio mediante terrazzamenti) ma non è una terra che si coltiverebbe come prima scelta. Ci può essere un'*eschatia* anche in mezzo al territorio di una città. Si pone poi la questione della natura catastale o meno di queste definizioni : si tratta di valutazioni soggettive o che rimandano ad una classificazione ufficiale nell'ambito delle registrazioni fondiarie tenute dalla città ? Ora vengo alla domanda : sono rimasto affascinato dallo sviluppo sul termine "paysage". Vorrei sottolineare un paradosso : nella relazione è stato evidenziato, sulla base del dizionario geografico curato da R. Brunet, come il termine francese sarebbe derivato dall'italiano. Il dizionario italiano della Treccani osserva invece come esso venga dal francese ! Potrebbe essere utile fare luce su questo punto. Può dire qualcosa di più in proposito ?

A. Cohen-Skalli: Je marque mon accord avec les observations de Michele Faraguna, puisqu'en italien les mots en *-aggio* viennent le plus souvent du français. Il s'agirait donc d'une erreur du dictionnaire géographique de M. Brunet.

D. Rousset: Il y a en effet assurément des cas d'*eschatia* qui ne sont pas des marches ou des confins du territoire, mais des lieux délaissés proches de l'*asty*. Notons par ailleurs que, comme dans le cas du terme "pérée", il me semble que le terme a reçu dans la littérature scientifique actuelle une fortune bien supérieure au nombre d'attestations dans les sources grecques antiques. C'est l'œuvre de Louis Robert qui a mis le terme à la mode.

W. Hutton: I was struck by what you say in your paper about how territories are referred to by abstract terms and by the ethnonyms of the inhabitants. One thing I noticed in looking at references to borders in Pausanias is that there are definite patterns to how Pausanias uses this terminology in the context. If he is talking about the border between Laconia and Argolis, for instance, he will say "the border of the Lakedaimonians with the Argives" or "the border of the Lakedaimonians with Argolis", but I don't believe he ever says "the border of Laconia with the Argives" or "the border of Laconia with Argolis". In other words, the people from whose perspective he is considering at the border are always people rather than geographic abstractions, whereas the land on the other side of the border may (or may not) be such an abstraction. I wondered if you noticed this or similar patterns in other sources.

D. Rousset: Je vous remercie pour ces remarques, qui mettent en évidence l'expression subjective, correspondant à la vision émanant d'une communauté qui considère et exprime son propre territoire comme celui d'un groupe d'hommes, distingué de la désignation de l'altérité, présentée elle comme une entité géographique réifiée.

A. Cohen-Skalli: Une remarque, tout d'abord : en citant l'article d'A. Rouveret paru en 2004 dans *Ktèma*, vous avez évoqué le fait que la période débutant au Ier siècle av. J.-C. dans le monde romain révélerait peut-être l'affirmation d'une notion de paysage. Je ferais observer que c'est précisément au Ier siècle que remonte la première attestation dans notre corpus du substantif *topographos*, qui renvoie selon P.M. Fraser au peintre-décorateur peignant des paysages sur les murs des maisons : elle apparaît chez Diodore de Sicile (fr. 31, 29 Gouk.). Je souhaiterais par ailleurs revenir sur l'usage de l'adjectif féminin singulier substantivé (*e.g.* ἡ Φωκίς, sous-entend χώρα), qui croît effectivement dans la langue de Pausanias. Cela ne pourrait-il être dû à l'importance croissante à son époque de la vision administrative ? En dernier lieu, une question, puisque vous avez parlé de la notion de "site" : n'y a-t-il pas, en français, une gradation entre les trois notions de lieu-dit, site et localité (à traduire par *chôrion* ?), qui irait dans le sens d'une présence humaine croissante ?

D. Rousset: Je vous remercie vivement pour toutes ces remarques pertinentes. Je ne sais cependant si l'adjectif "administrative" est approprié à l'époque de Pausanias et surtout dans son œuvre ; cela impliquerait de fréquentes mentions des provinces romaines (Achaïe, Asie), alors qu'elles me semblent en réalité fort rares dans la *Périégèse*. Différentes en effet sont les régions grecques "ethniques" traditionnelles de la Grèce, qui sont, elles, bien plus souvent nommées. D'autre part, le terme de *chôrion* n'est pas univoque, puisqu'il peut signifier le lieu, la forteresse, le champ, le terrain. Donc je doute qu'il indique toujours le même degré d'anthropisation.

D. Marcotte: À propos de l'absence d'un mot singulier pour désigner ce que nous appelons les frontières d'un pays, il faut observer que, dans le lexique même de la cartographie, chez Ptolémée par exemple, *periorismos* s'applique à l'opération qui consiste à tracer les limites, avec tout ce qu'elle comporte de dynamique, ainsi que le résultat de celle-ci. Mais on ne peut, en effet, y voir une désignation au singulier de la "frontière".

D. Rousset: *periorismos* signifie en effet délimitation, c'est-à-dire la réunion mentale de différents points ou segments de la frontière, éventuellement accompagnée ou suivie d'un parcours pédestre et d'une démarcation matérielle. Mais on cherche en vain en grec ancien le concept abstrait de frontière (complète) d'un territoire.

M. Faraguna: Sì in effetti mi sembra che il termine *periorismos*, di cui mi occuperò nella mia relazione, abbia soprattutto un senso "attivo" e rimandi ad un lavoro concreto di delimitazione più che ad una nozione astratta.

II

AUDE COHEN-SKALLI

LA CONCEPTUALISATION DE L'ESPACE CHEZ LES HISTORIENS GRECS DE POLYBE À DIODORE

ABSTRACT

A technical geographical vocabulary first appears in the Greek *koinê* in the Hellenistic age. An analysis of the corpus of Hellenistic historians, and in particular of Polybius, reveals the presence of notions inherited from Classical Greek historiography and periplography, some influenced by Alexandrian science, and others marked by a Roman vision of space. Additionally, the *Histories* also provide a number of hapaxes and first testimonies of the words of geography linked to the experience of Polybius, most of which came into common use in the first century BC, and the most technical ones are to be found in Strabo's *Geography*. Polybius is thus at the crossroads between the geography of the 'founders' of the early Hellenistic period and the birth of a 'Graeco-Roman' geography, which would develop during the centuries of the Empire.

1. Concepts antiques, concepts modernes

À quoi tiennent les difficultés qu'éprouvent les modernes à cartographier les descriptions de bataille des Anciens, à placer sur un schéma ou un plan univoque leurs indications topographiques ?

Mes remerciements vont à Denis Rousset, à Jean Terrier et à tous les participants aux *Entretiens* pour cette semaine d'échanges inoubliable ; ils vont aussi à Carlo Franco, à Didier Marcotte et de nouveau à Denis Rousset pour leurs lumières sur cet article. Pour les livres I-XVI, l'édition de Polybe utilisée est celle de la C.U.F., l'édition Teubner pour les livres suivants ; l'édition de Diodore citée est celle de la C.U.F. Sauf indication contraire, les traductions sont celles de la C.U.F., parfois remaniées.

Il suffit d'observer le nombre d'essais divergents tentés par les savants pour reconstruire à partir de Polybe le point précis par lequel Hannibal franchit les Alpes (3, 47-56),[1] la rive du fleuve où se déroula la bataille de Cannes (3, 106-118),[2] ou encore les controverses sans fin pour déterminer, en croisant Hérodote (8, 40-86), Diodore (11, 16-19) et Plutarque (*Thém.* 10-16), les manœuvres de Salamine.[3] Selon les besoins de la cause (ou de la carte), on prélève dans les textes les données qui conviennent, récusant toute valeur documentaire à celles qui paraissent contradictoires et déclarant tel historien confus, inepte ou tardif, alors que ses descriptions, si claires et si vives, fourmillent d'indications courant parfois sur plusieurs pages. C'est que notre tentative part d'un présupposé erroné, comme le dit à juste titre F.W. Walbank :[4] nous avons l'habitude de demander aux historiens de l'Antiquité ce que nous n'avons pas à leur demander, à savoir que leur topographie soit à même de nous permettre de localiser une action sur une carte d'État-major à grande échelle. Mais, que les cartes aient ou non existé, aucun historien, ni classique ni hellénistique, n'avait de raison de procéder ainsi, et aucun lecteur ancien de le lui demander. Car les Histoires transmises de cette époque témoignent d'une perception de l'espace fort différente de la nôtre.

Les conceptions évoluent, et avec elles les concepts pour les exprimer : décrire les lieux passe par des mots qui sont nécessairement le reflet de leur temps. À l'échelle de l'œcoumène et de ses continents, d'un royaume et de ses provinces, d'une cité et de son territoire, quel que soit l'angle de vue adopté, mots et

[1] Walbank (2002) 38 (depuis les reconstitutions de Kromayer [1903]) et *status quaestionis* dans Zecchini (2018) 55 et n. 49.

[2] Pédech (1964) 541 et n. 128 ; Brizzi (2016) 149-150 (à droite du fleuve).

[3] Et, parmi les poètes, Eschyle (*Perses*), cf. Roux (1974) comparant les quatre récits de la bataille. La même observation vaut pour qui a tenté de refaire l'itinéraire des Dix-Mille sans réussir à l'identifier précisément (Manfredi 1986), et ce, même si le cas de l'*Anabase* pouvait sembler favorable, puisque l'auteur lui-même avait pris part à l'expédition.

[4] Walbank (2002) 38. Les historiens-géographes qui ont tâché de fixer sur la carte le tracé de frontières rencontrent des problèmes semblables, cf. les observations de Rousset (1994) 112.

nomenclatures géographiques sont les indicateurs de la façon dont un groupe d'individus se représente l'espace à un moment déterminé de l'histoire. Bien qu'il n'y ait pas de progression linéaire, ces concepts sont voués à dater, à tomber un jour ou l'autre en désuétude, ou certains à changer de sens. Ceux qui avaient cours à l'époque hellénistique pouvaient déjà être étrangers aux Grecs de l'Antiquité tardive, de la même façon que la terminologie adoptée par les géographes du XIXe siècle nous paraît parfois aujourd'hui désuète. Un exemple si fréquent dans les textes illustre parfaitement la différence entre la conceptualisation de l'espace d'un prosateur attique d'époque classique (et en réalité aussi hellénistique) et la nôtre : le grec dit plus volontiers "chez les Phocidiens" ou "sur la terre des Phocidiens" qu'"en Phocide", parce qu'il désignait le plus souvent les lieux par des noms de peuples, non par des toponymes abstraits, les peuples ayant vocation à indiquer des parties du monde et leur rôle étant majeur dans la conception de l'espace.[5] Mais, en semblable contexte, jamais aujourd'hui il ne viendrait à l'esprit de dire "chez les Rhodaniens" pour dire "dans le Rhône".

À rebours, la façon dont nous disons l'espace trahit elle aussi son temps. La notion de paysage, apparue à la Renaissance (en 1493) dans le domaine de la peinture pour dire ce que l'on voit du pays, "ce que l'œil embrasse… d'un seul coup d'œil, le champ du regard",[6] et aujourd'hui catégorie majeure de la géographie, n'a pas d'équivalent exact chez les Grecs. Si la langue n'a pas de mot pour le dire, on ne saurait pour autant affirmer que l'idée ou la réalité n'existe pas. Il arrive en effet aux historiens du IIe et du Ier siècle avant J.-C. de décrire la beauté d'un point de vue, ce qu'on nommerait aujourd'hui un paysage naturel. C'est le cas à l'occasion chez le "touriste" Polybe, pour reprendre l'expression de P. Pédech,[7] ou chez son interprète et adaptateur Tite-Live racontant le siège de Thaumakoi par Philippe en

[5] Arnaud (2001) 336 avec l'exemple de la construction du "concept géographique" des Ligures.

[6] Brunet / Ferras / Théry ([3]1993) *s.v.* "paysage".

[7] Pédech (1964) 32. Sur Polybe comme source de Tite-Live ici, voir Pianezzola ([2]2016).

199 av. J.-C. : pour le voyageur qui arrive depuis les Thermopyles et le golfe Maliaque, la cité de Thaumakoi (actuelle Domokos) est sise sur les hauteurs, au niveau des gorges, et surplombe la Thessalie. En traversant ces chemins qui serpentent au gré des lacets,

> "il découvre soudain, une fois devant cette ville, comme une vaste étendue marine s'ouvrant à lui, embrassant si bien toute la région qu'il ne lui est guère aisé de déterminer du regard la ligne d'horizon qui borne les plaines s'étendant à ses pieds (*repente uelut maris uasti sic uniuersa panditur planities ut subiectos campos terminare oculis haud facile queas*). C'est à ce merveilleux phénomène que la ville doit son nom de Thaumakoi". (32, 4, 3-5)

Un grand nombre d'éléments du paysage n'ont pas attendu l'humanité pour exister ; mais s'ils composent un paysage, c'est à la condition, comme ici, qu'on les regarde :[8] c'est l'arrangement de choses visibles saisies par un œil particulier, qui paraît donné en l'occurrence par Tite-Live (Polybe) au datif du point de vue, celui d'un voyageur-spectateur, qui le perçoit par ses propres filtres, mais l'expression de son "moi" fait défaut dans le texte, et l'historien n'a pas de mot pour désigner la réalité, même partielle, du paysage.

La recherche sur le lexique ancien fait voir la difficulté qu'il y a à comprendre le concept moderne de paysage appliqué à l'histoire antique. Le latin atteste certes à partir du Ier siècle ap. J.-C. la périphrase *species locorum* pour dire les "points de vue des lieux", mais avant tout en poésie, chez Stace (*Silves*, 3, 5, 89), et ce n'est de toute façon pas l'équivalent du "paysage" des modernes. Les auteurs grecs ne semblent pas avoir eu, de façon parallèle, une expression pour dire la beauté d'un panorama ou d'une vue pour son spectateur. Dès le Ve siècle en revanche, chez Thucydide (1, 37, 3 et 5, 7, 4), le mot θέσις permettait de désigner la position d'un lieu : Polybe rangera la θέσις au nombre des trois principaux éléments de la connaissance géographique,

[8] Pour reprendre de nouveau les termes de BRUNET / FERRAS / THÉRY ([3]1993) *s.v.* "paysage".

à côté des διαστήματα ou distances (34, 1, 4-5), et des ἰδιώματα ou caractères particuliers des lieux (12, 4c, 4 et 12, 25e, 1).[9] Un peu plus d'un siècle plus tard, un composé technique apparaît pour la première fois sous la plume de Diodore (1, 42, 1, etc.) pour dire la position exacte d'un lieu, la τοποθεσία, qui connaîtra une longue fortune.[10] Dans les deux cas, localisation et distances sont considérées par les historiens hellénistiques comme des données distinctes : c'est là un reflet de la représentation subjective que les deux historiens se font de l'espace, en raisonnant en termes d'itinéraires (terrestres ou maritimes), de temps de parcours, de contiguïté ou de séparation, d'en-deçà et d'au-delà (§ 4). Mais cette conception est relativement étrangère aux modes de représentation modernes : pour nous, l'indication de l'emplacement inclut la distance, car, pour revenir à cette tendance à la schématisation déjà évoquée, placer correctement un site sur une carte signifie en même temps établir quel intervalle le sépare d'un autre.[11]

Les catégories mentales par lesquelles les Anciens se représentaient l'espace étaient donc largement différentes des nôtres, et c'est à l'époque hellénistique qu'un vocabulaire géographique technique apparaît pour la première fois, dans la *koinê*. Polybe, dont l'activité couvre la quasi intégralité du IIe siècle av. J.-C., est pour nous le premier représentant (conservé en assez grande partie) de cette langue commune, le plus souvent en accord avec la langue des inscriptions et des papyrus contemporains ;[12] on en retrouve de nombreux traits chez ses successeurs, comme un siècle plus tard Diodore de Sicile. Tous deux étaient des Grecs en contact étroit avec Rome, tous deux travaillèrent en partie à Rome, et pour l'essentiel en Occident, à une époque où Rome avait vaincu Carthage, éliminait les royaumes hellénistiques et

[9] PÉDECH (1964) 531.

[10] Sur les passages entre le vocabulaire de la géographie et celui de la rhétorique, cf. § 3 (avec mention de la *topothesia*, opposée à la *topographia* dans les *progymnasmata* d'époque impériale, cette dernière décrivant des lieux fictifs).

[11] JANNI (1984) 129.

[12] KACZKO (2016).

devenait la seule grande puissance dominant l'ensemble du monde méditerranéen. La rencontre entre Rome et la Grèce entraînait l'apparition d'une civilisation mixte, dont Polybe est un premier représentant — et Diodore un autre, celui d'une époque où l'affrontement avait pris fin. Dans le domaine de la géographie, Polybe est aussi le premier historien d'intérêt pour l'étude des concepts : en règle générale, Thucydide ne livre que rarement de détails par exemple sur les sites urbains. C'est à partir du IVe siècle et de l'école aristotélicienne qu'apparaissent tous les éléments d'une méthode scientifique, et dès lors, la géographie se mêle plus étroitement encore à l'histoire, car les indications de topographie, de climat, de distances, de relief, entrent dans le faisceau des causes qui déterminent les πράξεις.

Beaucoup de termes géographiques trouvent ainsi leur première occurrence dans notre corpus chez Polybe, sans qu'il soit possible de dire, le plus souvent (comme du reste la plupart du temps pour les auteurs anciens), si les solutions lexicales qu'il emploie ont été imaginées ou non par lui :[13] le "naufrage" de la littérature grecque de ces siècles et de l'historiographie hellénistique en particulier ne permet pas de vue d'ensemble sur le sujet. Nombre de concepts qu'il emploie existaient certainement avant lui, mais il reste qu'il les a choisis, parmi plusieurs équivalents possibles, et que ces mots, attestés dans les sections géographiques de son œuvre (§ 2), ont pu soit rester sans héritage, soit continuer de vivre, jusqu'au début du Principat ou au-delà.

2. La géographie dans les Histoires d'époque hellénistique

À l'époque classique, la géographie n'avait pas de frontière bien définie, ne constituait pas une science indépendante et aucune distinction n'était établie entre celle-ci, l'ethnologie et l'historiographie. Hérodote, notre plus ancien représentant d'une

[13] DUBUISSON (1985) 16.

géographie descriptive, s'engageait par moments dans des digressions décrivant les lieux, de la même façon qu'un siècle plus tard la géographie devint une composante de plus en plus indispensable pour Éphore. C'est ainsi, en combinant les deux domaines dans une même œuvre, que procédèrent les historiens-géographes jusqu'au Ier siècle av. J.-C. ;[14] Polybe, Poséidonios et Diodore en sont les trois principaux témoins pour l'étude de la conceptualisation de l'espace au IIe et au Ier siècle, dans des mesures toutefois différentes, pour des raisons de transmission.

Au sein du *Trümmerfeld* de l'historiographie hellénistique,[15] les œuvres de Polybe et Diodore se prêtent mieux que les autres à l'examen des mots : malgré leur caractère fragmentaire, l'étendue des textes conservés est suffisamment vaste et, même dans les *reliquiae*, les attributions le plus souvent assurées. Six livres complets sur les quarante d'origine nous sont parvenus de Polybe, et quinze de la *Bibliothèque historique* (I-V et XI-XX), elle aussi conçue en quarante livres, sans doute en écho au choix de Polybe.[16] Le reste n'est pas que citations éparses ou bribes décousues, comme pour nombre d'autres historiens contemporains édités par F. Jacoby. Car leurs livres fragmentaires sont en grande partie transmis par deux compilations byzantines d'époque macédonienne qui ont procédé à une extraction très rigoureuse des textes, qu'il s'agissait de segmenter sans intervenir dessus : la méthode compilatoire des *Excerpta antiqua* de Polybe (livres VI-XVIII) et celle des *Excerpta Constantiniana*, qui donnent de larges extraits des livres perdus de ce dernier (VI-XXXIX) et de Diodore (VI-X et XXI-XL), sont dictées par un principe de fidélité aux textes originaux.[17] En outre, Polybe peut se lire en partie chez Tite-Live, massivement utilisé par P. Pédech dans sa monographie, quoiqu'il faille interroger à chaque fois de possibles réadaptations du texte des *Histoires*.[18]

[14] WALBANK (2002) 32, et de façon générale CLARKE (1999) 1-76.

[15] L'expression de STRASBURGER (1977) est restée célèbre.

[16] COHEN-SKALLI (2015) 186-188.

[17] Cf. MOORE (1965) pour la tradition de Polybe et COHEN-SKALLI (2012) XXV-XLVII pour celle de Diodore.

[18] PIANEZZOLA (^{2}2016).

Poséidonios d'Apamée (vers 135-51 av. J.-C.) forme dans ce corpus une exception : son œuvre n'a pas connu la même fortune, transmise comme elle l'a été de façon uniquement fragmentaire et très morcelée, par des sources variées.[19] Néanmoins, c'est un témoin parfois utile à invoquer : cet auteur polymorphe, philosophe, physicien, historien et géographe, constitue un réel trait d'union entre Polybe, qu'il se donne implicitement comme exemple, dans l'esprit d'un cycle historique, en reprenant le fil du récit là où ce dernier l'arrêtait (en 145), et la *Bibliothèque historique*, où Poséidonios est lui-même une source importante et un modèle de Diodore — comme l'est aussi Polybe. Par ailleurs, l'historien d'Apamée est à l'origine de nouveaux concepts géographiques, notamment sur les climats et la dénomination des zones d'après les critères astronomiques.[20]

Il est toutefois un point sur lequel les deux historiens les plus représentatifs de l'époque hellénistique divergent : c'est dans la place qu'ils accordent à la géographie dans l'économie de leurs œuvres, et qui détermine les passages où ces concepts peuvent être lus. Chez Polybe, ces sections sont éparses et font par ailleurs également l'objet d'un livre spécifique, sur lequel on reviendra sous peu. En annonçant son intention de se faire géographe, Polybe déploie tous les instruments possibles de son métier et transpose les critères de l'historiographie hérodotéenne et thucydidéenne à la géographie : il faut utiliser l'ὄψις et l'ἀκοή chères à Hérodote (2, 99) et l'εὔνοια de Thucydide (1, 22, 3).[21] Son ouvrage se propose de livrer une histoire militaire et politique (πραγματικὴ ἱστορία) en trois volets (12, 25e, 1) : l'étude critique des documents et des livres, le parcours des villes, fleuves et ports et de leurs distances, et l'expérience politique.[22] Le second

[19] L'édition EDELSTEIN-KIDD adopte des principes très différents de l'édition THEILER : elle se limite avec prudence aux fragments citant expressément Poséidonios, et dont l'attribution peut être considérée comme assurée. Sur la géographie de Poséidonios, voir CLARKE (1999) 129-192.

[20] Voir D. MARCOTTE dans ce volume des *Entretiens*.

[21] ZECCHINI (2018) 45.

[22] WALBANK (2002) 33-34.

aspect, qui se fonde sur la recherche personnelle et l'enquête comme témoin oculaire ou αὐτοπάθεια (12, 25h, 4), est rendu possible par les voyages d'exploration de l'auteur, et doit remonter en grande partie à une seconde phase du travail de Polybe. La critique a en effet montré que les *Histoires* ont connu (au moins) deux rédactions et elle attribue l'essentiel de ces sections à la seconde,[23] non que la géographie soit absente de la première, mais il y eut chez Polybe deux manières de faire de la géographie : elle fut d'abord surtout topographie et descriptions locales, puis donna lieu à de plus amples digressions et à des retouches de parties déjà écrites, dictées par des voyages postérieurs.[24]

À partir de la fin des années 150 en effet, géographie signifie chez Polybe avant tout autopsie, ce qui ne sera pas sans influence sur les concepts employés (§ 5) : il était nécessaire, pour écrire l'histoire, de rectifier les erreurs de ses prédécesseurs (3, 58-59) — première tâche du savant, qui seule assure les progrès de la science —, et pour ce faire, de voir les lieux dont on traite et de visiter de nombreuses contrées. Polybe fit des voyages d'exploration scientifique en différents moments de sa vie, et en particulier à partir de 152/1 : il visita une partie de l'Occident méditerranéen, avant tout l'Espagne, la Gaule, mais il vit aussi l'Afrique et la mer Extérieure,[25] dans l'intention de dégager les conditions géographiques expliquant l'histoire d'une ville ou d'une région, et d'en tirer les principes directeurs d'une politique ou d'une stratégie militaire à adopter. C'est là que se pose la question du lectorat de Polybe : il s'adresse aux hommes politiques et aux généraux pour leur fournir les données nécessaires concernant la nature du territoire, ses ressources, les peuples, ainsi qu'un guide pratique pour résoudre les questions d'administration et le gouvernement de ces territoires.[26] Son public est

[23] PÉDECH (1964) 563-573 avec *status quaestionis*.

[24] Cf. PÉDECH (1964) 530-531 et ZECCHINI (2018) 42.

[25] Cf. WALBANK (2002) 34-36, PÉDECH (1964) 555-563 et ZECCHINI (2018) : on renverra à leurs synthèses pour la question, débattue, de la datation des voyages de Polybe.

[26] ZECCHINI (2018) 46-48.

certainement grec, mais Polybe vise sans doute également la classe dirigeante romaine, toujours plus hellénisée. C'est dans cette perspective que l'historien donne, autant que possible, la première place à la géographie autoptique, quoique sur certains sujets le recours aux sources soit également nécessaire. Sur le choix d'une telle méthode, son successeur Diodore se détache radicalement de Polybe, qui constitue pour lui tout à la fois un modèle et un modèle repoussé :[27] dans un programme encyclopédique de type nouveau, Diodore se présente comme le lecteur de mille ouvrages, consultés dans différentes bibliothèques, et se forge l'*éthos* d'un chercheur assidu, qui effectue un travail de sélection et de synthèse de ses sources. Il y a, chez Diodore, peu de terrain : l'aspect compilatoire de l'œuvre est la première marque de son érudition, et ce, également dans les passages géographiques de la *Bibliothèque*.

Chez Polybe, les informations géographiques, livrées au fil du récit, ont quelques caractéristiques communes. Dans son inventaire de cités, il définit à grands traits la localisation d'une ville d'abord à partir d'un point de vue qui englobe les territoires environnants : Ecbatane, "fondée dans la partie nord de la Médie, est située (ἐπίκειται) dans la partie de l'Asie proche du Palus-Méotide et du Pont-Euxin. (...) Elle est sise au pied des pentes du mont Orontès (κεῖται μὲν οὖν ὑπὸ τὴν παρώρειαν τὴν παρὰ τὸν Ὀρόντην)" (10, 27, 4-6) ; parfois, la description de la ville s'éclipse derrière celle de la région alentour, comme pour le port de Tarente, qui laisse place aux informations sur les autres bons ports de l'Italie du sud (10, 1, 1-10). Par endroits, il fournit des descriptions régionales à part entière, comme pour la Médie (5, 44, 3-11) ou la Gaule Cisalpine (2, 14-17).[28] La géographie apparaît également dans les parties polémiques des *Histoires* : Timée est incapable de la pratiquer correctement, selon l'historien, puisqu'il décrit des pays qu'il n'a jamais visités,

[27] Cf. en détail COHEN-SKALLI (2014) *passim*.

[28] La typologie a été dressée de façon très méthodique par ROOD (2012) 183-186, auquel on reprend certains exemples. TEXIER (1976) distingue deux types de passages : les passages théoriques et ceux où s'expriment les témoignages directs.

comme la Gaule, la Ligurie et l'Espagne (12, 28a, 3). Mais Polybe destine aussi à la discipline un livre complet, parvenu sous forme fragmentaire.

Le livre XXXIV était en effet un excursus monographique. Arrivé en 152, Polybe suspend le rythme annalistique de son récit pour consacrer un livre à la géographie, sans doute sur le modèle des livres IV et V d'Éphore.[29] Le livre XXXIV semble avoir été composé d'une partie théorique suivie d'une partie descriptive : au début viennent les mesures principales de l'œcoumène, puis la géographie physique issue de ses découvertes et de ses voyages, puis la description des Balkans, de l'Asie, de l'Égypte, de l'Italie, etc. ; Polybe y inclut aussi les données issues de la géographie économique (ressources du sol, faune) et de l'ethnographie. Le livre paraît se clore sur l'exploration de l'Afrique qu'il fit en 146, et qui est transmise exclusivement par Pline.[30] Les savants ont cherché à comprendre la fonction de cet excursus, certainement rédigé dans une seconde phase, après le voyage de 146, et sa place dans l'œuvre. La *communis opinio* veut que la monographie ait été placée après la description de l'Ibérie en raison du périple d'Ulysse vers les Colonnes d'Héraclès ; d'autres veulent qu'il s'agisse d'une introduction à la guerre celtibère de 143-141.[31] Pour F.W. Walbank, Polybe interrompt son récit en 152 pour donner un aperçu de l'œcoumène au moment de troubles dans l'organisation de l'*imperium*, et les cinq derniers livres fourniraient les détails de ce chaos.[32] Mais l'hypothèse de G. Zecchini est elle aussi convaincante, et n'est peut-être pas contradictoire avec cette dernière : c'est la biographie de Polybe qui justifierait la présence ici de cet excursus, puisqu'en 152/1, Polybe accompagna Scipion Émilien en campagne.[33] Il s'agit là de l'un de ses deux grands voyages

[29] WALBANK (2002) 41-42 sur le modèle éphoréen pour le livre XXXIV.

[30] Cf. PÉDECH (1956) sur l'interprétation de ce livre, ZECCHINI (2018) 60-61 et THORNTON (2020) 120 sur l'utilité d'une monographie sur le sujet.

[31] WALBANK (2002) 142.

[32] WALBANK (2002) 41-42.

[33] ZECCHINI (2018).

d'exploration en Occident, et, à partir de 152, l'historien eut l'occasion de se faire géographe sur le terrain. Quoi qu'il en soit, par son caractère digressif, le livre XXXIV a été à juste titre considéré comme le pendant du livre VI consacré à la constitution romaine :[34] entre les deux figurent vingt-sept livres portant sur l'avènement de Rome. Le livre VI refermait un ensemble de six livres, selon le modèle hexadique cher à Éphore, qui influença Polybe dans la répartition de sa matière.

La référence éphoréenne crée aisément le lien avec la *Bibliothèque historique*, et plus précisément avec la géographie de Diodore : c'est ce même schéma hexadique que suit l'historien dans ses six premiers livres, clairement distincts des autres parce que le récit doit dissocier mythologie (I-VI) et histoire (VII-XL) :

> "Nos six premiers livres traitent des récits mythiques et des événements antérieurs à la guerre de Troie, les trois premiers étant consacrés aux antiquités des peuples barbares (τὰς βαρβαρικάς), les trois autres presque exclusivement aux antiquités grecques (τὰς τῶν Ἑλλήνων ἀρχαιολογίας). Dans les onze livres qui suivent, nous avons présenté l'histoire universelle (κοινὰς πράξεις) depuis la guerre de Troie jusqu'à la mort d'Alexandre." (1, 4, 6)[35]

Les premiers livres sont ainsi consacrés à ce qui précède la guerre de Troie ; chez Diodore, c'est réutiliser le schéma éphoréen pour introduire dans son œuvre précisément ce qu'a omis Éphore dans la sienne, la période mythologique.[36] Mais Diodore introduit dans ce moule une autre césure encore : il commence par les antiquités barbares (I-III), puis traite des antiquités grecques (IV-VI), sans doute là aussi en renversant le modèle d'Éphore, qui abordait les Grecs et les barbares dans l'ordre inverse. Quoi qu'il en soit, c'est dans ces "archéologies"

[34] WALBANK (2002) 41-42.

[35] Diodore rappelle cette construction dans son dernier livre, cf. fr. 40, 9 GOUK.

[36] COHEN-SKALLI (2012) LXXXV avec bibliographie.

que le lecteur trouve l'essentiel de la géographie de Diodore : elles font une large place aux données géographiques et aux descriptions ethno-géographiques et campent l'espace où se déroulera l'histoire.[37]

À la différence de Polybe, Diodore ne fait pas du voyage scientifique l'instrument principal de son information. Pour aborder sa géographie mythique, il relit des écrits utopiques ou géographiques des siècles précédents, ceux d'Iamboulos, de Denys Skythobrachion et d'Évhémère, ou encore les géographes Mégasthène et Agatharchide de Cnide, abondamment cité aux livres I-III. Aussi Diodore est-il pour nous le réceptacle de certains géographes fragmentaires d'époque hellénistique. En outre, un livre en particulier a, dans sa structure même, l'aspect d'un périple : le livre V, seul livre de la *Bibliothèque* auquel Diodore donne un titre, βίβλος νησιωτική (5, 2, 1),[38] suit une navigation singulière, qui part de la Sicile pour aborder les îles de la Méditerranée occidentale, et d'abord les îles voisines, les Éoliennes, Ustica, l'archipel maltais et les Kerkinnah. Il traite ensuite des îles de la mer tyrrhénienne du nord au sud, puis revient aux Éoliennes, et aborde l'île d'Elbe, la Corse et la Sardaigne. En réalité, c'est là un itinéraire romain connu que Diodore suit dans son périple : le voyage qu'effectua par exemple le consul Cn. Servilius Geminus en 217 contournait la Sardaigne et la Corse pour rejoindre les îles Kerkinnah, et celui du consul Ti. Claudius Nero en 202/1 suivait ce parcours en sens inverse.[39] L'organisation de la matière y est donc périplographique.

Dans les livres historiques, en revanche, l'information géographique se fait plus rare et ponctuelle que chez Polybe : elle intervient par exemple à la faveur d'une description de bataille, lorsqu'elle est nécessaire à la compréhension de la tactique

[37] COHEN-SKALLI / DE VIDO (2011). Pour les descriptions ethno-géographiques, cf. BIANCHETTI (2018).

[38] AMPOLO (2009).

[39] Comme l'a montré A. Jacquemin dans CASEVITZ / JACQUEMIN (2015) XVI-XVII. Voir LIV. 22, 31 pour le premier itinéraire et 30, 39 pour le second.

déployée, mais jamais pour elle-même. Ainsi, au moment de la prise de pouvoir d'Agathocle en 317/6, le "paysage urbain" (dirait-on à tort aujourd'hui) de Syracuse est évoqué (plus que décrit) par la mention des ruelles (στενωποί), où étaient bloqués les soldats, les uns abattus dans les rues (κατὰ τὰς ὁδούς), les autres dans les maisons (ἐν ταῖς οἰκίαις, 19, 7, 1), et par l'évocation des πύλαι et des τείχη de la cité (19, 8, 1). On ne peut dire que les monuments de la ville en eux-mêmes soient décrits : ils constituent simplement des indices topographiques utiles au récit.

3. La "description des lieux" chez les historiens

On peut tenter de mieux définir le rôle que l'historien s'attribuait dans la représentation de l'espace au IIe et au Ier siècle par l'étude de trois concepts-clefs qui apparaissent à la fin de l'époque classique et au cours de l'époque hellénistique, τοπογραφία, γεωγραφία et χωρογραφία (et les verbes dénominatifs qui en dérivent). Le mot τοπογραφία est dans notre corpus le premier à apparaître et, à l'inverse des deux autres, n'a guère fait l'objet d'études approfondies par les spécialistes de géographie, peut-être parce qu'il relève aussi de la rhétorique. Sa première occurrence est de toute évidence chez Éphore : si le texte de l'historien de Cumes n'est pas conservé directement, le mot est attesté à son sujet par deux passages de Strabon. Au début du livre VIII, Strabon résume en premier lieu différents types possibles de langages géographiques : la "topographie" y apparaît, certes d'abord pour parler des développements géographiques propres tant à Éphore (*FGrHist* 70 T 12, *ap.* Str. 8, 1, 1 C332) qu'à Polybe (34, 1, 1, *ibid.*), pour désigner les passages sur la "topographie des continents" (ἡ τῶν ἠπείρων τοπογραφία, qu'on préférerait sans doute traduire "géographie des continents" pour les raisons qu'on verra sous peu) que tous deux composent dans leurs travaux historiques à caractère général. Ce type de langage — dit Strabon — s'oppose aux études géographiques particulières, qui portent des titres techniques, "Portulans" (Λιμένες), "Périples" (Περίπλοι) ou "Itinéraires terrestres" (Περίοδοι),[40] ou encore aux sujets géographiques intégrés dans des études de mathématique ou physique par un Poséidonios ou un Hipparque, ou enfin au langage géographique d'Homère, qui lui est poétique. Strabon balaie donc ici les discours géographiques pratiqués par les uns et les autres. Mais, si le concept de τοπογραφία pourrait aussi être une réélaboration du géographe, la seconde occurrence apparaît de nouveau au sujet d'Éphore :

> "S'il commence par cette région [*scil.* l'Acarnanie], c'est que le littoral lui sert à mesurer les distances et que la mer est, à ses yeux, un guide commode pour décrire un pays (ἡγεμονικόν τι τὴν θάλατταν κρίνων πρὸς τὰς τοπογραφίας) ; sans quoi rien ne l'empêchait de placer le commencement de la Grèce au territoire des Macédoniens et des Thessaliens." (*FGrHist* 70 F 143, *ap.* Str. 8, 1, 3 C334)

Si le concept est bien d'Éphore, lui-même disciple d'Isocrate, on ne sait avec certitude s'il fut d'abord géographique ou s'il circulait déjà dans les écoles rhétoriques à l'époque classique. La première hypothèse est toutefois plus probable.

Dans le discours, la τοπογραφία renvoie en effet à l'origine à une figure de l'accumulation à fonction d'*evidentia*, en l'occurrence à l'explication détaillée et vivante des lieux : elle y signifie la description d'un lieu, comme le montre le corpus latin, certes bien plus tardif. On cherchera en vain chez les orateurs (ou historiens) latins le calque *topographia* sous la République ou au début du Principat : il n'apparaît que bien plus tard, et à une seule reprise dans la littérature, chez Servius, en opposition à la *topothesia*, description de lieux imaginaires (*In Verg.* 1, 159). Mais à défaut du calque, dès le Ier siècle ap. J.-C. est attestée sa traduction parfaite dans le tour *locorum descriptio*. Quintilien donne une explication qui établit fermement l'équivalence entre la périphrase latine et le composé grec :

[40] Pour une typologie des genres de la géographie, cf. MARCOTTE (2000) LV-LXXII.

> "Certains rhéteurs rangent la description claire et expressive des lieux (*locorum quoque dilucida et significans descriptio*) dans la même catégorie de figures ; d'autres l'appellent τοπογραφία." (9, 2, 44)

Ce passage sur la théorie des figures pourrait remonter à la tradition scolastique de Rhodes ;[41] celle-ci est connue dès le IVe siècle, mais elle connaît un essor en particulier au IIe et au Ier siècle, et c'est à cette période que se forment les grandes lignes de cette doctrine. En rhétorique, le terme est donc plus probablement postérieur à son emploi par Éphore en géographie. Une citation prouve en outre que le terme τοπογραφία en géographie ne peut être postérieur au IIe siècle : après Éphore-Strabon, la deuxième occurrence se trouve chez Polybe, pour parler du rôle des historiens dans la description des sièges, lieux, etc., dans un extrait des *Excerpta* dont on a rappelé plus haut la fiabilité (πολιορκίας μὲν γὰρ καὶ τοπογραφίας καὶ τὰ παραπλήσια τούτοις, 29, 12, 4, *ap. De Sententiis*, n° 122 Boissevain).

Un autre emploi montre en tout cas qu'au Ier siècle ap. J.-C., le tour *descriptio locorum* était désormais acquis et en usage dans les différents champs, historiographie, poésie, rhétorique. Dans une lettre adressée à Luperculus, personnage inconnu par ailleurs, Pline envoie à son ami un plaidoyer qu'il est en train d'achever ; il lui demande de couper certains passages trop longs, mais requiert aussi son indulgence sur d'autres :

> "il est admis que l'on traite des descriptions des lieux (*descriptiones locorum*), qui seront assez nombreuses dans ce livre, non seulement à la manière des historiens, mais dans une certaine mesure à celle des poètes (*non historice tantum, sed prope poetice*)." (*Epist.* 2, 5, 6)[42]

[41] École à laquelle a sans doute puisé Quintilien pour ses développements sur la théorie des figures, cf. CAVARZERE-CRISTANTE (2019) 364-366 et BERARDI (2010) en détail ; je remercie Francesco Berardi et Guillemette Mérot pour leurs lumières à ce sujet. La τοπογραφία n'est pas attestée chez Aelius Théon, contemporain de Quintilien, qui parle en revanche de l'exercice de l'ἔκφρασις (p. 118, 6-120, 11 SPENGEL = p. 66, 21-69, 23 PATILLON-BOLOGNESI), sur laquelle on renverra à BERARDI (2018) 125-140.

[42] Trad. ZEHNACKER légèrement modifiée.

La *descriptio locorum* intervient donc dans le champ des rhéteurs, Pline évoquant ici son propre plaidoyer en cours de rédaction, mais aussi des historiens (chez lesquels les descriptions de lieux sont devenues conventionnelles), et parfois des poètes.[43] En tout cas, dans le domaine de l'historiographie et de la géographie, le concept de "topographie" en grec comme en latin est loin de s'être spécialisé dans le sens technique qu'il revêt de nos jours, qui désigne d'abord la technique du levé des cartes et plans de terrains ou la représentation graphique d'un terrain, d'une portion de territoire, avec l'indication de son relief. La τοπογραφία d'Éphore serait plutôt notre "géographie", et le sens littéral de "description des lieux" convient parfaitement à son acception chez Strabon en 8, 1, 1 C332. On est également loin du rôle technique qu'on attribue aujourd'hui au "topographe",[44] et de façon générale loin de la terminologie issue la géographie mathématique conçue au IIIe siècle.

Ce n'est qu'avec Ératosthène qu'est forgé un nom pour dire la discipline technique, issue de la géométrie, qu'est la γεωγραφία, l'étude de la sphère terrestre en tant que corps céleste et les mesures auxquelles celle-ci pouvait être soumise.[45] Cette discipline, née donc à Alexandrie, avait une ambition très large. Selon la tradition, c'est aussi le titre qu'Ératosthène donna à son

[43] Cf. le commentaire de WHITTON (2013) 115 qui confronte ce passage de Pline à d'autres passages de Quintilien, tout en précisant que le *prope poetice* est un ajout de Pline par rapport à son maître.

[44] Voir la discussion qui suit l'article de D. ROUSSET dans ce volume des *Entretiens* : à partir du Ier siècle av. J.-C., le nom τοπογράφος est attesté, mais dans un autre sens, semble-t-il. Il l'est d'abord chez Diodore (fr. 31, 29 GOUK.) et dans une inscription de Délos datable des années 100-75 (*I. Délos* 2618bis), dépourvue de tout contexte. Chez Diodore, le sens proposé par P. Goukowsky est celui de "peintre-décorateur", sur la base du parallèle avec Valère Maxime (*Alexandrini pictoris*, 5, 1, 1f), cf. sa traduction *ad loc.* : le personnage (un ami de Ptolémée VI Philométor, parfois identifié au Démétrios dit Γραφικός et ζωγράφος de DIOG. LAERT. 5, 83) pourrait avoir peint des paysages ou d'autres décors sur les murs des maisons. Sur l'interprétation détaillée de τοπογράφος, voir FRASER (1972) 213, n. 221. Le sens toutefois reste incertain. L'équivalent de notre technicien "topographe" est plutôt le χωροβάτης (attesté par *MAMA* III 694), cf. MARCOTTE (2006) 150.

[45] MARCOTTE (2006).

œuvre. On laissera aux spécialistes le soin de développer ce sujet, mais on notera que le sens ératosthénien du terme est éloigné de celui que couvre notre "géographie", dont le sens s'est banalisé : c'est plutôt notre géodésie qui pourrait traduire la γεωγραφία de l'Alexandrin.[46]

Enfin et surtout, c'est chez Polybe, le premier à avoir tenté une définition systématique des différentes façons de faire de la géographie au IIe siècle, que nous trouvons la première attestation du composé χωρογραφία, qui nous intéresse au premier chef, car c'est la "chorographie" que pratiquèrent les historiens-géographes hellénistiques comme lui. Le terme fut forgé par opposition au concept ératosthénien de création récente, γεωγραφία, car il fallait un mot pour désigner la description à une échelle plus grande, la description du monde région par région ou d'une contrée donnée :

> "Je vais montrer, quant à moi, la réalité moderne en matière de fixation des lieux et de mesures de distances (περὶ θέσεως τόπων καὶ διαστημάτων), car c'est l'objet par excellence de la chorographie (τοῦτο γάρ ἐστιν οἰκειότατον χωρογραφίᾳ)."[47] (34, 1, 4-5, *ap.* Str. 10, 3, 5 C465)

La question de l'objet très précis de la description chorographique, qui ne semble pas quant à elle avoir d'équivalent moderne autre que le calque du grec "chorographie" forgé par les traducteurs, a parfois divisé la critique ;[48] mais ce qui est d'intérêt ici, c'est la fonction programmatique de ce concept de géographie descriptive, qui sous-entend en lui-même une géographie concrète, pratique et utilitaire, comme l'est celle de Polybe :[49] le récit des πράξεις politico-militaires nécessitait la description des différents

[46] D. MARCOTTE dans ce volume des *Entretiens*.

[47] Trad. LASSERRE légèrement remaniée, en suivant MARCOTTE (2006) 150 : la θέσις est chez Polybe littéralement la "position des lieux" (cf. § 1), ce qu'on pourrait effectivement aujourd'hui rendre par "topographie" (trad. LASSERRE), ou fixation des lieux sur une carte.

[48] Nuance sur ce point dans PRONTERA (2011) 73-80, pour lequel il pouvait s'agir de géographie régionale comme générale (à l'échelle de l'œcoumène).

[49] PÉDECH (1964) 531.

cadres régionaux. Sa chorographie était donc parfaitement adaptée aux intérêts de son lecteur, à l'homme politique et à l'homme de terrain, qu'il était lui-même, et l'on imagine assez que la γεωγραφία des savants alexandrins n'était en revanche guère à même d'intéresser son public, auquel Polybe fournissait les données d'un savoir très pratique et, en cela, très romain.

4. Concepts hérités de la tradition historiographique et périplographique antérieure

Même si les indices lexicaux manquent parfois, l'historiographie hellénistique est avant tout héritière de la tradition historiographique et périplographique antérieure : de nombreux concepts géographiques figurent déjà chez Hérodote et Thucydide, dans les périples ou, parfois, dans la poésie classique. Cela ne surprendra guère, puisqu'aucune rupture brutale ne s'effectue dans la représentation de l'espace par rapport à l'époque classique, que continue en partie la tradition hellénistique, bien que d'autres schémas s'y surajoutent, de même que la connaissance d'horizons nouveaux, qui détermineront aussi la création d'autres concepts (§ 5-7). Les œuvres de Polybe et de ses successeurs restent donc avant tout marquées d'une conception de l'espace qui est celle des premiers siècles de l'historiographie, et qu'on a appelée "hodologique". L'expression, qui a fait date depuis près de quarante ans, est celle que P. Janni emprunte au domaine de la psychologie.[50] La représentation que les Anciens se faisaient de l'espace était essentiellement unidimensionnelle, très éloignée de la vision bidimensionnelle qui s'exprime chez nous lorsque nous concevons ou consultons des cartes — et que les spécialistes de géographie mathématique, comme Ptolémée avec son système de coordonnées, tâchaient de toute évidence déjà d'acquérir.

[50] Janni (1984) *passim*. Pour un résumé des principales caractéristiques de cette représentation hodologique, cf. p. 79-85.

L'espace hodologique se caractérise de différentes façons : un individu y raisonne avant tout en termes d'itinéraires, le plus souvent en énumérant des localités dans l'ordre, avec leurs distances respectives ; il livre un état des choses qui est celui qu'il connaît, en se plaçant lui-même comme point de référence, sans tenter d'établir un rapport objectif et universel entre les choses, comme nous le faisons avec nos cartes. C'est un monde où on cherche son chemin pas à pas, à tâtons, où la direction du point B au point A n'est pas la ligne droite reliant les deux, mais le lien le plus facile et le plus pratique pour rejoindre A depuis B. Les espaces géographiques sont décrits en termes de perception subjective (notamment temporelle), suivant une représentation de l'espace hautement empirique, où priment les notions de proximité et de séparation. Naturellement, celle-ci se reflète autant dans les descriptions que dans nombre des concepts que les historiens emploient, dont beaucoup faisaient déjà partie du bagage linguistique et restaient toujours largement employés à l'époque de Polybe et bien au-delà. Ces concepts ne sont donc pas propres à l'époque hellénistique : on se limitera à quelques exemples.

Dans une telle perception de l'espace, la nécessité était avant tout de ramener l'abstrait au concret. Sans qu'il s'agisse de concepts à proprement parler, l'existence, ancienne dans la langue, de toponymes et d'ethnonymes "parlants", est caractéristique de cette mentalité : si beaucoup n'ont pas de signification précise, un petit nombre d'ethniques livrent par eux-mêmes une indication géographique — dont on peut se demander si elle continuait de s'imposer à l'esprit de l'auteur et du lecteur, ou si, parfaitement lexicalisés, ces ethniques étaient pensés comme des noms propres : aussi les Ὑπερβόρεοι ou Hyperboréens sont-ils, d'Hérodote (4, 13) à Diodore (2, 47, 1) et bien au-delà, les habitants de l'extrême nord, selon le primitivisme géographique qui préside à la représentation des régions les plus reculées.[51] Plus tard, les Ἀντίποδες sont, sans doute chez Poséidonios, et à

[51] Arnaud (2001) 333.

sa suite chez Géminos (*Elem. astronom.* 16, 1), ceux qui ont les pieds de l'autre côté de la Terre,

> "ceux qui habitent dans la zone sud et dans l'autre hémisphère (...), diamétralement opposés à notre terre habitée. En effet tous les corps lourds se dirigeant vers le centre à cause de l'attirance des corps vers le centre, si de n'importe quel point de notre terre habitée l'on trace une droite passant par le centre, les gens situés à l'autre extrémité du diamètre dans la zone sud auront les pieds diamétralement opposés".[52]

La même chose se produit pour la désignation de l'Italie Ἑσπερία ou Hespérie,[53] littéralement la région du couchant par rapport à la Grèce, et que son nom suffit à localiser. Il s'agit là de cas isolés : la plupart des ethnonymes et toponymes sont des formes abstraites, qui ne renvoient pas à une réalité particulière.

Cette première observation conduit à l'une des caractéristiques principales de l'hodologie des Anciens, qui transparaît dans la localisation respective des territoires et donc, en un sens, dans l'idée de limites et de confins : aux époques classique et hellénistique, les espaces sont souvent définis par leur position *relative* entre eux, car les concepts employés, hérités des itinéraires et des périples, sont des concepts topologiques de contiguïté ou de séparation. À l'instar de ce qu'on lit chez les périplographes, où les séquences de sites s'enchaînent par des adverbes spatiaux ou temporels εἶτα, μεταξύ, ἑξῆς, les historiens continuent d'indiquer de cette façon la position respective des sites ; cette séquence n'est naturellement pas toujours celle qui s'impose au lecteur moderne, car elle est parfois "incorrecte" d'un point de vue de la carte — c'est-à-dire, dans une façon de localiser les points que nous avons intériorisée, même quand nous n'avons pas de carte sous les yeux. Dans le même registre, la position d'un site ou d'une région peut être donnée par les historiens par la précision d'un "début", d'un "milieu" ou d'une "extrémité".[54]

[52] La traduction est de G. Aujac dans AUJAC / LASSERRE (1969) 178-179. Sur les Antipodes, cf. MORETTI (1994).

[53] DION. HAL. 1, 35, 3.

[54] Et ce encore chez Diodore, cf. 3, 12, 1.

Ainsi une région est-elle sise "entre" deux autres : Diodore dit l'Arabie "située entre la Syrie et l'Égypte" (κεῖται μὲν μεταξὺ Συρίας καὶ τῆς Αἰγυπτίου) (2, 48, 1), ce pour quoi on observera, à la suite de P. Janni, que, dans une perspective moderne, il en ressort une localisation satisfaisante tout au plus pour la zone de l'Arabie limitée à Gaza et au Sinaï, et non au-delà.[55]

Dans le cas de sites non ou mal identifiés, des modes de localisation aussi étrangers à notre mentalité créent aux modernes quelques difficultés. Un Ancien dira rarement, en termes absolus, en "Syrie du nord", mais le plus souvent dans "la partie de la Syrie avoisinant la Cilicie", et ce, encore à l'époque hellénistique. En 2, 43, 6, Diodore traite de colonies d'Assyriens qui, contraints par les rois scythes, allèrent s'installer dans la région située "entre la Paphlagonie et le Pont" (εἰς τὴν μεταξὺ χώραν τῆς τε Παφλαγονίας καὶ τοῦ Πόντου) : il s'agit peut-être des Λευκόσυροι ou Syriens blancs ("à la peau blanche"),[56] dont parle Strabon (12, 3, 9), qui quant à lui mentionnait Hérodote pour situer l'Halys coulant "entre" les Leukosyriens et les Paphlagoniens (1, 6, 1). Chez Polybe, la localisation des îles Égades entre le cap Lilybée de Sicile et Carthage a fait couler beaucoup d'encre, puisque ces îles sont sises en réalité au nord du Lilybée. Trois hypothèses principales ont été proposées pour comprendre la séquence ἐν ταῖς καλουμέναις Αἰγούσσαις, μεταξὺ δὲ κειμέναις Λιλυβαίου καὶ Καρχηδόνος (1, 44, 2) : O. Cuntz conclut de façon radicale qu'une telle localisation serait inadmissible de la part d'un témoin oculaire, et donc que Polybe n'a jamais été en Sicile — affirmation qui présuppose une carte moderne ! T. Büttner-Wobst propose de lire cette séquence comme les étapes de l'itinéraire du parcours d'Hannibal ; F.W. Walbank enfin y voit une confirmation de la déformation de l'image polybienne générale de la Sicile, qui était effectivement un triangle mal orienté (§ 7). Les deux dernières hypothèses, conjuguées entre elles, expliquent en réalité parfaitement le tour employé par Polybe.[57]

[55] Janni (1984) 105.
[56] Identification proposée à titre d'hypothèse par Eck (2003) 78, n. 2.
[57] Janni (1984) 105 et n. 56 qui donne le *status quaestionis*.

Dans le même registre, les régions sont "dirigées" vers d'autres, "confinent" à ou "sont limitrophes" (συνάπτειν, "s'attacher avec") d'autres, "atteignent" tel endroit ; ou encore, une saillie de la côte "court vers" (ἐπιτρέχειν) un autre point : tous ces concepts sont l'expression d'un langage dynamique, qui passe par nombre de verbes de mouvement,[58] là où nous dirions simplement tel espace situé "au nord" ou "au sud" de tel autre. Pour localiser des promontoires, c'est même à peu près la seule manière de dire des historiens : un cap "regarde dans la direction de" tel point ; les îles quant à elles sont toujours dites "en face de" (κατά), ou "à la hauteur d'" un point déterminé du continent :[59] c'est là sans doute un emprunt à la périplographie ou, plus précisément, aux itinéraires nautiques, héritiers de la façon dont on enseignait aux marins les étapes pour rejoindre tel point de la côte.

L'emploi de ces prépositions pour localiser entre eux les espaces n'est pas toujours sans ambiguïté à nos yeux et peut induire en erreur les spécialistes de géographie historique ou les archéologues, même quand les termes géographiques antiques et modernes semblent se correspondre. L'idée couverte par le concept grec τὰ στενά, littéralement le "passage étroit" ou "resserré", est bien rendue par notre "défilé", "passage étroit comme un fil" (entre deux versants ou un versant et un cours d'eau) et où l'on chemine "à la file",[60] sans que ce terme soit la traduction du mot grec. Naturellement, pour une armée, la traversée de défilés n'était guère stratégique et signifiait se mettre en position de danger. L'exemple de l'Illyrien Skerdilaïdas arrivant, au moment de la prise de Phoinikè durant la première guerre d'Illyrie, à travers les "défilés à côté d'Antigonéia" d'Épire par voie de terre, comme l'écrit Polybe (διὰ τῶν παρ' Ἀντιγόνειαν στενῶν, 2, 5, 6 et 2, 6, 7)[61], offre une illustration des hésitations

[58] JANNI (1984) 115-116 en particulier.

[59] Les exemples sont fort nombreux, et c'est toujours le cas à la fin de l'époque hellénistique : cf. DIOD. SIC. 5, 13, 1 ; 5, 17, 1 etc. Cf. JANNI (1984) 108. C'est le κατά qui a pu faire suspecter ici et là la présence d'une carte pour l'auteur, cf. JANNI (1984) 42.

[60] BRUNET / FERRAS / THÉRY (^{3}1993) *s.v.* "défilé".

[61] *Quae ad Antigoneam fauces sunt* chez LIV. 32, 5, 9.

qu'ont éprouvées les modernes à préciser la topographie, jusqu'à ce que l'archéologie vienne éclairer le sens de l'expression chez Polybe. Il s'agissait, avant qu'elle ne fût retrouvée, de localiser dans l'actuelle Albanie la grande ville d'Antigonéia, deuxième ville de Chaonie après Phoiniké, et de préciser quels étaient ces "défilés" ou στενά, situés παρά Antigonéia, donc à côté de ou le long de cette ville. N.G.L. Hammond,[62] qui fournit aussi dans son article un plan éclairant de la région, et à sa suite J. et L. Robert en recensant un article de ce dernier,[63] montrent qu'il y eut au moins trois candidats pour ces στενά, certains les plaçant au nord sur la rivière Aous, ou plus précisément aux Aoi Stena, ce qui conduisait pour la plupart à situer Antigonéia au plus près de ces défilés, à l'actuelle Tepelena,[64] au nord du confluent du fleuve Drino et de la Vjosa (l'Aôos en grec). En 1967, Hammond identifiait cette fois Antigonéia aux ruines de l'actuelle Lekel, plus au sud, ce qui lui permettait en apparence de justifier au mieux le sens de ces στενά παρ' Ἀντιγόνειαν, qu'il identifiait dès lors aux longs défilés du Drino, Lekel étant sise le long du Drino, juste à l'est de son cours.[65] Mais c'est à 20 km au sud de Lekel, à Jerma, sur la rive droite du fleuve, en face de Gjirokastra, que les archéologues albanais retrouvèrent en 1970 des tessères de vote en bronze portant l'inscription Ἀντιγονέων[66] et découvrirent le site d'Antigonéia, juste à l'ouest de l'actuelle Saraqinisht :[67] les défilés étaient bien ceux du Drino, mais la

[62] HAMMOND (1971) 113 (pour le croquis) et *passim*. La localisation fut confirmée par D. Budina (BUDINA [1985]), et il faut désormais consulter CABANES (2008) et le chapitre de géographie historique "II, Région de Girokastra". La carte du *Barrington* 49, C3 est problématique : elle s'en tient à la première proposition d'HAMMOND (1967), et n'a donc pas tenu compte des progrès de l'archéologie. Plutôt : la carte semble correcte sur ce point, c'est le volume II (*Map-by-Map Directory*) qui est erroné.

[63] *BE* 1972, n° 245 (avec l'histoire de la question) recensant HAMMOND (1971).

[64] Cf. notamment WALBANK (1957) 156.

[65] HAMMOND (1967) 278.

[66] Publiés par BUDINA (1972) 252 (et fig. 5).

[67] Voir aujourd'hui de façon générale les travaux des responsables du site, les fouilles étant dirigées depuis 2021 par Roberto Perna et Sabina Veseli. Je remercie Marie-Pierre Dausse pour ses précieuses indications.

préposition παρά de Polybe, comme on le comprend désormais, n'était pas à entendre dans le sens d'une proximité stricte. La ville n'était ni à l'entrée ni au débouché de ces défilés, mais à une quinzaine de kilomètres au sud, comme le rappellent les Robert, qui se penchèrent sur cette question liant intimement la terre et le papier, en concluant à la suite de N.G.L. Hammond : "Polybe nommait le défilé non par la ville la plus proche, mais par la plus grande de la région ; en d'autres mots, il rapportait le défilé à la ville, et non la ville au défilé".[68] Ajoutons : c'était aussi pour Polybe donner comme point de repère la (seule ?) ville des environs sans doute connue de son lecteur, en suivant le principe qu'il pose en 3, 36, 3-4 et sur lequel on reviendra sous peu, qui consiste à éviter la mention de toponymes méconnus. Devant la ville, à droite du fleuve, passait une route majeure reliant la Chaonie à la Molossie.

C'est aussi à l'époque classique que remontent certains concepts établissant la localisation relative de deux ou plusieurs territoires, dans un sens d'abord uniquement géographique (ou chorographique) qu'on voit toujours à l'œuvre chez Polybe, et plus tard en un sens politique ou administratif s'appliquant à la cité et à un territoire dépendant : ainsi, comme Hérodote (1, 76) ou Thucydide (1, 9), Polybe emploie l'adjectif féminin περιοικίς (-ίδος) au sens littéral, "situé aux environs de". En 5, 8, 4, il qualifie ainsi les villages des alentours proches de Thermos en Étolie en évoquant le pillage du sanctuaire effectué par Philippe V, en représailles du sac de Dion : en 218, arrivé à Pamphia, Philippe marcha sur Thermos, et après y avoir installé son camp, envoya ses troupes dévaster les "villages circonvoisins" (τάς τε περιοικίδας κώμας) et sillonner les environs. Le contexte ne laisse pas d'ambiguïté sur le sens que revêt l'adjectif, qui évoque uniquement la proximité géographique : il s'agit de dévaster les *parages* avant de s'attaquer au sanctuaire. Un siècle et demi plus tard, dans le sillage d'un emploi figurant déjà chez Aristote (*Pol.* 6, 5, 9, 1320b6), l'adjectif est cette fois substantivé,

[68] Cf. de nouveau *BE* 1972, n° 245.

et les περιοικίδες (πόλεις) renverront chez Strabon à un rapport de dépendance entre des cités : en 6, 1, 6 C258,

> "la cité de Rhégion fut extrêmement puissante et posséda de nombreuses dépendances tout alentour (περιοικίδας ἔσχε συχνάς). Elle garda de tout temps des défenses fortifiées (ἐπιτείχισμα) du côté de l'île, de l'antiquité jusqu'à nos jours, puisqu'elle les avait récemment encore quand Sextus Pompée souleva la Sicile".

La traduction qu'en donna en 1867 A. Tardieu, tout infidèle au texte qu'elle puisse être notamment par ses ajouts, est, comme souvent, remarquable de précision par la technicité du lexique géographique et institutionnel (parfois désuet) qu'elle emploie. Cela ne surprend guère, puisque Tardieu fut géographe de métier, au ministère des affaires étrangères, de 1843 à 1849 : "Pour en revenir à Rhegium, disons que cette ville, très forte par elle-même et par le grand nombre de colonies dont elle s'était entourée, a été de tout temps le boulevard de l'Italie contre la Sicile ; on en a eu la preuve de nos jours encore, quand Sextus Pompée souleva les populations de cette île." Il s'agit effectivement pour Strabon de désigner, à l'époque archaïque, Rhégion de Calabre et ses colonies ou ἀποικίαι. En 10, 2, 2 C450, le sens administratif du terme est de nouveau confirmé. Strabon y énumère la situation contemporaine des cités d'Acarnanie :

> "On peut nommer encore Palairos, Alyzia, Leucade, Argos Amphilochienne et Ambracie, qui sont tombées pour la plupart, pour ne pas dire toutes, sous la dépendance de Nicopolis (ὧν αἱ πλεῖσται περιοικίδες γεγόνασιν ἢ καὶ πᾶσαι τῆς Νικοπόλεως)",

s'agissant de Nicopolis-Actium, qui vient d'être fondée en 31 av. J.-C. par Octave. Tardieu traduit quant à lui : "elles forment presque toutes aujourd'hui (et l'on peut même dire toutes) de simples dèmes dépendants de Nicopolis". Il ne s'agit naturellement pas ici d'une division territoriale en "dèmes" à proprement parler, mais le sens à la fois territorial et administratif que revêt ce mot illustre clairement ce que Strabon veut dire : Octave vient de fonder un nouveau centre urbain, Nicopolis, doté du territoire de plusieurs cités voisines qui deviennent des cités avec une autonomie administrative réduite ou nulle, en terme juridique des cités *adtributae.*[69] Strabon, en ce cas, hellénise donc une réalité romaine récente et Tardieu traduit, par analogie, par un terme désignant des circonscriptions intégrées à un territoire plus vaste, parfois regroupées ensuite par synœcisme, comme ce fut le cas par exemple à Mantinée en Arcadie.[70] Or, si Strabon n'emploie pas ici le terme, c'est bien de συνοικισμός que parle Pausanias au sujet de Nicopolis (5, 23, 3 et συνοικίζεσθαι en 7, 18, 8), et N.F. Jones pose une synonymie partielle entre δῆμοι et περιοικίδες pour le synœcisme d'Élis :[71] la traduction de Tardieu est donc, en un sens, particulièrement bien trouvée. On entre là dans la question des relations administratives entre communautés d'un même territoire — question complexe, qui a besoin de transpositions modernes pour être comprises, ce type de relations n'existant pas de nos jours ; pour les décrire, les savants italiens à partir des années 1970 ont formé l'adjectif *poleico*, et parlent de relations *poleiche* ou, en l'occurrence, *sovrapoleiche*, par contraste avec ce qui est *stricto sensu* "politique", *politico*, le *poleico* incluant tout ce qui (de social, économique, religieux, etc.) a trait à la *polis.* On pourrait s'interroger sur la pertinence de ce concept moderne, qui ne s'est guère répandu, semble-t-il, en français, en allemand ni en anglais, et sur son adéquation à la réalité antique. Quoi qu'il en soit, rien de tel dans les terres περιοικίδες de Polybe, qui marquent simplement une proximité géographique.

C'est aussi parmi les concepts hodologiques, issus de données empiriques, que l'on peut compter la façon dont les historiens

[69] La bibliographie sur Nicopolis est fort vaste, on se limite ici à renvoyer à HOEPFNER (1987) et surtout à RIZAKIS (1996) 274-297 sur les questions de territoire. Sur l'*adtributio*, cf. LAFFI (1966).

[70] Cf. STR. 8, 3, 2 C337 : οἷον τῆς Ἀρκαδίας Μαντίνεια μὲν ἐκ πέντε δήμων ὑπ' Ἀργείων συνῳκίσθη.

[71] JONES (1987) 145 : au sujet d'Élis, qui fait l'objet d'un synœcisme ἐκ πολλῶν δήμων "or, presumably synonymously, ἐκ τῶν περιοικίδων (Strabo, 8.3.2 : 336-337) or, again, simply from 'several small *poleis*' (Diodoros, 11.54.1). Naturally, some or all of the *demoi* might have coincided with these pre-synoecism settlements (...)". Cf. aussi MOGGI (1976) 157-166, n° 25.

hellénistiques, à la suite d'Hérodote et des périplographes, pensent les mesures de distances, souvent données en terme de journées de marche ou de navigation, et leurs emplois de certains composés tels que le νυχθήμερον chez Poséidonios (fr. 290a Theiler[72]), la "durée d'une jour et d'une nuit", c'est-à-dire vingt-quatre heures : de la durée à la distance, la conversion était simple, et on pouvait passer sans instrumentation du temps de parcours à l'espace parcouru. L'échelle de conversion pour une journée de vingt-quatre heures de navigation de loin la plus usitée dans l'Antiquité est celle de 1000 stades, dont on trouve la trace par exemple chez Diodore (3, 34, 7). Mais d'autres échelles de conversion existaient ; l'une, la journée de navigation de 600 stades, dont on ne sait expliquer l'origine, semble être un usage propre à Polybe.[73] Toutes ces échelles témoignent en tout cas de l'attention qu'avaient les Anciens à exploiter les données de l'expérience et de passer des "durées moyennes enregistrées dans la conscience collective à des distances appréciables dans une unité de mesure connue".[74] Ce sont là des catégories de concepts fort étrangères aux nôtres.

Il s'agit aussi de ramener à chaque fois l'inconnu au connu, principe que Polybe fait sien dans les descriptions géographiques (3, 36, 3-4), rejetant un critère uniforme et favorisant une gradation dans le degré de connaissances des lecteurs :

> "À mon avis, si pour les lieux connus (ἐπὶ μὲν τῶν γνωριζομένων τόπων) la mention des noms (ἡ τῶν ὀνομάτων παράθεσις) a pour conséquence de contribuer non pas un peu, mais beaucoup à la mémorisation (πρὸς ἀνάμνησιν), en revanche, pour les lieux inconnus (ἐπὶ δὲ τῶν ἀγνοουμένων), l'énumération des noms produit exactement le même résultat que des termes formant une suite de sons dépourvus de sens (ταῖς ἀδιανοήτοις καὶ κρουσματικαῖς λέξεσι). La pensée n'ayant aucun point d'appui et ne pouvant rattacher ce qui est dit à rien de connu, la narration devient confuse et inintelligible."

[72] Le fragment n'est pas édité par EDELSTEIN-KIDD, qui se limitent aux *reliquiae* donnant le nom de Poséidonios.

[73] Différentes hypothèses pour l'expliquer dans ARNAUD (^{2}2020) 95-96.

[74] ARNAUD (^{2}2020) 96.

Polybe semble appliquer ce principe à la lettre dans ses descriptions : celle des Alpes (3, 47-58), où l'historien de terrain était pourtant allé prospecter, ne contient guère de toponymes, et les concepts employés sont des concepts de localisations relatives. Et pour cause : toute cette toponymie barbare aurait été inconnue de son lecteur (grec et romain), la chaîne alpine étant au IIe siècle encore une réalité étrangère puisque le contrôle des zones alpines ne s'opéra que sous Auguste.[75] La Cisalpine et la Transpadane ne faisaient alors pas partie de l'Italie et les intérêts de Rome se concentraient surtout en Orient, sur les royaumes hellénistiques. Aussi l'historien offre-t-il une description des Alpes qui se limite essentiellement à la géographie naturelle. Pour le propos de Polybe, les toponymes barbares n'ont sans doute guère d'intérêt non plus : il donne une géographie empirique à même d'expliquer au politique et au militaire une marche ou un siège. À l'inverse, la description d'un secteur bien connu de son lecteur et de lui-même comme le Péloponnèse fourmille de toponymes : c'est le cas pour la bataille de Sellasia (2, 65).

5. Les concepts issus de l'observation personnelle

L'étude de la formation de ce type de concepts vaut en particulier pour l'historien voyageur Polybe (§ 2) : on trouve quantité de termes géographiques attestés pour la première fois en grec dans les *Histoires*. Certes, notre perspective est biaisée par le fait qu'on ne dispose guère d'autres récits contemporains suffisamment bien transmis pour être soumis à l'analyse ; pour la période, notre documentation est beaucoup plus riche en inscriptions, où le lexique peut s'apparenter à celui du récit historique (§ 6) ou non, selon les sujets abordés. Il reste que Polybe est pour nous une mine de premières attestations de certains mots en grec, et également le témoin de nombreux hapax,

[75] GIORCELLI (2018) 107.

soigneusement recensés par J. de Foucault.[76] On n'évoquera que brièvement un premier ensemble de mots qui disent les réalités, la qualité et surtout les accidents du terrain et des routes terrestres : cet ensemble est remarquable parce qu'il semble provenir directement de l'expérience personnelle de Polybe. Les termes qu'on examinera d'abord ne rentrent pas dans la catégorie des "concepts" à proprement parler, mais permettent de comprendre certains concepts géographiques, visuels ou imagés, nés de la connaissance tu terrain.

C'est souvent le général qui parle et livre des précisions sur la qualité et l'escarpement du terrain, donnant à son lecteur des éléments nécessaires à la tactique, puisque la science du terrain fait partie des qualités nécessaires au commandant et que les contraintes géographiques s'exercent aussi sur le champ de bataille : le déroulement d'un conflit dépend également des lieux, et le relief a parfois une influence irrémédiable sur la victoire ou la défaite.[77] C'est donner des conseils à son lecteur, en quelque sorte, que d'indiquer tel chemin "difficile à traverser", δυσδίοδος (hapax polybien en géographie en 3, 61, 3 et 5, 7, 10[78]) ou "difficile à atteindre", δυσέφικτος (premières occurrences assurées chez Polybe, en 30, 25, 12 et 31, 25, 3), que de donner tel terrain "impraticable" ou "imprenable", ἀπραγμάτευτος (premières occurrences chez Polybe 4, 75, 2 et 4, 84, 2, puis chez Diodore en 17, 40, 4), ou encore que de mettre en garde devant un passage "sablonneux", δίαμμος (34, 10, 3, qui sera repris par les géographes) etc. Dans le même registre, le terme ἀνοδία trouve sa première attestation chez Polybe : lors du siège de Pharos par les Romains, les Illyriens sous Démétrios sont mis en déroute, et se dispersent pour éviter de se faire prendre par l'ennemi, certains d'entre eux s'enfuyant vers la ville, mais la plupart "se dispersant dans l'île à travers des endroits sans route (οἱ δὲ πλείους ἀνοδίᾳ

[76] Foucault (1972) 325-389 (appendice sur lexique de Polybe, où les hapax sont signalés d'une croix).

[77] Pédech (1964) 537 et 548.

[78] Le mot est attesté avant chez Théophraste (*Sens.* 73), mais appliqué à la couleur "difficile à pénétrer".

κατὰ τῆς νήσου διεσπάρησαν)" (3, 19, 7), suivant la traduction de J. de Foucault qui nous paraît correcte,[79] à laquelle équivaut à peu de choses près (en inversant la perspective) la traduction "hors des voies frayées" de l'édition Budé, mais non la proposition du dictionnaire Bailly qui l'interprète comme une "route impraticable" : il n'y avait pas de route, les soldats se dispersaient certainement à travers champs. Ce dernier sens est confirmé par les occurrences du terme, qui connaîtra une certaine fortune, chez Diodore notamment ("en dehors de toute route", 19, 5, 3 ; 19, 97, 1).[80] Polybe prête aussi une attention particulière à l'escarpement du terrain, en usant du quasi-hapax περιρρώξ, "escarpé" (9, 27, 4), ou en employant les variantes κρημνός, "lieu escarpé" (4, 57, 8 ; 4, 69, 7 etc.), ἐρυμνότης, "escarpement" (3, 47, 9 ; 3, 48, 5 ; 8, 13, 3 etc.), κατάρρυτος, "avec une pente raide" (28, 11, 2), etc. Parfois, un terme préexistant prend un autre sens sous sa plume : αὐλών (3, 47, 3-4 ; 3, 83, 1 ; 5, 44, 7) n'est pas chez lui le défilé, mais le couloir bordé d'obstacles sur les quatre côtés qui en font une véritable souricière.[81]

[79] FOUCAULT (1972) 330.

[80] *I. Stratonikeia* 10 (vers 39 av. J.-C.) a aux lignes 29-30 : εἰς τὰ παρακίμενα [ὄρη ταῖς ἀνοδίαις ὁρμήσαντες χαλεπῶς μ]ετέστησαν. Mais cette occurrence ταῖς ἀνοδίαις ne peut être prise en compte pour l'analyse, car il s'agit d'une restitution de l'éditeur P. Roussel, qui précise que les restitutions ne sont qu'approximatives dans ces lignes finales très mutilées ; comme il évoque le parallèle de Polybe pour le style et pour les restitutions de la ligne 28, il n'est pas impossible qu'il ait continué au-delà (l. 30) à utiliser Polybe, cf. ROUSSEL (1931) 85, l. 30 et commentaire p. 90.

[81] Dans le même registre, une attention particulière est prêtée par Polybe au relief : pour la première fois, les montagnes jouent un rôle singulier dans le dessin de la physionomie occidentale de l'Europe, cf. PRONTERA (2011) 80. Si les mots ἀκρώρεια (le "sommet"), ῥάχις (l'"épine dorsale", vocabulaire poétique), de même qu'ὄρος ("montagne") sont courants à l'époque classique, et largement récupérés par Polybe, de même que γεώλοφος pour dire la "colline", de nouvelles solutions lexicales apparaissent dans ses descriptions : ἀνάστημα "hauteur" devient pour la première fois chez lui un terme du relief puisque Polybe l'applique à la montagne (comme une "chose qui se soulève", "qui s'agrandit"). Surtout, Polybe, ou l'un de ses contemporains, forge le mot ἀκρολοφία (2, 27, 2 et 18, 19, 5), le "sommet" (d'une montagne) ; l'étude de sa fortune semble montrer qu'il s'agit aussi d'un concept lié à la tactique militaire.

Tous ces mots auraient plus d'intérêt pour les spécialistes de stratégie militaire que pour ceux de géographie historique si Polybe ne tirait les fils de cela en récupérant ou en forgeant certains concepts, récurrents chez lui, sur la régularité ou l'irrégularité d'un terrain ou d'un tracé. L'un d'entre eux ne connaîtra une fortune que ponctuelle chez les géographes, limitée au corpus de Poséidonios et Strabon,[82] illustrant ainsi parfaitement la naissance et le déclin d'un terme dans la fourchette chronologique envisagée : il s'agit du dénominatif χερρονησίζειν. Il apparaît sous la plume de Polybe à deux reprises, dans deux passages où l'autopsie est assurée, ce qui ne saurait être un hasard : il doit s'agir d'un néologisme de l'historien, qui avait besoin d'un terme très visuel pour montrer à son lecteur un type de terrain particulier par ses irrégularités. Carthage, à la prise de laquelle assistait Polybe aux côtés de Scipion,[83] "est située au fond d'un golfe (ἐν κόλπῳ κεῖται) d'où elle fait saillie par sa position sur une langue de terre (προτείνουσα καὶ χερρονησίζουσα τῇ θέσει), entourée presque entièrement d'un côté par la mer, de l'autre par un étang"[84] (1, 73, 4) : littéralement, Carthage, qui n'est pas à elle seule une péninsule, "dessine comme une péninsule". De même, pour expliquer le siège de Carthagène en Espagne, Polybe décrit d'abord la ville avec ses environs, en évitant, suivant le principe qu'il s'est fixé (3, 36, cf. § 5), l'abondance de toponymes et d'hydronymes peu familiers à son lecteur. Polybe prend soin d'indiquer que sa description repose sur une visite personnelle (10, 11, 4) : il est allé à Carthagène en 151.[85] "Au fond du golfe s'avance une colline[86] formant presqu'île (πρόκειται χερρονησίζον ὄρος), sur lequel la ville se trouve située (ἐφ' οὗ κεῖσθαι

[82] POSIDON. fr. 206 EDELSTEIN-KIDD (*ap.* STR. 11, 1, 5 C491) et STR. 5, 2, 6 C223 ; 6, 1, 5 C256 ; 7, 7, 5 C324 etc.

[83] PÉDECH (1964) 524 et 526.

[84] Trad. PÉDECH légèrement modifiée.

[85] PÉDECH (1964) 564.

[86] On ne comprend pas la traduction "promontoire" pour ὄρος de la traduction d'É. FOULON (ici légèrement modifiée) *ad loc.* Il doit s'agir d'une coquille, qui fait que le concept visuel de promontoire finit par envahir la traduction elle-même…

συμβαίνει τὴν πόλιν)" (10, 10, 5). En réalité, le verbe finit par désigner, dans un lexique non seulement dynamique, mais aussi et surtout visuel, le fait d'avoir une côte très découpée, ce qui implique pour le voyageur ou le marin la nécessité de devoir la suivre dans tous ses contours ; c'est le sens que revêtira aussi le mot chez Strabon : le circuit de l'Ionie par mer est long, à cause de ses nombreux golfes et de "la forme péninsulaire que dessine l'essentiel de son territoire (διὰ τὸ χερρονησίζειν ἐπὶ πλεῖον τὴν χώραν)"[87] (14, 1, 2). À partir du IIe siècle, l'historien-géographe est attentif, dans les termes mêmes, aux lignes droites et aux lignes courbes, aux saillies et aux renfoncements de la terre, et donc à l'importance relative des golfes et des promontoires.[88] Les sources parlent souvent de κόλπος là où nos cartes sont quasi rectilignes, ou vice-versa : cela tient à la difficulté qu'il y avait à établir les points de la côte où l'orientation (en grec, l'ἐπιστροφή) change réellement — quoiqu'il nous faille prendre garde, dans l'analyse, à l'évolution du trait de côte depuis l'Antiquité. Elles donnent donc parfois comme point remarquable des points qui ne nous le semblent pas du tout.[89]

De la même façon, Polybe accorde une attention particulière à la θέσις et à l'εὐκαιρία d'un site, deux autres concepts majeurs de sa géographie. Le premier, la θέσις ou "position" d'un lieu voire du monde, a déjà été évoqué rapidement (§ 1) : le concept fait l'objet d'une réelle théorisation par Polybe, car il est le premier élément de la connaissance géographique. Il reflète plutôt la tradition alexandrine et sa vision "cartographique" de l'espace, mais doit être lu de pair avec l'εὐκαιρία qui l'accompagne souvent (1, 41, 7 ; 16, 29, 3, etc.). Dans le prologue général de l'œuvre, l'auteur fait l'éloge de l'histoire universelle et "générale" contre les histoires particulières ou "monographies" : il faut tout traiter, et ne laisser de côté aucun ouvrage de la τύχη, car le but de l'historien est aussi de comprendre "la forme du monde

[87] Traduction personnelle.

[88] PRONTERA (2011) 202-205 pour Strabon.

[89] PLIN. *NH* 5, 3, 23-24 pour une description d'une côte septentrionale de l'Afrique presque rectiligne.

habité (τὸ τῆς ὅλης οἰκουμένης σχῆμα), sa situation et son ordonnance en totalité (καὶ τὴν σύμπασαν αὐτῆς θέσιν καὶ τάξιν)" (1, 4, 6), ce que seule une vision d'ensemble permet. C'est toutefois essentiellement à l'échelle régionale ou locale que Polybe utilise ce concept, qui relève dès lors du lexique cartographique : en 1, 41, 7, il s'agit de donner au lecteur une idée de la "position" de la Sicile pour mieux expliquer le conflit entre Rome et Carthage, de même qu'en 3, 58, 2, dans un excursus sur la géographie, Polybe explique que la plupart des historiens ont essayé de décrire "les traits caractéristiques et la position exacte des contrées qui s'étendent aux extrémités de notre monde habité (τὰς ἰδιότητας καὶ θέσεις τῶν περὶ τὰς ἐσχατιὰς τόπων τῆς καθ' ἡμᾶς οἰκουμένης)".

Le second concept évoqué, dans son emploi en géographie, est propre à Polybe, et sera réutilisé notamment par Poséidonios et Diodore :[90] l'εὐκαιρία est la "situation favorable" d'une ville, et se rapporte à sa valeur, militaire, géographique ou économique. Cette valeur dépend soit de caractères intrinsèques, soit de l'exposition du site par rapport à d'autres lieux ;[91] elle n'a guère de traduction univoque en français : il faut l'adapter au contexte. Le terme est employé par Polybe, à côté du concept complémentaire de θέσις, pour évoquer la situation très favorable de Byzance dans son golfe, à l'abri du courant, du fait de ses caractéristiques physiques :

> "Ce qui confère à la ville de Byzance la position la plus favorable (τὴν μὲν τῶν Βυζαντίων πόλιν εὐκαιροτάτην) et à Calcédoine une position toute contraire, c'est uniquement ce qui vient d'être dit par nous à l'instant, bien que, à première vue, les deux villes semblent avoir les mêmes avantages de situation (καίπερ ἀπὸ τῆς ὄψεως ὁμοίας ἀμφοτέραις δοκούσης εἶναι τῆς θέσεως πρὸς τὴν εὐκαιρίαν)." (4, 44, 1)

[90] Voir par exemple POSIDON. fr. 89 THEILER (*ap*. DIOD. SIC. 5, 38, 5 ; non recensé par Edelstein-Kidd, mais très vraisemblablement de Poséidonios, cf. A. Jacquemin dans CASEVITZ / JACQUEMIN [2015] XXVIII-XXIX), et DIOD. SIC. 1, 50, 6 ; 5, 82, 4, etc.

[91] PÉDECH (1964) 535.

Il s'agirait de la normalisation en géographie d'une idée plus ancienne : les Calcédoniens n'ont-ils pas été fondés par des "aveugles", mal localisés qu'ils étaient par rapport aux ressources de la pêche selon la tradition ?[92] Le terme εὐκαιρία devient en tout cas d'un emploi récurrent, voire ordinaire, chez Diodore, selon lequel par exemple "le fondateur de Memphis en Égypte avait si bien choisi l'emplacement de la cité (ὁ κτίσας αὐτὴν ἐστοχάσατο τῆς τῶν τόπων εὐκαιρίας)" que presque tous les rois qui lui succédèrent abandonnèrent Thèbes pour la rejoindre (1, 50, 6) ; il semble dès lors relever de la rhétorique de la *laudatio urbis*. À noter que le terme, dans d'autres contextes, revêt souvent le sens d'aisance, de fortune, qui est celui qu'on retrouve (certes peu fréquemment) dans les inscriptions, où le plus souvent il n'est pas un concept géographique.[93]

Le dernier concept qu'on envisagera naît lui aussi de l'intérêt prêté par Polybe à la qualité des lieux et nous conduit à nous pencher sur un mot par ailleurs "banal". Le substantif ἀκρόπολις est certes le plus souvent réservé à une citadelle, à un escarpement naturellement fortifié, destiné à la défense d'une ville ; chez Polybe, le premier membre adjectival peut bien sûr aussi apparaître dans les noms propres des citadelles de certaines villes, comme Ἀκροκόρινθος (2, 43, 4) ou Ἀκρόλισσος (8, 13, 1). Toutefois, en nommant ἀκρόπολις des villes qui n'ont aucune des deux caractéristiques du mot, il en élargit le plus souvent le sens, et en fait par métaphore un concept géopolitique, une catégorie pour dire la localisation idéale d'un lieu. Thermos, qui était située en pleine plaine et n'était probablement pas même une πόλις,[94] mais dont le sanctuaire était le centre de la ligue étolienne, est dite par sa situation "acropole de toute l'Étolie" (τῆς συμπάσης Αἰτωλίας οἷον ἀκροπόλεως ἔχειν τάξιν, 5, 8, 6). Éphèse est qualifiée par Polybe d'"acropole de l'Ionie" du fait de son εὐκαιρία — c'est là l'exemple le plus intéressant

[92] Cf. STR. 7, 6, 2 C320.
[93] *BE* 1939, n° 543 (R. Flacelière, J. Robert et L. Robert).
[94] ANTONETTI (1990) avec *status quaestionis* p. 16.

développé par P. Pédech à ce sujet : le roi Antiochos III était impatient de prendre possession d'Éphèse

> "du fait de sa situation favorable (διὰ τὴν εὐκαιρίαν), parce que, par rapport à l'Ionie et aux cités de l'Hellespont, elle semblait avoir, sur terre comme sur mer, la position d'une acropole (καὶ κατὰ γῆν καὶ κατὰ θάλατταν ἀκροπόλεως ἔχειν θέσιν), et que, par rapport à l'Europe, elle était toujours pour les rois d'Asie un excellent rempart (ἀμυντήριον ὑπάρχειν ἀεὶ τοῖς Ἀσίας βασιλεῦσιν εὐκαιρότατον)."[95] (18, 41a, 2)

Éphèse n'était naturellement pas tout entière au sens littéral une "acropole", mais elle devait avoir un intérêt stratégique que P. Pédech a sans doute tort de minimiser,[96] étant donné notamment l'importance de son port, aménagé par Lysimaque ; mais c'était surtout une place de commerce d'importance, avec une position géographique idéale, un réel carrefour en Asie Mineure :[97] dans cette perspective-là, elle pouvait apparaître comme "l'acropole" de l'Ionie. La chute de la phrase fait d'Éphèse un "rempart" (ἀμυντήριον) pour les rois d'Asie (Séleucides) : pour ceux-ci, elle est propre à défendre l'Asie Mineure des attaques venues d'Europe. Quoi qu'il en soit, c'était pour Polybe récupérer un terme du vocabulaire militaire pour lui attribuer un sens de prééminence géopolitique, de la même façon que, dans une vision italo-centrée, les Alpes sont chez lui "l'acropole de toute l'Italie" (3, 54, 2), — image qui remonte peut-être aux *Origines* de Caton (*muri uice*, fr. 4, 10 Chassignet) et qui connaîtra une longue fortune, jusqu'à Dante et Pétrarque[98] —, ou que, selon Philippe, Chalkis, Démétrias et Corinthe étaient "les entraves de la Grèce (τὰς Ἑλληνικὰς πέδας)" (18, 45, 6) : c'était là non seulement une désignation métaphorique, mais aussi orientée selon un

[95] Traduction personnelle.

[96] PÉDECH (1964) 549.

[97] Sur la localisation privilégiée d'Éphèse, cf. ROELENS-FLOUNEAU (2019) 289-290, 317, etc.

[98] "Les Alpes protégeaient l'Italie à la manière d'un rempart (*muri uice tuebantur Italiam*)", *Origines*, fr. 4, 10 CHASSIGNET = fr. 85 PETER. L'image se transmit jusqu'à DANTE, *Enfer*, 20, 61-62 et PÉTRARQUE, *Italia mia* (*RVF* 128), 33-34, cf. CUGUSI / SBLENDORIO CUGUSI (2001) 371.

point de vue, en l'occurrence macédonien. L'image de l'ἀκρόπολις était en ce sens particulièrement expressive : l'emploi du terme est honorifique et ressortit peut-être à la rhétorique de l'éloge des cités. Cette catégorie de concepts géographiques, visuels ou imagés, dont on trouve le premier emploi chez Polybe, procède d'une connaissance approfondie du terrain et d'une conceptualisation géopolitique de l'espace.

6. Concepts nés de la tradition alexandrine

Les campagnes d'Alexandre élargirent sensiblement les connaissances des Anciens vers l'Est et donnèrent un nouvel élan aux études géographiques, dont la science alexandrine et le développement des recherches mathématiques sont le reflet. Polybe s'écarte délibérément de la géographie alexandrine, et discute souvent contre ses prédécesseurs Ératosthène et Hipparque : cette réaction constitue un retour au dogmatisme stoïcien, un idéal de la géographie au service d'une autre science, l'Histoire ; la géographie de Polybe est avant tout une synthèse empirique.[99] Toutefois, bien qu'il ne s'accorde pas avec la vision théorique des Alexandrins, il est l'héritier de certains de leurs concepts : les plus courants dans les *Histoires* sont ceux qui relèvent d'une conception diagrammatique de l'espace. Ces notions géométriques sont héritées des *sphragides* d'Ératosthène, subdivisions géométriques de la carte :[100] Polybe fait ainsi un triangle (mal orienté) de la Sicile (τὸ δὲ σχῆμα τῆς Σικελίας (...) τρίγωνον, 1, 42, 3) ; il en va de même de la péninsule italique (dite τριγωνοειδής en 2, 14, 4, forme qui sera critiquée par Strabon) et de la Gaule Cisalpine (2, 14, 4-6). Ces formes passèrent largement dans l'usage chez les historiens d'époque hellénistique ; s'y ajouteront d'autres formes géométriques, utilisées aussi à l'échelle de la description de villes : aussi Ninive est-elle décrite

[99] WALBANK (2002) 46-47 et PÉDECH (1964) 590-596.
[100] Cf. de nouveau PÉDECH (1964) 590-596 et ROOD (2012) 187.

par Diodore dans sa forme plus longue dans un sens que dans l'autre (ἑτερόμηκες (…) τὸ σχῆμα, 2, 3, 2), c'est-à-dire dans la forme d'un rectangle.

C'est aussi à cette tradition que remontent certains concepts fondamentaux liés à la mesure de la terre. On s'attachera en détail à l'un de ceux-ci, βηματίζειν, qui trouve sa première occurrence au sens étymologique chez Polybe, du moins si l'on accepte le texte transmis. On se limitera à résumer à grands traits le débat philologique, qui a fait couler beaucoup d'encre. Certains philologues, depuis M.C.P. Schmidt, U. von Wilamowitz à P. Pédech,[101] ont en effet voulu exponctuer une phrase capitale de 3, 39, 8. Il s'agit, au milieu de la longue description des tronçons de la voie héracléenne, future *via Domitia*, de l'incise "ces lieux se trouvent maintenant soigneusement arpentés et jalonnés de bornes, tous les huit stades, par les Romains (ταῦτα γὰρ νῦν βεβημάτισται καὶ σεσημείωται κατὰ σταδίους ὀκτὼ διὰ Ῥωμαίων ἐπιμελῶς)". Les partisans de l'interpolation mettent deux arguments en avant : ces mots ne sauraient être polybiens, car Polybe serait en contradiction avec lui-même, chez lui un mille équivalant à huit stades un tiers en 34, 12, 4 (*ap.* Strabon 7, 7, 4 C322-323), et non à un stade ; d'autre part, la fondation de la colonie de Narbo Martius remonte à 118 avant J.-C., date à laquelle Polybe était certainement déjà mort. D'autres ont défendu l'authenticité du texte, de Th. Mommsen, à M. Molin et G. Zecchini :[102] Polybe peut avoir adopté différentes mesures du stade — j'ajoute qu'il pourrait du reste avoir récupéré cette donnée d'un informateur, ou avoir choisi de donner une information moins technique qu'au livre XXXIV (à noter que Strabon lui-même n'adopte pas le même stade dans toute sa *Géographie*) ; surtout, la période de la conquête de la Gaule du Sud a été précédée d'une période préparatoire et le bornage de la partie

[101] SCHMIDT (1875) 5-9 et Wilamowitz dans MEYER (1924) 333, n. 1 (communication orale) ; voir état complet de la question avec bibliographie par M. Molin dans FOUCAULT / FOULON / MOLIN (2004) 200-201, n. 170.

[102] MOMMSEN (1877) 885 ; voir de nouveau état complet de la question avec l'ensemble de la bibliographie par M. Molin dans FOUCAULT / FOULON / MOLIN (2004) 200-201, n. 170, auquel on ajoute ZECCHINI (2018) 57-59.

languedocienne de la voie héracléenne par les Romains a pu intervenir dès avant 118, au cours du IIe siècle,[103] ce qui s'inscrirait bien au nombre des éléments ajoutés lors de la seconde rédaction de Polybe, dans une dernière phase, après ses voyages (§ 2). On suivra résolument ces derniers,[104] du fait du parallèle étroit avec la phrase liminaire du fr. 34, 12, 2a transmis par Strabon (7, 7, 4 C322-323, βεβηματισμένη κατὰ μίλιον καὶ κατεστηλωμένη), et parce qu'un interpolateur tardif n'aurait pas nécessairement employé le stade. Acceptons donc le texte transmis en l'état : il est légitime d'envisager le passage de Polybe au sein des textes littéraires usant du verbe βηματίζειν, concept lié à la tradition alexandrine. Or, le mot est en réalité attesté dès avant.

Les deux occurrences du terme dans les *Fables* d'Ésope peuvent d'emblée être mises de côté, car celles-ci ont été compilées à une date postérieure :[105] il est donc juste de donner la priorité à Polybe sur le corpus d'Ésope. Reste toutefois à analyser la seule attestation assurément antérieure à l'historien, quoique figurant dans un contexte fort différent et certainement pré-alexandrin : elle apparaît chez Dionysius Chalcus, poète fragmentaire du milieu du Ve siècle. L'élégie fr. 3 West (fr. 2 Gentili-Prato, *ap*. Athénée, 15, 668e-f) est composée de trois distiques en hexamètres holodactyliques, offrant l'une des métaphores du banquet, évoqué comme le "gymnase de Bromios" (v. 2), les plus élaborées que la poésie lyrique ait transmises.[106] Il s'agit de

[103] Voir notamment PEREZ (1990) 210-216, avec par exemple le cadastre "Narbonne A" qui doit être précolonial.

[104] Les fouilles sont loin d'être achevées mais Corinne Sanchez m'indique que celles qui sont en cours pourraient confirmer les premières informations publiées par PEREZ (1990).

[105] Voire bien plus tard selon certains : pour la plus ancienne des collections, appelées *Augustana*, au plus tôt aux Ier-IIe siècles ap. J.-C. (comme le pensent la plupart des éditeurs), au plus tard aux IXe-Xe siècles, cf. état de la question dans ZAFIROPOULOS (2001) 23-24 et n. 73. Les deux occurrences en question sont la *Fab*. 266 aliter (v. 7 εὐθὺς ἠγέρθη ἀκόπως βηματίζων), et la *Fab*. 333 aliter (v. 9-10 σὺ δ', ὡς ἀλέκτωρ, κάτωθεν βηματίζεις / μετὰ ὀρνίθων καὶ τῶν ἀλεκτορίδων).

[106] Sur cette métaphore et l'étude de l'ensemble du fr. 3 West, voir en particulier BORTHWICK (1964) 49-53 et RUFILANCHAS (2003).

la description du *kottabos*, jeu où les participants jettent à distance le reste de leur vin en visant un vase ou un plateau, en invoquant le nom de la personne aimée. Les éditeurs ont souligné les difficultés posées par le texte transmis, corrompu en certains points, mais l'occurrence du vers 5, qui donne la première attestation en grec du verbe βηματίζειν, est certaine, quoique les éditeurs aient coutume d'accepter la correction de Musurus, qui donne le verbe à l'impératif. On fait suivre ces vers de leur traduction provisoire :

4 (...) καὶ πρὶν ἐκεῖνον ἰδεῖν,
5 ὄμματι βηματίσασθε τὸν αἰθέρα τὸν κατὰ κλίνην,
6 εἰς ὅσον αἱ λάταγες χωρίον ἐκτατέαι.

5 βηματίσασθε Musurus : -σαισθε A || κατὰ κλίνην M P edd. plerique : κατὰ κλεινην sic A κατὰ κλίνης Sartori κατακλινῇ Musurus.

4 (...) avant de le voir,
5 mesurez du regard < l'espace > d'air au-dessus de votre lit
6 jusqu'au point où les gouttes de vin doivent arriver.

Si la syntaxe du vers 4 pose problème, de même que la leçon κατὰ κλίνην du vers 5,[107] le sens du verbe dénominatif dérivé du substantif βῆμα, le "pas", et donc de l'action qui est demandée aux participants au jeu, sont clairs. Il faut pour le symposiaste mesurer d'avance par les yeux, et donc mentalement, la trajectoire que suivra le vin pour aller de son lit au *kottabos*. Le verbe n'est donc pas à prendre au sens étymologique : il s'agit de mesurer une trajectoire, une courbe dans l'air, et non des pas. Au Ve siècle, on est assez loin du sens à la fois littéral et

[107] Voici les principales variantes de traduction qui ont été proposées : ἐκεῖνον désigne pour la plupart des savants le kottabos ou une de ses parties, mais RUFILANCHAS (2003), 185-186 souligne l'absurdité qu'il y aurait à mesurer l'espace jusqu'au *kottabos* avant de l'avoir vu et propose de façon astucieuse de faire d'ἐκεῖνον le sujet d'une infinitive, "avant que (le symposiarque) ne le regarde" (c'est-à-dire, ne lui signale son tour). Au vers 5, il s'agit pour la plupart des éditeurs de mesurer l'air τὸν κατὰ κλίνην, au-dessus de la couche, ou celui qui "s'incline vers le bas" (κατακλινῇ), selon Gerber. — Sur le jeu du *kottabos*, cf. LAFAYE (1900), JACQUET-RIMASSA (1995) et CAMPAGNER (2002). J'ajoute qu'on ne peut malheureusement savoir si le terme βηματίζειν était un terme technique dans le cadre de ce jeu.

technique de "mesurer les pas", ou "arpenter" que le verbe acquiert à l'époque alexandrine, et que, si l'on accepte le texte transmis, on trouve pour la première fois sous la plume de Polybe.

L'existence, à partir de l'époque d'Alexandre, du substantif βηματιστής, "celui qui mesure le nombre de pas", a pu contribuer chez Polybe à la réactivation du sens étymologique du verbe. Les bématistes (*FGrHist* 119-223) sont connus pour avoir accompagné Alexandre dans sa campagne d'Asie et avoir mesuré les distances parcourues par son armée.[108] Avant Polybe, le substantif est attesté, pour la première fois, dans une inscription datable d'entre 336 et 323, qui est d'un intérêt particulier car elle est la seule à mentionner les deux fonctions suivantes dans l'armée alexandrine pour un même individu, le Crétois Philonidès (*I. Olympia* 276) :[109] Philonidès était à la fois ἡμεροδρόμας καὶ βηματιστὴς τῆς Ἀσίας, donc courrier, coursier ou messager (qui court à la journée) annonçant les nouvelles, et "mesureur de pas" dans l'Asie qu'ils traversaient — fonctions que Tite-Live semble avoir agglutinées et résumées en une seule, en faisant de l'*hemerodromos* un messager *et* un mesureur (*ni speculator — hemerodromos uocant Graeci, ingens die uno cursu emetientes spatium*, 31, 24, 4[110]). Les deux fonctions étaient en tout cas des fonctions militaires, qui exigeaient certes une très grande endurance physique, mais aussi une excellente connaissance des routes et de la topographie des lieux qu'ils traversaient.[111] On pourrait toutefois s'interroger sur le lien entre les deux, et sur la chronologie de ces deux activités : Philonidès fut-il coursier puis bématiste à des périodes ou des moments différents, ou les deux en même temps ? Pourrait-il avoir couru

[108] L'itinéraire d'Alexandre suivait sans doute de près le tracé des grandes routes achéménides : le travail des bématistes était donc sans doute facilité en partie, comme l'a montré récemment BRIANT (2016) 264-268.

[109] Sur cette inscription, voir également C. SCHULER dans ce volume des *Entretiens*.

[110] En réalité, le *speculator* est un observateur ou un espion, qui se dit ἡμεροσκόπος : ce n'est de toute façon pas un ἡμεροδρόμος.

[111] Cf. BENGTSON (1956) pour l'ensemble des sources et la reconstruction des éléments de la biographie de Philonidès, puis en détail TZIFOPOULOS (1998).

à l'aller et effectué le trajet du retour à la marche en comptant ses pas,[112] ou encore avoir estimé sa distance (de façon approximative) durant sa course, comme un sportif de haut niveau connaît sa foulée et est capable d'être régulier dans celle-ci ? En l'état actuel de nos connaissances, on doit se limiter à émettre des hypothèses.

Chez Polybe, près de deux siècles plus tard, le concept alexandrin est plus technique encore, et nous rapproche déjà des mesures romaines : il ne s'agit plus de mesurer les contrées asiatiques découvertes à la faveur des campagnes d'Alexandre, mais de placer désormais de façon très précise des bornes le long d'une route. En 34, 12, 2a (*ap.* Str. 7, 7, 4 C322), il s'agit de borner la voie égnatienne. La traduction d'A. Tardieu est de nouveau admirable de technicité, plus encore que ne l'est le texte grec lui-même : la voie égnatienne, "grand chemin tracé au cordeau de l'ouest à l'est et bordé de pierres milliaires jusqu'à Cypsèles et à l'Hèbre (βεβηματισμένη κατὰ μίλιον καὶ κατεστηλωμένη μέχρι Κυψέλων καὶ Ἕβρου ποταμοῦ)", car l'arpentage pouvait effectivement se faire au cordeau ; le grec, parfaitement traduit par R. Baladié, dit en réalité que la voie égnatienne "est mesurée en milles et pourvue de bornes jusqu'à Kypséla et le cours de l'Hèbre". Nous entrons dans une série de concepts employés par Polybe pour dire les différents types de mesure de l'espace, comme ἐκμέτρησις, "mensuration" (5, 98, 10), καταμέτρησις, "mensuration" (6, 41, 5), etc., qui nous conduisent aisément vers la façon dont les Grecs, à partir du IIe siècle, ont dans leur vocabulaire introduit des éléments de la vision romaine de l'espace.

[112] Je remercie J.-Y. Strasser pour ses lumières sur l'activité de Philonidès ; il me fait aussi remarquer que Deinosthénès de Sparte (PAUS. 6, 16, 8) était lui-même coureur et "métreur". Pour Philonidès, si l'on interprète qu'il avait parcouru l'aller et le retour de ces deux façons différentes, cela pourrait peut-être expliquer le passage extravagant de PLIN. *NH* 2, 181 : la distance du parcours de Philonidès, *Alexandri cursor*, entre Élis et Sicyone est celle d'un aller-retour, et le fait que le retour soit beaucoup plus long pourrait peut-être correspondre à un trajet en marche rapide ; mais cela reste une hypothèse.

7. Concepts liés aux contacts avec Rome

L'influence de la vision romaine sur la conception et, par suite, sur la conceptualisation de l'espace de Polybe, historien grec des campagnes militaires de Rome et des choses romaines, était naturelle, presque inévitable : ses jugements eux-mêmes reflètent parfois un point de vue typiquement romain.[113] C'est à son époque et avec lui que s'amorce le phénomène qui vit les Grecs assimiler la pensée technique de leur vainqueur en adaptant leur propre vocabulaire.[114] Il est donc légitime de s'interroger sur cette influence dans l'utilisation voire la création de certains concepts géographiques chez Polybe, et d'examiner les emplois de ceux-ci dans la *koinê* de ses successeurs.

Amené à parler en grec de choses romaines, Polybe avait le choix entre différents procédés pour rendre ces dernières, comme l'a bien montré M. Dubuisson : la transcription, la traduction ou l'équivalence.[115] On exclura de l'analyse certains termes sans nul doute calqués du latin, qui ont l'intérêt de montrer à l'œuvre Polybe latiniste,[116] mais qui ne sont pas des concepts à proprement parler — ainsi du peuple des Transalpins, qui sont chez lui les Τρανσαλπῖνοι προσαγορευόμενοι (2, 15, 8), ou d'une unité de mesure comme le μίλιον pour dire le "mille".[117] D'autres peuvent relever des concepts, mais ont un statut linguistique ambigu : le tour ἡ καθ' ἡμᾶς θάλαττα utilisé par Polybe et désormais banal dans la langue de Diodore,[118] en apparence si

[113] Voir le jugement de Fustel de Coulanges, certes excessif, rapporté par DUBUISSON (1985) 8.

[114] Cf. MARCOTTE (1994b) à travers quelques exemples.

[115] DUBUISSON (1985) *passim*.

[116] À noter que Polybe était même sensible à l'évolution de la langue latine. En traduisant le premier traité romano-carthaginois (vers 509), il précise : "nous l'avons traduit en le reproduisant le plus exactement possible, car la différence est si importante chez les Romains aussi entre la langue de maintenant et celle d'autrefois (ἡ διαφορὰ γέγονε τῆς διαλέκτου καὶ παρὰ Ῥωμαίοις τῆς νῦν πρὸς τὴν ἀρχαίαν) que les plus avisés en comprennent avec peine et à force d'attention certains passages" (3, 22, 3).

[117] 34, 12, 2a ; 34, 12, 3.

[118] POLYB. 3, 37, 6-10 ; 3, 39, 4 ; 16, 29, 6 ; 16, 29, 10 ; 34, 8, 7, et DIOD. SIC. 4, 18, 5 ; 4, 56, 3 ; 5, 25, 3.

proche du *mare nostrum* des Romains, lui est sans doute antérieur, puisqu'il figure déjà en opposition à la "mer extérieure" chez Platon et Théophraste.[119] Faut-il également considérer l'adjectif σύνορος ("limitrophe") et le verbe συντερμονέω ("être limitrophe", hapax polybien[120]), συντέρμων semblant calquer *conterminus*, comme des latinismes ? On manque de preuves pour l'affirmer avec certitude.[121] Deux termes auxquels on vient pour finir permettent d'envisager la vision polybienne sur l'espace régional et urbain dans une perspective romaine.

Le concept d'ἐπαρχία renvoie à une réalité qui n'a pas d'équivalent aujourd'hui, mais face à un mot si fréquemment employé par les spécialistes de la Sicile et de Carthage, les historiens et traducteurs modernes ont forgé un terme-calque, l'"éparchie".[122] Chez Polybe, cette désignation géographique ne correspond de toute évidence pas encore au latin *provincia*,[123] à l'inverse de ce qu'on trouve sans doute dans une inscription contemporaine, où le terme prend déjà son sens institutionnel,[124] comme plus tard dans la langue de Diodore (fr. 37, 16 Gouk.). Polybe l'emploie en effet au sens littéral de "territoires sous le contrôle de", c'est-à-dire de territoires ou possessions carthaginoises (1, 15, 10 ; 1, 17, 5 ; 1, 38, 7), ou carthaginoises et romaines (3, 27, 4), et ce en particulier dans les trois premiers livres : cet emploi est d'autant plus remarquable que les Grecs de Platon à Timée parlaient parfois d'ἐπικράτεια pour dire l'éparchie carthaginoise

[119] PL. *Phd.* 113a (τῆς παρ' ἡμῖν θαλάττης) et THEOPHR. *Hist. pl.* 4, 6, 1 (ἐν (…) τῇ περὶ ἡμᾶς [*scil.* θαλάττῃ]), comme l'ont montré MARCOTTE (1994a) et TRAINA-PIERI (2014), *pace* DUBUISSON (1985) 172-173.

[120] En 1, 6, 4 ; 2, 21, 9 ; 4, 30, 3 ; 5, 55, 3 ; 5, 92, 9 ; 11, 11, 6.

[121] Cf. de nouveau MARCOTTE (1994a), *pace* DUBUISSON (1985) 205-207.

[122] Cf. AMELING (2011) avec bibliographie antérieure.

[123] DUBUISSON (1985) 29. Sur le sens de *provincia*, d'abord sphère de compétences d'un magistrat, et seulement plus tard (par métonymie) province, voir HURLET / MÜLLER (2020) 52-53 (en particulier).

[124] *IG* VII 2413, l. 2 (SHERK [1969] 249-252, n° 44), seconde moitié du IIe siècle av. J.-C. Le texte a été récemment réédité par HURLET / MÜLLER (2020) 93-94 (avec commentaire p. 59-60) (cf. aussi ROUSSET dans *BE* 2021, 112) : [.ἐν Μακεδονίαι] τῇι Ῥωμαίων ἐπαρχείαι καὶ ἧς ἐπάρχουσ[ιν Ἑλλάδος]. Sur ce texte, voir en outre les analyses de FERRARY ([2]2014) 214-215, n. 14.

en Sicile.[125] Polybe aurait donc introduit une nouvelle notion pour les désigner ; toutefois, étant donné que ces occurrences figurent essentiellement dans les trois premiers livres des *Histoires*, qui puisent beaucoup à Fabius Pictor, J.-L. Ferrary propose à titre d'hypothèse que le terme remonte à ce dernier.[126] Ce n'est que plus tard que la désignation géographique deviendra également institutionnelle. En revanche, le substantif ἔπαρχος semble revêtir déjà une valeur institutionnelle chez Polybe, pour dire le *praefectus* — et en ce sens-là, c'est en 11, 27, 2 un hapax. L'ἐπαρχία doit attendre encore quelques décennies pour devenir *provincia* dans la langue des historiens.

Venons-en à l'histoire d'un composé singulièrement technique dans son sens et ses emplois, ῥυμοτομία, que les dictionnaires traduisent de façon générale par la "division d'une ville ou d'un camp en rues" (quoique son sens, on le verra, soit en réalité plus précis encore que cela) : avant l'Antiquité tardive, le terme n'apparaît qu'à trois reprises dans les textes littéraires et jamais dans les inscriptions. Polybe le premier l'utilise dans une description extrêmement technique (6, 31, 10) : il s'agit de l'aperçu détaillé bien connu d'un campement romain, où, à partir de sa longue expérience du terrain, l'auteur dépeint sur seize chapitres à son lecteur (grec et romain[127]) l'installation du camp, l'endroit où l'on choisit de le planter, la façon dont on dispose les légions, délimite les lignes pour former des voies perpendiculaires et mesure l'espacement entre les rangées de tentes (6, 27-42). L'activité du découpage du terrain donne lieu à une réelle topographie du camp, qui a longtemps attiré l'attention de la critique — et, suivant cette pratique très étrangère à celle des Anciens, les savants se sont donc empressés d'en faire des essais de reconstitutions et plans afin d'en "résumer" le texte

[125] Cf. Ferrary ([2]2014) 16-17 : par ex. Pl. *Ep.* 349c et Tim. *FGrHist* 566 F26a et 28b. Il ne s'agissait certes pas d'un emploi fréquent, cf. *infra* D. Rousset dans la discussion.

[126] ἐπάρχειν/ἐπαρχία ayant pu chez Fabius être utilisé sur le modèle d'*imperare*/*imperium*, voir Ferrary ([2]2014) 16-17.

[127] Zecchini (2018) 46 et cf. § 2.

aux modernes, notamment C.V. Daremberg et E. Saglio dans leur *Dictionnaire*.[128]

Le long passage de Polybe constitue le premier exemple développé en grec d'esquisse de cette réalité romaine qu'est la délimitation et l'arpentage du camp, que l'on ne trouve avec le même degré de détails que chez les *agrimensores* romains. Cette activité, à l'origine attribuée aux tribuns et aux centurions chargés de fixer le camp et d'en faire le tracé, est appelée (*castrarum*) *metatio*, et fut plus tard confiée à des spécialistes appelés *metatores* (ou *metitores*), que Cicéron est le premier à mentionner (*Phil.* 11, 5, 12 ; 14, 4, 10). Leur travail consiste en l'établissement des grands axes, le *cardo maximus* du sud au nord, le *decumanus maximus* d'est en ouest, ainsi que des grandes lignes directrices parallèles à ces axes appelées *limites*. Les lots formés ne sont pas toujours des carrés : suivant les circonstances, on trace d'autres parallélogrammes, *strigae* et *scamna*. Après le travail de *metatio*, on fait place aux *mensores*, personnel que l'on déploie alors sur le terrain.[129] Pour désigner le découpage des *viae* du camp, Polybe emploie en 6, 31, 10 le terme de ῥυμοτομία :

> Τούτων δ' οὕτως ἐχόντων τὸ μὲν σύμπαν σχῆμα γίνεται τῆς στρατοπεδείας τετράγωνον ἰσόπλευρον, τὰ δὲ κατὰ μέρος ἤδη τῆς τε ῥυμοτομίας ἐν αὐτῇ καὶ τῆς ἄλλης οἰκονομίας πόλει παραπλησίαν ἔχει τὴν διάθεσιν.
>
> "Dans ces conditions, l'ensemble du campement forme un carré et, si nous considérons maintenant le détail de son découpage en rues et de toute l'organisation, il a une disposition analogue à celle d'une ville."

On aura beau chercher un équivalent latin parfait dans le domaine de la gromatique militaire de la ῥυμοτομία polybienne, il n'en existe pas. Le terme rend probablement ici le sens de *metatio* en contexte militaire, mais Polybe crée ou recourt à un composé grec qui, quoiqu'il s'agisse ici de sa première occurrence, existait

[128] DAREMBERG / SAGLIO (1887) *s.v.* "castra" (p. 944).

[129] GUILLAUMIN (2005) 12-13 et GRILLONE (2012) 73-74. Je remercie J.-Y. Guillaumin pour ses lumières en gromatique.

peut-être déjà ou était en tout cas attesté au IIe siècle dans le domaine de l'urbanisme pour désigner, à l'échelle de la ville cette fois, le plan quadrillé à angles droits dont on attribue l'invention au Ve siècle à Hippodamos de Milet. Il s'agit d'un plan en damiers, aux lignes parfaitement perpendiculaires, comme le montrent le passage de Polybe et ceux de Diodore et Strabon auxquels on vient sous peu, si bien qu'en toute rigueur il faudrait traduire ῥυμοτομία par "quadrillage (à angles droits) d'une ville ou d'un camp en rues". Deux types d'indices tendent à en faire un composé d'abord en usage pour décrire des plans parfaitement orthogonaux des cités grecques : le premier tient à ce que décrivent les textes mêmes ; le second argument, qu'on exposera plus loin, est lexical.

Polybe parle d'une disposition "analogue à celle d'une ville" (πόλει παραπλησίαν ἔχει τὴν διάθεσιν, 6, 31, 10). Précisément, c'est toujours pour décrire des plans de type hippodaméen que Diodore et Strabon emploient le terme. La fondation d'Alexandrie par Alexandre et son arpentage en quartiers donnent lieu, chez Diodore, à la description suivante (17, 52, 2-3), clairement empreinte d'une rhétorique de l'éloge, et où le substantif composé peu après le verbe composé est suivi d'une description détaillée du quadrillage à angles droits, si bien que l'interprétation proposée du mot ῥυμοτομία ne fait aucun doute :

> Διαμετρήσας δὲ τὸν τόπον καὶ ῥυμοτομήσας φιλοτέχνως τὴν πόλιν ἀφ' αὑτοῦ προσηγόρευσεν Ἀλεξάνδρειαν, εὐκαιρότατα μὲν κειμένην πλησίον τοῦ Φάρου λιμένος, εὐστοχίᾳ δὲ τῆς ῥυμοτομίας ποιήσας διαπνεῖσθαι τὴν πόλιν τοῖς ἐτησίοις ἀνέμοις (...). 3 Τὸν δὲ τύπον ἀποτελῶν χλαμύδι παραπλήσιον ἔχει πλατεῖαν μέσην σχεδὸν τὴν πόλιν τέμνουσαν καὶ τῷ τε μεγέθει καὶ κάλλει θαυμαστήν· ἀπὸ γὰρ πύλης ἐπὶ πύλην διήκουσα τεσσαράκοντα μὲν σταδίων ἔχει τὸ μῆκος, πλέθρου δὲ τὸ πλάτος, οἰκιῶν δὲ καὶ ἱερῶν πολυτελέσι κατασκευαῖς πᾶσα κεκόσμηται.

"Une fois le terrain arpenté et quadrillé en quartiers selon toutes les règles de l'art, le roi donna à la ville le nom d'Alexandrie, tiré du sien propre. Elle est très favorablement située, près du port de Pharos, et l'habile tracé des rues à angles droits, qui est l'œuvre du roi, fait qu'elle est traversée par le souffle des Vents Étésiens (...).

> 3 La forme qu'il lui donna est très proche de celle d'une chlamyde, avec une grande avenue qui coupe la ville presque par le milieu, une merveille par ses dimensions et sa beauté. Elle s'étend d'une porte à l'autre sur une longueur de quarante stades et une largeur d'une plèthre, et elle est presque tout entière ornée d'édifices somptueux, maisons et temples."[130]

Malgré le travail essentiellement livresque effectué par Diodore, la critique actuelle tend à faire remonter directement à l'historien ce chapitre sur Alexandrie : il parle lui-même d'autopsie des lieux quelques lignes plus bas (17, 52, 6) et il n'y aurait aucune raison de ne pas lui faire crédit à ce sujet.[131] Ces deux emplois attesteraient ainsi d'un usage datant au moins de (la fin de) l'époque hellénistique — sans qu'on puisse savoir s'il est antérieur. En 12, 10, 7, c'est le même type de plan qui est décrit au sujet de la fondation en Grande Grèce de Thourioi, divisée par des avenues à angles droits dans le sens de la longueur et de la largeur, sans toutefois que le composé soit employé.[132] À la même époque, Strabon mérite d'être évoqué pour deux occurrences qui confirment le sens des emplois chez Diodore : en 14, 1, 37 C646, la ῥυμοτομία est appliquée à Smyrne, qui dispose effectivement depuis sa refondation par Lysimaque d'un quadrillage hippodaméen dont on observe toujours les traces aujourd'hui, autour de l'agora ;[133] en 12, 4, 7 C565, il décrit le plan urbanistique de Nicée en Bithynie avec une précision géométrique intéressante (ἐρρυμοτομημένος πρὸς ὀρθὰς γωνίας, "ses rues se coupent à angles droits").

Le verbe τέμνειν ressortit en effet au lexique de la géométrie[134] et c'est précisément celui qu'emploie Aristote pour désigner le découpage urbanistique auquel procède Hippodamos, qui inventa le tracé géométrique des villes et découpa le Pirée en damier : Ἱππόδαμος (...), ὃς καὶ τὴν τῶν πόλεων διαίρεσιν

[130] Trad. GOUKOWSKY, légèrement modifiée.

[131] PRANDI (2013) 83-84.

[132] TRÉZINY (2006) pour les villes ioniennes d'Occident, et Thourioi en particulier.

[133] LAROCHE (2006) avec plan.

[134] MUGLER (1959) *s.v.* τομεύς, τομή, τόμος, τμῆμα.

εὗρε καὶ τὸν Πειραιᾶ κατέτεμεν (*Pol.* 2, 8, 1, 1267b). En évoquant l'utilité des questions d'urbanisme dans l'organisation défensive de la cité, Aristote, de nouveau, n'emploie pas le mot "mesurer" (μετρέω ; *metior*, *metor*), mais un adjectif composé sur τέμνειν, "couper" : la disposition urbanistique idéale en temps de paix est le plan régulier à la façon d'Hippodamos (ἡ δὲ τῶν ἰδίων οἰκήσεων διάθεσις (...) εὔτομος, *Pol.* 7, 11, 6-7, 1330b). En temps de guerre, c'est le contraire qui est vrai (un plan irrégulier), si bien que le mieux selon Aristote est de combiner ces deux typologies, sans découper selon un plan régulier la ville toute entière (καὶ τὴν μὲν ὅλην μὴ ποιεῖν πόλιν εὔτομον, *ibid.*), mais seulement certaines parties ou quartiers. C'est là, donc, l'usage urbanistique (et géométrique) auquel pourrait remonter le premier emploi de ῥυμοτομία chez Polybe, qui l'aurait appliqué à la description des camps romains, sans qu'on puisse pour autant dater l'apparition du composé dans la langue grecque.

Le reste de la description du campement romain par Polybe (6, 28-31) livre abondance de termes grecs traduisant ces réalités techniques romaines, avec plusieurs transpositions partielles de concepts latins. Ainsi dans notre passage σχῆμα semble traduire *forma*, le plan cadastral dont parlent les gromaticiens, comme Hygin dans la partie de son traité portant sur l'organisation d'une zone centuriée (1, 2 ; 1, 9, etc.). Polybe par ailleurs rend *interuallum*, espace (ou ligne) de cinquante pieds entre les tentes des cavaliers, par διάστημα (6, 28, 2), qui signifie de fait ordinairement l'"intervalle", sans préjuger de son extension. Enfin, le composé διόδος, qui apparaît à mainte reprise en 6, 28-29, doit être compris au sens étymologique fort de "voie transversale", l'une des voies parallèles à la *via praetoria* et perpendiculaires à la *via principalis.*[135] Il ne s'agit donc pas d'une simple "passe" ou "passage", souvent de montagne, dans le sens attesté le plus souvent dans les textes littéraires (Hdt. 7, 201, Thuc. 2, 4) ou encore, à de nombreuses reprises, dans

[135] Explications sur ces voies dans LENOIR (1979) 30-31.

les inscriptions.[136] Le terme ῥύμη (6, 29, 1-2), étant donné le contexte, désigne sans doute l'ensemble des *viae* du camp, plutôt qu'à la seule *striga* (ou bloc longitudinal).[137] La géographie romaine de Polybe nécessitait donc souvent la récupération de certains termes grecs, utilisés dans un sens technique nouveau.

8. Conclusion

Étudier les concepts de la géographie grecque en partant de Polybe, premier représentant (en assez grande partie conservé) de la *koinê* littéraire, c'est donc se placer aux origines de la géographie autoptique d'époque hellénistique. Un examen du corpus a certes d'abord laissé entrevoir les termes hérités de l'historiographie et de la périplographie grecques d'époque classique, ceux qui sont marqués d'une vision romaine de l'espace, ceux encore qui sont influencés par la science de son temps ; mais les *Histoires* livrent aussi nombre d'hapax et de premières attestations de mots de la géographie liés à l'expérience polybienne, dont la plupart passeront dans l'usage au Ier siècle et deviendront courants chez Poséidonios ou Diodore, et les plus techniques se retrouveront dans la langue de Strabon. Polybe se situe ainsi au carrefour entre la géographie des "fondateurs" de la haute époque hellénistique et la naissance d'une géographie "gréco-romaine", qui se développera durant les siècles de l'Empire.

On comprend ainsi l'importance particulière que revêt l'étude — chez les auteurs comme dans les papyrus et les inscriptions — du vocabulaire grec, en particulier technique, sur laquelle insistait déjà Louis Robert.[138] Pour mener à bien ce type d'enquête,

[136] Pour prendre un exemple datable des années 160-150 av. J.-C., dans la convention conclue entre le *koinon* lycien et la cité de Termessos près d'Oinoanda, pour décrire une passe de montagne menant de Termessos jusqu'aux pieux de Tlos (éd. ROUSSET 2010, p. 9, l. 47 et commentaire p. 58-59).

[137] WALBANK (1957) 713 avec état de la question.

[138] Voir par exemple ROBERT (1974) 204, 228 et 338 (rapports sur les cours aux Hautes Études, respectivement des années 1961-1962, 1962-1963 et 1969-1970).

il faut en revenir non seulement à la lecture des géographes des époques antérieures, comme Amédée Tardieu ou Paul Vidal de La Blache,[139] mais aussi à l'exercice constant de la traduction. Au XIXe et au XXe siècle, nombre d'éditeurs et de savants pensaient que traduire les textes anciens était chose inutile ; de nos jours, c'est le plus souvent l'autre attitude extrême qui est adoptée, celle qui consiste à traduire à tout prix, sans esprit critique, dans le simple but de "vulgariser" les textes, qui sont ensuite très souvent lus en langue moderne, sans renvoi à l'original. En réalité, tout exercice d'édition passe par celui de traduction, au moins mentale, et de même, dans l'étude des concepts de la géographie, science toujours en progrès, la traduction est plus que jamais un exercice fondamental : c'est seulement en bien traduisant ces concepts que l'on pourra ramener à l'unité l'étude de la terre et du papier.

Bibliographie

AMELING, W. (2011), "The Rise of Carthage to 264 BC", in D.B. HOYOS (éd.), *A Companion to the Punic Wars* (Chichester), 39-57.

AMPOLO, C. (éd.) (2009), *Immagine e immagini della Sicilia e di altre isole del Mediterraneo antico* (Pise).

ANTONETTI, C. (1990), "Il santuario apollineo di Termo in Etolia", in *Mélanges Pierre Lévêque*. Tome 4, *Religion* (Besançon), 1-27.

ARNAUD, P. (2001), "Les Ligures : la construction d'un concept géographique et ses étapes de l'époque archaïque à l'Empire romain", in V. FROMENTIN / S. GOTTELAND (éd.), *Origines gentium* (Bordeaux), 327-346.

—— ([2]2020), *Les routes de la navigation antique. Itinéraires en Méditerranée* (Paris).

AUJAC, G. / LASSERRE, F. (1969), *Strabon. Géographie.* Tome I, 1re partie *(Livre I)*, 2e partie *(Livre II)* (Paris).

BENGTSON, H. (1956), "Aus der Lebensgeschichte eines griechischen Distanzläufers", *SO* 32, 35-39.

BERARDI, F. (2010), "La *descrizione dello spazio*: procedimenti espressivi e tecniche di composizione secondo i retori greci", in

[139] Voir D. ROUSSET dans ce volume des *Entretiens*.

J. Carruesco (éd.), *Topos-Chôra. L'espai a Grècia.* I, *perspectives interdisciplinàries. Homenatge a Jean-Pierre Vernant i Pierre Vidal-Naquet* (Tarragone), 37-48.
— (2018), *La retorica degli esercizi preparatori. Glossario ragionato dei Progymnásmata* (Hildesheim).
Bianchetti, S. (2018), "Ethno-Geography as a Key to Interpreting Historical Leaders and Their Expansionist Policies in Diodoros", in L.I. Hau / A. *Meeus* / B. Sheridan (éd.), *Diodoros of Sicily. Historiographical Theory and Practice in the 'Bibliotheke'* (Louvain), 407-427.
Borthwick, E.K. (1964), "The Gymnasium of Bromius: A note on Dionysius Chalcus, *fr.* 3", *JHS* 84, 49-53.
Briant, P. (2016), *Alexandre. Exégèse des lieux communs* (Paris).
Brizzi, G. (2016), *Canne. La sconfitta che fece vincere Roma* (Bologne).
Brunet, B. / Ferras, R. / Théry, H. (éd.) ([3]1993), *Les mots de la géographie. Dictionnaire critique* (Montpellier).
Budina, D. (1972), "Antigonea (Rezultatet e gërmimeve 1966-1970)", *Iliria* 2, 269-378.
— (1985), "Dhimosten. Vendi dhe roli i Antigonesë në luginën e Drinosit = La place et le rôle d'Antigonée dans la vallée du Drinos", *Iliria* 15.1, 151-165.
Cabanes, P. (éd.) (2008), *Carte archéologique de l'Albanie* (Tirana).
Campagner, R. (2002), "Il gioco del cottabo nelle commedie di Aristofane", *QUCC* 72, 111-127.
Casevitz, M. / Jacquemin, A. (2015), *Diodore. Bibliothèque historique.* Tome V, *Livre V* (Paris).
Cavarzere, A. / Cristante, L. (2019), *Marcus Fabius Quintilianus, M. Fabi Quintiliani Institutionis oratoriae liber IX. Introduzione, testo, traduzione e commento* (Hildesheim).
Chambry, É. (1927), *Ésope. Fables* (Paris).
Clarke, K. (1999), *Between Geography and History. Hellenistic Constructions of the Roman World* (Oxford).
Cohen-Skalli, A. (2012), *Diodore de Sicile. Bibliothèque historique. Livres VI-X. Fragments.* Tome I (Paris).
— (2014), "Portrait d'un historien à son écritoire : méthode historique et technique du livre chez Diodore de Sicile", *REA* 119.2, 493-513.
— (2015), "*Apud Graecos desiit nugari Diodorus* : le sens du titre *Bibliothèque historique*", *MedAnt* 18, 179-192.
Cohen-Skalli, A. / De Vido S. (2011), "Diodoro interprete di Evemero: spazio mitico e geografia del mondo", *Mythos* 5, 87-101.

CUGUSI, P. / SBLENDORIO CUGUSI, M.T. (2001), *Opere di Marco Porcio Catone Censore.* Volume II (Turin).

DAREMBERG, C. / SAGLIO, E. (1887), *Dictionnaire des Antiquités grecques et romaines d'après les textes et les monuments.* Tome premier, deuxième partie *(C)* (Paris).

DAUBNER, F. (2013), "Zur Rolle der geographischen Schilderungen bei Polybios", in V. GRIEB / C. KOEHN (éd.), *Polybios und seine Historien* (Stuttgart), 113-126.

DUBUISSON, M. (1985), *Le latin de Polybe. Les implications historiques d'un cas de bilinguisme* (Paris).

ECK, B. (2003), *Diodore de Sicile. Bibliothèque historique.* Tome III, *livre III* (Paris).

FERRARY, J.-L. ([2]2014), *Philhellénisme et impérialisme. Aspects idéologiques de la conquête romaine du monde hellénistique, de la seconde guerre de Macédoine à la guerre contre Mithridate* (Rome).

FOUCAULT, J.-A. DE (1972), *Recherches sur la langue et le style de Polybe* (Paris).

FOUCAULT, J.-A. DE / FOULON, É. / MOLIN, M. (2004), *Polybe. Histoires.* Tome III, *Livre III* (Paris).

FRASER, P.M. (1972), *Ptolemaic Alexandria.* Vol. I, *Text* (Oxford).

GEUS, K. (2002), *Eratosthenes von Kyrene. Studien zur hellenistischen Kultur- und Wissenschaftsgeschichte* (Munich).

GUILLAUMIN, J.-Y. (2005), *Les arpenteurs romains.* Tome I, *Hygin le Gromatique. Frontin* (Paris).

GRILLONE, A. (2012), *Gromatica militare. Lo ps. Igino* (Bruxelles).

HAMMOND, N.G.L. (1967), *Epirus. The Geography, the Ancient Remains, the History and Topography of Epirus and Adjacent Areas* (Oxford).

— (1971), "Antigoneia in Epirus", *JRS* 61, 112-115.

HOEPFNER, W. (1987), "Nikopolis — Zur Stadtgründung des Augustus", in E. CHRYSOS (éd.), *Nicopolis I (Proceedings of the First International Symposium on Nicopolis, 23-29 Sept. 1984)* (Preveza), 129-133.

HURLET, F. / MÜLLER, C. (2020), "L'Achaïe à l'époque républicaine (146-27 av. J.-C.) : une province introuvable ?", *Chiron* 50, 49-100.

JACQUET-RIMASSA, P. (1995), "ΚÓΤΤΑΒΟΣ. Recherches iconographiques : céramique italiote, 440-300 av. J.-C.", *Pallas* 42, 129-170.

JANNI, P. (1984), *La mappa e il periplo. Cartografia antica e spazio odologico* (Rome).

JONES, N.F. (1987), *Public Organization in Ancient Greece. A Documentary Study* (Philadelphie).

KACZKO, S. (2016), "La *koinè*", in A.C. CASSIO (éd.), *Storia delle lingue letterarie greche* (Florence), 385-423.

KROMAYER, J. (1903), *Antike Schlachtfelder in Griechenland. Bausteine zu einer antiken Kriegsgeschichte.* Erster Band, *Von Epaminondas bis zum Eingreifen der Römer*; Zweiter Band, *Die hellenistisch-römische Periode (von Kynoskephalae bis Pharsalos)* (Berlin).

LAFAYE, G. (1900), "Kottabos", in C. DAREMBERG / E. SAGLIO (éd.), *Dictionnaire des Antiquités grecques et romaines* (Paris), III.1, 866-869.

LAFFI, U. (1966), *Adtributio e contributio. Problemi del sistema politico-amministrativo dello stato romano* (Pise).

LAROCHE, D. (2006), "I. Études et travaux d'architecture de la mission archéologique de Smyrne en 2005", in M. TAŞLIALAN *et al.*, "Fouilles de l'agora de Smyrne : rapport sur la campagne de 2005", *Anatolia Antiqua* 14, 309-361.

LENOIR, M. (1979), *Pseudo-Hygin. Des fortifications du camp* (Paris).

MANFREDI, V.M. (1986), *La strada dei diecimila. Topografia e geografia dell'Oriente di Senofonte* (Milan).

MARCOTTE, D. (1994a), "Latinismes et écriture historique au temps de Polybe", *Lalies* 14, 177-182.

— (1994b), "Géomore : histoire d'un mot", in G. ARGOUD (éd.), *Science et vie intellectuelle à Alexandrie* (Saint-Étienne), 147-161.

— (2000), *Géographes grecs.* Tome I, *Introduction générale. Ps-Scymnos. Circuit de la terre* (Paris).

— (2006), "'Aux quatre coins du monde' : la Terre vue comme un arpent", in D. CONSO / A. GONZALES / J.-Y. GUILLAUMIN, (éd.), *Les vocabulaires techniques des arpenteurs romains. Actes du colloque international (Besançon, 19-21 septembre 2002)* (Besançon), 149-155.

— (2019), "De la physique à la géographie. Le cas des détroits dans la science grecque" in F. DES BOSCS / Y. DEJUGNAT / A. HAUSHALTER (éd.), *Le détroit de Gibraltar (Antiquité — Moyen Âge)*, I, *Représentations, perceptions, imaginaires* (Madrid), 121-131.

MEYER, E. (1924), *Kleine Schriften.* Zweiter Band (Halle).

MOGGI, M. (1976), *I sinecismi interstatali greci. Introduzione, edizione critica, traduzione, commento e indici.* I, *Dalle origini al 338 a.C.* (Pise).

MOMMSEN, T. (1877), *Inscriptiones Galliae Cisalpinae latinae. Pars posterior inscriptiones regionum Italiae undecimae et nonae comprehendens* (Berlin) (= *CIL* V.2).

MOORE, J.M. (1965), *The Manuscript Tradition of Polybius* (Cambridge).

MORETTI, G. (1994), *Gli antipodi. Avventure letterarie di un mito scientifico* (Parme).

MUGLER, C. (1959), *Dictionnaire historique de la terminologie géométrique des Grecs*. Vol. 2 (Paris).

PÉDECH, P. (1956), "La géographie de Polybe : structure et contenu du livre XXXIV des *Histoires*", *LEC* 24, 3-23.

— (1964), *La méthode historique de Polybe* (Paris).

PEREZ, A. (1990), *Les cadastres antiques en Narbonnaise occidentale. Essai sur la politique coloniale romaine en Gaule du Sud (IIe s. av. J.-C. - IIe s. ap. J.-C.)* (Paris).

PIANEZZOLA, E. ([2]2016), *Traduzione e ideologica. Livio interprete di Polibio* (Bologne).

PRANDI, L. (2013), *Diodoro Siculo. Biblioteca storica. Libro XVII. Commento storico* (Milan).

PRONTERA, F. (2011), *Geografia e storia nella Grecia antica* (Florence) = réimpr. des deux articles cités ici, PRONTERA, F. (2003), "La geografia di Polibio : tradizione e innovazione", in J. SANTOS YANGUAS / E. TORREGARAY PAGOLA (éd.) (2003), *Polibio y la peninsula ibérica* (Vitoria), 103-111 et PRONTERA, F. (2005-2006), "L'Asia Minore nella carta di Strabone", *GeogrAnt.* 14-15, 89-106.

RIZAKIS, A.D. (1996), "Les colonies romaines des côtes occidentales grecques : populations et territoires", *DHA* 22.1, 255-324.

ROBERT, L. (1974), *Opera minora selecta*. IV (Paris).

ROELENS-FLOUNEAU, H. (2019), *Dans les pas des voyageurs antiques. Circuler en Asie Mineure à l'époque hellénistique (IVe s. av. n.è – Principat)* (Bonn).

ROOD, T. (2012), "Polybius", in I.J.F. DE JONG (éd.), *Space in Ancient Greek Literature. Studies in Ancient Greek Narrative*. Vol. III (Leyde), 179-197.

ROUSSEL, P. (1931), "Le miracle de Zeus Panamaros", *BCH* 55, 70-116.

ROUSSET, D. (1994), "Les frontières des cités grecques : premières réflexions à partir du recueil des documents épigraphiques", *CCG* 5, 97-126.

— (1999), "Centre urbain, frontière et espace rural dans les cités de Grèce centrale", in M. BRUNET (éd.), *Territoires des cités grecques* (Paris), 35-77.

— (2010), *De Lycie en Cabalide. La convention entre les Lyciens et Termessos près d'Oinoanda* (Genève).

ROUX, G. (1974), "Eschyle, Hérodote, Diodore, Plutarque racontent la bataille de Salamine", *BCH* 98.1, 51-94.

RUFILANCHAS, D.R. (2003), "Dionysius Chalcus fr. 3 again", *JHS* 13, 181-186.

SCHMIDT, M.C.P. (1875), *De Polybii geographia* (Berlin).

SHERK, R.K. (1969), *Roman Documents from the Greek East.* Senatus Consulta *and* Epistulae *to the Age of Augustus* (Baltimore).

STRASBURGER, H. (1977), "Umblick im Trümmerfeld der griechischen Geschichtsschreibung", in *Historiographia antiqua. Commentationes Lovanienses in honorem W. Peremans septuagenarii editae* (Louvain), 3-52 = *Studien zur Alten Geschichte.* III, Hildesheim, 1990, 169-218.

TEXIER, J.-G. (1976), "Polybe géographe", *DHA* 2, 395-411.

THORNTON, J. (2020), *Polibio. Il politico e lo storico* (Rome).

TRAINA, A. / PIERI, B. (2014), "'*Mare nostrum*'. Leggenda e realtà di un possessivo", *Latinitas* 2.2, 13-18.

TRÉZINY, H. (2006), "L'urbanisme archaïque des villes ioniennes : un point de vue occidental", *REA*, 108.1, 225-247.

TZIFOPOULOS, Y.Z. (1998), "'Hemerodromoi' and Cretan 'Dromeis': Athletes or Military Personnel? The case of the Cretan Philonides", *Nikephoros* 11, 137-170.

WALBANK, F.W. (1957), *A Historical Commentary on Polybius.* Vol. I, *Commentary on Books I-VI* (Oxford).

— (2002), "The Geography of Polybius", in *Polybius, Rome and the Hellenistic World. Essays and Reflections* (Cambridge), 31-52 = WALBANK, F.W. (1948), "The Geography of Polybius", *Classica et Mediaevalia* 9, 155-182.

WHITTON, C. (2013), *Pliny the Younger. Epistles. Book II* (Cambridge).

ZAFIROPOULOS, C.A. (2001), *Ethics in Aesop's Fables. The* Augustana *Collection* (Leyde).

ZECCHINI, G. (2018), *Polibio. La solitudine dello storico* (Rome) = rééd. p. 41-64 de l'article "Teoria e prassi del viaggio in Polibio", in G. CAMASSA / S. FASCE (éd.) (1991), *Idea e realtà del viaggio* (Gênes), 111-141.

DISCUSSION

S. Mitchell: I have three small terminological observations. (1) When considering the terms used to designate a territory, we need to keep in mind the standard Greek formations based on a toponym, which appear to designate the territory, usually of a city, ending -ῖτις or -ική. (2) The adjective εὔκαιρος, the superlative εὐκαιρότατος and the abstract noun εὐκαιρία are often used to denote opportune or optimal location, in contrast to the usual association of καιρός and its derivatives with a timely opportunity. (3) The word *eparchia* has been the subject of much discussion. Roman documents from the end of the 2nd century BC use the word to designate external areas that they ruled, *i.e.* provinces. Polybius 1, 38, 7 describing territory that the Carthaginians controlled in Sicily, appears to be the earliest surviving passage to use the term in this sense: Πάνορμον τῆς Σικελίας (...) ἥνπερ ἦν βαρυτάτη πόλις τῆς Καρχηδονίων ἐπαρχίας. Since Polybius, writing in Rome in the circle of Scipio Aemilianus around and after 150 BC, introduced a rich repertoire of other Greek geographical terminology into his work, and was well placed to influence Roman senators, it seems reasonable to deduce that the term *eparchia* was adopted as equivalent to the Latin *provincia* as a result of his direct influence, and not to trace it back, hypothetically, to Fabius Pictor.

A. Cohen-Skalli: De fait Strabon par exemple emploie fréquemment ce tour, avec l'adjectif de la région, sur le modèle ἡ Κολοφὼν πόλις Ἰωνική (e.g. 14, 1, 27), etc. Pour répondre à votre dernière observation : effectivement, l'influence de *provincia* sur *eparchia* est tout à fait plausible aussi, et d'ailleurs envisagée par M. Dubuisson. En réalité, *provincia* a d'abord eu un sens administratif, puis seulement un sens géographique ; pour *eparchia*, c'est l'inverse qui s'est produit : il est possible qu'*eparchia* ait, dans un second temps, eu une acception administrative sous l'influence du premier sens de *provincia*.

D. Marcotte: Je relève que, dans deux passages de Diodore que vous avez cités (1, 50, 6 et 17, 52, 2), l'association est étroite entre deux notions clés du discours relatif à la fondation d'une cité et à son aménagement spatial : il s'agit de l'*eustochia* et de l'*eukairia*. Dans les deux cas, l'heureuse situation est mise en évidence, autant que l'occasion qui a présidé aux faits eux-mêmes ; l'historien met ainsi l'accent sur une visée, un but délibérément ciblé (*stochos*) et opportunément atteint (*kairos*), grâce à la mise en œuvre des moyens appropriés à son accomplissement.

C. Schuler: Ihre Analyse des Sprachgebrauchs von Polybios, in dem die (günstige) Lage (θέσις, εὐκαιρία) eines Ortes eine wichtige Rolle spielt, ist sehr interessant für die Frage, ob und wie Landschaften wahrgenommen wurden. Denn in die Bewertung eines Platzes fließt zwangsläufig auch die Beschaffenheit seiner Umgebung ein. Ein feines Sensorium für solche Fragen müssen die Griechen schon seit der „Großen Kolonisation" entwickelt haben, da der Erfolg einer Koloniegründung entscheidend von der Wahl eines τόπος εὔκαιρος abhing. Die zahlreichen Neugründungen und Synoikismen von Poleis während der klassischen und hellenistischen Zeit trugen dazu bei, diese Kompetenz kontinuierlich weiterzuentwickeln. Auch die im Corpus Hippocraticum enthaltenen Schriften zum Einfluss der Umwelt auf die menschliche Gesundheit sind in diesem Zusammenhang von Interesse. Es könnte interessant sein, der Frage genauer nachzugehen, inwieweit Polybios mit der genannten Begrifflichkeit aus älteren historischen Erfahrungen und literarischen Traditionen schöpfte.

M. Faraguna: Mi chiedevo se εὐκαιρία, che ricorre sia con riferimento al tempo che allo spazio, sia attestato per la prima volta in Polibio e cosa ciò significa. Si tratta di un termine che per qualche ragione mi viene istintivo di collegare ad Aristotele.

A. Cohen-Skalli: Oui, Polybe n'est naturellement pas le premier à l'employer : le terme est attesté dans le corpus aristotélicien (*Division.* 61, 1 Mutschmann) et, dès avant, chez Isocrate (*Panath.* 34) et Platon (*Phèdre*, 272a). C'est son emploi comme concept géographique qui est polybien.

M. Faraguna: Un altro punto interessantissimo della relazione è costituito dal fr. 3 di Dionisio Calco dove non soltanto compare il verbo *bematizo* ma anche il termine *chorion* ad indicare, mi sembra, il bersaglio nel lancio dei fondi del vino. Mi chiedevo se l'immagine sottesa ai versi sia di matrice geografica o militare (con riferimento al lancio di un giavellotto).

A. Cohen-Skalli: Les commentateurs de ces vers, comme D.R. Rufilanchas, en ont souligné le contexte agonistique : on est donc effectivement proche du contexte militaire, comme vous le soulignez à juste titre.

W. Hutton: I was interested in what you said about the "hodological" nature of some of the texts you were referring to. This is a large topic in the study of Pausanias, since Pausanias is famous for mentioning little that is not visible along the routes he traces. Some have cast this as a peculiarity or a deficiency in Pausanias' ability to perceive and communicate space. Anthony Snodgrass, for instance, once compared Pausanias to a man crossing a morass on duckboards — if he allows his attention to wander too far beyond the duckboards, he may fall in. There are numerous passages, however, that show that Pausanias is perfectly aware of non-linear spatial relationships in the territories he describes, suggesting that his 'tunnel vision' is a choice, not a defect. Olivier Gengler ("Ni réel ni imaginaire: l'espace décrit dans la *Périégèse* de Pausanias", in L. Villard [ed.], *Géographies imaginaires* [Mont-Saint-Aignan, 2008], 225-244) has suggested that this aspect of Pausanias' method constitutes one of a suite of authorial practices or habits that serves to replicate the perspective that a traveler would have on-site, since the traveler on the ground does not usually have the birds-eye view that would allow them to conceive of spatial relationships synoptically. Do you have the sense that similar dynamics are at work in the hodological texts you are working with?

A. Cohen-Skalli: Ce type de questions, sur les raisons de l'organisation hodologique du récit et l'origine du *birds-eye view*, se pose en particulier chez nos géographes, dans les textes périplographiques et périégétiques — chez Pausanias comme déjà chez Strabon — et ce, en particulier quand la description de l'auteur est ou pourrait être autoptique. Chez nos historiens, si ceux-ci héritent d'un lexique de type "hodologique", les descriptions hodologiques à proprement parler sont moins nombreuses ou moins systématiques, et la question se pose donc moins souvent, quoiqu'on ait effectivement les traces d'un discours hodologique par exemple dans l'emploi du datif du point de vue du voyageur, dès Thucydide (*e.g.* ἐν δεξιᾷ ἐσπλέοντι ἐς τὸν 'Ιόνιον κόλπον en 1, 24, 1). Chez Polybe, certaines descriptions autoptiques sont, par endroits, hodologiques, comme la description du passage des Alpes (3, 47-56), mais l'organisation du récit n'y est jamais pleinement linéaire, notamment parce qu'on passe régulièrement de la description du camp romain au camp ennemi.

D. Rousset: Votre exposé si riche n'appelle de ma part que des questions ou remarques ponctuelles. D'une part, sur la mention chez Polybe (2, 5, 6 et 2, 6, 6 : διὰ τῶν παρ' Ἀντιγόνειαν στενῶν) des défilés que cet historien situe par rapport à Antigonéia d'Épire, il faut justement tenir compte, comme vous l'avez fait, des découvertes épigraphiques locales (voir *I.Albanie méridionale* 57) qui démontrent la localisation d'Antigonéia près de Saraqinisht, c'est-à-dire beaucoup plus loin au Sud, par rapport aux défilés de l'actuel Drino, que ce que l'on avait initialement proposé. Par conséquent, ne faudrait-il pas légèrement retoucher le commentaire de Jeanne et Louis Robert, que vous avez cité : "il [= Polybe] rapportait le défilé à la ville, et non la ville au défilé" (*BE* 1972, 245) ? En fait, Polybe n'a-t-il pas indiqué la proximité des défilés par rapport, non pas à la ville elle-même, mais plutôt au territoire d'Antigonéia, qui se serait étendu jusque vers les gorges du Drino — si tant est cependant que ces gorges n'aient pas appartenu à une autre cité sise dans un voisinage plus proche ? Que sait-on donc des limites du territoire d'Antigonéia vers le Nord, au contact des autres cités ou États septentrionaux ? En outre, Antigonéia pouvait être en effet, parmi les cités de la région, la plus connue — du moins de Polybe.

D'autre part, sur les localités dites περιοικίδες par Strabon 10, 2, 2 C450 à propos de Nicopolis, en réalité le processus de fondation de cette nouvelle cité dissuade de comprendre que ces communautés soient "tombées sous la dépendance" *a posteriori*. C'est l'agrégation même, originelle, de ces localités par synœcisme qui a formé et crée Nicopolis, et il faut sans doute s'écarter légèrement des traductions d'A. Tardieu et de F. Lasserre.

Par ailleurs, je relève avec intérêt l'équivalence entre ἐπικράτεια et ἐπαρχία à propos des Carthaginois en Sicile, équivalence d'autant plus intéressante que le premier terme, s'il est relativement rare dans ce sens en grec ancien, désigne en revanche aujourd'hui, dans le grec contemporain, précisément le "territoire" d'une cité antique.

Enfin, le témoignage de Tite-Live (32, 4, 3-5) sur *Thaumakoi* est tout à fait remarquable pour la transcription écrite, même brève, de la contemplation admirative d'un paysage, lequel forme l'essentiel d'un territoire civique. Cependant, de qui ce témoignage et l'explication du toponyme *Thaumakoi* par rapprochement implicite avec θαῦμα émanent-ils vraiment ? On peut douter que les habitants du cru aient été si admiratifs de leurs propres pays et paysage, considérés d'un œil en quelque sorte périphérique ou extérieur, qu'ils aient eu la présomption de se nommer eux-mêmes ainsi. En outre, il serait difficile de faire dériver de θαῦμα un adjectif (?) suffixé en -κος. En effet, les adjectifs forgés sur cette racine ont des suffixes tout autres (voir P. Chantraine, *DELG s.v.*). N'est-ce donc pas une étymologie non pas populaire ("Volksetymologie", dit F. Stählin dans l'article de la *RE*) et originelle, émanant des locaux, mais extérieure, forgée *a posteriori* et savante, ou plus exactement demi-savante — parce que philologiquement peu justifiable ?

D. Marcotte: Oui, ce ne peut être qu'une étymologie *a posteriori*, la formation en -κος étant peu probable sur le thème de θαῦμα.

S. Mitchell: The passage from Livy 32, 4, 3-5, with its aetiological account of the toponym Thaumakoi, a place otherwise hardly attested, seems to be written in a style (alliteration, prose rhythm, poetic vocabulary) that is more Livian than Polybian, and the miracle itself, namely the amazing flatness of the plain that offers itself to the viewer's gaze, is in fact a very flat explanation. The descriptive approach is very different from Polybian passages, notably the dramatic moment when Hannibal 'shows' his disheartened troops as they reached the final Alpine pass a landscape spread out in the mind's eye from a lofty viewpoint, θεωρῶν τὰ πλήθη δυσθυμῶς διακείμενα καὶ διὰ τὴν προγεγενημένην ταλαιπωρίαν καὶ τὴν ἔτι προσδοκωμένην, ἐπειρᾶτο συναθροίσας παρακαλεῖν, μίαν ἔχων ἀφορμὴν εἰς τοῦτο τὴν τῆς Ἰταλίας ἐναργείαν· οὕτως γὰρ ὑποπεπτώκει τοῖς προειρημένοις ὄρεσιν ὥστε συνθεωρουμένων ἀμφοῖν ἀκροπόλεως φαίνεσθαι διάθεσιν ἔχειν τὰς Ἄλπεις τῆς ὅλης Ἰταλίας (5, 54, 1-2).

A. Cohen-Skalli: Ce pourrait être le cas, en effet. Mais sur la question de la source, l'ensemble des savants depuis P. Pédech, dans sa monographie sur la *Méthode historique* de Polybe, jusqu'à J. Briscoe, dans son commentaire à Tite-Live, et B. Minéo, dans son édition des *Histoires*, s'accordent à faire de Polybe la source de Tite-Live pour ce passage — comme pour beaucoup d'autres du livre XXXII.

I. Pernin: Au sujet de *rhymotomia*, on connaît en Béotie deux occurrences d'un mot de la même famille, τόμος, qui désigne une "parcelle" de terre. Dans une inscription d'Orchomène (*IG* VII 3170, l. 12), le mot apparaît dans le contexte d'une délimitation de plusieurs *tomoi*. De même, à Thespies, à la fin du IIIe siècle et après 220 av. n. è., les *tomoi* désignent les parcelles de terre sacrée données à bail à des particuliers (*IG* VII 1739, l. 3, 5, 78) ou encore le domaine d'un particulier dont il lègue une partie aux Muses (Pernin, *Baux ruraux,* 24, l. 29).

A. Cohen-Skalli: Ce sont deux occurrences de *tomoi* particulièrement intéressantes, d'autant que leur datation témoignerait d'un emploi de *tomos* en Grèce dans la division du territoire à une époque antérieure à son application au campement romain. Il s'agirait d'une preuve supplémentaire que le composé était d'abord grec avant de trouver une application à la réalité romaine.

I. Pernin: Aujourd'hui encore, dans les campagnes, on a une perception empirique de l'espace et de l'environnement immédiat ; cette connaissance sans carte du territoire, que l'on qualifie d'hodologique, par contiguïté, est avant tout celle dont on a besoin pour situer les parcelles, les identifier, par exemple en fonction de leur propriétaire et des liens de voisinage qui les unissent. Pour la pratique quotidienne, comme l'organisation des travaux agricoles, cette connaissance instinctive et efficace de l'espace utile suffit.

D. Marcotte: Notre perception de l'espace tient pour beaucoup à notre formation scolaire, dans laquelle la géographie et l'histoire, jusqu'il y a trois décennies environ, étaient enseignées sur la base de cartes. Aujourd'hui, la place accordée à ce type d'instrument s'est considérablement réduite. La généralisation des navigateurs, la figuration linéaire des réseaux de transport urbain et le développement du voyage aérien ont eu pour conséquence que, dans les jeunes générations, la perception de l'espace s'est elle-même transformée en profondeur et pourrait être qualifiée à nouveau de "hodologique", dans la mesure où elle entraîne une représentation non-géométrique et fonctionnelle de l'espace, celle qu'on voit à l'œuvre dans les périégèses et les périples anciens. D'une certaine manière, cette évolution est consacrée par la place qu'on accorde désormais, en géographie, à l'étude des "mobilités".

III

Didier Marcotte

GÉOGRAPHIE ET PHILOLOGIE : LA CONCEPTUALISATION DE L'ESPACE D'APOLLONIOS À STRABON

Abstract

This article sheds light on the conditions of the concomitant emergence of geography and philology in Alexandria. Building on a cross-analysis of Strabo's Prolegomena (*Geogr.* 1-2) and a passage from Apollonius Rhodius (4, 279-293), it seeks to characterize the main features of Hellenistic geographical writing. It shows that geography has used a varied set of concepts that have spread to all literary genres, and in particular to scholarly poetry, the domain of the philologist. Some of these concepts were derived from physics and geometry (climate), others from administrative procedures (inventorying, surveying), and combined with elements drawn from empirical practice.

Le cinquième centenaire de la découverte des Amériques par Colomb a été, il y a trois décennies, l'occasion d'apprécier d'un regard neuf l'apport des historiens et des géographes de l'Antiquité aux grandes entreprises maritimes qui ont ouvert les Temps modernes. On a pu mesurer combien sa familiarité avec Aristote et son traité *Du Ciel* avait déterminé Pierre d'Ailly à admettre, sur des bases théoriques, l'accessibilité de l'Inde par l'ouest.[1] L'époque de ce savant, celle du Concile de Constance (1414-1418), avait vu les meilleurs esprits s'attacher aux progrès

[1] Arist. *Cael.* 2, 14, 298a9-15 ; Petrus de Aliaco (Pierre d'Ailly), *Tractatus de ymagine mundi*, Louanii, s.d. [*ca* 1483], chap. 8.

de la traduction en latin de la *Géographie* de Ptolémée, commencée par Manuel Chrysoloras et menée à son terme par Jacopo Angelo da Scarperia : Leonardo Bruni, Poggio Bracciolini, Niccolò Niccoli et jusqu'à Guillaume Fillastre avaient suivi de près cette lente opération, qui devait donner au monde des savants et des politiques les instruments de conquêtes à venir.[2] Pour qualifier l'esprit qui animait ces promoteurs, Sebastiano Gentile a eu une expression heureuse : l'humanisme a vu s'affirmer la "philologie géographique".[3]

La formule pourrait s'appliquer au mouvement intellectuel qui a accompagné l'expédition d'Alexandre en Asie. C'est bien une intense activité sur les textes relatifs aux confins orientaux du monde qui a préparé la course du Macédonien vers l'Iaxarte et l'Indus et en a mis en forme les résultats scientifiques. Parfois avec les outrances que l'on sait : pour avoir soumis Hérodote à une lecture trop critique, on récusa sa représentation de la Caspienne comme une mer fermée (Hdt. 1, 102, 4) et on ajouta foi aux récits de voyageurs qui, forts de leur qualité d'αὐτόπται, s'étaient flattés d'avoir atteint avec cette mer un des golfes de l'océan périphérique.[4] Mais ce sont surtout les Lagides qui ont favorisé l'émergence du philologue géographe, quand ils ont entrepris d'opérer la synthèse des connaissances géographiques anciennes et des données nouvelles que livraient à foison les *historiens compagnons d'Alexandre*.[5] On prête à Ératosthène de Cyrène, sous Ptolémée III Évergète (*ca* 240 av. J.-C.), de s'être le premier donné le titre de philologue, que ses successeurs au Musée continueront d'assumer ;[6] on sait qu'il y voyait l'expression, non tant de son souci d'interroger la langue, que de sa quête d'un

[2] Gautier Dalché (2009) 145-154, 168-180.

[3] Gentile (1992) 52.

[4] Str. 11, 6, 1 C507 ; 11, 11, 6 C518 (cite Patrocle, *FGrHist* 712 F 4). La mer en question est encore supposée fermée chez Arist. *Mete.* 1, 13, 351a8-12 ; 2, 1, 354a3.

[5] Pour reprendre le titre de Pédech (1985). La synthèse la plus complète à ce jour sur l'apport des historiens d'Alexandre au renouvellement de la géographie et de l'ethnographie est celle de Pearson (1960) ; sur le monde indien, Stoneman (2019).

[6] Suet. *Gram. et rhet.* 10 (*FGrHist* 241 T 9).

savoir universel.[7] Autant que notre documentation permette d'en juger, c'est aussi à lui qu'il revient d'avoir, pour la première fois, employé le mot γεωγραφία pour l'étude de la sphère terrestre et de ses parties constitutives.[8] Si l'on ne peut attester formellement qu'il a composé le terme lui-même, sur le possible modèle de γεωμετρία ("mesure de la terre"),[9] il est du moins certain qu'il en a imposé l'usage pour désigner le champ de ce que la postérité, avec Hipparque de Nicée (*ca* 160-130 av. J.-C.),[10] a précisément appelé *géographie*, jusque dans la dimension *géodésique* de celle-ci. Ses Γεωγραφικά en trois livres,[11] dont la teneur était résolument théorique, s'élargissaient également à la description systématique de l'espace reconnu, en vue de l'établissement d'une carte ; cette dernière opérait à son tour comme un répertoire actualisé des connaissances sur l'œkoumène et ses confins enregistrées depuis les débuts de la philosophie et de l'histoire en Ionie.[12] L'encyclopédisme, la collation des textes et des documents, la

[7] Voir KUCH (1965) 31-33.

[8] Le témoignage de DIOG. LAERT. 9, 48, selon lequel Démocrite aurait composé une Γεωγραφίη, signalée sous forme de titre dans une liste de Μαθηματικά, n'est étayé par aucune autre source et doit être considéré comme douteux ; voir GEUS (2002) 262 et ci-dessous n. 11.

[9] Les plus anciennes occurrences de ce dernier terme sont chez HDT. 2, 109, 3 et AR. *Nub.* 202, où il désigne tout à la fois la technique de l'arpentage et la science géométrique, celle-ci étant réputée dériver de celle-là.

[10] Auteur de Πρὸς τὴν 'Ερατοσθένους γεωγραφίαν βιβλία τρία, dont le titre est donné par STR. 2, 1, 41 C94. Les fragments de ce traité ont été édités par DICKS (1960).

[11] L'ouvrage s'ouvrait sur une *diorthose* des prédécesseurs (voir *infra* n. 14) et proposait une mesure de la sphère et de l'œkoumène (l. I-II) avant de procéder à une description de celui-ci région par région (l. III). Sur son objectif, son contenu et sa structure, voir GEUS (2002) 260-288. Les fragments ont été édités par BERGER (1880). La tradition conserve les titres de Γεωγραφικά, Γεωγραφούμενα et Γεωγραφία. Ce dernier a des chances d'être original, si on en juge par les premières références à l'ouvrage, qui correspondent précisément aux plus anciennes attestations du terme lui-même : [SCYMN.] 112-114 (τῷ τὴν γεωγραφίαν... γεγραφότι... 'Ερατοσθένει) ; HIPPARCH. Fr. 34 DICKS (cit. n. 10) ; POLYB. 34, 5, 1 BW (chez STR. 2, 4, 1 C104).

[12] La carte ainsi conçue a pu elle-même recevoir le nom de "géographie" ; ainsi GEM. 16, 4 οἱ κατὰ λόγον γράφοντες τὰς γεωγραφίας ἐν πίναξι ("ceux qui dessinent les *cartes* à l'échelle sur des tables") et 5 ἐν ταῖς στρογγύλαις γεωγραφίαις ("dans les *cartes* rondes").

mise en ordre du savoir sont quelques-uns des traits fondamentaux de la période alexandrine, marquée par une fébrile activité heuristique : c'est au moment où la philologie s'affirmait comme un mode de pensée que la géographie se dotait d'une méthode, forgeait ses concepts propres et élaborait son lexique, dans toute la variété de celui-ci.

1. La géographie dans la généalogie de la physique

Avant de recevoir un nom fonctionnel qui la désignât expressément, la géographie était née de la rencontre de la physique et de l'histoire, qui avaient connu chacune un développement significatif au VIe siècle avant notre ère et dont les discours s'entremêlent souvent dans l'œuvre d'Hérodote. La synthèse entre elles a été réalisée au Lycée, dans le sillage duquel se sont inscrits les savants du Musée ; de sa double appartenance originelle, la discipline entretiendra toujours une représentation duale de la Terre, vue comme corps physique et comme espace humain, chacun d'eux appelant son registre particulier de mots et d'images.

En tant que philologue comme en sa qualité de géographe, Ératosthène recevait aussi en héritage l'épistémologie des sciences du cosmos qui s'était ébauchée au IVe siècle au sein de l'Académie et dans la mouvance aristotélicienne. Celui qui s'adonnait à l'étude de la Terre et de sa place dans l'univers devait ainsi se former d'abord à la physique, puis à l'astronomie, avant de passer à la géométrie et à ses applications pratiques qu'étaient la mesure et la description de la Terre, auxquelles Ératosthène devait donner le nom de *géographie*. Telle est la διαδοχή que nous restitue Strabon.[13] Celui-ci n'était pas un théoricien et ne saurait être considéré non plus comme un créateur de concepts, au contraire d'Aristote, d'Ératosthène et de Poséidonios. Pourtant, sous la forme d'une longue "rectification" (διόρθωσις) de ses

[13] Elle est résumée par lui en 2, 5, 2 C110.

prédécesseurs, les deux premiers livres de ses propres *Geographika*, qui ont valeur de prolégomènes, constituent pour nous l'introduction aux sciences du monde et de l'espace la plus documentée que l'Antiquité nous ait léguée.[14] Le reste de notre information est en effet parcellaire ; pour la période qui précède l'avènement de l'Empire, et si on s'en tient aux seuls traités que la tradition médiévale nous a transmis, elle se limite de fait aux *Météorologiques* d'Aristote et à quelques chapitres de son traité *Du ciel*, auxquels on peut ajouter, au milieu du Ier siècle av. n. ère, l'Εἰσαγωγή de Géminos de Rhodes.[15]

C'est ce qu'on appelle la "seconde introduction" de Strabon (2, 5) qui présente le plus clairement, dans leur genèse et dans leur fondement théorique, les notions qui nous intéressent ici ; c'est elle aussi qui permet de poser le cadre conceptuel dans lequel Ératosthène a formé son œuvre géographique.[16] Par définition, la physique est la science de la "nature" au sens ionien du terme ; elle est par excellence la science du monde, dont elle formule les lois élémentaires, fondées sur l'observation ; elle peut aussi, dans l'acception qu'en donnaient les milieux aristotéliciens, s'attacher aux causes des phénomènes (Simplic. *In Aristot. Phys.* 291 Diels).[17] Les principes qu'elle énonce sont en général simples et précis ; ainsi celui de la chute des graves, en vertu duquel deux droites ne sauraient être parallèles. Ils appellent quelquefois des accommodations, qui sont autant d'approximations indispensables à la mesure : aussi bien tiendra-t-on pour parallèles, dans la pratique des choses, deux colonnes dressées à faible distance l'une de l'autre.

L'astronomie est la science des repères ; elle a pour objet de calculer l'inclinaison de l'axe du monde, de tracer les cercles

[14] Pour une analyse détaillée de ces prolégomènes, on renverra à AUJAC (1966) et (1969) ; PRONTERA (1984). Sur la *diorthose* qu'ils forment, voir JACOB (1986).

[15] On pourrait adjoindre à cet ensemble le seul traité d'Hipparque conservé, les *Commentaires aux Phénomènes d'Aratos et d'Eudoxe*, dans lesquels sont formulés aussi quelques linéaments d'une physique du globe.

[16] L'introduction la plus complète au système d'Ératosthène et à ses attendus épistémologiques reste à ce jour celle d'AUJAC (1966) 89-220.

[17] Voir AUJAC (1975) LIV-LV, 111-113.

fondamentaux déterminés par la course annuelle du soleil, de fixer la position, sur la sphère céleste, des astres remarquables. La pérennité des repères qu'elle considère doit garantir l'exactitude de la mesure du corps particulier qu'est la Terre et de l'espace qu'y occupent les hommes, l'*œkoumène*. À ce propos, on attribuait à Parménide d'Élée (28 A 44a DK) d'avoir divisé la Terre en cinq zones, définies par les grands cercles :[18] une zone torride comprise entre les tropiques, deux zones tempérées de part et d'autre, réputées l'une et l'autre habitables, sinon habitées ; enfin deux zones glaciales du côté des pôles. Les Grecs ont tôt compris, en effet, que les conditions atmosphériques et météorologiques (on disait κρᾶσις ou ἀέρες) varient en fonction de la situation par rapport aux cercles.

Fondée sur l'astronomie, la géométrie au sens strict suit les procédures de la géodésie ; elle offre des solutions théoriques qu'il importe de formuler d'abord dans toute leur rigueur, comme la distance entre les tropiques, qui doit équivaloir à l'obliquité de l'écliptique. Quand le géographe s'applique à la description de la Terre et de ses parties, il se trouve toutefois en butte à la précarité des mesures terrestres, faites communément d'évaluations fort lâches ; dépendant, pour une bonne part, des relations de voyageurs ou de marchands appelés à parcourir, de manière répétée, de grandes distances, il prend conscience de la césure insurmontable qu'il y a entre le calcul théorique, géométrique, d'un écart en longitude ou en latitude, énoncé en parts de cercle, et la mesure effective, concrète, en un mot humaine, d'une distance terrestre.

C'est à Eudoxe de Cnide (390-337) qu'il revient, semble-t-il, d'avoir entrepris la première cartographie géométrique de la Terre.[19] Il établit que l'axe de celle-ci se confondait avec celui du monde et qu'elle-même pouvait être tenue pour un point

[18] Chez STR. 2, 2, 2 C94. Cette théorie a été reprise également par ARIST. *Mete.* 2, 5, 362a32-b9.

[19] Objet d'une Γῆς περίοδος : GISINGER (1921) ; l'ensemble des fragments d'Eudoxe ont été édités par LASSERRE (1966).

immobile, qui aurait été comme le centre de la sphère céleste. À partir de procédés gnomoniques ou grâce à un instrument de visée comme la dioptre, il fixa en latitude un certain nombre de lieux, en calculant l'inclinaison de l'axe du monde au-dessus de l'horizon de chacun d'eux ; c'est à lui que pourrait revenir d'avoir appelé *climat* du lieu (du radical de κλίνω, "pencher") l'inclinaison en question.[20]

Tout en reprenant à Eudoxe les principes de sa géométrie, Ératosthène empruntait à un autre contemporain d'Aristote, Dicéarque de Messène (*ca* 330 av. J.-C.), le parallèle de référence que celui-ci avait identifié comme l'articulation fondamentale de toute représentation cartographique à venir : il s'agit de notre parallèle 36° N, qu'on tirait des Colonnes d'Héraclès (Gibraltar) au golfe d'Issos (act. g. d'Iskenderun).[21] Si Dicéarque faisait correctement passer cette ligne par l'île de Rhodes, il lui faisait aussi, à tort cette fois, traverser le détroit de Messine et la pointe sud du Péloponnèse. Ces distorsions ont échappé à Ératosthène, qui a aligné sur le même tracé les grandes chaînes montagneuses de l'Asie, qu'Aristote (*Mete.* 1, 13, 350a19) avait signalées déjà jusqu'au Parnassos (ou Paropamissos, act. Hindu Kush) et que l'expédition d'Alexandre avait révélées jusqu'à l'Iméos (act. Himalaya). Faisant de Rhodes le centre de sa carte, il a tracé à partir d'elle un méridien origine, qui devait, vers le sud, suivre en partie, d'Alexandrie à Syène, le cours du Nil et gagner, vers le nord, la ville de Byzance, sur le Bosphore, pour épouser enfin le cours du Borysthène (act. Dniepr). Il obtenait ainsi un canevas qui, malgré de lourdes erreurs (Alexandrie, par exemple, est en réalité à 2° à l'E. de Rhodes), n'en était pas moins la première esquisse d'un système rationnel de représentation cartographique, l'ancêtre de nos réseaux de coordonnées terrestres.[22] Hipparque de Nicée, au siècle suivant, puis Claude

[20] Pour une attribution à Eudoxe du terme lui-même, notre seul témoin formel est STR. 9, 1, 2 C390-391 = EUDOX. Fr. 350 LASSERRE.

[21] STR. 2, 4, 2 C105 ; AGATHEM. *Proœm.* 5 ; voir P.T. KEYSER in FORTENBAUGH / SCHÜTRUMPF (2001) 365-368 ; GEUS (2002) 271.

[22] Voir GEUS (2002) 273-275.

Ptolémée, sous les Antonins, ne feront qu'affiner et développer ce système en y introduisant la notion de degré.[23]

2. Le climat, concept géométrique

Parmi les concepts les plus étroitement liés à la représentation géométrique de l'espace, celui de "climat" a sans doute été un des plus productifs pour le développement de la science géographique. Le climat était, pour Eudoxe, une désignation de la latitude ; tous les lieux où il mesurait une égale inclinaison du pôle au-dessus de l'horizon se trouvaient fixés par lui sur un même parallèle. Or, à la suite de l'auteur hippocratique d'*Airs, eaux, lieux*,[24] Aristote avait, dans ses *Météorologiques*, étudié l'influence de facteurs comme l'humidité et la chaleur, les vents, le relief, la proximité de la mer sur le temps qui règne en une contrée donnée, et il avait admis que les conditions atmosphériques pouvaient varier en fonction de l'éloignement à l'équateur. Dans sa *Géographie*, Ératosthène a poursuivi la réflexion aristotélicienne en l'appliquant à des cas précis, comme celui de l'Inde, que les Macédoniens avaient reconnue dans ses confins nord-occidentaux et dont Mégasthène, ambassadeur de Séleucos Ier auprès du roi Chandragupta au tournant des IVe et IIIe siècles, avait parcouru la plaine gangétique.[25]

Les informations nouvelles sur le sous-continent portaient sur ses dimensions, son hydrographie, ses paysages particuliers, ses ressources naturelles, ses populations. La spécificité de la zone fut d'emblée reconnue par Ératosthène sur la foi de ces témoignages *de visu* et, sur sa carte, le savant inscrivit le pays dans une figure géométrique qu'il nomma "sphragide" (en grec σφραγίς,

[23] La méthode d'Hipparque, qui relevait strictement de la géométrie (Str. 2, 1, 35 C87 = Hipparch. Fr. 18 Dicks), est exposée par Str. 2, 5, 34 C132 (Fr. 39 Dicks).

[24] Édition et commentaire par Jouanna (1996).

[25] Sur la composition des *Indika* de Mégasthène, voir Stoneman (2022) 2-5, qui retient une date autour de 300 av. J.-C.

"sceau, cachet"), terme sur lequel on reviendra ; pour l'Inde, cette figure tenait du losange — les Grecs parlaient de *rhombe* — et son côté nord était formé par l'Iméos, qui, comme on l'a dit, prolongeait vers l'est le parallèle de référence.[26] Définie en latitude par deux parallèles remarquables, celui de Rhodes et Athènes (et donc du Tauros ou Caucase asiatique) et celui du Pays de la Cannelle (ou de Taprobane), l'unité géométrique qu'était l'Inde offrait aussi des caractéristiques physiques et atmosphériques qui lui étaient propres ; au sens strict, on pouvait parler, à ce sujet, de *climat* de l'Inde.[27] Mais les historiens d'Alexandre avaient également relevé que l'Inde présentait des traits physiques comparables à ceux des pays nilotiques, où l'on pouvait observer de mêmes épisodes de crue, une même fertilité du sol explicable par l'alluvionnement et, en direction du Midi, la présence de mêmes populations à la peau noire. Ces traits d'apparentement ont été expliqués, selon une méthode analogique, par le fait que l'Inde d'un côté, l'Éthiopie de l'autre, exposées comme elles l'étaient aux mêmes pluies estivales, étaient situées à une même latitude et étaient donc soumises à un même *climat*.

Cette dernière acception porte en germe la notion moderne. Ceux qui ont le plus contribué à lui donner corps sont les savants du Lycée et de la Stoa, dont beaucoup se sont illustrés dans les sciences de la Terre. Attentif à la place de l'homme dans le monde et à l'influence que pouvait exercer sur lui son environnement, le stoïcien Poséidonios d'Apamée (début du Ier siècle av. J.-C.) est sans doute celui qui est allé le plus loin dans une mise en relation de la latitude, de la fertilité relative du sol et des traits physiques des êtres vivants. Un des buts qu'il professait est ainsi résumé par Strabon (2, 3, 7 C102) : "mettre en évidence", en fonction des parallèles à l'équateur, "les différences de répartition des êtres animés, des plantes et des conditions atmosphériques, suivant qu'on se rapproche de la zone

[26] ERATOSTH. Fr. II B 36 BERGER, *ap.* STR. 2, 1, 20-21 C77-78 ; cf. GEUS (2002) 276.
[27] Cf. STR. *ibid.* : περὶ τοῦ ἐν τῇ Ἰνδικῇ κλίματος.

glaciale ou de la zone torride" (trad. G. Aujac).[28] Une proposition de ce type fixait en une formule unique l'apport de la théorie des zones de Parménide, et celle d'Eudoxe et d'Ératosthène à la science du climat ; elle montre aussi combien la climatologie antique, de discipline physique et géométrique qu'elle était à l'origine, était appelée à devenir une science humaine, conformément à la double vocation que portait la géographie dans ses premières affirmations.

3. Le territoire du géographe

Le système théorique et le modèle géométrique qu'Ératosthène a mis au point en réélaborant ceux d'Eudoxe et de Dicéarque ont prévalu jusqu'à la fin de l'Antiquité. Les aménagements qu'Hipparque, Poséidonios et Claude Ptolémée ont apportés à la construction de sa carte du monde, malgré les données nouvelles qu'ils y ont intégrées, n'ont pas affecté véritablement la figure d'un Ératosthène promoteur d'une science. Pourtant, mis à part les trois savants qu'on vient de mentionner, rares seront ceux qui, tout en se réclamant de l'héritage du fondateur, pratiqueront sa méthode et partageront sa conception du métier.

À ce propos, cependant, un constat s'impose. À la suite des Pythagoriciens et d'Eudoxe, les Grecs ont certes pensé l'espace comme ils pensaient le temps et tenu l'un et l'autre pour des dimensions quantifiables, qui se laissent décomposer selon les principes de la géométrie. Mais si l'histoire, science du temps, a été reconnue comme un genre à part entière, la géographie, science de l'espace, n'a jamais vraiment émergé comme une discipline spécifique.[29] Cet état de choses se vérifie notamment dans la nomenclature des biographes. Pour prendre un exemple éloquent, la *Souda* produit plusieurs dizaines de mentions de ἱστορικοί, mais elle ignore jusqu'au nom de γεωγράφος ; elle n'offre

[28] Posidon. Fr. 49, 309-316 EK.

[29] Cf. Prontera (1984) 211 : "genere letterario senza fortuna".

par ailleurs que trois occurrences du terme abstrait γεωγραφία, qu'elle définit vaguement par περιήγησις (Γ 160 Adler), et n'en fait le titre que de deux œuvres, celles de Polémon d'Ilion, auteur d'une Κοσμικὴ περιήγησις ἤτοι Γεωγραφία (Π 1888), et de Strabon (*s.v.* Στράτων, Σ 1187).[30] De fait, dans la tradition tardo-antique et médiévale, la qualité de γεωγράφος n'a été reconnue qu'à ce dernier, à Artémidore d'Éphèse (auteur de Γεωγραφούμενα, *flor.* 104-101 av. J.-C.) et à leur prédécesseur Ératosthène, probable créateur du concept.[31]

Pour l'objet qui nous occupe ici, le statut quelque peu indistinct de la géographie se traduit aussi par le caractère composite de ses concepts. Ceux-ci sont empruntés aussi bien aux théoriciens, comme on vient de le voir, qu'à l'expérience ordinaire. Sans doute portent-ils témoignage de la place qu'occupe la démarche empirique dans la constitution de tout lexique spécialisé, mais, en l'espèce, leur disparate fait surtout voir que la géographie antique n'appartenait vraiment à aucun genre. C'était d'abord une manière de dire le cadre physique et spatial dans lequel s'exerce l'activité humaine, que ce cadre ait été perçu dans sa dimension macroscopique ou dans les limites de la pratique du quotidien. Le vocabulaire auquel puisaient les "géographes" ne distinguait pas franchement, dans leur façon de les décrire, l'*oikos* des hommes (l'œkoumène), avec ses portes et ses colonnes (les détroits), le territoire de la cité ou le simple arpent de terre.

[30] La notice de la *Souda* Σ 1187 agrège malencontreusement des informations relatives à Strabon et à Straton (Στράτων· Ἀμασεύς, φιλόσοφος· γέγονεν ἐπὶ Τιβερίου Καίσαρος· ἔγραψε Γεωγραφίαν ἐν βιβλίοις <ι>ζ). Dans le même lexique, la *Géographie* de Claude Ptolémée (Π 3033) n'est pas signalée, mais est implicitement incluse dans le καὶ ἄλλα qui ferme la liste des œuvres.

[31] La plus ancienne occurrence du terme est chez STR. 1, 1, 16 C9, dans un passage où est posée l'hypothèse qu'un "géographe actif en Inde" (τῷ παρ' Ἰνδοῖς γεωγράφῳ) traite des Béotiens avec autant d'exactitude qu'Homère a pu le faire et où le terme est en opposition avec χωρογράφος (voir aussi 1, 1, 19 C11 ; 2, 5, 2 C110) ; GEUS (2002) 262, n. 9, admet qu'il remonte à Ératosthène. Dans la tradition de Denys le Périégète, chez les scholiastes (*GGM* II, 443b1-2) comme chez Eustathe (p. ex. *GGM* II, 219, 5), ὁ Γεωγράφος désigne Strabon ; Artémidore est qualifié de la même manière par Aelius Hérodien, Marcien d'Héraclée et Étienne de Byzance.

Du reste, comme les activités humaines sont par nature soumises à évolution, les mots de la géographie ne sont pas destinés non plus à rester figés, ce qui contrarie tout essai de les caractériser sur la durée.

Dans ses développements modernes, la discipline n'échappe d'ailleurs pas à cette propriété : de Karl Ritter à Roger Brunet, les métamorphoses du discours géographique se sont répercutées aussi dans la manière d'aborder le corpus antique ; ainsi, pour nous en tenir à l'école allemande, le glossaire compilé par Ulrich Finzenhagen (1939), où les réalités physiques fournissaient le socle de la documentation étudiée, paraît-il aujourd'hui obsolète dans son approche et dans sa méthode par rapport au *Lexikon* d'Holger Sonnabend (1999). Dans ce dernier, les rubriques "Mobilität" ou "Ökologie" suffisent à montrer qu'on n'interroge les sources géographiques du passé qu'au prisme des préoccupations du moment.

4. Géographie et chorographie

Chez Strabon, la géographie au sens ératosthénien n'occupe que les deux livres de tête, dont la charge épistémologique a déjà été définie ; les quinze autres, consacrés à une description de l'œkoumène région par région, relèvent de ce qu'il conviendrait d'appeler plutôt, si l'on s'en tient à l'acception primitive des termes, la *chorographie*. Celle-ci, d'après la définition qu'en a donnée Polybe (34, 1, 4-5 BW), a pour objet la fixation des lieux (θέσεις τόπων) et le calcul des distances (διαστήματα) d'une région donnée. Dans le long prologue théorique et méthodologique de sa Γεωγραφικὴ ὑφήγησις, Ptolémée (*Geogr.* 1, 1) continuera de distinguer de façon nette les champs respectifs de la géographie et de la chorographie, celle-ci relevant plutôt, selon lui (1, 1, 5), de la description qualitative (τὸ ποιόν), celle-là ne connaissant en revanche que des questions de quantité (τὸ ποσόν).

En réalité, les deux méthodes ainsi distinguées étaient étroitement complémentaires l'une de l'autre pour la construction de la carte.[32] Si l'astronomie et la géométrie donnaient des indications relativement précises pour l'évaluation de la latitude, les géographes savaient que le tracé des méridiens demeurait un problème complexe. Ils ne connaissaient pas l'horloge à pendule, mais au moins avaient-ils compris que la solution théorique existait. En cas d'éclipse de lune, par exemple, il était possible de déterminer l'écart en longitude de deux lieux à partir desquels deux observateurs considéraient le phénomène : il y avait entre ces lieux autant de fois un vingt-quatrième de cercle qu'il y avait d'heures entre les deux observations (Ptol. *Geogr.* 1, 4, 2).[33] Dans la pratique, cependant, on s'en tenait plutôt aux évaluations de marins qui déclaraient avoir parcouru autant de stades ou autant de jours de navigation en tenant un même cap est ou ouest, ou à celles de voyageurs qui, face au soleil levant ou couchant, auraient suivi telle route sur telle distance. La méthode chorographique, à laquelle ressortissait l'information itinéraire (ἱστορία περιοδική)[34] était donc, comme le reconnaissait lui-même Ptolémée (*Geogr.* 1, 2, 2), un instrument nécessaire au discours géographique.

À date hellénistique et impériale, elle a du reste inspiré nombre d'historiens, chronographes comme l'auteur de la *Periodos à Nicomédès* (vers 130-110 av. J.-C.), antiquaires comme Pausanias (sous les Antonins), ethnographes comme Timée (*ca* 310-260 av. J.-C.),

[32] Sur les termes γεωγραφία et χωρογραφία, les méthodes qu'ils désignent originellement et la perméabilité qu'ils entretiennent entre eux, voir NICOLET (1988) 120-122 ; PRONTERA (2006). Signe d'un certain flottement sémantique, le second de ces termes a pu être employé également pour désigner aussi bien des *cartes* du monde (chez VITR. *De arch.* 8, 2, 6 : *capita fluminum, quae orbe terrarum chorographiis picta itemque scripta*) que le résultat figuré d'une opération cadastrale (BOFFO / FARAGUNA [2021] 666 n. 58), ce qu'on appelait en latin une *forma*. La question demeure ouverte de savoir quelle était l'échelle du χωρογραφικὸς πίναξ mentionné par STR. 2, 5, 17 C120 à propos du tracé des littoraux et de la représentation cartographique des continents et de leurs principales propriétés (voir NICOLET, *loc. cit.*) ; il est douteux qu'il s'agisse d'une "carte régionale" (ainsi AUJAC [1969] II 98).

[33] Voir AUJAC (1966) 160-161.

[34] Tel est le sens qu'il faut prêter à l'expression chez Ptolémée, plutôt que celui de "systematic research" proposé par BERGGREN / JONES (2000) 59.

Agatharchide (autour de 160-140 av. J.-C.) ou Artémidore. Dans la foulée d'Hérodote, tous ces auteurs ont considéré un certain espace, celui de l'œkoumène dans sa totalité, objet de la *Periodos* déjà mentionnée et d'Artémidore, celui d'une région dans sa singularité, comme la Grèce de Pausanias, ou celui d'un ensemble de régions, tel l'Occident des ἱστορίαι de Timée ou la mer Érythrée d'Agatharchide. Pour ces historiens, Éphore de Kymé (*ca* 350-340 av. J.-C.) faisait figure de parangon. Son œuvre, qui partait du retour des Héraclides, s'inscrivait dans la tradition des histoires universelles, mais elle ne procédait pas de la manière annalistique. On sait que ses livres IV et V offraient un tableau général de l'œkoumène ; le cadre qu'il y définissait introduisait le détail des histoires nationales, pour lesquelles il suivait une marche κατ' ἔθνη (Diod. Sic. 5, 1, 4).[35] Quand il abordait les antiquités de la Grèce, le littoral lui servait de guide, depuis les confins de l'Acarnanie et de l'Épire jusqu'à la Thessalie ; en construisant ainsi son tour de la Grèce, il ne faisait qu'adopter la méthode des périplographes, dont s'était inspiré déjà Hécatée (*FGrHist* 1 F 109-137). L'itinéraire avait, chez lui, une fonction dynamique, que ses émules ont perçue comme constitutive de son écriture ; aussi l'ont-ils tenu pour un des ressorts naturels du discours historique.

5. Le périple inventaire

Dès ses premières manifestations, à la fin du VIe siècle av. J.-C., le périple répond à un objectif d'inventoriage (ἀπογραφή) des réalités côtières d'un secteur maritime donné, ce qui peut expliquer son adoption par Éphore. Selon un itinéraire déterminé par la succession des littoraux, il répertorie les populations riveraines et leurs établissements, les principales caractéristiques physiques du pays côtoyé, les amers et, le cas échéant, les ressources naturelles. Dans l'état de notre documentation, ces traits constitutifs

[35] Cf. [SCYMN.] 470-472. Voir DREWS (1963) ; VANNICELLI (1987).

du périple ancien sont réunis pour la première fois dans le récit qu'Hérodote a laissé de la mission confiée par Darius au médecin Démocédès de Crotone, peu avant 490 av. J.-C., dans le but de préparer l'invasion de la Grèce (3, 136). Chargé de prospecter les rivages de celle-ci, le corps expéditionnaire acheva sa course dans le golfe de Tarente, après avoir procédé, selon les mots d'Hérodote, à un inventaire en règle des sites côtiers (τὰ παραθαλάσσια ἐθηεῦντο καὶ ἀπεγράφοντο), selon une opération technique, inspirée des pratiques de l'administration, que traduit précisément le verbe ἀπογράφομαι.[36] Cette manière de caractériser la procédure originelle du périple et les modalités de son écriture est une constante du genre, qu'on retrouve à date hellénistique dans les πορειῶν ἀπογραφαί dont la lecture est recommandée au prince lagide par ses conseillers ([Aristeas] *Epist. ad Philocr.* 283),[37] et encore à l'époque byzantine dans la façon qu'a l'empereur Constantin VII Porphyrogénète (*ca* 920) de désigner l'activité de Ménippe, un des promoteurs du genre au tournant de notre ère (*De them.* 1, 2 ὁ τοὺς σταδιασμοὺς τῆς ὅλης οἰκουμένης ἀπογραψάμενος).

La linéarité de la description, qui répond au défilement des étapes littorales et de la liste qui les déroule, n'empêche pas l'expression d'une certaine pensée cartographique, comme en témoigne le périple dit de Scylax, plus ancien portulan conservé de l'espace méditerranéen, datable de la fin de la période classique, dans lequel est évoqué l'alignement de l'embouchure de

[36] Sur la signification du "périple" de Démocédès pour l'histoire du genre et sur sa dépendance du lexique des procédures administratives, cf. MARCOTTE (2016).

[37] Dans ce passage, le souverain se voit recommander l'occupation suivante : ἐν ταῖς ἀναγνώσεσι καὶ ἐν ταῖς τῶν πορειῶν ἀπογραφαῖς διατρίβειν, ὅσαι πρὸς τοὺς βασιλεῖς ἀναγεγραμμέναι τυγχάνουσι πρὸς ἐπανόρθωσιν καὶ διαμονὴν ἀνθρώπων. Les ἀπογραφαί en question ne pouvaient être des "récits de voyages rédigés à l'usage des rois", comme le suggère PELLETIER (1962) 225, mais plutôt des rapports de mission (comptes rendus de visites de provinces, d'expéditions militaires, d'ambassades, etc.), destinés aux archives royales (βασιλικαὶ ἀναγραφαί, cf. ἀναγεγραμμέναι), faits d'un ensemble de notes plus ou moins structurées, nécessaires à la bonne administration de l'État (πρὸς ἐπανόρθωσιν) et à la préservation de celui-ci dans la durée (καὶ διαμονήν).

l'Istros (Danube) et du couloir de l'Égypte ([Scyl.] 20, à propos des Énètes). On en a une illustration plus nette encore dans le *Périple de la mer Érythrée*, composé par un marchand gréco-égyptien dans les années 40-70. Dans le passage qu'il consacre aux moussons et à l'ouverture de la voie hauturière vers l'Inde (§ 57), l'auteur attribue un rôle décisif aux observations d'un pilote, nommé par lui Hippalos, qui "le premier, pour avoir repéré la situation des ports et compris la configuration de la mer, découvrit la route de haute mer" :[38]

> πρῶτος δὲ Ἵππαλος κυβερνήτης, κατανοήσας τὴν θέσιν τῶν ἐμπορίων καὶ τὸ σχῆμα τῆς θαλάσσης, τὸν διὰ πελάγους ἐξεῦρε πλοῦν.

Dans cette proposition, les termes θέσις et σχῆμα relèvent bien du lexique technique de la cartographie : le premier désigne le lieu utilisé comme repère, fonction remplie en l'occurrence par les ἐμπόρια les plus sûrement fixés en latitude, tandis que le second renvoie à la figure que forment les lieux en question dans leurs relations géométriques. Dans ce raisonnement, les vents de mousson (qu'on appelait *étésiens*), parce qu'ils soufflent de manière régulière d'une année à l'autre, indiquent en effet une direction stable, celle du nord-est en été, celle du sud-ouest en hiver. Une telle donnée, associée à une mesure de distance, offrait au marin les moyens d'élaborer une carte élémentaire du secteur côtoyé.

Enfin, les conditions de la commande du périple et sa destination ont eu un corollaire double : elles expliquent d'abord la présence, observable dans toute la tradition du périple grec, d'informations de nature politique, dans la mesure où celles-ci répondent à l'objectif d'une mission d'inspection ou de reconnaissance, comme l'est celle de Démocédès chez Hérodote ; d'autre part, elles justifient le souci de complétude qui soustend l'inventaire, qui peut dès lors être marqué par un certain

[38] Pour une lecture cartographique du passage, voir TCHERNIA (1994) et (1995). Sur le plan nautique, on se reportera au commentaire et à la carte de CASSON (1989) 224-225.

conservatisme dans sa nomenclature et enregistrer des réalités du passé en tant que celles-ci relèvent du critère de l'ὀνομάστοτατον, mis en évidence par le même Hérodote.

6. L'œkoumène, espace utile et tableau bigarré

Par vocation, le périple s'attache à décrire l'œkoumène, l'espace des hommes et des cités, non celui des seuls marins et des places portuaires. C'est à cet espace-là que Strabon consacre à son tour ses *Geographika*, malgré l'ambition qu'affiche *a priori* le titre de son œuvre. Pour lui, il s'agit d'abord d'un espace à représenter dans ses détails et il ne peut l'être que dans la mesure où les parties en sont reconnues (2, 5, 5 C112) :

> ὁ γὰρ γεωγραφῶν ζητεῖ τὰ γνώριμα μέρη τῆς οἰκουμένης εἰπεῖν, τὰ δ' ἄγνωστα ἐᾶν, καθάπερ καὶ τὰ ἔξω αὐτῆς.
>
> "celui qui pratique la géographie cherche à décrire le monde habité dans ses parties connues et à en négliger les contrées inconnues, de même que celles qui se trouvent à l'extérieur."

Par principe, l'objet de son enquête est donc plus restreint que ne l'avait été celui de Polybe. Celui-ci admettait, par exemple, que l'ἔξω θάλασσα, la "mer Extérieure", ne devait pas échapper à son champ d'étude, malgré le peu de connaissances dont on disposait sur ce secteur au milieu du IIe s. av. n. ère, et qu'il était possible d'en étudier les particularités, les ἰδιώματα (3, 57). Fidèle à sa conception dynamique du territoire de l'historien, il incluait par anticipation l'information à venir.

Strabon se situe résolument en retrait d'un tel programme, comme de celui d'Ératosthène, lequel embrassait des régions dont le signalement n'était que fragile et restait contesté, telle l'île de Thulé. Il est difficile de cerner les raisons de la restriction que Strabon imposait ainsi à son entreprise. On peut au moins avancer l'hypothèse que sa représentation de la Terre était conditionnée en bonne partie par son regard de stoïcien, pour lequel chacune des composantes participait nécessairement d'un tout ordonné.[39] Mais son discours visait aussi un but éminemment politique ; comme il le reconnaît lui-même, il s'adresse aux "hommes d'action" (1, 1, 19 C11 οἱ πράττοντες), lesquels considèrent de préférence les lieux de l'œuvre utile (μᾶλλον γὰρ σπουδάζουσιν, ὡς εἰκός, περὶ τὰ χρήσιμα), non les confins de l'œkoumène, dont l'étude relève plutôt de la physique.

Quand il justifie l'objet de ses recherches, et en particulier l'intérêt qu'il prête plus spécialement à l'espace méditerranéen, il évoque les relations spatiales qu'il convient au géographe de définir exactement entre les régions décrites, ce qui, constate-t-il, reste malaisé à envisager pour les rivages extérieurs de l'œkoumène (2, 5, 18 C122) :

> Ἔτι δ' ἐπεὶ κατὰ τὴν γεωγραφικὴν ἱστορίαν οὐ σχήματα μόνον ζητοῦμεν καὶ μεγέθη τόπων, ἀλλὰ καὶ σχέσεις πρὸς ἄλληλα αὐτῶν (...) καὶ ἐνταῦθα τὸ ποικίλον ἡ ἐντὸς παραλία παρέχεται μᾶλλον ἢ ἡ ἐκτός. (...) Αἵ τε χρεῖαι συνάγουσιν ἡμᾶς πρὸς ἐκεῖνα ὧν ἐν ἐφικτῷ αἱ ἐπιπλοκαὶ καὶ κοινωνίαι· ταῦτα δ' ἐστὶν ὅσα οἰκεῖται, μᾶλλον δ' οἰκεῖται καλῶς. Πρὸς ἅπαντα δὲ τὰ τοιαῦτα (...) ἡ παρ' ἡμῖν θάλαττα πλεονέκτημα ἔχει μέγα.
>
> "De plus, étant donné que, dans l'information géographique, nous ne cherchons pas seulement les formes et les dimensions des régions, mais aussi les positions respectives des unes par rapport aux autres (...), de ce point de vue aussi le rivage intérieur offre plus de bigarrure que le rivage extérieur. (...) Notre intérêt nous pousse aussi vers les régions avec lesquelles relations et commerce sont à notre portée, c'est-à-dire vers tous les pays habités, ou plutôt vers les pays heureusement habités. Sous tous ces rapports (...), notre mer présente un grand avantage."

Ce passage est capital pour comprendre la méthode et les mobiles de Strabon, mais aussi la conception qu'il se faisait de l'espace à prendre en compte dans une géographie. De ce point de vue, les deux mots clés en sont πλεονέκτημα et ποικίλος. Le premier, qui désigne un "avantage", introduit une hiérarchisation dans les priorités du géographe : un tableau de la Méditerranée aurait naturellement plus d'allure et de majesté que celui de la mer

[39] Sur les idées stoïciennes de Strabon, voir AUJAC (1983).

Extérieure et mériterait donc, sous le rapport de l'*utile*, qu'on s'y attachât en premier. Quant à l'adjectif ποικίλος, il ressortit au lexique de la peinture et du dessin et doit être rendu ici plutôt par "bigarré, coloré" que par "varié".[40] Le monde selon Strabon doit en effet être organisé comme un espace pictural, où les implantations humaines les plus denses, qui entretiennent entre elles les relations les plus intenses, formeraient aussi les détails les plus riches et les taches les plus vives. On remarquera d'ailleurs sa façon de qualifier les sites qui retiennent son attention, dont il dit qu'ils sont habités "heureusement" (καλῶς), tandis que les régions océaniques de la Libye le seraient "modérément" (2, 5, 33 C131 οἰκεῖται δὲ μετρίως καὶ ἡ παρωκεανῖτις).

Avant le renouveau de l'approche mathématique, avec Marinos de Tyr et Claude Ptolémée, aux Ier/IIe siècles de notre ère,[41] la géographie telle que la pratiquait Strabon est représentative d'un moment de crise. Jusque-là, l'essor de cette discipline, qui s'inscrivait dans la continuité de la physique et de la géométrie, s'était nourri progressivement des observations et des mesures des savants et des hommes de terrain. Les limites de l'expérience et, d'autre part, la conscience aiguë qu'avaient les géographes des obstacles techniques de la mesure ont toujours laissé une place au raisonnement analogique et au concept de vraisemblance, qui ont été, dans la science alexandrine, d'un recours constant, souvent productif d'hypothèses décisives. Mais, dans sa volonté de décrire d'abord un monde à figurer, à la manière d'un tableau, dans ses formes générales autant que dans ses détails, et par son souci d'individualiser chacun des motifs constitutifs de l'ensemble, Strabon s'est résolu à recentrer la géographie sur la matière qui pouvait se prêter aux méthodes de l'*ekphrasis* : peu susceptible de recevoir une caractérisation, la mer Extérieure se trouvait

[40] Cf. ALEX. *PCG* Fr. 115 (*ap.* ATH. 3, 107a), v. 19-20 : ἀλλ'ἐγὼ σοφῶς | ταῦτ'οἰκονομήσω καὶ γλαφυρῶς καὶ ποικίλως ("mais moi, c'est savamment | que j'arrangerai cela, d'une façon tout à la fois sculpturale et picturale").

[41] L'époque de Marinos se laisse difficilement fixer ; ARNAUD (2017) 90 la situe à la fin du règne d'Hadrien, tandis que GEUS (2017) propose d'identifier l'auteur avec le consul *suffectus* de l'année 101.

finalement n'être chez lui qu'un objet en pointillé. Elle devra attendre Ptolémée pour rentrer dans la grille d'une représentation ordonnée.

7. Une archéologie de la géographie

C'est un passage emblématique des *Argonautiques* d'Apollonios (4, 279-293) qui nous servira de guide pour la suite. Sous une forme singulièrement travaillée, il renferme en quelques vers les principaux traits qui fondent la géographie des Grecs ; il joue aussi sur les différents registres lexicaux auxquels celle-ci a puisé. Son commentaire nous permettra de pallier en partie l'aporie qu'il y aurait à déployer ici tout l'éventail des motifs auxquels les Grecs ont eu recours pour dire l'espace ; il sera également l'occasion de montrer par l'exemple que les mots et les concepts de la géographie ont connu à date hellénistique une large diffusion en dehors de l'histoire et des traités techniques et qu'ils ont affecté tous les genres littéraires, et particulièrement la poésie, domaine moins volontiers scruté dans nos études.[42] Cet exemple, d'ailleurs, illustrera l'union étroite du philologue et du géographe que pouvait réaliser par son œuvre et sa méthode un poète alexandrin.

La scène se passe à l'embouchure du fleuve Halys, en Paphlagonie. Les Argonautes viennent de fuir la Colchide et sa capitale Aia, en emportant avec eux Médée et la toison d'or, et cherchent à échapper à Apsyrtos, lancé à leur poursuite. Dans un premier temps, Apollonios les montre incertains sur l'itinéraire à emprunter pour regagner la Grèce, mais le souvenir d'une prophétie de Phineus, rencontré à l'aller sur les rives du Bosphore, leur revient enfin à l'esprit : en termes énigmatiques (2, 420-425) et en s'autorisant de prêtres égyptiens, le vieux roi thrace leur avait en effet indiqué pour le retour une route alternative (2, 421

[42] Édition du texte par Livrea (1973), Vian (1981) et Hunter (2015). Le passage a plus spécialement retenu l'attention de Hunter (1991) 94-99 ; Clare (2002) 124-131 ; Morrison (2020) 125-129.

ἕτερον πλόον ; cf. 4, 254 πλόον ἄλλον), qu'Argos se propose d'expliquer à ses compagnons. Il invoque d'abord les campagnes menées depuis le Nil par un conquérant qu'il ne nomme pas, mais en qui il faut reconnaître Sésostris : celui-ci aurait fait avec ses armées le tour de l'Europe et de l'Asie (4, 272-273 ἔνθεν δή τινά φασι πέριξ διὰ πᾶσαν ὁδεῦσαι | Εὐρώπην Ἀσίην τε) et installé par milliers, le long de son parcours, des colonies de peuplement, dont celle d'Aia, précisément, restée intacte (4, 277-278).[43] Or, ajoute Argos, les descendants des fondateurs de cette cité détiendraient des tables sur lesquelles serait représentée la route à suivre.

Οἳ δή τοι γραπτῦς πατέρων ἕθεν εἰρύονται,
κύρβιας οἷς ἔνι πᾶσαι ὁδοὶ καὶ πείρατ' ἔασιν 280
ὑγρῆς τε τραφερῆς τε πέριξ ἐπινισομένοισιν.
Ἔστι δέ τις ποταμός, ὕπατον κέρας Ὠκεανοῖο,
εὐρύς τε προβαθής τε καὶ ὁλκάδι νηὶ περῆσαι·
Ἴστρον μιν καλέοντες ἑκὰς διετεκμήραντο·
ὅς δ' ἤτοι τείως μὲν ἀπείρονα τέμνετ' ἄρουραν 285
εἷς οἶος, πηγαὶ γὰρ ὑπὲρ πνοιῆς Βορέαο
Ῥιπαίοις ἐν ὄρεσσιν ἀπόπροθι μορμύρουσιν·
ἀλλ' ὁπόταν Θρηκῶν Σκυθέων τ' ἐνιβήσεται οὔρους,
ἔνθα διχῇ, τὸ μὲν ἔνθα μετ' Ἰονίην ἅλα βάλλει
τῇδ' ὕδωρ, τὸ δ' ὄπισθε βαθὺν διὰ κόλπον ἵησιν 290
σχιζόμενος πόντου Τρινακρίου εἰσανέχοντα,
γαίῃ ὃς ὑμετέρῃ παρακέκλιται, εἰ ἐτεὸν δὴ
ὑμετέρης γαίης Ἀχελώιος ἐξανίησιν.

"Ils tiennent de leurs pères des plaques incisées,
tables où figurent toutes routes et instructions 280
pour ceux qui font circuit sur l'élément liquide et sur la terre ferme.
Or, il est certain fleuve, bras extrême d'Océan,
dont le flot large et profond s'ouvre à la traversée du vaisseau de charge.
Sous le nom d'Istros, ils l'ont signifié au loin.

[43] Dans les vers qui introduisent le passage, Argos renvoie à une époque antérieure à Deucalion (v. 265-266) et à la formation des constellations dans le ciel (v. 261), où n'auraient existé que les Arcadiens "antérieurs à la Lune" (v. 263-264) et la Terre des brumes parcourue par le fleuve Triton, nom ancien du Nil. Sur les analogies entre ce cadre chronologique et le mythe du *Timée* de Platon (21e-25d), voir VIAN (1981) 158 ; HUNTER (1991) 94-99 (spéc. 97-98).

De fait, il fend d'abord un labour sans limites 285
d'un cours unique, — car ses sources, au-delà des souffles du Borée,
parmi les monts Rhipées mugissent au lointain, —
mais prend-il possession des frontières thraces et scythes,
et voilà qu'en deux parts, vers l'onde Ionienne, il jette
ici ses eaux et en arrière les lance, ainsi éclaté, 290
à travers un golfe profond, saillie de la mer Trinacrienne,
inclinée comme elle est vers votre terre, — s'il est bien vrai
que c'est de votre terre qu'Achéloos s'élance."

Constructeur éponyme du vaisseau de l'expédition, Argos se fait ici historien de la navigation, son domaine de compétence. Mais par sa voix, c'est évidemment le philologue antiquaire qui s'exprime. Deuxième directeur du Musée, après Zénodote d'Éphèse (*P.Oxy.* 1241) et avant Ératosthène, Apollonios est avec Callimaque, son contemporain, le prototype du *poeta doctus* ; il a nourri son œuvre d'emprunts à l'épos, puisque ses fonctions étaient aussi celles d'éditeur et de commentateur d'Homère. C'est à l'*Odyssée* (24, 229) d'ailleurs qu'il reprend le terme technique γραπτῦς (4, 279), littéralement "égratignure", pour le rapporter à des plaques "incisées, gravées",[44] moyennant une métonymie caractéristique des procédés alexandrins de composition ; le mot se retrouvera ensuite dans l'*Hermès* d'Ératosthène (*Suppl. Hell.* 397, col. II, l. 12), où il semble désigner des écrits.[45] En réalité, la nature des objets en question est définie par l'apposition κύρβιας (4, 280) : à date classique, les Athéniens appelaient en effet κύρβεις des tables de loi, exposées sur des pyramides à trois faces (Arist. *Ath. Pol.* 7, 1 ; Ar. *Av.* 1354). Ici aussi, le trait est typique de l'esthétique alexandrine : un terme épique rare est récupéré pour être détourné de son sens originel et défini dans son acception nouvelle par son association étroite à un autre, de facture "moderne" celui-là, qui contribue à en fixer le sens ; en l'espèce, il s'agit de désigner des planches portant des

[44] Sur le sens qu'il faut prêter à ce vieux mot épique, qui évoque les signes portés au stylet sur les tablettes orientales, voir la réponse de François Chamoux à VIAN (1987) 261.

[45] Ératosthène pourrait s'être fait l'écho d'Apollonios selon Lloyd-Jones et Parsons.

cartes à nomenclature, ce qu'on désignait communément, à l'époque d'Apollonios, par le terme πίνακες ou ses dérivés.[46] La plus ancienne attestation d'un tel objet et de l'usage qu'on pouvait en faire se trouve chez Hérodote (5, 49), dans le récit bien connu de la révolte d'Ionie et de la venue à Sparte d'Aristagoras de Milet, porteur d'une table de bronze où le circuit de la terre entière, en même temps que la mer et les fleuves, aurait été incisé (ἐν τῷ γῆς ἁπάσης περίοδος ἐνετέτμητο). Par le jeu des références lexicales et conceptuelles qu'il met en œuvre ici, l'objectif d'Apollonios est de proposer une archéologie du *pinax* ionien, en en renvoyant le modèle à la plus ancienne entreprise militaire jamais lancée à l'échelle mondiale, celle de Sésostris, lointain prédécesseur de Darius, d'Alexandre et des Lagides dans l'élargissement de l'horizon des hommes.[47] La démarche est donc étiologique, dans la meilleure veine alexandrine. C'est au moment où les philologues du Musée cherchaient à dresser le bilan scientifique de l'expédition macédonienne que s'est aussi constituée une doxographie des théories géographiques du passé, qu'Ératosthène contribuera à fixer[48] et dont Apollonios ébauche ici une transposition poétique.

Pour l'ensemble du passage, le cadre général a été emprunté à Hérodote, premier dans notre corpus à faire état des conquêtes de Sésostris (2, 102-110) et à les faire aller en Europe jusque chez les Scythes et les Thraces (2, 103, 1 ; cf. 4, 288), selon un mouvement qui évoque plutôt celui de la campagne menée par

[46] Commentant γραπτῦς, un scholiaste à Apollonios (*in* 4, 279-81a, p. 279 WENDEL) assimile le contenu de ces tables à des γῆς καὶ θαλάσσης ἀναγραφαί, sans doute ici des "registres" de toponymes plutôt que des "descriptions" ; à propos de κύρβιας, il cite (*ibid.* 4, 279-81b) APOLLODORE d'Athènes (*FGrHist* 244 F 107), qui expliquait le nom comme caractérisant des inscriptions publiques "terminées en pointe" (triangulaires, selon ERATOSTH. *FGrHist* 241 F 37ab) et y voyait, par extension, une manière de désigner des tables de bois blanchies (ξύλα λελευκωμένα) et inscrites, explication jugée peu éclairante par CLARE (2002) 129. Comme Clare, MORRISON (2020) 128-129 propose de voir dans le support décrit une "visual map".

[47] HUNTER (1993) 164-165 ; MEYER (2008) 229-232.

[48] La doxographie sur laquelle s'ouvre STR. 1, 1, 1 C1 remonterait de fait à Ératosthène ; voir NICOLAI (1986) ; GEUS (2002) 262.

les Perses dans le secteur à la fin du VIe siècle.[49] C'est lui aussi qui par conjecture (2, 104, 2 αὐτὸς δὲ εἴκασα, cf. 4 μέγα μοι καὶ τόδε τεκμήριον γίνεται) attribue aux Égyptiens la fondation d'Aia et l'installation des Colques, au terme d'un examen comparé des usages des deux peuples ;[50] au début du IIIe siècle, Hécatée d'Abdère (chez Diod. Sic. 1, 53-58), qui a laissé lui aussi un récit des campagnes du roi (qu'il nomme Sésoôsis) et admet à son tour l'origine égyptienne des Colques, a pu fournir à Apollonios un modèle subsidiaire.[51] À entendre les deux historiens, Sésostris aurait célébré ses victoires par des στῆλαι érigées tout au long de son parcours et qui seraient encore visibles chez les Scythes et les Thraces. D'une certaine manière, les γραπτῦς κύρβιες de notre passage constituaient aussi une forme de monument, qui témoignait du fait que la science cartographique devait une partie de ses fondements à l'Égypte, où les Grecs se plaisaient également à situer la naissance de l'écriture (Pl. *Phdr.* 274c-275b).

Les plaques évoquées par Argos étaient du reste pourvues de didascalies, puisque tel est le sens à prêter ici au mot πείρατα, qui renvoie le lecteur aux πείρατα ναυτιλίης, aux "instructions de navigation" que Phineus a confiées aux Argonautes avant d'entrer dans le Pont-Euxin (2, 310 ; cf. 1, 413 ; 4, 1201).[52] C'est en ce sens d'ailleurs qu'Eustathe de Thessalonique comprend le passage, quand il retrace à grands traits la genèse de la cartographie (in Dionys. Per., *GGM* II 214, 39-43) : il s'inspire en effet

[49] Comme l'observe justement ASHERI (1990), 151-152. Sur le tableau de la Thrace et de la Scythie et chez Hérodote, voir aussi SIEBERER (1995) 61-81 ; BICHLER (2001) 66-73.

[50] Examen qu'il aurait personnellement mené avant de s'informer auprès d'autrui : 2, 104, 1 νοήσας δὲ πρότερον αὐτὸς ἢ ἀκούσας ἄλλων. Sur la méthode mise en œuvre par Hérodote dans ce passage, voir CORCELLA (1984) 91.

[51] À moins qu'il n'ait constitué sa source directe ; cf. HUNTER (1991) 94-95.

[52] La structure du vers où le mot apparaît est empruntée à HES. *Theog.* 738 (ἑξείης πάντων πηγαὶ καὶ πείρατ' ἔασιν), mais moyennant une variation sémantique ordinaire chez Apollonios, le terme doit s'apprécier d'abord comme une référence interne à l'œuvre ; voir FRÄNKEL (1968) 72-73 ; LIVREA (1973) 339 ; HUNTER (2015) 122 ("rules for a journey" ; cf. Ψ 350) ; MORRISON (2020) 128 retient cependant "edges, boundaries".

d'Apollonios pour attribuer formellement à Sésostris une figuration sur tablettes (πίναξι) de son itinéraire (τὴν περίοδον) et l'initiative d'en avoir communiqué le détail écrit (τῆς τῶν πινάκων ἀναγραφῆς... μεταδοῦναι) aux Égyptiens et aux Scythes.[53] En associant ainsi le peuple réputé le plus ancien et celui qui revendiquait d'être le plus jeune,[54] il restitue expressément une tradition en raccourci, comme Argos l'avait fait avant lui.

8. Un espace dynamique

En adoptant le point de vue des origines, Apollonios nous fournit un *aition* de la géographie ; il rappelle à cette occasion que l'espace est d'abord conçu par les Grecs dans sa dimension dynamique, celle du voyage, ou, comme on dirait aujourd'hui, celle des mobilités qui s'y observent ; c'est une propriété qu'il importait de consigner dans un portulan ou à l'appui d'une représentation graphique, mais dont Hérodote lui-même s'était servi dans sa description de l'Europe danubienne, menée du point de vue des armées de Darius.[55]

Sur la carte, précisément, et comme l'établit le v. 4, 282, l'océan, les mers et les fleuves organisent l'espace et déterminent la circulation des hommes, mais aussi celle des marchandises. Au v. 4, 283, le sens de ὁλκάδι (de ὁλκάς, "bateau remorqué", d'où "vaisseau de charge, navire marchand"[56]) a paru problématique à plusieurs éditeurs,[57] mais sans raison véritable : un Alexandrin savait que le négoce, autant que les conquêtes militaires, contribuait à déterminer l'image du monde ; à date romaine, Alexandrie sera d'ailleurs assimilée par Dion Chrysostome (*Or.* 32, 36, *in Alexandrinos*) au marché d'une seule et même cité (ὥσπερ

[53] La mention de Sésostris suit directement celle d'Alexandre, ce dernier passant implicitement pour son émule.

[54] Cf. HDT. 4, 5, 1 ὡς δὲ Σκύθαι λέγουσι, νεώτατον ἁπάντων ἐθνέων εἶναι τὸ σφέτερον.

[55] Voir à ce propos l'analyse de NENCI (1990) 305.

[56] Sur le sens du mot, CASSON (1971) 169 et 268.

[57] Voir p. ex. LIVREA (1973) 97 ; VIAN (1981) 82 n. 1.

ἀγορὰ μιᾶς πόλεως), l'œkoumène, du fait de sa situation au croisement des voies du commerce de la Méditerranée et de l'océan Indien (ἐν συνδέσμῳ τινὶ τῆς ὅλης γῆς).

Sous le règne de Philadelphe, pourtant, l'Istros (act. Danube) n'était guère connu que pour son cours inférieur, fréquenté par les marchands des colonies ioniennes de l'ouest du Pont,[58] mais Hérodote (2, 33-34 ; 4, 49, 3) et Aristote (*Mete.* 1, 13, 350b) avaient signalé son cours imposant, orienté d'ouest en est. L'un et l'autre avaient aussi établi une comparaison étroite entre ce fleuve et le Nil, celui-ci fendant la Libyé (Hdt. 2, 33, 2 μέσην τάμνων Λιβύην), celui-là l'Europe (Hdt. 2, 33, 3 μέσην σχίζων τὴν Εὐρώπην). Sur la base de la relation des voyageurs, mais inspiré aussi par le principe de l'analogie, Hérodote avait également admis, comme le pseudo-Scylax le fera après lui (cf. *supra*), que les deux embouchures devaient se trouver approximativement à la verticale l'une de l'autre, constatant ainsi entre les fleuves une relation d'égalité (2, 34, 2 τὸν Νεῖλον δοκέω... ἐξισοῦσθαι τῷ Ἴστρῳ).[59] La description qu'il donnait de l'hydrographie de l'Istros revenait même à faire d'elle le modèle de celle du Nil.[60]

De fait, avec les géographes alexandrins, l'Istros allait devenir pour les régions septentrionales ce que le Nil était au Midi, une voie d'eau qui structure un secteur entier de la carte, l'un déterminant un parallèle, l'autre un méridien. Les v. 4, 286-287 font cependant descendre l'Istros du grand Nord, mais c'est ici Argos, l'interprète d'un état archaïque de la science, qui s'exprime, non pas le poète contemporain des premiers Lagides. Le héros

[58] Ce serait à la présence des fondations milésiennes sur l'arc nord-occidental du Pont qu'il faudrait rapporter, au v. 289, la dénomination particulière de la mer, Ἰονίην. Mais cette leçon demande peut-être à être corrigée en ἠοίην (ou ἠῴην, "orientale"), selon la conjecture de Guyet et de Gerhard ; au v. 308, en effet, πόντοιο... Ἰονίοιο désigne bien la mer Ionienne au sud de l'Adriatique.

[59] Sur la mise en regard du Nil et de l'Istros, qui structure une bonne partie de la description du premier chez Hérodote, voir CORCELLA (1984) 76-77 ; THOMAS (2000) 78 et 202 ; BICHLER (2001) 70 ; HORNBLOWER (2013) 100-101.

[60] Cf. BICHLER (2001) 70, à propos du paysage fluvial de la Scythie : "Gegenbild zu Ägypten".

renvoie en effet à un temps reculé où la carte du monde s'ébauchait à peine et où les réalités physiques elles-mêmes ne se laissaient fixer qu'avec hésitation, en quelques traits incisés maladroitement sur une tablette. Dans son ignorance de la région où naît le Nil, et tout en procédant selon son habitude du connu vers l'inconnu,[61] Hérodote admettait par conjecture (συμβάλλομαι ... τεκμαιρόμενος) que le fleuve, taillant en deux la Libye, épousait la même direction que l'Istros, sur une distance comparable (2, 33, 2) :

> ῥέει γὰρ ἐκ Λιβύης ὁ Νεῖλος καὶ μέσην τάμνων Λιβύης· καὶ ὡς ἐγὼ συμβάλλομαι τοῖσι ἐμφανέσι τὰ μὴ γινωσκόμενα τεκμαιρόμενος, τῷ Ἴστρῳ ἐκ τῶν ἴσων μέτρων ὁρμᾶται.

Tout en assumant l'héritage de l'historien, Apollonios renverse cependant la perspective que celui-ci observait. Avec les philologues du Musée, lui-même opère consciemment la synthèse des sciences grecque et égyptienne. Or, pour les Grecs d'Égypte, il ne faisait aucun doute que le Nil provenait des montagnes d'Éthiopie, loin vers le sud, où il trouvait dans les pluies d'été la cause de ses crues.[62] Dès lors, c'est à partir de ce fait réputé ἐμφανές (pour reprendre un des termes clés de l'extrait qu'on vient de citer) qu'il prête aux savants du passé d'avoir cherché à éclairer par conjecture la question de l'origine de l'Istros, laquelle relevait, en revanche, des faits supposés μὴ γινωσκόμενα. Sur le modèle d'Hérodote, il admet donc que l'analogie entre les deux fleuves avait déjà dû opérer pleinement dans un passé lointain, mais cette fois pour les faire descendre *a priori* de directions opposées.

S'il est manifeste que διετεκμήραντο, au v. 4, 284, est un écho au τεκμαιρόμενος d'Hérodote, il est aussi un emprunt détourné à Hésiode (*Op.* 398) ; chez ce dernier, en effet, cette forme verbale, dont on n'a en tout que quatre occurrences, toujours à la

[61] Sur cette méthode, voir l'analyse pionnière de CORCELLA (1984) 57-67 (à propos de la tension entre les concepts d'ἀφανές et de γνώμη) et 80-83, et celle de THOMAS (2000) 200-212.

[62] Voir p. ex. STR. 17, 1, 5 C789-790, qui s'autorise de Poséidonios (Fr. 222 EK ; cf. *P.Oxy.* 4458) et cite notamment Callisthène (*FGrHist* 124 F 12b).

même place dans le vers,[63] est appliquée à l'action des dieux qui, au moyen de signes célestes, *assignent* aux hommes les tâches leur incombant : ἔργα τά τ'ἀνθρώποισι θεοὶ διετεκμήραντο.[64] Si on comprend bien son adoption par Apollonios, elle désigne tout à la fois le tracé conjectural de l'Istros dans son cours supérieur et lointain (ἑκάς) et sa fonction de *signe* à interpréter pour qui, comme Argos, cherche sa route vers la Grèce ;[65] en d'autres termes, c'est à l'herméneutique de la carte qu'elle renvoie.

À propos de la voie à suivre, justement, les v. 4, 289-293 développent un thème qui connaîtra au moins trois siècles de fortune : de l'Istros à la Méditerranée, la communication serait directe, le fleuve se séparant en deux branches de part et d'autre de la péninsule balkanique, l'une en direction de l'Adriatique, l'autre vers le Pont-Euxin. Cette configuration hydrographique ne se laisse pas expliquer dans sa genèse ; d'une manière ou d'une autre, elle était liée au postulat, qu'on trouve aussi chez Théopompe (*FGrHist* 115 F 129) et dans le récit des guerres de Philippe V, qu'il aurait été possible d'embrasser du regard les deux mers depuis le mont Haimos (act. Balkan).[66] En tout cas, on la trouve déjà, au IVe siècle, dans le périple dit de Scylax (§ 20) ; elle était donc peut-être admise dans les milieux maritimes, comme le suggère sa mention chez Timagétos, auteur d'un

[63] Les autres, avec la même *sedes*, se lisent chez DIONYS. PER. 1172 et MAN. 6, 750.

[64] Sur cette interprétation du verbe chez Hésiode, voir WEST (1978) 258-259. On trouve une imitation croisée d'Hésiode et d'Apollonios à la fin de la *Périégèse* de Denys (v. 1170-1174), quand le poète invoque les dieux qui ont "façonné au tour les fondations [*scil.* du monde]", "indiqué le chemin profond de la mer" et "signifié toutes les bases sur lesquelles bâtir l'existence" (ἔμπεδα πάντα βίῳ διετεκμήραντο) ; MAGNELLI (2005) voit dans ces vers l'expression de l'attachement de Denys à l'enseignement d'Hésiode, mais l'allusion aux routes marines doit y faire reconnaître aussi une imitation d'Apollonios.

[65] C'est dans un sens comparable que le verbe a été interprété par le scholiaste (*in* AP. RHOD. 4, 282-91a, p. 280 WENDEL) : ὁ δὲ λόγος· μακρόθεν ὄντα διετεκμήραντο τὸν ποταμὸν καὶ ἔγνωσαν ("le sens est celui-ci : le fleuve étant lointain, ils l'ont conjecturé, puis reconnu").

[66] En 181 av. J.-C., le roi macédonien rêvait de pouvoir, depuis le sommet, jeter un regard direct sur les possessions de Rome, son ennemie (LIV. 40, 21-22 ; STR. 7, 5, 1 C313 = POLYB. 24, 4 BW. Voir aussi [ARIST.] *Mirab.* 104 GIANNINI.

περὶ λιμένων que, d'après un scholiaste, aurait suivi Apollonios.[67] Chez ce dernier, elle vient à l'appui de l'hypothèse que l'œkoumène se parcourt en tous sens, que ses différentes parties y sont, comme on dirait aujourd'hui, interconnectées ;[68] l'ouverture de la Caspienne sur l'océan périphérique n'était d'ailleurs, à date alexandrine, qu'une expression parmi d'autres de cette vision optimiste de l'espace ;[69] vers le Sud, les Ptolémées faisaient rouvrir l'antique canal pharaonique entre le Nil et le golfe de Suez et dépêchaient leurs vaisseaux le long des côtes de la Trogodytique en direction des détroits. Ici, l'idée que Jason et ses compagnons auraient ouvert le monde entier à la navigation est soutenue avec force par Sénèque dans sa *Médée*, quand il affirme que, depuis cet épisode héroïque, il n'y a plus de parages où ne croisent des vaisseaux de toute sorte (368 *quaelibet altum cumba pererrat*).

L'Istros est enfin défini comme un κέρας 'Ωκεανοῖο, littér. une "corne" de l'Océan.[70] Ici encore, c'est l'analogie avec le Nil qui a déterminé la caractérisation ; certains physiciens anciens, dont Euthyménès de Massilia,[71] faisaient en effet naître le Nil dans la mer Extérieure, expliquant ainsi la présence de limons dans ses eaux, en même temps que ses crues. Mais la métaphore employée rappelle d'abord que les Grecs conçoivent la Terre comme un corps vivant, défini par les critères minimaux qui

[67] *Schol. in* AP. RHOD. 4, 282-91b, p. 280 WENDEL (TIMAGETOS, *FHG* IV 519). Sur le cours de l'Istros tel qu'Apollonios le décrit, voir WILLIAMS (1991) 123-125.

[68] Voir MEYER (2008) 230-231.

[69] Originellement liée à l'idée que les fleuves seraient issus d'Océan, l'image d'un monde déterminé par la continuité des eaux a inspiré à Alexandre l'hypothèse que l'Indus et le Nil auraient pu être en communication l'un avec l'autre (ARR. *Anab.* 6, 1, 4-5) ; elle a été récurrente dans la pensée hellénistique et jusqu'au début du Principat, sans être contredite par la théorie de la continuité des mers qui sous-tendait la physique du globe chez Ératosthène et Poséidonios (STR. 1, 1, 8 C5 ; 2, 3, 4-5 C98-102).

[70] Un scholiaste (*in* 4, 282-91a, p. 280 WENDEL) comprend que seraient appelés κέρατα "tous les fleuves provenant de l'Océan", selon la théorie ancienne rappelée dans la note précédente.

[71] Cité par [PLUT.] *De placit. philos.* 4, 1 (*Mor.* 897F-898B) ; Euthymène a été suivi par SEN. *QNat.* 4A (*De Nilo*).

font la vie, soumis au devenir et au changement. On pourrait d'ailleurs aborder de ce point de vue leur terminologie géographique en étudiant sur la longue durée les concepts qui désignent l'œkoumène comme un corps articulé, avec ses membres (les péninsules, les promontoires), ses jointures (les isthmes), ses orifices (les détroits, les embouchures). Notre lexique a pour partie hérité de cette représentation, en particulier à propos des contours maritimes ; au reste, on parlera ici, plutôt que d'une "corne", d'un "bras" de l'Océan, en considérant justement que les Grecs définissaient les formes continentales depuis le large.[72] Strabon (2, 5, 17 C120) ne dit pas autre chose, quand il présente la mer comme un artisan à façon :

> Πλεῖστον δ' ἡ θάλαττα γεωγραφεῖ καὶ σχηματίζει τὴν γῆν, κόλπους ἀπεργαζομένη καὶ πελάγη καὶ πορθμούς, ὁμοίως δὲ ἰσθμοὺς καὶ χερρονήσους καὶ ἄκρας.
>
> "C'est la mer surtout qui décrit la terre et lui donne sa forme, façonnant golfes, mers ouvertes et détroits, et pareillement isthmes, presqu'îles et promontoires."

9. La terre comme un arpent

En tant qu'acteur de la morphologie de l'espace nord, l'Istros en est aussi le laboureur (v. 4, 285 τέμνετ' ἄρουραν). Cette nouvelle métaphore, puisée au registre de la ruralité, est là pour exprimer une idée complémentaire de celle qu'illustrait déjà, au v. 4, 283, la mention de la ὁλκάς : de la même manière que celle-ci laisse son sillage (*ἑλκ-) dans les eaux de l'Istros, ce dernier trace son sillon (τέμνω) dans le champ des terres nordiques. Le vaisseau et la charrue partagent une communauté d'images dans toutes les littératures méditerranéennes ; ils ont naturellement

[72] Cette manière de voir l'espace terrestre depuis la mer et le passage d'Apollonios devraient nous inviter à réinterpréter deux occurrences fameuses de κέρας dans le périple dit d'Hannon, où un Ἑσπέρου κ. (*Peripl.* 14 "corne d'Occident") et un Νότου κ. (17-18 "c. du Midi") sont décrits comme des golfes enveloppant chacun une île. Plutôt que d'y voir deux promontoires, on pourrait y reconnaître deux "bras de mer", profilés comme des golfes et barrés chacun par une île littorale.

fourni au lexique de la géographie grecque un riche fonds de figures de style et de termes techniques, sans qu'on puisse toujours faire le départ entre ces deux catégories. Leur évocation conjointe, dans nos vers, atteste que le géographe considère au premier chef, dans l'œkoumène, un espace utile et nourricier, celui où se déploient les activités humaines, où s'épanouissent les cités, où s'affirme le politique, où s'affairent l'artisan et le marchand. Cette conception de l'espace est ancienne, mais elle trouve son exacerbation à date hellénistique, comme on va le montrer.

Le fleuve laboureur par excellence est le Nil ; il fend par son milieu la terre de Libyé, disait Hérodote (2, 33, 2, déjà cité, μέσην τάμνων Λιβύην) ; c'est la même image que reprendra Crinagoras de Mytilène dans une épigramme (*Anth. Pal.* 9, 235) destinée à célébrer le mariage de Juba II de Maurétanie et de l'égyptienne Cléopâtre Séléné, en 20/19 av. J.-C. Une nouvelle fois, Apollonios transfère à l'Istros une propriété du Nil, continuant ainsi la comparaison inaugurée par Hérodote. D'ailleurs, le Nil passait aussi, rapporte Strabon (16, 2, 24 C757), pour un maître dans la gestion des fonds de terre, à telle enseigne qu'on lui attribuait un rôle majeur dans la constitution de la *chorométrie*, "science de la mesure d'une parcelle" et, par voie de conséquence, dans la genèse de la *géométrie*, "science de la mesure de la terre" :

> καθάπερ καὶ τῶν Αἰγυπτίων εὕρεμα γεωμετρίαν φασὶ ἀπὸ τῆς χωρομετρίας, ἣν ὁ Νεῖλος ἀπεργάζεται, συγχέων τοὺς ὅρους κατὰ τὰς ἀναβάσεις.
>
> "de la même manière, on dit aussi que, comme invention des Égyptiens, la géométrie vient de l'arpentage, dont le Nil suscite la pratique[73] en brouillant les limites au cours de ses crues."

Entre la parcelle et l'œkoumène, il n'y a finalement qu'une différence d'échelle : en creusant son sillon à travers l'Éthiopie et

[73] On remarquera que Strabon qualifie l'action du fleuve avec le même verbe, ἀπεργάζεται, qu'il emploie pour caractériser le rôle de la mer dans le façonnage des contours terrestres (2, 5, 17, cité plus haut).

l'Égypte, le Nil assume la fonction des χωρογραφοῦντες, travailleurs ruraux chargés de tracer les lignes du labour (*O.Strasb.* 686, s. II) ; ce faisant, il tire aussi, à travers les pays qu'il traverse, la ligne méridienne de la carte alexandrine.[74] Lors de ses crues, cependant, il peut paradoxalement remettre en cause, à chaque fois, le travail des arpenteurs et des borneurs auxquels il aura dicté une pratique.

Au nord, l'Istros sépare la Thrace de la Scythie d'après le tableau qu'en dresse Hérodote ;[75] en provenance de l'Asie, c'est jusqu'à ces frontières qu'aurait poussé l'expédition de Sésostris, laquelle aurait déterminé un premier signalement de la topographie régionale. De part et d'autre de son cours, toujours selon la description qu'en donne Hérodote, les deux régions présentent une forme quadrangulaire ;[76] la seconde, ὡς ἐούσης τετραγώνου (4, 101, 1), se laisserait même mesurer sur deux de ses flancs (4, 99, 4 τὰ δύο μέρεα τῶν οὔρων) vers le midi et le levant, à raison de 4000 stades pour chacun d'eux, à la manière d'une vaste parcelle de terre qu'on pourrait *arpenter*.[77]

Chez Apollonios, c'est encore à partir du modèle hérodotéen qu'il faut comprendre le v. 4, 288, ἀλλ' ὁπόταν Θρηκῶν Σκυθέων τ' ἐνιβήσεται οὔρους. Mais la forme verbale, garantie par les meilleurs manuscrits (dont L, *Laurentianus* 32.9, s. X), a été jugée suspecte par plusieurs éditeurs et placée entre *cruces*[78] ou corrigée en ἐπιβήσεται,[79] sur la foi d'une conjecture produite par un témoin de l'âge humaniste (E, *Scorialensis* Σ III 3, s. XV ex.).

[74] Sur cette ligne, voir GEUS (2002) 274, qui n'exclut pas qu'elle ait déjà été adoptée par Dicéarque.

[75] La division de l'espace septentrional de l'œkoumène est encore assez indistincte chez Hérodote, mais une délimitation claire, par l'Istros, des territoires respectifs des Thraces et des Scythes résulte de l'examen comparé de 4, 48-50 et de 5, 9 ; voir les schémas dressés par SIEBERER (1995) 412.

[76] Cf. ASHERI (1990) 135.

[77] Sur l'emploi par Hérodote des mots de l'arpentage pour *figurer* la Scythie, voir l'analyse de HARTOG (1991) 328-329.

[78] Cf. VIAN (1981) 159.

[79] Ainsi HUNTER (2015) 123. Les deux verbes peuvent prendre à l'occasion des sens très proches ; ainsi, avec le génitif du nom de la frontière ou du territoire, ἐπιβαίνω (HDT. 4, 125, 4 τῶν οὔρων) et ἐμβαίνω (SOPH. *OC* 400 γῆς ὅρων) signifient "mettre le pied sur, empiéter".

En fait, la signification du verbe devrait être appréciée dans le contexte : aux v. 4, 285 et 288, Apollonios oppose un territoire sans délimitation (ἀπείρονα), celui que traverse le cours supérieur du fleuve, à un secteur balisé, doté de ὅροι (οὔρους), situé en aval ; dans ces conditions, et en considérant le modèle sous-jacent du Nil, je propose d'interpréter ἐμβαίνω à la lumière de la signification technique qu'il pouvait revêtir au début du IIIe siècle dans le lexique de la gestion foncière et du cadastre : "prendre possession d'un fonds de terre, d'une propriété" (ainsi *I.Ephesos* 4, l. 75, vers 297/96 av. J.-C. : τῶν ἐμβεβηκότων εἰς κτήματα). En retenant cette acception, je suggère de comprendre que l'Istros "prend possession" d'un territoire qui lui est *assigné* (cf. διετεκμήραντο) dans l'espace thraco-scythe, voire qu'il y assume le rôle d'un fleuve arpenteur, supposé délimiter, de part et d'autre de son cours, les territoires respectifs des deux peuples. De fait, dans la cartographie de la fin de la période hellénistique et sous le Principat, tout le secteur situé entre le Rhin et le Pont-Euxin sera décrit et mesuré le long de l'Istros (Danuvius), comme on le voit, par exemple, dans le découpage en *regiones* qu'en a effectué M. Vipsanius Agrippa, selon la méthode chorographique.[80]

Avec un sens proche de celui qu'offre le passage d'Apollonios, on trouve aussi ἐμβατεύω, employé transitivement. Ainsi dans le texte de la *Septante*, à propos de la mise en lots de la terre de Canaan (LXX *Ios.* 19, 49) :[81]

> καὶ ἐπορεύθησαν ἐμβατεῦσαι τὴν γῆν κατὰ τὸ ὅριον αὐτῶν καὶ ἔδωκαν οἱ υἱοὶ Ἰσραὴλ κλῆρον Ἰησοῖ.
>
> "et ils s'en allèrent *prendre possession* du pays selon leurs *frontières*, et ainsi les fils d'Israël donnèrent un lot à Josué."

Ou, dans un autre registre, pour définir l'action de l'historien ou de l'orateur qui s'engage dans son sujet pour en *prendre possession*, voire l'*arpenter*, et en arrêter ainsi les *contours* (*II Macc.* 2, 20) :

[80] Voir le découpage tel que l'a reconstitué SALLMANN (1971), table h.-t. entre les p. 208 et 209.

[81] Même emploi chez EUR. *Heracl.* 876 κλήρους δ'ἐμβατεύσετε χθονός.

τὸ μὲν ἐμβατεύειν καὶ περίπατον ποιεῖσθαι λόγων καὶ πολυπραγμονεῖν ἐν τοῖς κατὰ μέρος τῷ τῆς ἱστορίας ἀρχηγέτῃ καθήκει.

“la charge d’*investir* le sujet, d’en effectuer le *contour*, de réserver un traitement approfondi aux détails incombe à l’auteur bâtisseur du récit.”

Que les opérations dont il s’agit ici soient, dans leur description, inspirées par les pratiques de la topographie et du bornage, c’est ce qu’établit avec netteté le prologue du *Poenulus* (v. 48-49), où Plaute recourt précisément aux mêmes images pour se présenter comme l’arpenteur (*finitor*) de son sujet :[82]

eius [scil. *argumenti*] *nunc regiones, limites, confinia* | *determinabo : ei rei ego sum factus finitor.*

Dans les occurrences qu’on vient de voir, ἐμβατεύω rejoint les acceptions de χωροβατέω, “effectuer le relevé d’une parcelle” (*P.Cairo Zen.* 59329, Fayoum, 248 av. J.-C.), mission qui incombe au χωροβάτης, topographe en charge des opérations de cadastration.[83] Or, Strabon (2, 5, 4 C111) attribue la même méthode au géographe qui, comme Ératosthène, mesure l’œkoumène et en reporte la forme sur une carte. À l’entendre, le travail dont il s’agit est au premier chef celui d’un géomètre ; celui-ci recourt aux procédés gnomoniques et à l’astronomie pour fixer un lieu en latitude, en déterminer le climat et, le cas échéant, la ligne méridienne, mais, pour le calcul des distances, il s’en tient ordinairement aux méthodes de l’arpentage, élargissant par métonymie aux dimensions de la terre habitée le mode opératoire de la mesure d’un simple arpent :

ὁ γεωμέτρης (...) καταμετρεῖ τὴν μὲν οἰκήσιμον ἐμβατεύων, τὴν δ’ ἄλλην ἐκ τοῦ λόγου τῶν ἀποστάσεων.

“le géomètre mesure la partie habitable de la terre en l’*arpentant* ; pour le reste, il raisonne à partir de l’estimation des distances.”

[82] Pour une interprétation de ce prologue, cf. Marcotte (1988) 240-241.

[83] Ainsi *MAMA* III 694 (*CIG* 9195, Korykos). L’opération elle-même relevant de la χωρογραφία, on trouve également, appliqué à la même fonction, le verbe χωρογραφέω (p. ex. *IGR* I 1365, Pselchoi) ; voir Sherk (1974) 550 et *supra* n. 32.

Le résultat graphique de la procédure mise en œuvre par le technicien est exposé par Strabon (2, 1, 35 C88) à propos de la Haute-Asie. Le long de l'alignement montagneux qui sépare celle-ci en deux, le géomètre Ératosthène définissait, de part et d'autre, ce qu'il appelait des σφραγῖδες, d'un terme emprunté au cadastre de l'Égypte ptolémaïque et désignant des "parcelles" ou, en recourant plutôt au lexique de la maçonnerie, des πλινθία, littéralement des "briques" :[84]

> ὁ δὲ [*scil.* Ἐρατοσθένης] (...) τὰ ἐφ' ἑκάστερον τὸ μέρος [*scil.* τῆς γραμμῆς] τὰ μὲν νότια ὀνομάζων, τὰ δὲ βόρεια, καὶ ταῦτα πλινθία καλῶν καὶ σφραγῖδας.
>
> "celui-là [Ératosthène], qui nomme les régions situées de part et d'autre [du parallèle fondamental], les unes secteurs sud, les autres secteurs nord, et qui les appelle *plinthia* et *sphragides.*"

Vue d'en haut, avec son assemblage de parcelles ou de *plinthia*, la terre offrait ainsi, dans la carte alexandrine, l'aspect d'une mosaïque irrégulière, où chaque tesselle correspondait à une région particulière, définie par ses propriétés physiques et ethniques, fixée dans ses mensurations et inscrite dans une figure géométrisante. C'est la représentation qu'au début du Principat, Agrippa reprendra de fait à Ératosthène, en y intégrant les territoires reconnus par Rome vers l'ouest et le nord.[85]

*

[84] On trouve un même usage du diminutif *plinthis*, assimilé au latin *laterculus* ("briquette"), dans les traités gromatiques d'HYGINUS, *De limit.* 2, 52 GUILLAUMIN, à propos de fonds de terre quadrangulaires de la Cyrénaïque légués par Ptolémée Apion à Rome.

[85] La manière qu'a eue Ératosthène de penser graphiquement de vastes territoires, voire l'œkoumène entier, comme de simples parcelles a connu une longue fortune jusqu'au Principat ; on la retrouve sous des formes d'expression différentes dans le *propemptikon* de C. César composé à l'occasion de sa campagne parthique par Antipater de Thessalonique (*Anth. Pal.* 9, 297, 5-6 Ῥώμην δ' ὠκεανῷ περιτέρμονα πάντοθεν αὐτὸς | πρῶτος ἀνερχομένῳ σφράγισαι ἠελίῳ) et chez Plutarque pour caractériser l'ambition qu'on prêtait à Alexandre de faire borner la Macédoine par l'océan (*De Alex. fort.* 1, 10, 332A ὠκεανῷ προσορίσαι Μακεδονίαν).

Comme d'autres sciences issues de la physique, la géographie antique a toujours marqué, des premiers circuits du monde composés en Ionie jusqu'à l'œuvre de Claude Ptolémée, un mouvement de balancier, dont le lexique porte témoignage, entre la démarche empirique et la théorisation. Les Grecs ont pensé la Terre comme un corps quelconque, mesurable par principe et voué lui-même au devenir, dont l'étude, affaire de philosophe, relève de la physique au sens strict ; mais ils l'ont considérée dans le même temps comme un espace utile, qui est par essence le domaine de l'historien et du politique, du laboureur et du marin. Parmi les traits majeurs de l'écriture géographique des Grecs, la propension à l'analogie et au schéma géométrisant est sans doute, comme on vient d'essayer de le montrer, celui qui a opéré le plus durablement ; de manière générale, un des ressorts les plus puissants de la science grecque a été, depuis ses origines jusqu'à ses dernières manifestations, le mécanisme de l'amplification ; avec la géographie de l'époque hellénistique, dans toutes les expressions qu'elle a pu revêtir, on peut aussi relever que le processus inverse a été tout aussi fécond, celui de la réduction de l'incommensurable aux dimensions du familier.

Bibliographie

ARNAUD, P. (2017), "Marin de Tyr", in P.-L. GATIER / J. ALIQUOT / L. NORDIGUIAN (éd.), *Sources de l'histoire de Tyr*. II, *Textes et images de l'Antiquité et du Moyen Âge* (Beyrouth), 87-100.

ASHERI, D. (1990), "Herodotus on Thracian Society and History", in G. NENCI (éd), *Hérodote et les peuples non grecs*. Entretiens sur l'Antiquité classique, t. XXXV (Vandœuvres-Genève), 131-163.

AUJAC, G. (1966), *Strabon et la science de son temps. Les sciences du monde* (Paris).

— (1969), *Strabon. Géographie. Livres I-II.* Introduction par G.A. et F. Lasserre. Texte établi par G.A. (Paris).

— (1975), *Géminos. Introduction aux phénomènes.* Texte établi et traduit par G.A. (Paris).

— (1983), "Strabon et le stoïcisme", *Diotima* 11, 17-29.

BERGER, H. (1880), *Die geographischen Fragmente des Eratosthenes* (Leipzig).

BERGGREN, J.L. / JONES, A. (2000), *Ptolemy's Geography. An Annotated Translation of the Theoretical Chapters* (Princeton).
BICHLER, R. (2001), *Herodots Welt. Der Aufbau der* Historie *am Bild der fremden Länder und Völker, ihrer Zivilisation und ihrer Geschichte* (Berlin).
BOFFO, L. / FARAGUNA, M. (2021), *Le poleis e i loro archivi. Studi su pratiche documentarie, istituzioni e società nell'antichità greca* (Trieste).
CASSON, L. (1971), *Ships and Seamanship in the Ancient World* (Princeton).
— (1989), *The Periplus Maris Erythraei. Text with Introduction, Translation, and Commentary* (Princeton).
CLARE, R.J. (2002), *The Path of the Argo. Language, Imagery and Narrative in the* Argonautica *of Apollonius Rhodius* (Cambridge).
CORCELLA, A. (1984), *Erodoto e l'analogia* (Palerme).
DICKS, D.R. (1960), *The Geographical Fragments of Hipparchus* (Londres).
DREWS, R. (1963), "Ephorus and History Written κατὰ γένος", *AJA* 84, 244-255.
FINZENHAGEN, U. (1939), *Die geographische Terminologie des Griechischen* (Berlin).
FORTENBAUGH, W.W. / SCHÜTRUMPF, E. (éd.) (2001), *Dicaearchus of Messana. Text, Translation and Discussion* (New Brunswick).
FRÄNKEL, H. (1968), *Noten zu den* Argonautika *des Apollonios* (Munich).
GAUTIER DALCHÉ, P. (2009), *La Géographie de Ptolémée en Occident (IVe-XVIe siècle)* (Turnhout).
GENTILE, S. (éd.) (1992), *Firenze e la scoperta dell'America. Umanesimo e geografia nel' 400 fiorentino* (Florence).
GEUS, K. (2002), *Eratosthenes von Kyrene. Studien zur hellenistischen Kultur und Wissenschaftsgeschichte* (Munich).
— (2017), "Wer ist Marinos von Tyros? Zur Hauptquelle des Ptolemaios in seiner *Geographie*", *GeogrAnt* 26, 13-22.
GISINGER, F. (1921), *Die Erdbeschreibung des Eudoxos von Knidos* (Leipzig).
HARTOG, F. (²1991), *Le miroir d'Hérodote. Essai sur la représentation de l'autre* (Paris).
HORNBLOWER, S. (2013), *Herodotus. Histories. Book V* (Cambridge).
HUNTER, R. (1991), "Greek and non-Greek in the *Argonautica* of Apollonius", in S. SAÏD (éd.), *ΕΛΛΗΝΙΣΜΟΣ. Quelques jalons pour une histoire de l'identité grecque* (Strasbourg), 81-99 = ID. (2008), *On Coming After. Studies in Post-Classical Greek Literature and its Reception.* I, *Hellenistic Poetry and its Reception* (Berlin), 95-114.

— (1993), *The* Argonautica *of Apollonius. Literary Studies* (Cambridge).
— (2015), *Apollonius of Rhodes. Argonautica. Book IV* (Cambridge).
JACOB, C. (1986), "Cartographie et rectification : essai de lecture des Prolégomènes de la *Géographie* de Strabon", in G. MADDOLI (éd.), *Strabone. Contributi allo studio della personalità e dell'opera.* II (Pérouse), 29-64.
JOUANNA, J. (1996), *Hippocrate. Airs, eaux, lieux.* Texte établi et traduit par J.J. (Paris).
KUCH, H. (1965), Φιλόλογος. *Untersuchung eines Wortes von seinem ersten Auftreten in der Tradition bis zur ersten überlieferten lexikalischen Festlegung* (Berlin).
LASSERRE, F. (1966), *Die Fragmente des Eudoxos von Knidos* (Berlin).
LIVREA, E. (1973), *Apollonii Rhodii Argonauticon Liber IV. Introduzione, testo critico, traduzione e commento* (Florence).
MAGNELLI, E. (2005), "Esiodo 'epico' ed Esiodo didattico : il doppio epilogo di Dionisio Periegeta", *ARF* 7, 105-108.
MARCOTTE, D. (1988), "Origines puniques de la topographie romaine", in E. LIPIŃSKI (éd.), *Studia Phoenicia* VI. *Carthago* (Louvain), 73-83.
— (2016), "Démocédès de Crotone, l'*apographè* et la genèse du périple", in F.J. GONZÁLEZ PONCE / F.J. GÓMEZ ESPELOSÍN / A.L. CHÁVEZ REINO (éd.), *La letra y la carta. Descripción verbal y representación gráfica en los diseños terrestres grecolatinos. Estudios en honor de Pietro Janni* (Séville), 35-49.
MEYER, D. ([2]2008), "Apollonius as a Hellenistic Geographer", in T.D. PAPANGHELIS / A. RENGAKOS (éd.), *A Companion to Apollonius Rhodius* (Leyde), 217-235.
MORRISON, A.D. (2020), *Apollonius Rhodius, Herodotus and Historiography* (Cambridge).
NENCI, G. (1990), "L'Occidente 'barbarico'", in G. NENCI (éd), *Hérodote et les peuples non grecs.* Entretiens sur l'Antiquité classique, t. XXXV (Vandœuvres-Genève), 301-318.
NICOLAI, R. (1986), "Il cosiddetto canone dei geografi", *MD* 17, 9-24.
NICOLET, C. (1988), *L'Inventaire du monde. Géographie et politique aux origines de l'Empire romain* (Paris).
PEARSON, L. (1960), *The Lost Histories of Alexander the Great* (Londres).
PÉDECH, P. (1984), *Historiens compagnons d'Alexandre. Callisthène, Onésicrite, Néarque, Ptolémée, Aristobule* (Paris). Á
PELLETIER, A. (1962), *Lettre d'Aristée à Philocrate.* Introduction, texte critique, traduction et notes, index complet des mots grecs (Paris).
PRONTERA, F. (1984), "Prima di Strabone. Materiali per uno studio della geografia antica come genere letterario", in ID. (éd.), *Strabone.*

Contributi allo studio della personalità e dell'opera. I (Pérouse), 187-256.
— (2006), "Geografia e corografia: note sul lessico della cartografia antica", *Pallas* 72, 75-82 = Id. (2011), *Geografia e storia nella Grecia antica* (Florence), 95-104.
Sallmann, K.G. (1971), *Die Geographie des älteren Plinius in ihrem Verhältnis zu Varro. Versuch einer Quellenanalyse* (Berlin).
Sherk R.K. (1974), "Roman Geographical Exploration and Military Maps", in *ANRW* II, 1, 534-562.
Sieberer, W. (1995), *Das Bild Europas in den Historien. Studien zu Herodots Geographie und Ethnographie Europas und seiner Schilderung der persischen Feldzüge* (Innsbruck).
Sonnabend, H. (éd.) (1999), *Mensch und Landschaft in der Antike* (Stuttgart).
Stoneman, R. (2019), *The Greek Experience of India. From Alexander to the Indo-Greeks* (Princeton).
— (2022), *Megasthenes'* Indica. *A New Translation of the Fragments with Commentary* (Londres).
Tchernia, A. (1994), "Ad Periplum maris Erythraei, 57", in *EYKPATA. Mélanges offerts à Claude Vatin*, (Aix-en-Provence), 131-136.
— (1995), "Moussons et monnaies : les voies du commerce entre le monde gréco-romain et l'Inde", *AHSS* 50, 991-1009.
Thomas, R. (2000), *Herodotus in Context. Ethnography, Science and the Art of Persuasion* (Cambridge).
Vannicelli, P. (1987), "L'economia delle *Storie* di Eforo", *RFIC* 115, 167-191.
Vian, F. (1981), *Apollonios de Rhodes, Argonautiques.* Texte établi et commenté par F.V., traduit par É. Delage et F.V. (Paris).
— (1987), "Poésie et géographie : les retours des Argonautes", *CRAI*, 249-259.
West, M.L. (1978), *Hesiod. Works and Days. Edited with Prolegomena and Commentary* (Oxford).
Williams, M.F. (1991), *Landscape in the* Argonautica *of Apollonius Rhodius* (Francfort-sur-le-Main).

DISCUSSION

W. Hutton: The passage from Strabo that you discussed (2, 5, 17), in which Strabo says that the sea γεωγραφεῖ ("describes"?; "writes the geography of"?) the land, reminded me of other passages in Strabo (cf. 4, 1, 11) that grant the sea and other geophysical entities agency in structuring his text. Especially 8, 1, 3, where he says that the geographer should make the sea his/her σύμβουλος ("advisor", "collaborator"). This occurs when Strabo is justifying his decision to follow Ephorus in starting his treatment of Greece in the west and proceeding eastward. This west-to-east trajectory is what you find in the vast majority of texts that undertake a sequential description of sites along all or part of the Mediterranean coast, but there is nothing inevitable about it as the example you mentioned of the "periplous" of Democedes (as described by Herodotus) shows. Do you have any insight as to why Strabo (and, implicitly, others) felt that this direction is the one that the sea was "advising" him to take?

D. Marcotte: En effet, depuis les origines et jusqu'à l'époque byzantine, tout périple de la Méditerranée suit une marche générale menée dans le sens horaire depuis les Colonnes d'Héraclès. Ce circuit a longtemps servi à définir l'œkoumène ; il a contribué également à déterminer le sens des descriptions régionales, comme on peut le voir, à propos de la Grèce, avec Éphore et ceux qui se revendiquent de sa méthode, mais il faut supposer que, plutôt que la mer elle-même, c'est la "tradition" qui conseillait ce choix. La dynamique perse a été différente : le périple de Scylax, précurseur du genre, était mené depuis les marches orientales de l'empire jusqu'au golfe Arabique (act. mer Rouge) et offrait ainsi un *paraplous* de la façade méridionale du domaine achéménide, exemple d'exposition qui a sans doute inspiré ensuite la mission confiée à Néarque par Alexandre en 325. L'expérience de Démocédès en Méditerranée, menée d'est en ouest en direction de l'Italie, constitue un cas particulier : le commanditaire en était perse, précisément, et le "marin" crotoniate.

S. Mitchell: I am struck by the passage Strabo 2, 5, 18 C122, in which he explains that γεωγραφικὴ ἱστορία is not simply a matter of shapes (σχήματα) and sizes, which can be described in geometric terms, but also about the relations between these *schemata*, and the colourful variety which is especially to be seen on the coasts of the inner sea, the Mediterranean. The passage continues with a summary account of the civilised world as Strabo saw it, which flourished because of the relationship of places, peoples and activities to the inner sea:

> πολὺ δ'ἐστὶ καὶ τὸ γνώριμον καὶ τὸ εὔκρατον καὶ τὸ πόλεσι καὶ ἔθνεσιν εὐνομουμένοις συνοικούμενον μᾶλλον ἐνταῦθα ἢ ἐκεί. Ποθοῦμεν δὲ εἰδέναι ταῦτα, ἐν οἷς πλείους παραδίδονται πράξεις καὶ πολιτεῖαι καὶ τέχναι καὶ τἆλλα ὅσα εἰς φρόνησιν συνεργεῖ, αἵ τε χρεῖαι συνάγουσιν ἡμᾶς πρὸς ἐκεῖνα ὧν ἐν ἐφεκτῷ αἱ ἐπιπλοκαὶ καὶ κοινωνίαι· ταῦτα δ'ἐστὶν ὅσα οἰκεῖται, μᾶλλον δ'οἰκεῖται καλῶς.
>
> "And far greater in extent here than there is the known portion, and the temperate portion, and the portion inhabited by well-governed cities and nations. Again, we wish to know about those parts of the world where tradition places more deeds of action, political constitutions, arts, and everything else that contributes to practical wisdom, and our needs draw us to those places with which commercial and social intercourse is attainable; and these are the places that are under government, or rather under good government." (Loeb translation).

The terminology of ἐπιπλοκαὶ (also used by Polybius in a similar sense) καὶ κοινωνίαι is particularly apt to 'geographical history'. Was this motif regarding sea-going connections, and the implicit importance of mobility, developed elsewhere by Strabo?

D. Marcotte: Le thème est particulièrement explicite dans les prolégomènes, où il est produit pour caractériser une certaine méthode d'exposition et justifier quelques-uns des choix opérés par l'auteur dans les quinze livres qui suivent. La coordination des termes ἐπιπλοκαὶ et κοινωνίαι ne réapparaît pas dans la *Géographie*, mais c'est bien l'espace des échanges qu'y considère Strabon. Dans sa présente occurrence, et du fait qu'il ne précise pas autrement sa pensée, le terme κοινωνία est singulièrement difficile à traduire ; il désigne ici un ensemble de relations entre les cités et les peuples, qui peuvent refléter une commune appartenance à un ensemble ethnique ou linguistique, ou bien se traduire par des traités ou des échanges commerciaux.

M. Faraguna: Ho trovato straordinario, per la ricchezza del sistema di riferimenti (dove è degno di nota anche quello alle γραπτῦς πατέρων...κύρβιας) questo passo di Apollonio in cui la terra viene rappresentata attraverso il ricorso al linguaggio fondiario : da un lato, la descrizione della terra intesa come pianeta, dall'altro la terra intesa come terreno, come campo che si lavora. Sotto questo profilo il verbo ἐμβαίνω è molto interessante. La sottolineatura del significato tecnico dell'espressione ἐνιβήσεται οὔρους da lei proposta mi pare molto convincente alla luce del parallelo del complesso dei documenti di compravendita e conseguente locazione di Mylasa e Olymos databili al III sec. a.C. Qui i privati vendono dei terreni al santuario, che, in numerosi casi, poi procede ad affittarli ai loro stessi precedenti proprietari, che ottengono il godimento dell'immobile, per sé e per i propri eredi, dietro il pagamento di un *phoros*. Alcuni testi di questo ampio *dossier* documentario sono, sul piano tipologico, dei decreti che disponevano l'acquisto dei terreni; altri erano gli atti relativi all'acquisto stesso, ma un piccolo numero di iscrizioni concerne la "presa di possesso" (ἔμβασις) del fondo, l'atto conclusivo della procedura volto alla ricognizione e all'accertamento dei confini, che avveniva alla presenza della commissione dei *ktematonai*, dei testimoni e dei vicini e in occasione del quale veniva redatto un documento definito τῆς ἐμβάσεως χρηματισμός (*I.Mylasa* 208, ll. 16-17; 218, l. 17). L'espressione ἐνιβήσεται οὔρους deve di conseguenza alludere all'atto, compiuto dall'Istro, di prendere possesso del territorio/terreno percorrendo i confini posti tra i Traci e gli Sciti.

D. Marcotte: Je vous remercie pour la référence à ces documents, qui ont leur importance ici, eu égard à leur datation. Je constate que les commentateurs modernes n'ont pas cherché à préciser les sens possibles d'ἐμβαίνω ; le choix d'ἐπιβήσεται n'a pas non plus été justifié, mais il revenait à retirer au verbe sa technicité, alors même qu'on sait combien les poètes alexandrins s'entendaient à associer des faits de langue empruntés à la tradition épique la plus ancienne et des termes puisés aux lexiques les plus techniques. Il n'y a donc pas lieu de s'étonner que le lexique relatif à l'arpentage, au bornage ou aux procédures foncières se retrouve dans l'*epos* ou l'épigramme de la période hellénistique.

I. Pernin: Le corpus des contrats de location pour des terrains agricoles ne laisse apparaître qu'une seule mention d'ἐπιβαίνω. En effet, dans les tables d'Héraclée, une clause prévoit une amende si l'on "empiète sur la terre sacrée" : αἰ δέ τίς κα ἐπιβῆι ἢ νέμει ἢ φέρει τι τῶν ἐν τᾶι *h*ιαρᾶι γᾶι (Pernin, *Baux ruraux*, n° 259 I 128). Quant à ἐμβαίνω, le verbe est surtout employé en Béotie, dans les listes de contrats de location abrégés, et signifie "prendre à bail", au sens où le paiement du loyer permet d'entrer en possession du bien. En Carie, c'est surtout le substantif ἔμβασις qui est employé pour désigner l'un des actes de la procédure de location des biens-fonds sacrés. L'ἔμβασις désigne l'acte par lequel le preneur entre en possession du bien pour lequel il a conclu un contrat de location avec la cité.

D. Rousset: Quant au vers d'Apollonios de Rhodes (4, 288), je crois également qu'il vaut mieux garder la forme ἐνιβήσεται, puisque l'autre proposition, ἐπιβήσεται, donnerait un sens moins pertinent dans le contexte : en effet, il ne s'agit pas ici d'empiéter (de façon illégale) sur une terre étrangère. Cependant, si l'on garde donc le verbe ἐμβαίνειν, pour quelle raison la forme ἐνιβήσεται fut-elle choisie, au lieu d'ἐμβήσεται, qui aurait aussi bien convenu à la métrique ? Quant au sens même du verbe, s'agit-il de parcourir les confins, ou bien de les "arpenter", suivant une des deux traductions proposées *supra* ? Il ne me semble pas que le verbe puisse indiquer ni un arpentage, c'est-à-dire une mesure, ni un tour des frontières, puisque d'ailleurs le fleuve en question pénètre et passe à travers les Thraces et les Scythes. Il s'agit donc littéralement de "prendre pied", et οὔρους me semble ici désigner non pas les bornes, mais le "territoire", en un sens bien attesté pour le pluriel de ce substantif. Ainsi, le fleuve "prend pied" sur le territoire des Thraces et des Scythes. On peut comparer l'expression de Plutarque à propos de l'archonte de Chéronée de Béotie, qui a interdiction de τοῖς Φωκέων ὅροις ἐμβαίνειν, soit "mettre le pied chez les Phocidiens" (*Quaest. Rom.* 40, *Mor.* 274 B).

D. Marcotte: Le texte de Strabon, 2, 5, 4, relatif à l'action du géographe-géomètre, n'implique pas de mesure du *périmètre* ; la procédure dont il s'agit, désignée ici par le verbe ἐμβατεύω, est plutôt linéaire : tel un géomètre, le géographe "arpente" les terres, mais en suivant l'autorité des voyageurs le long des grandes voies de communication ou du parallèle de référence. Le long de ce dernier, il laisse à sa gauche et à sa droite, c'est-à-dire au nord et au sud (2, 1, 35), ce qu'il qualifie de *plinthia* et de *sphragides*. Il est possible qu'il faille prêter un sens large à *ouroi*, mais, conformément à la manière d'Apollonios, fondée sur des jeux lexicaux, l'occurrence de ce terme au v. 4, 288 doit aussi s'apprécier par opposition à l'expression ἀπείρονα (...) ἄρουραν au v. 4, 285.

S. Mitchell: To translate ἐμβατεύειν in the sense being discussed here, we might use the English expression "to pace a boundary". This would be appropriate for a survey conducted without a modern surveying instrument such as a theodolite. Amateur surveys often depend on an approximate map, produced "with pace and compass".

C. Schuler: Sie haben sehr überzeugend dargestellt, dass die griechischen Geographen ihre Daten in Form von Texten darstellten. Ihre Interpretation des Adjektivs ποικίλος bei Strabon als „métaphore picturale" und der Hinweis auf die Verwendung deskriptiver Vignetten (ἔκφρασις) wirft dennoch die Frage auf, ob die Autoren voraussetzen konnten, dass ihre Leser auch graphische Darstellungen von Landschaften kannten. Welche Position würden Sie in der Debatte um die Bedeutung der Kartographie in der Antike einnehmen?

D. Marcotte: Votre question porte sur un problème complexe, qui a donné lieu à des débats nourris. Si même notre documentation est très lacunaire à ce sujet, on peut affirmer avec force, à la suite de C. Nicolet et d'autres, qu'il y a bien eu une cartographie dans le monde grec et à Rome ; mais, sur le point de savoir si des cartes ont pu inspirer le discours de Strabon ou de Denys, pour prendre deux cas éloquents, les opinions divergent. Il faut rappeler à ce sujet que, jusqu'à Ptolémée, les mots et leur puissance évocatrice paraissaient suffire à susciter chez le lecteur une représentation efficace de l'espace décrit ; dans le cas de Ptolémée, d'ailleurs, ce sont ses mots et ses données chiffrées qui, par la pertinence de leur formulation, auraient permis, au tournant des XIIIe et XIVe siècles, de reconstituer ses cartes ; dans ses prolégomènes, en tout cas, il ne présente pas comme un truchement nécessaire l'expression graphique de son exposé, laquelle appartient à un technicien spécifique.

A. Cohen-Skalli: Comment interpréter le composé πινακογραφία qui apparaît chez Strabon en 2, 1, 11 C71 ? Il semble indiquer l'existence de la carte.

D. Marcotte: Oui, en effet, il s'agit bien de l'établissement graphique de la carte, comme le désignent aussi les commentaires tardo-antiques (*GGM* II, p. 430, col. 2, l. 6). Mais il supposait la réunion d'un copiste et d'un dessinateur, qui est sans doute toujours restée un fait rare.

I. Pernin: Est-ce qu'il ne faut pas également poser la question des commanditaires, ainsi que celle de l'usage de ces éventuelles cartes ?

D. Marcotte: Ce point est fondamental. Pour prendre un exemple éloquent, on n'a que peu d'indices explicites, jusqu'au XVIIIe siècle inclus, d'une utilisation de cartes à des fins militaires.

D. Rousset: À partir des remarques formulées ici, et depuis hier déjà, pourrais-je poser une question générale ? Dans votre exposé, vous avez affirmé le retard de la géographie sur l'histoire comme discipline spécifique. En outre, nous avons vu que certaines initiatives et réalisations géographiques sont étroitement liées à des entreprises ou hégémonies royales ou impériales, que ce soient les Achéménides, les Macédoniens, ou plus tard celles de l'Empire romain (voir *L'inventaire du monde* de C. Nicolet). N'est-il donc pas concevable que les Grecs des cités, qui eux vivaient pour la plupart et le plus souvent à l'écart ou en dehors des royaumes ou des Empires, se sont pendant longtemps dispensés de recherches géographiques et en outre de cartes ? Dans le cadre assez restreint de chaque cité, l'habitant connaît son territoire, il se repère par des cheminements, des toponymes, les habitats de ses voisins, et il n'a donc guère besoin de description géographique. Autrement dit, la forme politique dominante de la cité grecque, limitée à un territoire relativement restreint et de ce fait bien connu dans sa totalité ou sa presque totalité de ses habitants, n'aurait-elle pas rendu pour ainsi dire superflu le développement de la géographie et accessoirement de la cartographie ? Inversement, est-ce que la naissance et le développement de la géographie grecque ne sont pas intrinsèquement liés à la nécessité de connaître la géographie sur de bien plus longues distances, et par conséquent à des hégémonies, royales ou impériales, s'étendant sur des échelles bien plus grandes ?

D. Marcotte: Vous avez raison de poser la question de l'usage des cartes dans le cadre de la cité. D'une certaine manière, l'utilité d'un tel instrument à Athènes est mise en doute par un passage fameux des *Nuées* (Ar. *Nub.* 201-216 ; a. 423) qui signale la présence, dans l'école de Socrate, d'une carte œcuménique (206 γῆς περίοδος πάσης), utilisée à des fins de γεωμετρία (v. 202), tout à la fois "science de la division d'une terre en lots"

(v. 203) et "science de la mesure de la Terre" (v. 204 et 206). L'objet ambivalent reçoit de la part de Strepsiade une qualification (205 σόφισμα δημοτικὸν καὶ χρήσιμον) qui revient à mettre en cause son application pratique ; d'autant plus que, si on comprend bien, il figurait aussi l'Eubée, caractérisée dans sa morphologie (212 παρατέταται μακρὰ πόρρω πάνυ), ainsi que Lacédémone, au mépris des questions d'échelle.

A. Cohen-Skalli: Vous avez évoqué les quelques traces de cartes chez les scholiastes et commentateurs byzantins. À cet égard, la scholie au vers que vous commentez est remarquable (schol. 4, 279-81c, p. 279 Wendel) : elle rappelle d'abord ce qu'étaient les κύρβεις à Athènes et la distinction entre κύρβεις (pierres triangulaires où l'on inscrivait les lois) et les ἄξονες (pierres rectangulaires), puis ajoute : ἐνταῦθα δὲ κύρβιάς φησι πίνακάς τινας γῆς περίοδον περιέχοντας ("là, κύρβιας désigne des tables sur lesquelles figure un circuit de la terre"), qui livre donc la mention explicite d'une carte.

I. Pernin: Dans les *Lois* (741c), Platon évoque des κυπαριττίνας μνήμας, expression qui désigne les objets sur lesquels étaient inscrits à Magnésie les citoyens ayant reçu un lot de terre lors de la distribution initiale. Il s'agissait d'objets en bois précieux (cyprès), que l'on confiait à la garde des magistrats "à la vue la plus perçante" : sans doute ces "mémoriaux" étaient gravés petits et serrés, de façon à enregistrer les noms des 5040 premiers citoyens de Magnésie, et peut-être n'étaient-ils pas très lisibles.

D. Marcotte: Effectivement on a ici un terme rare, enregistré par Apollonios comme une *glôssa*. Le scholiaste, qui devait se fonder sur un matériau de la fin de la période hellénistique ou du début du Principat, en a bien perçu le sens et la fonction dans le contexte.

M. Faraguna: Soprattutto, il legno di cipresso è un legno che non marcisce e dura a lungo nel tempo, il che rivela come le tavole, il cui valore "documentario" era destinato rapidamente a venir meno, avessero soprattutto un significato simbolico.

D. Rousset: Au vers 4, 280 d'Apollonios de Rhodes, πείρατα peut recevoir deux interprétations, et vous retenez celle d'"instructions". Cependant, est-ce que ne pourrait pas être aussi pertinent dans le contexte le sens technique de limites, lesquelles iraient alors de pair, ici, avec les routes ?

D. Marcotte: Certes, il ne faut pas tirer trop d'informations d'un mot qui se prête à une double acception, comparable à celle du français "terme(s)". Mais les cartes étaient assurément pourvues de légendes. Il suffit de se reporter au prologue de la *Vie de Thésée* par Plutarque (1, 1), quand celui-ci compare sa méthode d'historien à celle des géographes, qui signalent sur les marges de leurs cartes les contrées sur lesquelles leur information s'arrête.

S. Mitchell: C'est précisément ce qu'indique le mot ἐᾶν chez Strabon, 2, 5, 5 C112, que vous avez cité et commenté.

IV

WILLIAM HUTTON

SPATIAL DIALOGUES IN PAUSANIAS' GREECE

ABSTRACT

The *Periegesis* of Pausanias offers us our best opportunity to observe a process that must ultimately lie behind most geographical knowledge transmitted by surviving ancient Greek literature: dialogue between the inhabitants of a region and an eyewitness observer who records or communicates the information. Pausanias' first-hand account of Greece preserves the author's interaction with sources both written and oral and both local and extra-local. The voices of many of these sources, often at odds with one another, come through despite Pausanias' efforts to assert monologic control over the structure and language of his text. Studying these spatial dialogues in the *Periegesis* gives us insight into the genesis of the work and provides a window on issues that were of contemporary importance to the communities that he visited.

1. Introduction

Many ancient Greek and Latin texts, the *Histories* of Herodotus or the *Geography* of Strabo for example, include first-hand descriptions of places that the author has visited. No text, however, represents so extensively and consistently an eyewitness perspective on geography as the *Periegesis Hellados* of Pausanias.[1]

[1] For a general introduction to Pausanias see PRETZLER (2007a); HABICHT (1998). Modern-era monographs that focus on issues pertinent to this paper include ARAFAT (1996) (art & artifacts); AKUJÄRVI (2005) (narratology); HUTTON (2005)

Accordingly, studying Pausanias provides unique insight into the question of how ancient Greek authors conceptualize and communicate space. In what follows, I will try to demonstrate that in evaluating Pausanias' testimony on such issues, it is fruitful to think of the *Periegesis* as a dialogic text;[2] that is, as one that consists to a large degree of conversations between different discernable voices, some of them voices of the author or his narratorial persona, some the voices of others.

Of course, most texts, not least geographic and historical texts, are dialogic to some extent. When Strabo summarizes what Eratosthenes says in order to refute him, or when Herodotus reports what the Greeks of Pontus say about the Scythians, it can be understood as a species of dialogue.[3] Where the *Periegesis* is distinctive is that Pausanias's eyewitness experience continually puts him into contact with sources of information that the author writing at second-hand does not have, including the people who live in those places, written or artifactual information that is accessible only on-site, and the physical features of the place itself. The interplay between the author's voice and the voices of such sources is nearly ubiquitous from the beginning of the *Periegesis* to its end ten volumes later. Paying attention to the dialogic nature of the text gives us greater insight into what Pausanias was trying to accomplish as well as what he actually accomplished whether he was trying to or not. It also gives us a window onto the vigorous cultural dialogue within the communities Pausanias visits and onto the way that political, religious, historical, and social issues interact with concepts of geography in Pausanias' Greece.

(structure, style and genre); ELLINGER (2005) (overarching themes); PIRENNE-DELFORGE (2008) (religion); SCHREYER (2019) (ruins); HAWES (2021) (myth and local identity).

[2] The sense in which I use the word 'dialogic' here and throughout owes a good deal to Bakhtin's seminal formulation of the term as a literary-critical concept (BAKHTIN [1981] 259-422), though as will become clear as this article progresses, I am not following Bakhtin's application of the concept as generically dispositive.

[3] For the importance of interaction in dialogic communication especially as applied to spatial communication, see the articles in COVENTRY / TENBRINK / BATEMAN (2009).

2. Voices in Pausanias

While the content of Pausanias' text is certainly informed by the author's own travels, the text is not a first-person travelogue. Instead, movement along the itineraries is generally indicated by impersonal participles in the dative or genitive ("for one going...", "for those descending..."). The effect of this, as Olivier Gengler has suggested, is to allow the reader to envision the journey more easily as her own rather than the narrator's.[4] Nevertheless, the narrator's ἐγώ appears on the scene often enough to assure the reader that the account is undergirded by the author's autopsy. The voices discernable in the *Periegesis* include voices that originate externally to the author (though of course they are filtered through the author's voice before they reach us) and voices internal to the author, by which I mean modulations of the narrator's single voice as he fulfills different authorial functions, such as (to borrow Joanna Akujärvi's formulation) "writer", "dater", "researcher", and "traveler."[5]

The external voices include voices from written and oral sources. Written sources by their very nature are mostly voices from the past, and Pausanias could have consulted most of them before or after his travels and far away from the places in Greece to which they were pertinent. They must be counted, however, among the major factors that conditioned Pausanias' understanding of sites, and the points-of-view of these sources play a large role in his depictions of many geographical areas. In matters of local geography and historico-mythical traditions, Pausanias had some favorite written sources whom he allows to speak frequently, and he treats what they say with great deference. This is especially true of Homer,[6] but also of Hesiod and other early poets such as Eumelos of Corinth. No prose author is given as prominent a role. Although Herodotus and Thucydides are important stylistic models for Pausanias,[7] he rarely cites them

[4] GENGLER (2008).
[5] AKUJÄRVI (2005) 25-178.
[6] DUFFY (2013); HUTTON (2022) 293-297.
[7] STRID (1976); HUTTON (2005) 190-221.

for substantive information.[8] It is worth noting that for many of the previous authors whom he cites by name, it is likely that Pausanias knew their work not through their original texts but through compilations and epitomes,[9] so, more often than we can tell, we may be hearing the name of an author but the voice of his/her epitomizer.

Some written texts that Pausanias refers to were available to him only on-site, and as such they not only contributed to his thinking about the sites he visited but were actually a part of his experience of those sites. The largest set of such texts are the inscriptions that he cites, paraphrases, and quotes verbatim by the hundreds.[10] The attention Pausanias pays to epigraphic evidence is arguably the most impressive indication of his desire to seek out local voices and to include them in his account. There are some other written texts that Pausanias may have only been able to consult at a place he visited during his travels, although the case is never clear-cut. At a shrine of Pan at Lykosoura in Arcadia, for instance (8, 37, 12), "they" (priests? local citizens?) bring to his attention verses of the nymph Erato, who in legendary times served as prophetess for Pan. Pausanias claims that he read the verses himself (μνημονεύουσι δε καὶ ἔπη τῆς Ἐρατοῦς, ἃ δὴ καὶ αὐτὸς ἐπελεξάμην). Similarly, in Troizen (2, 31, 3), Pausanias claims to have read a text published by a man from nearby Epidauros purporting to contain the teachings of Pittheus, the legendary wise man and king of Troizen. In both cases, Pausanias does not specify that he read these texts in (respectively) Lykosoura and Troizen, but both texts are unknown to us from other sources, and there seems little reason to suppose that they circulated very far from where they were produced.

Oral sources of information, especially of local information, are amongst the things that most strongly distinguish the *Periegesis* from other surviving geographical texts.[11] Pausanias must have

[8] Meadows (1995).
[9] Cameron (2004) 80-123.
[10] Habicht (1998) 64-94; Tzifopoulos (1991); Zizza (2006).
[11] Pretzler (2005).

conversed with dozens if not hundreds of people during his travels through Greece, and it is likely that a large amount of the local material in the *Periegesis* can be ascribed to these informants. Unfortunately, perhaps as part of his tendency to downplay his own experience to allow more room for the vicarious experience of his readers,[12] Pausanias is not in the habit of referring to these sources with any specificity. As in the case of the verses of Erato, most of the information that might be considered local is introduced by verbs for which no subject is expressed: "they mention", "they say", "they claim", etc. When the subject of such verbs is expressed, it is often a generic ethnic group rather than identifiable individuals: "the Athenians say", "the Messenians say", etc. Such expressions may refer to local residents that Pausanias talked with in person, but they may also refer to written texts, or they may be convenient shorthand for referring to multiple sources (written and/or oral) that Pausanias judges to be representative of the ethnic group in question.[13]

Among the sources of oral information in the *Periegesis* are the individuals Pausanias refers to as "exegetes" (ἐξηγηταί, "explainers"), or often more specifically οἱ τῶν ἐπιχωρίων ἐξηγηταί ("the explainers of local things"), whom he cites more than twenty times at a wide variety of places in Greece. Most of these exegetes were probably members of the local elite who took on the responsibility of informing distinguished visitors about the sights of their city.[14] The fact that Pausanias mentions his interaction with exegetes in some relatively remote and unprosperous areas[15] suggests that they existed at many more places than the ones mentioned by Pausanias, and it is possible that they are the hidden subjects in a good number of the instances in which Pausanias reports what "they say". Exegetes were not, however, his only sources of oral information. In one intriguing passage (6, 24, 9) Pausanias mentions an unusual

[12] GENGLER (2008).
[13] AKUJÄRVI (2005) 91-92.
[14] JONES (2001).
[15] E.g., Megara 1, 41, 2; Andania in Messenia 4, 33, 6.

structure in the agora of the Eleians and describes more specifically than usual how he found information about it: "The locals [οἱ ἐπιχώριοι] agree it is a tomb but do not remember whose it is; but if the old man whom I asked about it gave a true account, this would be the tomb of Oxylos"[16] (τοῦτο εἶναι μὲν ὁμολογοῦσιν οἱ ἐπιχώριοι μνῆμα, ὅτου δὲ οὐ μνημονεύουσιν· εἰ δὲ ὁ γέρων ὅντινα ἠρόμην εἶπεν ἀληθῆ λόγον, Ὀξύλου τοῦτο ἂν μνῆμα εἴη). Presumably the "old man" is ἐπιχώριος as well, but something distinguishes him in Pausanias' mind from the other ἐπιχώριοι who professed ignorance as to the identity of the entombed person. One suspects that whoever the old man was,[17] he did not have the same status as the locals from whom Pausanias gained most of his information, and that the latter were the ἐξηγηταί of Elis or people serving a similar function.[18]

As a man with an advanced education and the wherewithal and leisure-time to travel extensively, Pausanias can safely be described as occupying a social status that is "elite" in some sense, and it is likely that when he travelled he depended on members of the local elite for hospitality. In line with his typical parsimony in the sharing of personal information, Pausanias never discusses where he found lodging on his travels, although he does mention once his ξένος in the Thessalian city of Larisa (9, 30, 11). One might assume that most of his oral sources of information were members of the educated class like the ἐξηγηταί, but certainty is impossible. Sylvian Fachard has suggested that in the hinterlands of the cities and major shrines, Pausanias' best informants would have been "the shepherds, woodcutters, charcoal burners, resin-gatherers", and others who

[16] Oxylos was an early king of Elis (PAUS. 5, 3, 4 — 5, 4, 4).

[17] As JACQUEMIN points out in CASEVITZ / POUILLOUX / JACQUEMIN (2002) 298, there is epigraphic evidence for prominent individuals in the Elis of Pausanias' day who traced their lineage to Oxylos. If the "old man" had such a pedigree, Pausanias shows no awareness of it.

[18] The "exegetes of the Eleians" (οἱ Ἠλείων ἐξηγηταί, *vel sim.*) make explicit appearances at 5, 6, 6 and 5, 21, 8-9. See also SANCHEZ HERNANDEZ (2010) for at least one identifiable informant whom Pausanias may have encountered in person.

lived in the countryside and knew it intimately.[19] It would not be surprising if Pausanias availed himself, directly or indirectly, of such authorities for knowledge about boundaries, roads, rural shrines, and local traditions in remote regions. Unfortunately he makes no explicit reference to such interactions.

3. Pausanias' voices

All of the aforementioned voices come to us through the voice of Pausanias himself, or rather through the the narratorial voice Pausanias creates. While this essay is devoted to the dialogic aspects of Pausanias' text, the *Periegesis* is in large part a text that is, or tries to be, monologic. Johanna Akujärvi has thoroughly catalogued the many ways in which the author's ἐγώ-Narrator makes a persistent effort to exert control over the text by means of "organizing", "pretermitting", "cross-referencing", "commenting", "criticizing", etc.[20] In addition, apart from direct quotations, which he reserves for poetry and verse inscriptions, Pausanias homogenizes the language of all the voices in the text by extensive use of indirect statement and by casting everything into his own distinctive prose style.[21] Nevertheless, the voices come through, in large part because they are necessary for how Pausanias views what Akujärvi refers to as his role as a 'researcher'. Here the allusive but unmistakable *mimesis* of Herodotus that Pausanias maintains throughout his text plays a role.[22] Herodotus' historiographical and ethnographical methods included putting differing assertions from his sources into dialogue before the reader and either allowing the reader to make their own choice or walking the reader through the reasoning process that

[19] FACHARD (2018) 144. Fachard also adduces an inscription from Thessaly, *IG* IX 2, 521, comprising what amounts to an affidavit from a herdsman attesting to his knowledge of boundaries in the area where he grazes his animals.
[20] AKUJÄRVI (2005) 24-166.
[21] STRID (1976); HUTTON (2005) 175-240.
[22] HUTTON (2005) 190-218.

leads the author to prefer one version over the other. Following this model is one way Pausanias tries to establish his authority as a researcher. Moreover, Pausanias' project as he conceived it sought to identify what was distinctive about each region and city,[23] which involved giving each region and city a voice.

4. Pausanias' boundaries

Examining every aspect of the dialogic nature of Pausanias' texts would be far beyond the scope of this essay, so what follows will be a selection of significant examples. As befits a geographic work, one of the most basic and important elements of the structure of the *Periegesis* is the division of the work and the regions it deals with into constituent parts. Pausanias could have arranged the material he gathered on his travels in a number of ways, but he chooses to devote each book to a traditional territory that corresponds to a greater or lesser extent to a quasi-ethnic division within the Greek people as a whole.[24] All of these territories — Attica, Boiotia, Lakonia, Phokis, etc. — are attested in previous Greek literature in general, and geographic literature in particular, but in some cases there was disagreement about the borders of these divisions (as Pausanias himself observes at 5, 5, 1), and in others the borders had shifted over time (e.g. 6, 26, 10) or never corresponded to any recognized political border in the first place. In short, one of the first tasks that Pausanias had was to decide where to set the boundaries for the territories that defined the content of his books. That decision, once made, has certain consequences. Once Pausanias has defined "Lakonia", "Arcadia", "Boiotia", etc., he faces some internal pressure to make everything in the respective books "Lakonian", "Arcadian", "Boiotian", etc. Negotiating the friction

[23] JOST (2006).

[24] The main exception to the rule comes in books V and VI which are both devoted to Olympia and Elis.

that often occurs between the conceptual territories he has constructed and what he finds in the fields on his travel is a discursive process that involves many of the voices we have discussed above.

A recent study by Sylvian Fachard offers a thorough examination of Pausanias' references to borders between regions and 'polises' within the territory he covers.[25] Fachard catalogues sixty references to inter-polis boundaries spread over the ten volumes of the *Periegesis*,[26] and he notes that the relative frequency of the natural and man-made features that serve to mark borders for Pausanias — rivers, mountains, trees, cairns, Hermes statues, etc. — is remarkably congruent with the way such landmarks are referred to in inscriptions.[27] Fachard concludes from this that Pausanias is an accurate witness to the borders recognized in his time, and that the author's interest in borders does not merely serve as an aid to organizing and structuring his account nor, as some have suggested,[28] as trivial nuggets of information that he can scatter into his text as fill when there is a dearth of more interesting material to discuss. Instead, Fachard interprets Pausanias' attention to borders in the light of recent scholarship that refutes the notion that in the context of the Roman empire, inter-polis borders were merely objects of nostalgic antiquarianism or topics for feckless squabbles among provincial intellectuals.[29] Epigraphic and literary evidence shows conclusively that in addition to figuring in issues that are important and often contentious both for the provincials and for the imperial authorities — issues such as land ownership, customs, and taxation — borders formed one of the crucial foundations of each

[25] FACHARD (2018).

[26] FACHARD (2018) 135-140 and fig. 7.2.

[27] FACHARD (2018) 141-144, based on the numbers for the latter provided by ROUSSET 1994 (esp. 116-119), who analyzes seventy-seven inscriptions from Greece and Asia Minor mentioning border landmarks dating from the Classical to the Late Roman period.

[28] Including myself: HUTTON (2005) 80.

[29] E.g., BURTON (2000); HELLER (2006) 86-98.

community's spatial identity. According to Rousset's study of border inscriptions from Greece and Asia Minor, the second half of the 1st century CE and the 2nd century, a period encompassing the time in which Pausanias lived, saw an increase in the epigraphic evidence regarding the maintenance and adjudication of inter-polis borders.[30] This evidence suggests that Greek communities of Pausanias' time were at least as concerned about their borders as they were at any period after the 3rd century BCE. Pausanias' engagement with the borders maintained by the people whose territories he visits is thus one aspect of the active dialogue he maintains with those people.

5. Arcadian boundaries

One of the more intriguing phenomena to emerge from Fachard's analysis, however, is that the sixty references to borders he identifies are not spread evenly over the ten books of the *Periegesis*.[31] Nearly half (29 out of 60) occur in a single book, Book VIII, which contains Pausanias' description of Arcadia. Arcadia's dominance is even more evident if we refine Fachard's catalogue for the purposes of the present study. Many references, including several in Arcadia, identify borders delimiting the larger territories to which each of Pausanias' volumes is devoted. Hence one reason for mentioning these borders is to serve the author's grand strategy for structuring his text. We will shortly examine the significance of these borders further (see Table 2 below), but if we momentarily exclude them and focus only on those passages where Pausanias reports on borders between territories *within* each book, the results are truly striking (Table 1):

[30] ROUSSET (1994) 99-100; cf. FACHARD (2018) 147-149 and fig. 7.6.
[31] FACHARD (2018) 135-138.

Table 1. Internal borders within Pausanias's books

Citation	Border described
1, 38, 1	Attica — Eleusis
2, 28, 2	Argos — Asine
2, 34, 6; 34, 12	Hermione — Troizen
3, 23, 2	Boiai — unspecified neighbors
3, 24, 8	Las — Sparta
6, 21, 5	? Possibly Pisatis — Elis proper
8, 11, 1	Mantineia — Tegea
8, 12, 4	Megalopolis — Mantineia
8, 12, 9	Mantineia — Orchomenos
8, 13, 6	Orchomenos — Pheneos — Kaphyai
8, 16, 1; 22, 1	Pheneos — Stymphalos
8, 18, 7	Pheneos — Kleitor
8, 23, 9	Kleitor — Psophis
8, 25, 1	Psophis — Thelpousa
8, 25, 3	Thelpousa — Kleitor
8, 25, 12	Thelpousa — Heraia
8, 26, 8; 27, 17	Heraia — Megalopolis
8, 36, 4	Megalopolis — Orchomenos — Kaphyai
8, 44, 5	Megalopolis — Tegea — Pallantion
8, 44, 7	Megalopolis — Tegea
10, 4, 1	Panopeus — unspecified neighbors

This table shows that references to inter-polis boundaries within books are far more frequent in Arcadia: sixteen references in Book VIII with no more than three, counted generously, in any other book, and with several books (IV, V, VII, IX) having no such references at all. Clearly something different is going on in Book VIII. Fachard suggests that since this volume appears to be one that Pausanias composed late in his career, his interest in borders, along with other elements of the landscape that are mentioned less frequently in other books,[32] can be ascribed to his reaching a "mature phase as an observer and writer" in which his "descriptive skills are much more acute." There may be some truth to this, but since not much time is known to have elapsed between the composition of the other later books (Book V was composed in or around 173 CE (5, 1, 2), and no book contains securely datable references later than the mid-170's CE),[33] a passage of time and increased experience seems unlikely to be a complete explanation for such stark differences.

Pausanias' deployment of information about borders in Book VIII must be seen as an integral consequence of the importance of Book VIII in the *Periegesis* as a whole, both compositionally and thematically. In terms of the composition of his work, Book VIII serves as a culmination of his description of the Peloponnesos. Having described the coastal regions in clockwise fashion in Books II-VIII, he completes his treatment of the peninsula with land-locked Arcadia at the center.[34] He begins Book VIII with an overview of Peloponnesian geography as a whole (8, 1, 1-3), and as he makes his way through the carefully demarcated territories of the Arcadian city-states, the references he makes to Arcadia's external borders with territories he has treated in other books allow him to recapitulate, this time in counter-clockwise fashion, the various territories he has covered in the other Peloponnesian books: Achaia (Book VII: 8, 15, 8; 8, 17, 5); Elis (Books V & VI: 8, 26, 3); Messenia (Book IV: 8, 34, 6; 8, 35, 2); Lakonia (Book III: 8, 54, 1); and finally Argolis (Book II: 8, 54, 7). Through these interconnections Pausanias makes Arcadia the keystone of his description of the Peloponnese.

[32] See HUTTON (2005) 80-81; BALERIAUX (2017).
[33] See BOWIE (2001) 20-24.
[34] HUTTON (2005) 77-79.

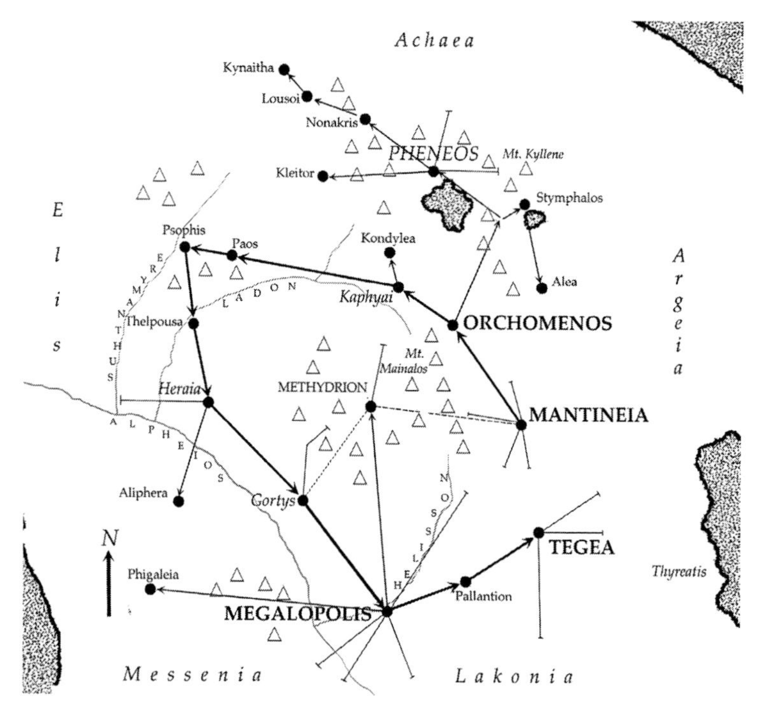

Fig. 1. *Pausanias' itinerary through Arcadia* (Hutton [2005] 92)

Thematically, Book VIII is in many ways a culmination not only of the description of the Peloponnese but of the whole *Periegesis.* Elsewhere I have argued that if one reads the *Periegesis* from the beginning. It is possible to trace a sequential rhetoric that reaches a climax in Book VIII.[35] While one can easily agree with Hawes[36] that reading the *Periegisis* as a continuous text is not the only way that ancient or modern readers might approach it, the efforts Pausanias takes to structure his volumes and link them together in a coherent pattern strongly suggest that the author envisioned at least some members of his audience doing

[35] HUTTON (2010) 442-447; cf. BULTRIGHINI (1990); ELSNER (2001).
[36] HAWES (2018) 171-172.

just that. In the first seven books Pausanias attests to his experience with both the highs and lows of contemporary Hellas. Amongst the former are its gleaming temples, masterful artworks, numinous shrines, and ubiquitous monuments to the glorious parts of Greek history, but these are countered in Pausanias' text with his frank and unflinching narration of its abandoned cities, desolate countrysides, decrepit and pillaged temples,[37] as well as its history of bloody internecine strife (e.g., Book IV on Messenians wars), and abject subjugation to foreign powers (Book VII on the Roman conquest).

After all that, Pausanias comes in Book VIII to Arcadia, which he portrays as a place where he can reflect on the meaning of all he has encountered and described in the previous books. Many scholars have noted that Arcadia, for Pausanias, is a place where antiquity and sacredness reach a synergistic summit.[38] Arcadia is home to the oldest cities on earth (8, 38, 1), to cults and narrative traditions that hail from the most distant past, and to an indigenous population, descended from an autochthonous king (8, 1, 4), that was relatively undisturbed by the migrations and upheavals that complicated the relationship other Greeks had with their origins. I would posit that Pausanias meticulous attention to borders in Book VIII can be explained in part by his desire, conscious or unconscious, to portray the Arcadian polises that maintain these primeval traditions as fully functioning communities. As Julie Baleriaux points out in her recent study of Pausanias' account of Arcadia,[39] Pausanias' own account reveals an Arcadia that is as hard hit as any part of Greece by depopulation, decrepitude, and imperial depredations; yet as other literary and epigraphic evidence attest, many of the major and even some lesser city-states of the region maintained their own civic identities and kept many of the ancient shrines functioning, including those at Lykosoura and Mt. Lykaion.

[37] See now SCHREYER (2019).
[38] PIRENNE-DELFORGE (2008) 67-72, 333-341; BALERIAUX (2017) 141-145.
[39] BALERIAUX (2017).

Some cities, moreover, were the recepients of significant benefactions from elite individuals from within Arcadia and from outside, including the favors Antoninus Pius granted to Pallantium as the legendary homeland of Evander and the Latini (8, 43, 1-2) and Hadrian's donations to the religious landscape of Mantineia in honor of its traditional ties to Bithynia, the homeland of Antinoos (8, 9, 7-8; cf. 8, 7, 12). Pausanias' attention to the borders that the city states of Arcadia still maintain is one way he emphasizes the continuing vitality of these ancient polities in the face of the decline and depopulation that he attests to himself.

6. Contested borders

The borders that Pausanias does not mention can be as interesting as the ones that he does. Fachard points out two conspicuous omissions: no specific border is mentioned between Attica and the Megarid in Book I, and none between Corinthia and Argolis in Book II.[40] These particular omissions may reflect the exigencies of Pausanias' plan for his work overriding the information he receives on-site. While in most of the other volumes of the *Periegesis* Pausanias' topographical framework focuses on a single major polis or shrine (e.g., Sparta in Book III, Messene in Book IV, Olympia in Books V and VI, Thebes in Book IX, and Delphi in Book X), Books I and II are each structured around two major cities, Athens-Megara in Book I and Corinth-Argos in Book II. In a manner that brings some unity to his composition of the two books, Pausanias turns to the realm of myth and heroic legend to paper over the division between these pairs of cities. To justify his inclusion of Megaris in his account of Attica, he asserts that the country belonged to the Athenians in Antiquity and he quickly adduces evidence

[40] FACHARD (2018) 135.

from his autoptic knowledge (1, 39, 4): Pandion, a legendary king of Athens, has a tomb in Megarian territory, and Pandion's son, Nisos, the eponym of the Megarian harbor of Nisaia, became king of the Megarians after yielding the kingship of Athens to his elder brother Aegeus. In Book II, Pausanias does not mark any particular spot as the border between Corinthia and Argeia (cf. 2, 15, 2), nor does he engage in the sort of mythographic rhetoric we see in the case of Megara. With the very first words of Book II, however, he asserts (idiosyncratically)[41] that Corinthia is part of Argeia (ἡ δὲ Κορινθία χώρα, μοῖρα οὖσα τῆς Ἀργείας…). Moreover, in the course of Book II, he creates a connection between Argos, Corinth, and all the lesser cities in the volume by means of myth and local tradition. Homer's poetry plays a role, especially the catalog of ships, in which most of the cities in Book II were subject either to the kingdom of Diomedes or that of Agamemnon, but even more effective is Pausanias' use of the tradition of the invasion of the Herakleidai and the Dorians to grant to all the major cities of Book II a shared identity.[42]

One further omitted border brings us into contact with one of the richest and most conflicted dialogues in Pausanias' text. The first seven books of the *Periegesis* are linked by a continuous topographical thread; that is, with the exception of Book V (since both V and VI remain in Elis), each of these books ends with Pausanias tracing a route to the edge of the territory in question, and the subsequent book begins by picking up the same route at the border and following it into the next territory. Another unique thing about Book VIII is that it marks and end to this pattern: Pausanias begins Book VIII by tracing routes into Arcadia from Argolis, rather than from Achaea in Book VII.

[41] HUTTON (2005) 70-72.
[42] PIÉRART (2001); HAWES (2017), (2021) 109-117.

Table 2. Borders mentioned at the beginnings and ends of Books

Citation	Border described
1, 44, 10	Megarid (Book I) — Corinthia (Book II)
2, 38, 7	Argos (Book II) — Lakonia (Book III) — Tegea (Book VIII)
4, 1, 1	Messenia (Book IV) — Lakonia (Book III)
4, 36, 7	Messenia (Book IV) — Elis (Book V)
6, 26, 10	Elis (Book VI) — Achaia (Book VII)
7, 27, 12	Pellene (Book VII) — Sikyon (Book II)
8, 6, 6	Argos (Book II) — Mantineia (Book VIII)
8, 54, 7	Tegea (Book VIII) — Argos (Book II)

As Table 2 shows, between Books I and VII, Pausanias marks the end of all but one of the books by making specific reference to the border. The single exception to this pattern is at the transition between Books III and IV. Pausanias follows a continuous route between these books along the eastern shore of the Messenian gulf, but he ends Book III with no mention of where the border lies between Lakonia and Messenia. A reading of this part of Pausanias' text in combination with other evidence reveals a possible reason — the border was a complicated issue. At various points in the Roman era, many of the communities along this stretch of coast had been counted as Lakonian, Messenian, or as part of the Eleutherolakones, a league originally consisting of Lakonian perioikic communities that were detached from Spartan control by the Romans and the Achaean league in the 2nd century BCE. After falling into a period of apparent abeyance, the league was reconstituted under Augustus (see Paus. 3, 21, 6-7). Strabo (8, 2, 2), perhaps reflecting sources from prior to the emperor's interventions, makes nearly the whole coast of the gulf Messenian, down to the promontory of Thyrides a short distance northwest of Tainaron (cf. Paus. 3,

25, 10). But even in Strabo's time and well into the latter half of the 1st century we have literary and epigraphic information showing that places farther north along the peninsula were still matters of dispute between the Messenians and the Lakedaimonians (e.g. Tacitus *Ann.* 4, 43, 1-2; *IG* V 1, 1431).

Visiting in the mid-to-late 2nd century CE, Pausanias, makes no specific reference to ongoing border disputes, but his account strongly suggests that matters had still not been settled to everyone's satisfaction.[43] Pausanias allows voices on both sides of these disagreements to enter the dialogue as he makes his way up the coast from south to north (3, 25, 9 — 3, 26, 11), in a balancing act that Le Roy vividly compares to the back-and-forth of a game of tennis.[44] North of Thyrides, Pausanias lists the towns of Hippola, Messa, Oitylos, and Thalamai, the latter two of which he had identified earlier as members of the Eleutherolakones (3, 21, 7). Beyond Thalamai, he comes to a place called Pephnos, where we get our first inkling of conflicting claims. Pephnos has a shrine of the Dioskouroi, and the people of nearby Thalamai claim that the gods were born there. With some corroboration from the Spartan poet Alkman, Pausanias seems to content to accept this claim, but is careful to add that the locals do not also claim they were raised there. The Dioskouroi are normally associated with Lakonia, but Pausanias reports that "The Messenians" say that Pephnos was originally theirs, and they accordingly believe the Dioskouroi born in Pephnos were Messenian rather than Lakonian.[45]

[43] See Le Roy (2001); Gengler (2005) 322-328; Hawes (2018) 156-158; (2021) 198-200. An inscription from Sparta from the time of Antoninus Pius (hence, contemporary with Pausanias), *IG* V 1, 37, alludes to a successful appeal of the Spartans to Rome in some dispute with the Eleutherolakones. This corroborates the assumption that there were still political tensions in Pausanias' time, but it is unknown whether this dispute was over borders or, if so, which borders.

[44] Le Roy (2001) 235.

[45] Cf. Hawes (2021) 192.

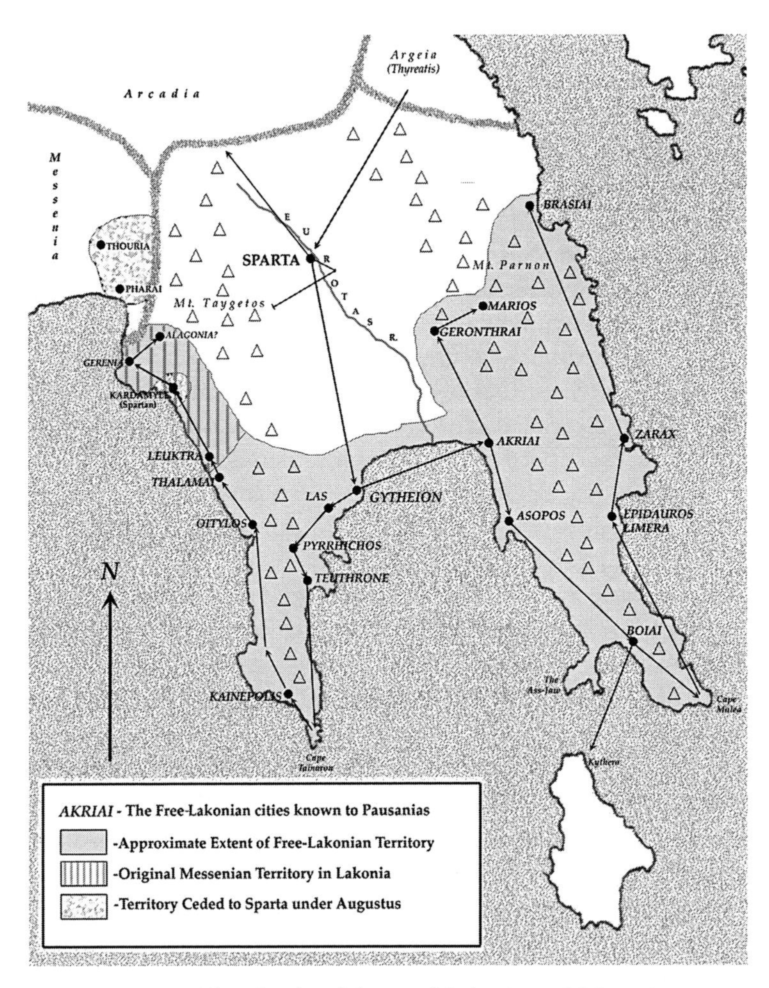

Fig. 2. *The Eleutherolakones of Lakonia and Messenia*
(Hutton [2005] 75)

The next town up the road is Leuktra. "The Messenians" claim that the name came from Leukippos, father of Arsinoe, whom the Messenians considered a local heroine (3, 26, 4). Pausanias seems open to believing this and opines that in the shrine of Asklepios in Leuktra the locals may worship Asklepios in accordance with the Messenian tradition that Asklepios was the son of Arsinoe and was born in Messene. At the same time, Pausanias mentions other items in the city that connect Leuktra more closely to Sparta: A shrine of Cassandra, whom the locals call Alexandra, just as in Sparta itself (3, 19, 6),[46] and *xoana* of Apollo Karneios, "of exactly the same type that the Lakedaemonians who possess Sparta worship" (3, 26, 5: ξόανα…κατὰ ταὐτὰ καθὰ δὴ καὶ Λακεδαιμονίων νομίζουσιν οἱ Σπάρτην ἔχοντες). In Pausanias own time, however, a statue of Zeus Ithomatas had been found in the area. Once again, we hear from "the Messenians" who claim that this proves that Leuktra was originally Messenian, a claim that would seem to have some merit since Zeus was worshipped as Ithomatas most famously at Mt. Ithome in Messenia (4, 3, 9). Nevertheless, Pausanias is not quick to agree: he claims that is possible that Lakonians worshipped the god in that guise (3, 26, 6).

Kardamyle is next (3, 26, 7), and while Pausanias does not explicitly say it was originally Messenian, he reports that Augustus had detached it from Messenia and given it to Sparta. In the city, he sees another Apollo Karneios "in accordance with the local tradition of the Dorians" (καθὰ Δωριεῦσιν ἐπιχώριον). In contrast to the previous reference to the Apollo Karneios statues at Leuktra and their similarities to ones in Sparta, this might be read as an attempt to downplay Spartan connections at Kardamyle, but it could be that the statue at Kardamyle was simply not as similar to ones Pausanias was familiar with from Sparta.

Beyond Kardamyle is Gerenia, one of the cities of the Eleutherolakones in Pausanias' time, but inhabited, according to Pausanias, by Messenians and connected in myth with Nestor and Pylos in Messenia (3, 26, 8-10). At a healing shrine by the purported tomb of Machaon son of Asklepios, a statue of Machaon wears a crown with a distinctive Messenian name: *kiphos*. Although Pausanias does not mention the role of Augustus

[46] Cf. *IG* V 1, 26, 14-15.

here as he did at Kardamyle, it is clear from his catalogue of the Eleutherolakones earlier in Book III (3, 21, 7) that he gives Augustus the credit and blame for founding the league, and as we shall see, he later makes clear that he has not forgotten Augustus' intervention specifically in the case of Gereneia. After describing Gereneia and some sites in its hinterlands, Pausanias allows Book III to come to a close with no mention of a border between its territory and the next.

It is not the case, however, that Pausanias never mentions this border; he just postpones it to the beginning of his description of Messenia. The first sentence of Book IV defines the current-day (ἐφ' ἡμῶν) border as the Choirios valley, not far north of Gereneia. Pausanias does not define it, however, as the border between Messenia and Lakonia, but as "the border of the Messenians with the part of their own land in the vicinity of Gereneia that had been reassigned to the Lakonian polity by the emperor" (4, 1, 1: Μεσσηνίοις δὲ πρὸς τὴν σφετέραν τὴν ἀπονεμηθεῖσαν ὑπὸ τοῦ βασιλέως ἐς τὸ Λακωνικὸν ὅροι κατὰ τὴν Γερηνίαν εἰσὶν ἐφ' ἡμῶν <ἡ> ὀνομαζομένη Χοίριος νάπη). An inscription datable to 78 CE (*IG* V 1, 1431), one of the few detailed border-inscriptions surviving from Roman Achaia, confirms that this valley was indeed the *political* boundary in this region between the Messenians and the Lakonians at the time it was written, whereas to Pausanias it is a boundary between one part of Messenian territory and another. But it is also the boundary he chooses to use to divide his book on "Lakonia" from his book on "Messenia". There are few, if any, more dissonant dialogues in Pausanias' text between different conceptions of a particular geographical distinction.

After this opening sentence, Pausanias pauses his topographical path-following to engage in a survey of Messenian history, which includes his lengthy narrative of the Messenian Wars with Sparta. When that narrative is finished, he returns to the Choirios valley and picks up the thread again, coming quickly to the cities of Pharai and Thouria. The Messenians inhabiting both these cities, says Pausanias, had been detached by Augustus and, like

Kardamyle on the other side of the border, annexed to the Lakedaimonian polity (4, 30, 2; 4, 31, 1). Thus, on both sides of Pausanias' book-division, communities that he considers Messenian had become Lakonian through the intervention of the emperor Augustus. Does this mean, as Le Roy suggests,[47] that Pausanias disapproved of these expropriations? Possibly so, although the lack of any explicit criticism on Pausanias' part renders this somewhat speculative. It would resonate with the favorable attitude toward the Messenians that he displays in his narration of another occasion on which a foreign power deprived Messenians of their land, namely the Messenian Wars,[48] and it would also be consistent with the sardonic remarks Pausanias makes elsewhere about Augustus' removal of statues from Greek temples (8, 46, 1-4).

Does it also mean, as Olivier Gengler proposes,[49] that for Pausanias, "Messenia" really began as far south as Kardamyle, or even Leuktra? Again, possibly, but the question then becomes why he did not simply set the beginning of Book IV further south. Pausanias seems to feel some constraint to work within the current political borders, which presumably entails interacting with the locals to ascertain accurate information about their location. He also seems to take it as his prerogative or duty to reify the imagined spatial identity that he creates in the act of choosing borders (which may or may not correspond to the self-identification of the inhabitants of the region in question). At the end of Book III this impulse results in Le Roy's *partie de tennis*. On the Lakonian side of this border, nearly every time Pausanias reports an assertion from "the Messenians" concerning the Messenian identity of a site or some aspect of it, he does not reject the claim, but he appends to it some comment that intimates respect for the Laconian claim as well. Perhaps most striking is his suggestion that Laconians may have worshipped the image of the transparently Messenian Zeus Ithomatas found in Leuktra.

[47] Le Roy (2001) 236-237.
[48] Auberger (1992).
[49] Gengler (2005) 326.

In sum, Pausanias' treatment of the border between Lakonia and Messenia embodies a complex negotiation between a number of voices that are often at odds with one another, some of them internal to the author, and some of them from sources (oral or written) that are both local and extra-local. Elsewhere in the *Periegesis,* Pausanias presents less conflicted examples of how he can handle places where traditional geographical identity conflicts with current political identity.[50] For instance, he includes the cities of Stymphalos and Alea in his description of Arcadia in Book VIII, even though he tells us that both cities in his own day belonged to the Argive polity (8, 22, 1; 8, 23, 1). Whenever this transition took place, however,[51] there is no evidence that there was any current controversy about it, as there was in the case of Lakonia and Messenia. In the absence of such debate, Pausanias seems to have felt free to be guided by the mythical and historical ties of these cities to Arcadia, which were deeper and more recoverable than the connections that the small cities on the coast of the Messenian gulf had to Messene.

7. Negotiating space with the Free Laconians

I will conclude with an examination of a passage from the *Periegesis* that is less commented-upon but illustrates well the polyphony of voices that constitute Pausanias' text. Prior to his treatment of the western side of the Tainaron peninsula, Pausanias surveys the small free-Laconian cities on the rest of the Laconian seaboard from the tip of Tainaron to the far side of the easterly peninsula of Malea (3, 21, 6 — 3, 25, 10). The process of detaching these former perioikic communities from Spartan rule, which culminated in the (re-)formation of the league of the Eleutherolakones under Augustus, entailed political

[50] HUTTON (2005) 73-77.

[51] SCHWERTFEGER (1974) 49-55, suggests the period following the Roman conquest of the Achaian League, 146 BCE.

and cultural changes in the cities themselves.[52] In certain places, one of these changes may have been the confederation of previously denucleated settlements into nucleated poleis.[53] A well-documented example of this is the formation of the city known to Pausanias as Kainepolis ("New City": Paus. 3, 24, 9) near the tip of Tainaron (cf. *IG* V 1, 1226 [2nd/1st c. BCE]). Another possible example is the formation of the city of Boiai on the Malea peninsula from the combining of three older communities: Etis, Aphrodisias, and Side. Pausanias himself documents this *synoikismos*, but improbably dates it, perhaps on the basis of local claims, to the age of the legendary Herakleidai (3, 21, 11). Elsewhere I have argued for a thrid case of synoikismos among the Eleutherolakones, at the city of Las in the northeast corner of the Tainaron peninsula.[54] In his description of the area (3, 24, 6 — 3, 25, 1), Pausanias documents several subordinate sites apparently in the *chora* of Las, including a place on the sea, Arainos, that houses the tomb of the city's eponymous hero, Las. The dating of these developments is unclear in general, but we can be sure that by the Roman period there were communities in the region operating as independent poleis within a league of peer polities.[55]

When they were liberated from centuries of Spartan domination, these Lakonian communities probably faced a problem like the one that the Messenians had when they gained their freedom: rediscovering or reinventing their local mythical and historical traditions.[56] As he traces his route through these cities, Pausanias attests to mythical connections drawn from a number of heroic cycles. Unsurprisingly, most frequent are references to figures and events in the Trojan cycle, many of them banking on the cities' advantageous locations as stopping points for

[52] CARTLEDGE / SPAWFORTH (1992) 100-101, 113-113, 173-174.

[53] MOSCHOU (1975) 100-102; and cf. STR. 8, 3, 2 C337.

[54] HUTTON (2004).

[55] Cf. SHIPLEY (1997) 207-213, 226-232; (2000) 383-390; (2006) 55-58.

[56] On the construction of Messenian identity after the battle of Leuktra, see LURAGHI (2008).

Homeric heroes travelling to and from Sparta. This is particularly true for the cities on the coast of the Lakonian Gulf, where Pausanias reports one of the most extended series of Trojan-cycle claims by individual poleis in the *Periegesis*: At Gytheion (3, 21, 9), Pausanias sees an image of someone the locals call Γέρων ("Old Man"). With a citation of Homer *Iliad* 18, 140, Pausanias identifies this figure as Nereus. Near Gytheion (3, 22, 1) an island named Kranae is the place where Helen and Paris consummated their relationship after departing from Sparta. On the nearby mainland, Paris marked the occasion by consecrating a shrine of Aphrodite Migonitis. After the war, Menelaus updated the shrine by adding to it images of Thetis and the goddess called Praxidika. Near Boiai, at the promontory known as the Ass's Jaw (3, 22, 10), a ruined temple of Athena is said to have been founded by Agamemnon. Two of the three ancient cities that were involved in the *synoikismos* of Boiai were said to be founded by Aeneas (3, 21, 11). At Arainos near Las (3, 24, 10), Pausanias hears that the eponymous hero Las was killed by Achilles, who was on his way to Sparta to join the courtship of Helen. A little further south (3, 25, 1), the river Skyras is named after the island Skyros, because Achilles' son Pyrrhos landed nearby when he sailed from Skyros to marry Hermione. Inland from there (though not in the direction of Sparta), is the city Pyrrhichos (3, 25, 1-3), which "they say" (φασί) was named after Pyrrhos (although there are other explanations, as we shall see).

None of these stories is attested elsewhere as such, but Pausanias narrates many of them without calling them into question. Pausanias shows no awareness, for example, of the better-attested tradition that the island Kranae, where Paris and Helen had their first night together, was either Kythera (schol. ad. *Il.* 3, 445) or an island named Helene off the coast of Attica near Sounion (e.g., Strabo 9, 22, 2; schol. ad. *Il.* 3, 445). When Pausanias describes the islands of Attica, in fact, he mentions Helene and explains that Helen stopped there on her way *from* Troy (1, 35, 1). He reports without comment the somewhat belabored connection between the river Skyras and the arrival of Pyrrhos, yet a few sections later in his text he also reports without comment the apparently contradictory information that Kardamyle claims to have been Pyrrhos' port-of-entry for his marriage to Hermione (3, 26, 7). Pausanias even provides the people of Gytheion with a Homeric connection that they may not have realized they had by identifying their "Old Man" with Nereus.

In general, then, Pausanias acts as a reporter of the Homeric claims of the Eleutherolakones, rather than as a critic. In a pair of conspicuous cases, however, he betrays some uneasiness with these Trojan-cycle narratives: at Las, he insists that it could not have been Achilles who killed Las; Patroklos must have done it (3, 26, 10-11). He supports this conclusion emphatically by citing the *Catalogue of Women* and three passages from Homer to show that Achilles was too young to have courted Helen and was not bound by the Oath of Tyndareus as were the actual suitors. At Pyrrhichos, not far away, he expresses his skepticism a little differently: he reports what "they say" about the name of the city coming from Pyrrhos son of Achilles, but he also reports contrasting claims: "But some say Pyrrhichos was one of the gods called Kouretes, and there are some who say that he was a Silenos who came from Malea and settled here" (3, 25, 2-3: οἱ δὲ εἶναι θεὸν Πύρριχον τῶν καλουμένων Κουρήτων· εἰσὶ δὲ οἱ Σιληνὸν ἐκ Μαλέας ἐλθόντα ἐνταῦθα λέγουσιν οἰκῆσαι). To support the last of these options, he quotes some lines from a poem of Pindar (fr. 156 Snell-Maehler) saying that Silenos was born on Malea. He admits that Pindar does not call the Silenos Pyrrhichos, but says that "the people who live around Malea" (οἱ περὶ τὴν Μαλέαν οἰκοῦντες) give him that name. Finally, he notes that in Pyrrhichos itself there is a well in the agora that "they believe" (νομίζουσι) was given to them by Silenos.

In these examples we may see hints of an awareness on Pausanias' part that many of the Homeric connections being advertised by the Eleutherolakones in this region did not have a well-established pedigree in the canonical mythic repertoire.

In Pausanias' time Greek communities and individuals everywhere were energetically burnishing or even inventing their ties to the common Hellenic mythic narratives. It was an important aspect of competing for status with neighboring city-states[57] and for favor in the eyes of imperial power holders through institutions like the Hadrianic Panhellenion.[58] Earlier in Book III, Pausanias shows that he is aware that for some groups that task is harder than for others (3, 13, 2):[59]

> "The catastrophes of the Messenians and the time they spent in exile from the Peloponnesos meant that a lot of knowledge about ancient matters was lost to them even when they returned, and since they lack that knowledge anyone who wants to can contradict them."
>
> Μεσσηνίων δὲ αἱ συμφοραὶ καὶ ὁ χρόνος, ὅσον ἔφυγον ἐκ Πελοποννήσου, πολλὰ τῶν ἀρχαίων καὶ κατελθοῦσιν ἐποίησεν ἄγνωστα, ἅτε δὲ ἐκείνων οὐκ εἰδότων ἔστιν ἤδη τοῖς ἐθέλουσιν ἀμφισβητεῖν.

It is quite possible that Pausanias had a similarly sympathetic view toward the Eleutherolakones in their attempt to forge a mythic identity for themselves. If so, the information he produces about the "Old Man" of Gytheion and his correction of the people of Las on the topic of who might have killed their hero may have been his attempts to help these people produce a connection with the Homeric world that would be more effective and persuasive to people from elsewhere, like himself. In Pyrrhichos, something altogether different might be going on. Tracing the routes of the Homeric heroes and locating the action of the Trojan War saga was, of course, not the exclusive province of small cities in Lakonia, but a flourishing industry visible on nearly every page of writers like Strabo[60] and Pausanias. Perhaps it was not the locals of Pyrrhichos but some other student of Homeric geography who said that Pyrrhichos was named

[57] Jones (1999) 81-121; Lafond (2006); Frateantonio (2009).

[58] Spawforth / Walker (1986); Romeo (2002).

[59] See Hawes (2021) 96-98.

[60] Biraschi (2005); Patterson (2013).

after Pyrrhos (and perhaps also that the river Skyras was named after Skyros). The people of Pyrrhichos, after all, have a well that "they believe" was given to them by the Silenos. By quoting Pindar and citing what he putatively heard from "those who live around Malea", Pausanias may be encouraging the people of Pyrrichos to stick to their actual native tradition and forget (if they ever knew) about the Homeric story told by an outsider. Of course, when I use the terms 'help' and 'encourage' to describe what Pausanias might have been trying to do for the people of this region, it is only hypothetical help and encouragement that we should be thinking of, since there is no evidence that Pausanias' writings were ever made available, or intended to be made available, to the people he was writing about. Even the best dialogues, however, are at least partially hypothetical.

8. Conclusion

This study has provided a handful of examples of the dialogues that occur in Pausanias' text that center around questions of space and spatial identity. As Pausanias constructs the conception of Greece that he is trying to communicate in his text, his desire both to represent the ancient traditions of Greece and the current state of the land and people that produced those traditions, as well as the role he assumes as a Herodotean ethnographer, mythographer, and historian, result in a text that represents several voices in dialogue with themselves and with the author. This happens despite the firm control that the author tries to maintain on the content of his text. In addition to the external voices he represents, Pausanias' various aims produce variations in his own voice that are not always in unison with one another, and these voices also join the dialogic interaction that his text records. This brief study only scratches the surface of the rich discourse that the text provides. It could be extended to numerous other places that the *Periegesis* covers, and to dialogues more specifically focused in the realm of history, myth, art, and the myriad other topics that Pausanias deals with in his tour of Greece. A thorough study of this sort would, I believe, dispel any lingering notion that the dialogues that Pausanias attests to and participates in are merely literary figments rather than reflections of real and important dynamics in the Greece of Pausanias' day.

Works cited

AKUJÄRVI, J. (2005), *Researcher, Traveller, Narrator. Studies in Pausanias'* Periegesis (Lund).

ARAFAT, K. (1996), *Pausanias' Greece. Ancient Artists and Roman Rulers* (Cambridge).

AUBERGER, J. (1992), «Pausanias et les Messéniens : une histoire d'amour !", *REA* 94, 187-197.

BAKHTIN, M. (1981), *The Dialogic Imagination. Four Essays.* M. HOLQUIST / C. EMERSON ed. & trans. (Austin).

BALERIAUX, J. (2017), "Pausanias' Arcadia between Conservatism and Innovation", in G. HAWES (ed.), *Myths on the Map. The Storied Landscapes of Ancient Greece* (Oxford), 141-158.

BIRASCHI, A.M. (2005), "Strabo and Homer: A Chapter of Cultural History", in D. DUECK / H. LINDSAY / S. POTHECARY (eds.), *Strabo's Cultural Geography. The Making of a* Kolossourgia (Cambridge), 73-85.

BOWIE, E. (2001), "Inspiration and Aspiration: Date, Genre, and Readership", in S. ALCOCK / J. CHERRY / J. ELSNER (eds.), *Pausanias. Travel and Memory in Roman Greece* (Oxford), 21-32.

BULTRIGHINI, U. (1990), "La Grecia descritta da Pausania : trattazione diretta e trattazione indiretta", *RFIC* 118, 282-305.

BURTON, G. (2000), "The Resolution of Territorial Disputes in the Provinces of the Roman Empire", *Chiron* 30, 195-215.

CAMERON, A. (2004), *Greek Mythography in the Roman World* (Oxford).

CARTLEDGE, P. / SPAWFORTH, A. (1992), *Hellenistic and Roman Sparta. A Tale of Two Cities* (London).

CASEVITZ, M. / POUILLOUX, J. / JACQUEMIN, A. (eds.) (2002), *Pausanias. Description de la Grèce.* Tome VI, *L'Élide* (II) (Paris).

COVENTRY, K. / TENBRINK, T. / BATEMAN, J. (eds.) (2009), *Spatial Language and Dialogue* (Oxford).

DUFFY, W. (2013), "The Necklace of Eriphyle and Pausanias' Approach to the Homeric Epics", *CW* 107, 35-47.

ELSNER, J. (2001), "Structuring 'Greece': Pausanias's *Periegesis* as a Literary Construct", in S. ALCOCK / J. CHERRY / J. ELSNER (eds.), *Pausanias. Travel and Memory in Roman Greece* (Oxford), 3-20.

FACHARD, S. (2018), "Political Borders in Pausanias' Greece", in A. KNODELL / T. LEPPARD (eds.), *Regional Approaches to Society and Complexity. Studies in Honor of John F. Cherry* (Sheffield), 132-157.

FRATEANTONIO, C. (2009), R*eligion und Städtekonkurrenz: zum politischen und kulturellen Kontext von Pausanias'* Periegese (Berlin).

GENGLER, O. (2005), "Héraclès, Tyndare et Hippocoon dans la description de Sparte par Pausanias : mise en espace d'une tradition mythique", *Kernos* 18, 311-328.

— (2008), "Ni réel ni imaginaire : l'espace décrit dans la *Periégèse* de Pausanias", in L. VILLARD (ed.), *Géographies imaginaires* (Mont-Saint-Aignan), 225-244.

HABICHT, C. ([2]1998), *Pausanias' Guide to Ancient Greece* (Berkeley).

HAWES, G. (2017), "Two Tombs for Hyrnetho: A Case Study in Localism and Mythographic Topography", *CHS Research Bulletin* 5, n.p. (http://www.chs-fellows.org/2017/09/11/two-tombs-for-hyrnetho/).

— (2018), "Pausanias' Messenian Itinerary and the Journeys of the Past", in C. BREYTENBACH / C. FERALLA (eds.), *Paths of Knowledge. Interconnection(s) between Knowledge and Journey in the Greco-Roman World* (Berlin), 151-175.

— (2021), *Pausanias in the World of Greek Myth* (Oxford).

HELLER, A. (2006), *"Les bêtises des Grecs". Conflits et rivalités entre cités d'Asie et de Bithynie à l'époque romaine (129 a. C.-235 p. C.)* (Bordeaux).

HUTTON W. (2004), "Asine: A Lost City in Lakonia?", *AHB* 18, 122-144.

— (2005), *Describing Greece. Landscape and Literature in the* Periegesis *of Pausanias* (Cambridge).

— (2010), "Pausanias and the Mysteries of Hellas", *TAPA* 140, 423-459.

— (2022), "Pausanias, *Description of Greece*", in R.S. SMITH / S. TRZASKOMA (eds.), *The Oxford Handbook of Greek and Roman Mythography* (Oxford), 290-299.

JONES, C. (1999), *Kinship Diplomacy in the Ancient World* (Cambridge, MA).

— (2001), "Pausanias and his Guides", in S. ALCOCK / J. CHERRY / J. ELSNER (eds.), *Pausanias. Travel and Memory in Roman Greece* (Oxford).

JOST, M. (2006), "Unité et diversité : la Grèce de Pausanias", *REG* 119, 568-587.

LAFOND, Y. (2006), *La mémoire des cités dans le Péloponnèse d'époque romaine (IIe siècle avant J.-C. — IIIe siècle après J.-C.)* (Rennes).

LE ROY, C. (2001), "Pausanias et la Laconie ou la recherche d'un équilibre", in D. KNOEPFLER / M. PIÉRART (eds.), *Éditer, traduire, commenter Pausanias en l'an 2000* (Geneva), 223-237.

LURAGHI, N. (2008), *The Ancient Messenians. Constructions of Ethnicity and Memory* (Cambridge).

MEADOWS, A. (1995), "Pausanias and the Historiography of Classical Sparta", *CQ* 89, 92-113.

MOSCHOU, L. (1975), "Τοπογραφικά Μάνης", *AAA* 8, 160-177.

PATTERSON, L. (2013), "Geographers as Mythographers: The Case of Strabo", in S. TRZASKOMA / S. SMITH, *Writing Myth. Mythography in the Ancient World* (Leuven), 201-221.

PIÉRART, M. (2001), "Observations sur la structure du Livre II de la *Périégèse* : Argos, l'Argolide et la Thyréatide", in D. KNOEPFLER / M. PIÉRART (eds.), *Éditer, traduire, commenter Pausanias en l'an 2000* (Geneva), 203-222.

PIRENNE-DELFORGE, V. (2008), *Retour à la source. Pausanias et la religion grecque* (Liège).

PRETZLER, M. (2005), "Pausanias and the Oral Tradition", *CQ* 55, 235-249.

— (2007), *Pausanias. Travel Writing in Ancient Greece* (London).

ROMEO, I. (2002), "The Panhellenion and Ethnic Identity in Hadrianic Greece", *CP* 97, 21-40.

ROUSSET, D. (1994), "Les frontières des cités grecques : premières réflexions à partir du recueil des documents épigraphiques", *Cahiers du Centre Gustave Glotz* 5, 97-126.

SANCHEZ HERNANDEZ, J. (2010), "Procles the Carthaginian: A North African Sophist in Pausanias' *Periegesis*", *GRBS* 50, 119-132.

SCHREYER, J. (2019), *Zerstörte Architektur bei Pausanias. Phänomenologie, Funktionen und Verhältnis zum zeitgenössischen Ruinendiskurs* (Turnhout).

SCHWERTFEGER, T. (1974), *Der Achaiische Bund von 146 bis 27 v. Chr.* (Munich).

SHIPLEY, G. (1997), "'The Other Lakedaimonians': The Dependent Perioikic *Poleis* of Lakonia and Messenia", in M. HANSEN (ed.), *The Polis as an Urban Centre and as a Political Community* (Copenhagen), 189-281.

— (2000), "The Extent of Spartan Territory in the Late Classical and Hellenistic Periods", *ABSA* 95, 367-390.

— (2006), "Sparta and its Perioikic Neighbors: A Century of Reassessment", *Hermathena* 181, 51-82.

SPAWFORTH, A. / WALKER, S. (1986), "The World of the Panhellenion II: Three Dorian Cities", *JRS* 76, 88-105.

STRID, O. (1976), *Über Sprache und Stil des Periegeten Pausanias* (Uppsala).

TZIFOPOULOS, I. (1991), *Pausanias as a 'Steloskopas'. An Epigraphical Commentary of Pausanias'* Eliakon A *and* B (Columbus).

ZIZZA, C. (2006), *Le iscrizioni nella Periegesi di Pausania. Commento ai testi epigrafici* (Pisa).

DISCUSSION

D. Marcotte: J'ai trouvé très originale et assez novatrice cette idée que Pausanias, historien des traditions, fasse entendre dans sa *Périégèse* des voix multiples et cherche même à les mettre en dialogue. Ce trait de son œuvre que vous mettez là en évidence confirme à la fois la dimension littéraire qu'il faut lui reconnaître et la structure élaborée que l'auteur a voulu lui donner. J'aurais dès lors une question à vous poser : dans cette méthode de Pausanias, voyez-vous le mode d'expression d'une certaine critique historique ?

W. Hutton: Scholars have long recognized that Pausanias patterns his efforts strongly after those of Herodotus, particularly Herodotus in his role as ethnographer. Domenico Musti (*QUCC* 46 [1984] 7-18) once vividly suggested that Pausanias conceived of his work as a "centripetal" ethnography forming the counterpart to Herodotus' "centrifugal" efforts. Thus, the dialogic aspects of Pausanias' account, particularly as they conflict with his efforts to make his work monologic, certainly owe something to Herodotus' practice of transparent source evaluation that regularly puts different voices in dialogue (with or without the arbitrating voice of the historian himself). This bears on the question of whether Pausanias' emulation has a serious purpose, or it is merely ludic mimesis typical of the Second Sophistic. My answer would be the former when it comes to the "geographic" and "ethnographic" aspects of his text. Pausanias saw himself as providing something valuable from his first-hand experiences in Greece where, as far as we can tell, his testimony is largely sincere and reasonably accurate. When Pausanias turns to the more common province of the historian, narrating events of the past, he is decidedly less scrupulous and reliable.

M. Faraguna: At the end of your paper, you note that "there is no evidence that Pausanias' writings were ever made available, or intended to be made available, to the people he was writing about". I was wondering whether you could elaborate on the readership of Pausanias and the circulation of his work in Antiquity.

W. Hutton: We can say very little about Pausanias' intended and actual audience, except that the latter does not seem to have been very large. Although several scholars have suggested plausible echoes of Pausanias in authors from the 2nd century CE onward, there is no textually secure citation of Pausanias or his work by name until the 6th century CE (Stephanus of Byzantium). If his text was widespread in the decades and centuries after his death, one would expect more unequivocal citations. It is sheer luck that one (and only one) manuscript made it from Constantinople to Italy in the early 15th century CE. As for internal evidence, Pausanias makes no explicit statement about his intended audience and only a handful of implicit statements: at one point he declines to elaborate on a certain story because "all the Greeks know" it (2, 15, 4), and he generally avoids narrating mythical tales and historical events that any educated Greek (or Roman) would have been familiar with from the canonical literature. He also occasionally offers explanations for Roman realia that someone familiar with the Romans would scarcely need, such as who Augustus was and what his name means (3, 11, 4).

S. Mitchell: Have you any observations to make about the role of the perhaps surprisingly prominent role played by Hellenistic history in Pausanias?

W. Hutton: Hellenistic history does make a surprisingly prominent appearance in Pausanias' text, with a number of extended narratives right off the bat in the first half of Book I. In launching on these excursuses (which unlike such excursuses in other parts of the work have little if anything to do with the place he is describing at that point in his text), Pausanias explains his reason for doing so is that this era had been neglected by recent historians, and that people of his day were therefore relatively ignorant of it. Plutarch and Arrian would be surprised to hear that, but in any case, Pausanias' interest in the Hellenistic period is something that continues throughout the *Periegesis* in a fashion that is less frequent but more closely tied to the localities Pausanias is describing at the time; for example, the biographies of Aratos and Philopœmen, the account of the Achaean Wars in Book VII, and of the 3rd-century BCE invasion of the Gauls in Book X. As I mentioned in my response to Prof. Marcotte, when it came to historical narrative, Pausanias seems to have been less interested in doing careful research and narrating things as accurately as possible than he was in using history to support moral arguments. Walter Ameling (in *Pausanias historien,* volume 41 of the *Entretiens*) argued persuasively that for Pausanias, the Hellenistic age was an important link between the Classical Period (when Greek poleis were independent but were still able to cooperate for the common good) and the Roman Period when (to borrow the words Pausanias puts in the mouth of Vespasian) the Greeks had forgotten how to be free.

A. Cohen-Skalli: You have shown that most of the references to borders and markers of borders appear in a single book, in Book VIII on Arcadia. On the presence or not of boundary signs: I wondered how it relates to the anthropisation or urbanisation of a region. The less urbanised a region is, the more uncertain the borders are, and therefore there would be more need to use these markers (in urbanised regions and places, there is less uncertainty): hence the need for Pausanias to do so. And Arcadia is precisely this sort of sparsely populated region.

W. Hutton: Thanks for your suggestion, which I find very plausible. I do not claim to have identified in my paper every factor that affects Pausanias' use of borders in Arcadia, and that is certainly one that I could add. However, I wouldn't classify this as a definitive factor. While Arcadia had suffered depopulation and degradation in Pausanias' time, archaeological and inscriptional evidence suggests that it was not in as pathetic a state as some literary sources suggest (see the recent article of Julie Baleriaux, cited as Baleriaux [2017] in my essay). This means, I think, that the difference in this respect between Arcadia and the rest of Pausanias' territories was not stark enough to explain the very stark distinction in border references.

D. Rousset: À propos de la signification des frontières, chez Pausanias et à son époque, on peut rappeler que S. Alcock, dans *Graecia Capta*, considérait que les nombreuses mentions de frontières dans la *Periegesis* étaient en quelque sorte un souvenir nostalgique d'une organisation politique ancienne, qui était déjà à cette époque en réalité obsolète. Ainsi, ces mentions de frontières auraient été idéologiques : un moyen par lequel les différentes cités maintenaient l'idée et l'illusion de cités indépendantes — ce qu'elles n'étaient plus. Vous-même, en tant que lecteur assidu de la *Périégèse,* pensez-vous que Pausanias considère l'importance accordée aux frontières civiques comme surtout ou purement idéologique ?

W. Hutton: I suspect that some thirty years after the publication of *Graecia Capta*, even Susan Alcock herself might have a somewhat different perspective on that issue. The notion of 'nostalgia' as a motivating force in the literary and political activities of Greek elites in the Roman Empire was somewhat in vogue in the 1970's and 1980's, but in more recent decades the work of many scholars (among them Denis Rousset) has shown, to my mind conclusively, that while Greek city-states were no longer sending phalanges of hoplites and fleets of triremes against each other, they were still fully operational political entities whose internal and external functions depended strongly upon things like being able to define borders and defend them (at least legally and diplomatically). In the article I cited (Fachard

[2018]), Sylvian Fachard is very eloquent on this point, and he sees Pausanias as attesting to the contemporary importance of borders to the Greek communities that he visits.

D. Rousset: Comme vous l'avez démontré, les mentions de frontières sont spécialement nombreuses pour l'Arcadie. C'est particulièrement frappant, surtout si l'on compare aux autres régions décrites également dans la *Périégèse* et aussi denses en cités diverses. Ainsi, pour la Phocide et la Locride occidentale, où Pausanias compte plus de vingt cités différentes, il ne mentionne finalement presque aucune frontière (à part initialement pour Panopeus, 10, 4, 1-2; sur ce passage fameux, voir entre autres et en dernier lieu N. Petrocheilos, D. Rousset, "Contribution à l'histoire et à l'épigraphie de Panopeus en Phocide", *BCH* 143 [2019], 795-815, aux p. 797-798), et ce, alors même que nous connaissons des conflits de frontières, à cette période actifs, entre Delphes et d'une part Antikyra et Ambryssos en Phocide, d'autre part Amphissa-Myania en Locride. Il faudrait sans doute mener également la comparaison avec la Béotie. Or, quant à l'Arcadie, dans l'Antiquité, la région avait la réputation d'être conservatrice, et en outre sa position géographique la tenait peut-être un peu à l'écart ou en retard par rapport aux évolutions les plus récentes de la géographie politique et administrative. La question serait donc de savoir si l'importance apparente des frontières, se traduisant par de si fréquentes mentions, dans cette région, l'Arcadie, serait une forme de conservatisme, politique, administratif, juridique ou idéologique, plus profond que dans d'autres régions.

W. Hutton: Yes, this is certainly another plausible factor and I thank you for suggesting it. One can easily imagine the Arcadians being more insistent than other people in pointing out their borders to distinguished visitors, both because of their conservatism (which could either be organic or a result of archaizing role-playing as we witness in Sparta in the same period) and also because they themselves, like Pausanias, may feel some need to assert the continuing vitality of their political systems in the face of a reputation for being backward and decrepit. However, as you point out, other places had border disputes and other situations in which asserting the validity of borders was desirable. In additions to the examples you mention, within Pausanias' text we have evidence that the Lakonians and Messenians were in active disagreement over the extent of their territories in numerous places, yet the only specific border Pausanias mentions in his account of that region is the main border that separates Book III from Book IV.

C. Schuler: Sie haben eindrucksvoll gezeigt, dass Pausanias Phänomenen, die sich sehr gut als Kriterien für die Abgrenzung von Regionen eignen, große Aufmerksamkeit widmet, etwa der Zugehörigkeit von Poleis zu Bundesorganisationen, der Verbreitung des Kultes des Apollon Karneios oder dem Rekurs auf eine homerische Vergangenheit bei den Eleutherolakones. Gibt es bei Pausanias über solche Angaben hinaus auch explizite Überlegungen zur Bedeutung von Regionen oder Regionalismen?

W. Hutton: I cannot think of an example of Pausanias commenting explicitly on the importance of regions and regional identity, but with some major exceptions, including the suite of manifestos I mention near the beginning of Book VIII, he tends to express his opinions implicitly rather than explicitly. That, of course, leaves room for skepticism as to whether the opinions actually exist anywhere other than in the mind of the modern reader, but I think the consistent attention Pausanias gives to local identities (both physical and cultural) is a powerful implicit argument. I can think of a few instances that verge a bit closer to the explicit: In describing Argos, he complains at one point (2, 20, 5) that the Argives have not maintained their original traditions as regards the Argive heroes involved in the *Seven against Thebes* (according to Pausanias, there were originally more than seven heroes). Likewise, the modern inhabitants of Corinth, descendants of Roman colonists rather than of the original Corinthians, are unable to maintain genuine Corinthian traditions accurately (2, 3, 7). A similar attitude comes through in the passage I discussed briefly toward the end of my essay in which Pausanias laments the inability of the Messenians, owing to their long subjugation to Sparta, to assert elements of their own mythic identity (3, 13, 2, which is discussed in greater detail by Hawes [2021] 95-98).

V

Michele Faraguna

TERRITORIO DELLA *POLIS* E STATUTI GIURIDICI E AMMINISTRATIVI DELLA TERRA: TERMINOLOGIA, CONCETTI E PROBLEMI

Abstract

This article aims to take stock of several issues concerning the legal and institutional articulation of the territory of a Greek city. The starting point is the centrality of land as an economic resource, to which was connected the fundamental principle that land ownership was the exclusive privilege of citizens. A result of such centrality was the control exercised by the *polis* over land use through its magistrates, as shown not only by political philosophers but also by institutional practices, as witnessed by inscriptions.

The most debated problem concerns the distinction between sacred, public, and private land. If the status of private land is not in question, the dividing line between public and sacred land is less clearly definable, in so far as the management of the latter was inevitably integrated into the administration of the *polis*. After a discussion of the terminology used to describe such reality, it is suggested that the relationship between *polis* and sacred properties may be represented through the legal category of 'joint ownership'.

In the final part, the forms of public control over *polis* territory are analysed, with particular reference to respect of boundaries, sale of real properties, access to a variety of resources and easements.

1. Un nesso organico: terra, comunità, cittadinanza

Una legge tardo-arcaica su lamina di bronzo di Imera in Sicilia (*I.dial. Sicile* II, 15)[1] fornisce in maniera quanto mai adatta lo

[1] Una riedizione, non autoptica, del testo, con significativi apporti di novità, si deve ora a Tribulato (2019).

sfondo sul quale vanno proiettate le questioni che dobbiamo qui esaminare. Per quanto frammentaria e di complessa ricostruzione sul piano testuale, la legge riguardava, da un lato, la creazione di (due) nuove tribù a seguito dell'arrivo nella *polis* di un gruppo di coloni da Zancle, dall'altro una distribuzione di "terreni edificabili" (*oikopeda*) e, se anche ciò rimane controverso, di lotti coltivabili.[2] Il documento mette così emblematicamente in evidenza il nesso organico esistente nella città greca tra la condizione di cittadino e la capacità giuridica di detenere la proprietà di beni immobili.

La realtà di tale stretto rapporto viene del resto, seppur indirettamente, confermata dall'ubiquità del fenomeno delle concessioni di ἔγκτησις, il privilegio di *poter* acquistare e possedere case e terre attribuito a titolo onorifico dalle città a stranieri,[3] un istituto — in generale scarsamente illuminato dalle fonti letterarie — noto per Atene dalla testimonianza di poco più di sessanta decreti epigrafici, a partire dagli ultimi decenni del V secolo,[4] ma ampiamente documentato, con varianti terminologiche (ἴμπασις, ἔμπασις, ἔππασις), dal IV secolo in poi anche nel Peloponneso, nella Grecia centrale e settentrionale, nelle isole dell'Egeo, in Asia Minore[5] e nella regione del Mar Nero.[6]

[2] Sebbene TRIBULATO (2019) 185, concluda che "[l]a lamina imerese...non *è una legge sulla distribuzione della terra*", le disposizioni contenute alle ll. 15-18 fanno certamente riferimento all'attribuzione di lotti (cfr. A. MAGNETTO, *BE* 2021, 577). Il divieto di assegnare o dividere terra, buona o cattiva che questa fosse, va quindi inteso, come avviene in *IG* IX 1², 609, 9-14, come un divieto volto a impedire modifiche dell'assetto fondiario originato dalla legge stessa. Utile discussione del documento in ZURBACH (2017) II, 639-643. Sull'assetto urbanistico di Imera in età arcaica e classica vd. da ultimo VASSALLO (2022).

[3] HENNIG (1994) 305.

[4] Per le concessioni del diritto di *enktêsis* nelle iscrizioni ateniesi di V secolo vd. *IG* I³ 227, 19-21; 81, 22-23; 102, 30-31.

[5] HENNIG (1994) 305-325, con ampio esame della documentazione. Per il caso di Delfi vd. ROUSSET (2002a) 222-226. *SEG* XXXVI 982B, un decreto di Iaso in onore di Arlissis di Euromos, deve ora essere datato non nella prima metà del V secolo, come suggerito da G. Pugliese Carratelli nell'*editio princeps,* bensì tra il 380 e il 360; vd. FABIANI (2015) 252-253. Sul ricorrente rapporto tra prossenia ed *enktêsis* vd. da ultimo MACK (2015) 122-127 con n. 147.

[6] *SEG* LVII 723. Che in *SEG* XXXI 701, come proposto da J.G. Vinogradov, comparisse il termine *enktêsis,* è alquanto dubbio (*status quaestionis* in *SEG* XLVII 1180).

Un problema che può essere qui soltanto sfiorato riguarda le origini di tale caratteristico nesso che operava in senso esclusivo di fronte agli stranieri e si traduceva in uno stretto controllo della città sull'assetto fondiario nel suo territorio. Nel più "aperto" mondo di Omero ed Esiodo, dove il termine *klêros* nel senso di "lotto di terra" è ancora raro (Hom. *Il.* 15, 497-499; *Od.* 11, 489-490; 14, 63-65; 14, 211; Hes. *Op.* 341), e dove in proposito ricorrono invece termini quali τέμενος, κτῆμα, ἄρουρα, ἀγρός,[7] il dono di terra (insieme ad una casa e una sposa) ad uno *xenos* è infatti uno strumento di accoglienza e integrazione del beneficiario nella comunità (Hom. *Il.* 6, 191-195; *Od.* 7, 311-315; 21, 214-216 [cfr. 14, 63-65]; Hes. *Op.* 631-640; *Cat.* fr. 37, 10-14 M.-W.).[8] Si ha in altri termini l'impressione che nella società dei poemi epici vi sia una grande quantità di terra marginale (ἐσχατιά) o indivisa, e quindi semplicemente di nessuno, pronta per essere occupata e valorizzata (Hom. *Od.* 18, 357-359; 24, 205-212). Va tuttavia osservato che essa non viene mai definita come "pubblica", una nozione, quella di ciò che è del popolo, δήμιος, che pure non è del tutto estranea al mondo omerico.[9]

Nella città dei Feaci, un mondo a metà strada tra la fantasia poetica e la realtà delle esperienze coloniali, sono in particolare già presenti, seppure *in nuce*, tutti gli elementi di quella tripartizione funzionale degli spazi in aree sacre, pubbliche e private che ritroviamo poi nella prassi e nelle teorizzazioni di età classica. L'atto di fondazione della *polis* viene innanzitutto colto nella costruzione di mura, case e templi per gli dèi e nella divisione delle terre (Hom. *Od.* 6, 9-10), ma nel prosieguo della narrazione, in altri passi che ne mettono in evidenza gli aspetti fisici e topografici (6, 255-269; 7, 43-45), alla ripetuta menzione delle "alte mura" e dei "campi e colture" si aggiungono i porti

[7] HENNIG (1980); ZURBACH (2017) I, 224-246.

[8] DONLAN (1997) 659-661; ERDAS (1997).

[9] RAAFLAUB (1997) 641-645; BOUVIER (2012). Un luogo significativo è, ad esempio, HOM. *Od.* 20, 262-267, dove Telemaco dichiara davanti ai pretendenti che "questa casa non è pubblica, ma di Odisseo, e per me l'ha acquistata" (ἐπεὶ οὔ τοι δήμιός ἐστιν οἶκος ὅδ', ἀλλ' Ὀδυσῆος, ἐμοὶ δ' ἐκτήσατο κεῖνος).

posti ai due lati dell'abitato, l'*agora* adibita all'allestimento delle navi, il santuario di Poseidone, un *alsos* di Atena posto accanto al *temenos* e al "frutteto" (ἀλωή) di Alcinoo (6, 293) e, di nuovo, le *agorai* destinate alle assemblee degli "eroi", i Feaci stessi (7, 44).[10] Sul piano concreto, pertanto, si intravede qui, con riferimento alla χώρα, un'organizzazione degli spazi secondo la destinazione d'uso in ἱερά, δημοσία e ἰδία che anticipa quella, secondo Aristotele, delineata sul piano teorico da Ippodamo di Mileto nella sua ἀρίστη πολιτεία (*Pol.* 1267b33-37),[11] benché manchino ancora una concettualizzazione e una terminologia specifica: come sottolineato da J. Zurbach, "[i]l n'y a...pas lieu à supposer que d'autres statuts fonciers existaient dans le monde homérique hors du *klèros*, du *temenos* et peut-être des terres nouvelles".[12]

Va nondimeno evidenziato, a parziale attenuazione di tale affermazione, che la dimensione collettiva, "pubblica" non risulta completamente assente da questo quadro, se è vero che l'assegnazione di un τέμενος in Hom. *Il.* 6, 194-195; 9, 574-580 e 20, 184-185, si deve sempre all'iniziativa della comunità. Degno di nota è in particolare il primo passo dove è il sovrano della "vasta Licia" a dare a Bellerofonte la figlia in sposa e a concedergli la metà del regno (δίδου δ' ὅ γε θυγατέρα ἥν, δῶκε δέ οἱ τιμῆς βασιληΐδος ἥμισυ πάσης), mentre sono i Lici a "tagliare", a riservargli il *temenos* (καὶ μὲν οἱ Λύκιοι τέμενος ἔταμον ἔξοχον ἄλλων). Dietro questa distinzione vi è, in altri termini, l'idea che la terra appartenesse alla comunità.

2. La *polis* e le terre pubbliche tra il VI secolo e l'ellenismo

La più antica attestazione del temine δημόσιος, per di più in associazione a ἱερός, ci è offerta da Solone nell'elegia dell'*Eunomia*, dove il poeta, nell'esaminare le cause della situazione di

[10] A questo proposito vd. da ultimo AMPOLO (2022) 7-8.

[11] Di fatto, come è noto, tale tripartizione è attestata in età arcaica a partire dai primi insediamenti coloniari. Per una discussione del problema dell'originalità dei contenuti e del significato storico della teoria politica e urbanistica di Ippodamo di Mileto vd. SHIPLEY (2005) 356-375; GRECO (2018).

[12] ZURBACH (2017) I, 242.

crisi che aveva reso necessario il suo intervento di arbitro e legislatore, stigmatizza l'avidità (κόρος) e la "mente ingiusta" dei capi del popolo i quali "senza risparmiare in alcun modo né i beni sacri né i beni pubblici (οὔθ' ἱερῶν κτεάνων οὔτε τι δημοσίων φειδόμενοι) rubano rapacemente chi da una parte chi dall'altra" (fr. 3, 9-13 G.-P.). Se in questi versi κτέανα si riferisse alle terre sacre e pubbliche o, come suggerito dall'espressione κλέπτουσι ἐφ' ἁρπαγῇ, a beni mobili è una questione discussa.[13] Personalmente, resto convinto che, se anche si propende per un significato più largo di κτέανα nel senso di "proprietà", "possedimenti", i beni in oggetto non potessero non comprendere anche i beni immobili e, quindi, quelle terre che, come emerge dal quadro *cumulativamente* offerto dalle fonti, erano uno degli assi portanti delle riforme economiche e sociali soloniane.[14]

Lasciando da parte i problemi dell'Atene arcaica, va in ogni caso sottolineato che la nozione di terra pubblica costituisce a partire dall'epoca arcaica un filo sottile che unisce e accomuna una varietà di documenti epigrafici da diverse aree del mondo greco. Quello più esplicito in questo senso è certamente la legge agraria del cd. "bronzo Pappadakis" dalla Locride occidentale (*IG* IX 1², 609, *c.* 500 a.C.), che regolava la posizione giuridica degli assegnatari di una distribuzione di terre marginali — di non primaria coltivazione o di nuova occupazione e/o conquista — nei distretti di Hylia e Liskaria (e poi anche dei κοῖλοι μόροι, i

[13] Come osserva FORSDYKE (2006) 338 n. 18, κτέανα tuttavia non dipende da κλέπτουσι bensì dal participio φειδόμενοι. Viene in questo modo meno l'obiezione secondo cui κλέπτουσι ἐφ' ἁρπαγῇ non potrebbe che riferirsi a "movable goods". Vd. anche NOUSSIA-FANTUZZI (2010) 238.

[14] FARAGUNA (2012) in part. 185-187, che sviluppa gli argomenti di CÀSSOLA (1964). Ai dati ivi raccolti va aggiunta la legge contenuta nel quinto *axôn* sul diritto di evizione a danno di chi fosse risultato soccombente in una lite per la proprietà di un bene immobile e facesse ostruzione (*schol.* HOM. *Il.* 21, 282 = LEÃO / RHODES [2015] fr. 36a-b; CAREY [2019]). Secondo ZURBACH (2017) I, 357, "[l]e sens de κτέανα dans ce passage est très général. Ce terme peut désigner les biens mobiliers et immobiliers… On peut donc suivre F. Càssola lorsqu'il propose de voir ici des terres sacrées et publiques, sans forcément exclure que ces vers fassent aussi référence à des vols de biens mobiliers (trésors des temples par exemple)". *Contra* HARRIS (2002) 426 con n. 32, che pensa a "property belonging to the gods and to the people", beni *mobili* divenuti oggetto di "raids for booty". Harris è ora seguito da CANEVARO (2022) 383-384, 389-392.

"lotti vallivi") classificate, verisimilmente con linguaggio tecnico, come ἀπότομα e δαμόσια. È probabile che con il primo termine si indicassero terre già oggetto di una divisione in lotti, con la conseguenza che quelle "pubbliche" dovevano essere terre rimaste indivise.[15] *I.Cret.* IV, 43 Ba (prima metà del V sec.), iscritta su un blocco contenente quattro leggi gortinie, tre delle quali riguardano questioni attinenti alla terra e alla gestione del territorio, stabiliva le norme che dovevano regolare la concessione per la coltivazione di terra pubblica (πυταλιὰν ἔ<ε>δοκαν ἀ πόλις πυτεῦσαι) sita a Keskora e Pala, cautelandosi di fronte alla possibilità di ipoteche o vendita, pur ammettendo nello stesso tempo che il concessionario potesse dare in pegno il raccolto. Evidentemente la terra rimaneva di proprietà della città. Gagarin - Perlman, *Laws of Crete* Lyktos1, B (*c.* 500 a.C.) delimita, definendone con precisione i confini, un'area pubblica destinata alla raccolta di diversi tipi di bestiame prima della migrazione stagionale.[16] Un'iscrizione di Chio (*c.* 475-450 a.C.), su una stele incisa su tutte le quattro facce, reca sulla faccia A indicazioni relative alla delimitazione, con 75 *horoi* e riferimenti al paesaggio fisico e antropizzato, ad opera di ὁροφύλακες, di un tratto di terra pubblica denominato *Dophitis* (Osborne - Rhodes, *GHI* 133, A, 1-21).[17]

[15] Il significato di ἀπότομα rimane controverso. L'unico confronto in senso "catastale" è offerto, qualora le integrazioni siano corrette, da *SEG* XL 615, un documento di per sé poco adatto a illuminare la questione (cfr. MÜLLER [2010] 15: "cette inscription, malgré sa rareté, n'en demeure pas moins non seulement énigmatique, mais aussi médiocrement informative"). In *IG* IV^2 1, 76+77, 33-36, il termine sembra comparire in un'accezione finanziaria (cfr. CARUSI [2005] 112-113). Come osserva ZURBACH (2017) I, 552, la traduzione più neutra di τὰ ἀπότομα è quella di "terre riservate", "mais elle ne nous dit pas ce qu'il faut comprendre par là". Poiché è improbabile, anche se non del tutto impossibile, che tali terre fossero "sacre" (con un'equazione ἀπότομα = τεμένη), il parallelo più stringente sembra essere quello con ἡ τομάς (γῆ) di *IPArk* 15, 11-22, relativa alla *synoikia* fra le *poleis* di Orcomeno e Euaimon, il cui significato deve essere appunto quello di "terra divisa in lotti" (così MEISTER [1910]). Vd. anche il ἱαρὸς τόμος di PERNIN, *Baux ruraux* 22, B, 5.

[16] CHANIOTIS (1995) 46-48.

[17] Che si tratti di un distretto di proprietà pubblica è dimostrato dal fatto che lo spostamento o la rimozione degli ὅροι costituisce un reato ἐπ' ἀδικίηι τῆς

Il caso della terra pubblica ad Atene è più complesso. Come evidenziato da N. Papazarkadas nel suo libro *Sacred and Public Property in Ancient Athens*, buona parte delle terre pubbliche erano di pertinenza dell'amministrazione dei demi e non di quella della *polis*,[18] mentre la questione si pone soprattutto per le terre marginali, inoccupate e improduttive, destinate prevalentemente alla pastorizia e al legnatico, per le quali in alcuni, a dire il vero pochi documenti epigrafici ricorre proprio la definizione di *dêmosia* (Lambert [1997], fr. 7A, 9-10, 12-13, 17-18; *IG* II^2 1035, nella riedizione di Culley [1975], 21-22: τὰ ὄρη τὰ δημόσια καὶ τὰς δημοτελεῖ[ς ἐσχατιάς, 59[19]). Secondo Papazarkadas, tali aree, per quanto anch'esse sotto la gestione dei demi in qualità di "agents" della *polis*, costituivano di fatto le terre pubbliche della città che, lungi dal rinunciare al loro controllo, in alcune occasioni avrebbe, anche a secoli di distanza, per ragioni soprattutto economiche e finanziarie, fatto valere i propri diritti su di esse. Si risolverebbe in questo modo l'apparente paradosso di una città che, a dispetto del suo regime democratico, sarebbe altrimenti stata priva di terre per l'uso della comunità.[20]

I dati su cui è costruita tale teoria sono in realtà molto tenui. Un elemento a suo favore è tuttavia giunto in maniera del tutto indipendente dalla rilettura, ad opera di J.A. Krasilnikoff, della funzione degli *horoi* rupestri dell'Attica non come marcatori che segnavano i confini del territorio dei demi, bensì come segnacoli

πόλεως, sanzionato con una pesante ammenda e con l'*atimia* (A, 9-15). Sul documento cfr. Faraguna (2005); Matthaiou (2011) 13-34.

[18] Papazarkadas (2011) 111-162, con le integrazioni e osservazioni di Rousset (2013) 1-13. Per il caso del demo di Acarne cfr. Kellogg (2013) 101-112; per quello di Aixone Ackermann (2018) 186-234.

[19] I beni sottoposti al recupero in questa seconda iscrizione di età augustea, appartenenti ai santuari e al demanio cittadino, sono riconducibili alle categorie degli ἱερά, dei τεμένη e dei δημόσια ὄρη. Come nota Corsaro [1988] 218, "mentre i santuari e i terreni sacri vengono successivamente dati in affitto, i monti pubblici (vale a dire i terreni montuosi che costituiscono la *koinê chôra* della città) sono, invece, lasciati liberi perché i cittadini vi portino a pascolare il bestiame e vi raccolgano la legna".

[20] Papazarkadas (2011) 227-236; vd. anche Lambert (1997) 234-240.

che definivano i limiti della terra produttiva, privata o anche comune.[21] L'ipotesi dell'esistenza di terre comunali inoccupate e, quindi, in pratica "di nessuno" troverebbe inoltre un confronto nella configurazione della *chôra* di Delfi, dove sembra possibile individuare, sul versante settentrionale del territorio della *polis*, un'area liminale di terre indivise con il cui sfruttamento doveva collegarsi il diritto di pascolo (ἐπινομία) concesso in rare occasioni dalla città a stranieri,[22] e, al di là di questo, fin sotto il Parnaso, una terra di nessuno "laissée à l'usage des communautés installées tout autour du massif montagneux".[23]

Va tuttavia osservato che nelle fonti letterarie non mancano gli indizi quanto al fatto che dalla fine del VI sec. Atene dopo tutto disponesse di terra pubblica, seppure al di fuori dei confini dell'Attica, sull'isola di Salamina che, come è noto, è rimasta fuori dall'organizzazione clistenica in demi. Antidoro di Lemno, secondo Erodoto, essendo passato a combattere, nella battaglia dell'Artemisio, con la sua nave dalla parte dei Greci, ricevette in dono un terreno (χῶρος) ἐν Σαλαμῖνι (8, 11, 3). Analogamente, gli uccisori di Mirrina, figlia di Pisistrato (o moglie di Ippia), avevano ricevuto a titolo di *dôrea* un luogo dove abitare, con tutta probabilità un lotto di terra, nuovamente a Salamina (*schol. Patm.* Dem. 23, 71).[24] Se ne deduce che non tutto il territorio di Salamina era stato distribuito fra i cleruchi che vi furono inviati

[21] KRASILNIKOFF (2010) 62.

[22] ROUSSET (2002a) 227-231.

[23] ROUSSET (2002b) 229-230.

[24] MOGGI (1978); TAYLOR (1997) 123-125, 127-128 e 180-181. A Salamina vi erano inoltre anche delle terre sacre: cfr. *Agora* XIX, L6, 136-137; *IG* II² 1590a, con PAPAZARKADAS (2011) 208-209. Un quadro analogo si applica, dopo il 335 a.C., al territorio di Oropo in cui le fonti consentono di individuare le seguenti parti: *a*) il santuario di Anfiarao con le terre che ad esso facevano capo, ἡ ἐπ' Ἀμφιαράου (*IG* II² 1672, ll. 272-274); *b*) il distretto montagnoso, chiaramente terra pubblica, assegnato, a due a due, alle dieci tribù ateniesi (HYP. *Eux.* 16; *Agora* XIX, L8; cfr. PAPAZARKADAS [2009]; KNOEPFLER [2010] 444-448), τὰ ὄρη ἐν Ὠρωπῷ; *c*) la *Nea*, del cui affitto si occupava la legge sulle Piccole Panatenee (*IG* II³ 1, 447). Se in quest'ultimo caso si trattasse di terra sacra è discusso: PAPAZARKADAS (2011) 21-22, risponde affermativamente sulla base dell'osservazione che le entrate derivanti dalla *misthôsis* della *Nea* erano destinate a finanziare i costi delle festività in onore di Atena. Sulla fragilità di tale criterio vd. tuttavia ROUSSET (2013) 2 e 9-10. Diversamente KNOEPFLER (2010) 449-453,

(*IG* I^3 1 + *Add.*, p. 935) e che, accanto ai lotti cleruchici, vi doveva essere una porzione di *chôra* rimasta indivisa e potenzialmente assegnabile secondo le necessità.

Qualcosa di simile sembra inoltre di potersi ricavare riguardo ai "possedimenti" ateniesi, che si trattasse di una cleruchia o meno,[25] a Calcide, dove secondo una testimonianza trasmessa da Eliano, gli Ateniesi, con ogni probabilità nel 446, assunto il controllo della *polis*,

> κατεκληρούχεσαν αὐτῶν τὴν γῆν εἰς δισχιλίους κλήρους, τὴν Ἱππόβοτον καλουμένην χώραν, τεμένη δὲ ἀνῆκαν τῇ Ἀθηνᾷ ἐν τῷ Λελάντῳ ὀνομαζομένῳ τόπῳ, τὴν δὲ λοιπὴν ἐμίσθωσαν κατὰ τὰς στήλας τὰς πρὸς τῇ βασιλείῳ στοᾷ ἑστεκυίας, αἵπερ οὖν τὰ τῶν μισθώσεων ὑπομνήματα εἶχον. (*VH* 6, 1)

L'esegesi del passo è discussa: secondo quella proposta da P. Gauthier, gli Ateniesi avrebbero suddiviso in 2000 lotti una porzione di territorio confiscato a Calcide e ne avrebbero consacrato una parte ad Atena, mettendo a frutto quanto rimaneva nella forma dell'affitto, ciò che, in ultima analisi, deporrebbe contro l'ipotesi della cleruchia.[26] Gli autori di *ATL* salvano invece l'idea dell'insediamento di cleruchi suggerendo di emendare τὴν δὲ λοιπήν in τὸ δὲ λοιπόν e intendendo che la terra divisa in lotti sarebbe stata assegnata a cleruchi, mentre quella riservata ad Atena sarebbe stata nel futuro destinata all'affitto con le modalità indicate da Eliano.[27] Non è tuttavia escluso che, accanto ai lotti della *Hippobotos chôra*, Atene disponesse sull'isola anche di terra pubblica non assegnata: da Dem. 20, 115 e Plut. *Arist.* 27, 2 apprendiamo che il *dêmos* aveva attribuito a Lisimaco, il figlio di Aristide, una sostanziosa *dôrea* consistente in 100 pletri di terra piantata ad alberi (γῆ πεφυτευμένη) e 100 di

il quale sostiene, sulla scia di L. Robert, l'identificazione della *Nea* con la totalità del territorio di Oropo.

[25] Per una nuova discussione del problema (contro l'ipotesi della cleruchia) vd. IGELBRINK (2015) 252-260.

[26] GAUTHIER (1966) 71 con n. 21.

[27] MERITT / WADE GERY / MCGREGOR (1950) 295-296, seguiti da PAPAZARKADAS (2011) 19-20 con n. 16. Un qualche rapporto con il contesto delineato da Eliano sembra avere *IG* I^3 418, su cui vd. MORISON (2003).

terra arabile (γῆ ψιλή), proprio in Eubea. Se il decreto di cui parla Demostene ha qualche fondamento storico[28], il contesto deve nuovamente essere quello dell'impero ateniese intorno alla metà del V sec.[29] Atene in altri termini poteva fare affidamento sui vantaggi della disponibilità di terra pubblica, acquisita con modalità non sempre ben chiarite, anche al di fuori dei confini dell'Attica fino al IV secolo. Prova ne sia che, ancora nel 377, nel decreto di Aristotele il *dêmos* si impegnava a "restituire i possedimenti, privati o *pubblici*, appartenenti agli Ateniesi nel territorio di coloro che stringono l'alleanza" (Rhodes - Osborne, *GHI* 22, 25-29: ἀφεῖναι τὸν δῆμον τὰ ἐγκτήματα ὁπόσ' ἂν τυγχάνηι ὄντα ἢ ἴδια ἢ [δ]ημόσια Ἀθ[η]ναίων ἐν τῆι χ[ώραι τῶν ποιο]μένων τὴν συμμαχίαν).

Passando al periodo tardo-classico ed ellenistico, un interessante caso in cui l'oggetto della deliberazione sono le terre pubbliche è offerto da un decreto di Zelea, rimane incerto se precedente o successivo all'arrivo di Alessandro nel 334 a.C.[30] In esso si stabiliva di mettere in atto procedure per il recupero delle terre pubbliche indebitamente occupate dai privati, a partire dalla nomina di una commissione di nove ἀνευρεταί, "ispettori", che dovevano verificare, in un momento di trapasso di regime politico, εἴ τίς [τι] τῶν δημοσίων χωρίων ἔχει e poi stimarne il valore, in modo tale che gli occupanti illegittimi potessero o pagare il prezzo assicurandosi il bene o, in alternativa, abbandonare il terreno (*Syll.*³ 279, 9-17). Il decreto consentiva in ogni caso a chi contestasse la legittimità del titolo di proprietà pubblica del terreno, "rivendicando di avere acquistato o ricevuto regolarmente (il fondo) dalla città" (ἢν δέ τις ἀμφισβατῆι φὰς πρίασθαι ἢ λαβ[ε]ῖν κυρίως παρὰ τῆς πόλεως), di agire in giudizio e accedere in tal modo ad una *diadikasia* (18-22).[31]

[28] Canevaro (2016) 376-377.

[29] Papazarkadas (2011) 226: "such land was clearly the property of the Athenian polis".

[30] Schorn (2014).

[31] Per un confronto, dove il verbo ἐρίζω viene a essere un sinonimo di ἀμφισβητέω, cfr. Pernin, *Baux ruraux* 259, II, 26-27 (καὶ τοὶ μὲν ἐριξάντες ἀπέσταν, τοῖς δὲ ἐδικαξάμεθα δίκας τριακοσταίας) con Arena (2020) 33-34.

Di straordinario rilievo nel quadro di uno studio delle terre demaniali e della loro valorizzazione nella forma della locazione sono inoltre le *Tabulae Halaesinae*, da Alesa Arconidea in Sicilia (*I.dial. Sicile* I, 196), un ampio documento "catastale" databile verso l'ultimo quarto del II sec. a.C. che riflette una complessa operazione di rilevazione, delimitazione e suddivisione in lotti di porzioni di terra pubblica poste in diversi settori della *chôra* cittadina[32] in vista del loro affitto. I due più cospicui frammenti, appartenenti a lastre diverse, rinvenuti rispettivamente nel 1588 ("frammento A") e nel 1885 ("frammento B"), sono ora perduti e di essi sono conservate soltanto copie manoscritte o, nel secondo caso, fototipiche. Nuovi apporti sulla materialità delle iscrizioni originarie vengono tuttavia da due nuovi piccoli frammenti recentemente pubblicati da E. Arena.[33] Alla definizione dei confini (περιωρεσία, II, 38) dei singoli appezzamenti (κλᾶροι, δαιθμοί, II, 23 e 75) concorrono, insieme, elementi del paesaggio naturale (corsi d'acqua, sorgenti, colline, un pianoro) e del paesaggio antropizzato (strade, il tracciato di un acquedotto, fossati) nonché segni terminali costituiti da cippi di confine o da alberi marcati con il contrassegno τέ(ρμων). Degno di nota è anche il fatto che nella descrizione dei singoli lotti non manchino prescrizioni destinate ai futuri affittuari: in I, 5-7, a proposito del quarto lotto di un'area collinare, viene ad esempio specificato che il locatario "non lavorerà la porzione di terreno sotto l'acquedotto fino alla sorgente Ipirra (τὸ ὑπὸ τὸν ὀχετὸν ἄχρι ποτὶ τὰν κράναν [τὰν Ἱπύρ]ραν οὐκ ἐργαξεῖται) e lascerà un'area di rispetto di 70 piedi da tutte le parti, mentre potrà godere dei frutti degli alberi".[34] È possibile che *I.dial. Sicile* I, 197, un frammento spesso associato alle *Tabulae*, riportasse in realtà il testo del decreto che, allo stesso modo di quello di Zelea, disponeva la catastazione dei terreni pubblici e il recupero

32 Prestianni Giallombardo (2012) 381-395; Arena (2020) 18-23.

33 Arena (2020) 5-24.

34 Nel documento, in altre parole, si riscontra una singolare giustapposizione di identificazione dei lotti, con la descrizione dei loro limiti topografici, e di termini contrattuali cui gli affittuari erano soggetti; cfr. Arena (2020) 70-73.

di quelli illegalmente occupati, stabilendo nello stesso tempo come si dovesse procedere nel caso di contestazioni.[35]

L'ultimo esempio da considerare è testimoniato da un decreto tardo-ellenistico di Argo rimasto ancora inedito (*SEG* XLI 282). In esso veniva onorato un personaggio per essersi adoperato per il recupero di appezzamenti (γύαι) di terra sacra, usurpati dai privati, e la loro restituzione a certe divinità (Era, Eracle, Apollo Pythaios e Alektryon) e, più in generale, per la buona e redditizia gestione della ἱερὰ καὶ δαμοσία χώρα. La divisione del territorio interessato in γύαι risaliva secondo l'iscrizione agli ἀρχαῖοι (καθὼς ἁ χώρα διεκλαρώθη ὑπὸ τῶν ἀρχαίων). Il contesto storico è stato riconosciuto nel processo di espansione territoriale argiva negli anni '60 del V secolo.[36] L'espressione ἱερὰ καὶ δαμοσία χώρα, che, per quanto è dato capire, compare in un contesto in cui l'attività del δωτινατήρ onorato concerne il recupero di terre per gli dei e il loro affitto, pone quindi emblematicamente in primo piano il problema, piuttosto dibattuto, di come si debba concettualizzare il rapporto tra terra pubblica e terra sacra nel quadro della città greca, un mondo in cui la dimensione politica e quella religiosa sono fortemente integrate e per il quale, in una tradizione consolidata di studi, non a caso si parla in proposito di "*polis* religion".[37] Va anche detto che l'iscrizione di Argo non costituisce un *unicum* e che l'espressione ἡ ἱερὰ καὶ δαμοσία χώρα, che sottolinea il carattere insieme pubblico e sacro della terra, ricorre anche in altri documenti epigrafici, di età ellenistica avanzata e romano-imperiale, raccolti e studiati da D. Rousset.[38]

[35] Arena (2020) 25-45.

[36] Kritzas (1992); Frullini (2021) 130-131.

[37] Sourvinou-Inwood (1988) e (1990), con le precisazioni e integrazioni al modello di Kindt (2012).

[38] Rousset (2013) 13-15. Degno di menzione in questo contesto, per il fatto che nel passo viene enunciata una norma consuetudinaria di carattere panellenico, è in part. Thuc. 4, 98, 2, secondo cui ὧν ἂν ᾖ τὸ κράτος τῆς γῆς ἑκάστης... τούτων καὶ τὰ ἱερὰ γίγνεσθαι, "di coloro che hanno il dominio su qualsiasi terra..., a questi appartengono anche i templi".

3. Le terre sacre: caratteri distintivi ed elementi di specificità

Prima di entrare nell'analisi della questione, mi pare utile esaminare in via preliminare alcuni elementi che connotavano la specificità delle proprietà sacre all'interno della *polis*. Il primo, e fondamentale, è che esse venivano riconosciute come appartenenti agli dei, i quali ne erano i proprietari a pieno titolo, allo stesso modo in cui potevano essere proprietari di un appezzamento di terra gli individui privati. Tale idea viene per lo più espressa mediante l'uso del genitivo del nome della divinità, accompagnato dal verbo εἶναι o γίγνεσθαι.[39] Sul fatto che gli antichi Greci percepissero il sacro come un piano distinto rispetto al pubblico non posso ovviamente qui dilungarmi. Mi sembra tuttavia significativo che, a livello istituzionale, gli ἱερά costituissero un punto ben individuato nell'ordine del giorno delle riunioni regolari delle assemblee, ad Atene (Arist. [*Ath. Pol.*] 43, 3-6) e, in età ellenistica, in altri centri.[40] Analogamente, sul piano finanziario, Dem. 24, 96-97 sostiene che la legge di Timocrate avrebbe mandato in rovina l'amministrazione della città (τὴν διοίκησιν ἀναιρεῖ), τὴν θ' ἱερὰν καὶ τὴν ὁσίαν, quella sacra e quella non sacra, anche se dal prosieguo dell'argomentazione significativamente emerge come esse fossero integrate e regolassero τὰ κοινά, in cui andavano ricomprese le spese per le assemblee, i sacrifici, il consiglio, la cavalleria e altro. Questa concezione degli dei come "persone", d'altra parte, inevitabilmente sollevava una serie di problemi considerato il fatto che gli dei non erano evidentemente in grado di gestire essi stessi le loro proprietà.

[39] MIGEOTTE (2006) 233.

[40] Fonti in BOFFO / FARAGUNA (2021) 513-514. Significativi sono in particolare alcuni decreti di Abdera databili a partire dal *c.* 250 a.C.: in essi è disposto che gli onorati sarebbero stati ammessi davanti a consiglio e assemblea μετὰ τὰ ἱερὰ καὶ τὰ δημόσια, i quali, sulla base dell'uso del doppio articolo, vanno distinti (*I.Thrake Aeg.* E9, 41; 170, 3-4; 177, 12-13).

Il secondo elemento è che, contrariamente a quanto si potrebbe pensare, allo stesso modo delle proprietà pubbliche[41] le terre sacre non erano in linea di principio inalienabili. Sotto questo profilo, mi sembra senz'altro utile la distinzione fatta da L. Migeotte tra quelle "proprietà" che, nel quadro delle attività del santuario, avevano carattere di "infrastrutture" (santuari, templi, edifici, ecc.) e, pur con qualche eccezione[42], difficilmente potevano essere cedute o messe in vendita, e quelle che, sfruttate a fini economici come le proprietà private (terre di diversa tipologia, cave, saline), garantivano entrate da destinare alla copertura delle spese connesse al culto[43] e in circostanze di eccezionale difficoltà finanziaria potevano essere alienate o ipotecate.[44] Un esempio sorprendente ci è offerto dalla celebre iscrizione di Filippi pubblicata da P. Ducrey, e riedita da L. Migeotte, dove è registrata la vendita di τεμένη consacrati a Filippo, ad Ares, a Poseidone e agli Eroi, e anzi descritti come *di* Filippo, Ares, Poseidone e degli Eroi (*SEG* LXV 512).

Il terzo elemento è che, come detto, tali risorse venivano di norma messe a frutto nell'ambito delle attività di gestione del santuario — una testimonianza precoce di tali pratiche è fornita da *I.Ephesos* 1, una tavoletta di piombo opistografa del

[41] Un chiaro esempio a questo proposito è fornito da *IG* II² 2492 (cfr. ACKERMANN [2018] 191-216), un contratto di affitto in cui il demo attico di Aixone si impegnava "a non vendere né ad affittare a un altro" (μήτε ἀποδόσθαι μήτε μισθῶσαι μηδενὶ ἄλλῳ) prima che fossero trascorsi 40 anni (9-12), il che rivela come la vendita costituisse in ultima analisi un'opzione neppure troppo remota. PERNIN (2014) 89 evidenzia anzi la rarità di tale clausola che andava ovviamente a protezione del locatario.

[42] Su *IG* V 1, 1144 (inizio del I sec. a.C.), che offre un caso pressoché unico di alienazione ai privati di un santuario (23-25: εἶναι τὸ ἱερὸν τὸ τοῦ Ἀπόλλωνος Φιλήμονος τοῦ Θεοξένου καὶ Θεοξένου τοῦ Φιλήμονος τῶν πολιτᾶν ἁμῶν), vd. MIGEOTTE (2018) con le precisazioni di D. ROUSSET, *BE* 2019, 196.

[43] Vd. per tutti HARP. *s.v.* ἀπὸ μισθωμάτων· Δίδυμός φησιν ὁ γραμματεὺς ἀντὶ τοῦ ἐκ τῶν τεμενικῶν προσόδων. ἑκάστῳ γὰρ θεῷ πλέθρα γῆς ἀπένεμον, ἐξ ὧν μισθουμένων αἱ εἰς τὰς θυσίας ἐγίγνοντο δαπάναι, "Dagli affitti: Didimo il grammatico dice nel senso di 'dalle entrate delle proprietà sacre'. Dedicavano infatti a ciascun dio misure di terra, dai cui affitti erano coperte le spese per i sacrifici".

[44] MIGEOTTE (2014b); cfr. anche DREHER (2013) 5-12.

c. 600 a.C. che documenta una notevole varietà tipologica di fonti di entrata dell'Artemision, compresi un κῆπος (B, l. 19) e una salina (B, l. 3: ἐκ ττõ ἁλός)[45] — tramite i magistrati della *polis*. Si tratta di un punto da evidenziare con forza. Ad Atene, come si apprende dalla *Costituzione degli Ateniesi* aristotelica, l'affitto delle terre sacre era di competenza del *basileus* (47, 4-5).[46] In *IG* I³ 84 la decisione che il *basileus* procedesse alla recinzione e alla locazione del *temenos* di Codro, Neleo e Basile viene presa in un decreto del consiglio e dell'assemblea ateniese, mentre il canone d'affitto andava pagato ad altri magistrati cittadini, gli ἀποδεκταί (nel decreto, inoltre, viene in due occasioni rimandato ad un *nomos* della città [17-18: gli *apodektai* devono versare la somma dell'affitto ai tesorieri degli Altri Dei [κ]ατὰ τον νόμον; 25: nome del locatario, ammontare del canone e nomi dei garanti devono essere scritti sul τοῖχος conformemente al νόμος sui τεμένη]). A Delfi nel IV sec. l'amministrazione delle risorse di Apollo, compresi i beni del patrimonio immobiliare (terre e case) del dio, era di competenza dell'Anfizionia (*CID* II 67-72). Ai tesorieri della città spettava invece la riscossione dei canoni (*CID* II 69, 15-16; 72, 40-41).[47] Tale modello fondato sul coinvolgimento della *polis* nelle procedure di locazione tende inoltre a ripetersi in maniera trasversale in tutti i casi in cui si dispone di informazioni al riguardo.[48] Le uniche eccezioni, senza peraltro attinenza alcuna alla gestione delle terre sacre, riguardano quei tratti di territorio consacrato che dovevano rimanere incolti, ed erano gravati in aggiunta da altre interdizioni, come la "piana di Cirra" (Aeschin. 3, 107, 113, 123), che si estendeva in realtà in terreno montagnoso fino al massiccio del Kirphis, a Delfi,[49] e la ἱερὰ ὀργάς sita al confine dei territori tra Atene e Megara,

[45] Per una riedizione del documento vd. KROLL (2020); cfr. anche BOFFO / FARAGUNA (2021) 180-183.

[46] PAPAZARKADAS (2011) 51-75. Come dimostrato da M.K. LANGDON, "Poletai Records", in *Agora* XIX, 64-65, i poleti non erano di norma coinvolti nelle procedure di locazione dei *temenê*.

[47] ROUSSET (2002a) 205-211.

[48] PERNIN (2014) 492-497.

[49] ROUSSET (2002a) 165-205; (2002b) 215-228.

riguardo alla possibilità del cui sfruttamento agricolo, in particolare delle ἐσχατιαί, mediante *misthôsis*, gli Ateniesi nel 352/1 a.C. decisero di consultare l'oracolo delfico (*IG* II³ 1, 292).[50]

4. Terre pubbliche e terre sacre: un rapporto tra realtà dai contorni labili

Alla luce di un simile quadro, si comprende bene come la natura del rapporto tra città e ricchezze sacre presenti aspetti di definizione tutto sommato fluidi e non facilmente riconducibili ad un modello univoco. Va anzi detto che gli antichi stessi nell'esaminare la questione sul piano teorico prospettavano visioni diverse. Se infatti Ippodamo di Mileto fondava la costruzione della sua città ideale su un ricorrente schema triadico e distingueva la *chôra* in una zona sacra, una destinata all'uso pubblico e una all'uso privato, da cui si ricavavano le risorse rispettivamente per le offerte tradizionali agli dei, per il sostentamento dei guerrieri e per gli agricoltori (*Pol.* 1267b22-1268a15), nella sua città κατ' εὐχήν, Aristotele proponeva uno schema binario, in cui la *chôra* risultava divisa in due parti, quella "messa in comune" (κοινή) e quella "dei privati" (τῶν ἰδιωτῶν), di modo tale che la prima fosse a sua volta ripartita in quella "per i servizi agli dei" e in quella da cui si ricavavano le risorse per le mense comuni (τῆς μὲν κοινῆς τὸ μὲν ἕτερον μέρος εἰς τὰς πρὸς τοὺς θεοὺς λειτουργίας τὸ δὲ ἕτερον εἰς τῶν συσσιτίων δαπάνην) e che della terra privata ciascun individuo ricevesse un lotto posto vicino ai confini del territorio e l'altro vicino alla città (*Pol.* 1330a9-18).

Ne discende che nella città "ippodamea" terra sacra e terra pubblica sono ben separate, mentre in quella "aristotelica", pur distinte quanto alla destinazione delle rendite, esse sono sussunte all'interno di una categoria più ampia, quella della terra definita *koinê*.[51] Aristotele, con tutta evidenza, vedeva i due ambiti, sacro

[50] Papazarkadas (2011) 244-259; Culasso Gastaldi (2020) 266-274.

[51] Nelle *Leggi*, invece, Platone si limita a prescrivere, a questo proposito, che "il legislatore...deve assegnare a ciascuna parte [del territorio] (τοῖς δὲ μέρεσι

e pubblico, come *integrati.* In particolare, a 1322b18-22, dopo avere enumerato le magistrature πολιτικαί egli aggiunge che esiste un altro genere di competenza (ἐπιμέλεια), vale a dire quella che riguarda gli dei, οἷον ἱερεῖς τε καὶ ἐπιμεληταὶ τῶν περὶ τὰ ἱερά, "come i sacerdoti e gli addetti alle cose sacre", per i quali viene menzionata la cura degli edifici sacri, ma ciò sempre nel quadro di una discussione che ha come oggetto le ἀρχαί della *polis* (1321b4-1322b29). Ne consegue quindi che tra le funzioni della città considerate ἀναγκαῖαι, "indispensabili", vi è anche, al primo posto, quella περὶ τὰ δαιμόνια, che, nella sintesi conclusiva della discussione, si viene in maniera significativa ad affiancare agli affari della guerra, alle entrate e alle uscite, alla vigilanza del territorio, alla registrazione dei contratti, alla supervisione sui mercati, alla giurisdizione, al controllo sull'attività dei magistrati (1322b29-36).

Gli estremi del *continuum* su cui ci si muove, alla luce di questa discussione, sono di conseguenza, da un lato, il dato di fatto innegabile che era in ultima analisi la città a decidere su tutte le questioni concernenti la terra (e i beni) degli dei e che le pratiche che ne regolavano la gestione erano modellate su quelle in uso anche per altri ambiti dell'amministrazione della *polis*, dalle quali di fatto non si distinguevano;[52] dall'altro lato, la forza di un codice di comportamento, prima di tutto morale, consolidato da una lunga tradizione, fondato sul presupposto che i beni sacri erano riservati agli dei, anzi erano *degli* dei, e che il loro uso improprio costituiva un sacrilegio passibile delle più

ἑκάσταις) un dio o un demone o un eroe" e dare ad esse "terreni sacri (τεμένη) di prima scelta e tutto ciò che ad essi è pertinente, affinché, tenendovisi in giorni stabiliti assemblee di ciascuna parte, forniscano facilitazioni per ogni bisogno, i cittadini fraternizzino reciprocamente grazie ai sacrifici, familiarizzino e si conoscano" (738d; trad. F. FERRARI / S. POLI), mettendo in evidenza l'importanza della religione come fattore di socializzazione tra i cittadini ma senza soffermarsi sullo statuto delle terre sacre.

[52] DREHER (2006) 250: "Ich sehe ferner, was den Umgang mit heiligem Vermögen betrifft, keinen grundsätzlichen Gegensatz zwischen Priestern und Polis und auch keinen zwischen Priestern und Amtsträgern; im klassischen Athen unterlagen die Priester ebenso der Rechenschaftspflicht (den euthynai) wie alle anderen Magistrate oder Nichtmagistrate, die öffentliche Gelder verwalteten."

severe sanzioni.[53] L'enorme *corpus* di iscrizioni che riportano liste, inventari e rendiconti, spesso ripetitivi e di discussa utilità pratica, è di per sé sufficiente a evidenziare la cura con cui venivano amministrati i beni, preziosi o meno che fossero, degli dei. Certo, era la città a farsi carico della punizione di tali reati ma l'ampiezza del suo spazio di manovra rimaneva comunque limitata. Le rendite dei terreni, in altri termini, erano in linea di principio destinate ad essere impiegate in ambito cultuale per sostenere le spese connesse ai riti e alla gestione del santuario. Tale regola è anzi diventata nell'analisi di N. Papazarkadas uno dei criteri euristici in base ai quali determinare lo statuto della terra, cosicché se i proventi di un terreno erano allocati all'ambito religioso ne discenderebbe pressoché automaticamente che si trattava di terra sacra. Un simile criterio rivela senza dubbio la sua validità su un piano generale, benché la sua applicabilità debba comunque essere valutata caso per caso e, come è stato giustamente rilevato, ammetta numerose eccezioni.[54]

Se prendiamo in esame il *corpus* dei documenti d'affitto raccolti da I. Pernin, una paradigmatica esemplificazione di tale stato di cose ci viene fornita da un documento concernente la locazione della terra sacra a Zeus *Temenites* ad Arcesine di Amorgo (Pernin, *Baux ruraux* 131), recentemente valorizzato a questo proposito da D. Erdas. In esso tutte le procedure connesse agli affitti sono di competenza dei νεωποῖαι, i magistrati sacri incaricati dell'amministrazione del santuario, i quali devono anche riscuotere il canone (μίσθωμα) e le eventuali ammende, pari alla metà dell'affitto, in caso di mancato pagamento nei termini previsti (1-7). Viene in particolare precisato che la somma dell'affitto non comprendeva il τέλος, gravante forse più che sulla terra sugli affitti stessi,[55] il quale andava versato ai "tesorieri",

[53] Migeotte (2006) 235-238; Dreher (2006) 247-249.

[54] Papazarkadas (2011) 11. Si vedano tuttavia al riguardo le fondate osservazioni critiche di Rousset (2013) 3, 5, 10, 19-20.

[55] Migeotte (2014a) 55 e, soprattutto, 270. Va detto tuttavia che il *telos*, essendo annuale (48: τοῦ ἐνιαυτοῦ), non poteva essere "une taxe exigée lors de la conclusion des baux" ma aveva evidentemente carattere permanente. Sulle

χωρὶς τοῦ μισθώμ[ατος] e andava direttamente alla città (47-50). Nella stessa maniera, era la *boulê* a dover ricevere un'eventuale denuncia (ἐπίδειξις) riguardo a violazioni dell'interdizione al pascolo nel *temenos* (35-39), violazioni che potevano essere commesse da qualunque proprietario di bestiame, e non soltanto dall'affittuario, ed erano pertanto di interesse della comunità nel suo complesso. Emerge quindi dal documento, attraverso le diverse competenze dei magistrati chiamati in causa, una chiara distinzione tra la sfera pubblica e quella sacra, e in particolare come questa divenisse funzionalmente operativa nel momento in cui le entrate derivanti dalle locazioni rimanevano all'interno del santuario, mentre quelle, anch'esse annuali, che avevano carattere di imposte, rientravano nell'amministrazione finanziaria della *polis*.[56] Le due gestioni venivano così a intersecarsi e a integrarsi nel quadro più ampio del funzionamento delle istituzioni cittadine.

All'opposto, le tavole di Eraclea in Lucania (Pernin, *Baux ruraux* 259) offrono un quadro del tutto diverso. I due documenti riportano l'esito di un'operazione di recupero, delimitazione, misurazione e ripartizione delle terre sacre appartenenti a Dioniso e Atena, condotta da una commissione di ὁρισταί su delibera dell'assemblea (τῶν Ἡρακλείων δια[γ]νόντων ἐν κατακλήιτωι ἁλίαι) in seguito a episodi di diffusa occupazione abusiva e indebita appropriazione da parte di privati (I, 10-11 e 46-50, dove l'operazione di recupero viene espressa mediante il verbo κατασῴζω).[57] I terreni di diverse dimensioni così ricavati — rispettivamente quattro lotti di circa 90 ha per la terra di Dioniso e un numero ben superiore di appezzamenti di 6-8 ha per quella di Atena Poliade — dovevano poi essere attribuiti in affitto enfiteutico. Ciò che colpisce in questo caso è, nella nostra prospettiva, l'iniziativa della *polis* nell'orchestrare *tutte* le

forme della tassazione diretta nel mondo greco vd. MIGEOTTE (2014a) 230-244; GALLO (2014).

[56] ERDAS (2020) 173-177.

[57] Sugli *horistai*, una commissione nominata probabilmente *ad hoc* per compiere il lavoro di delimitazione delle terre, vd. sotto.

operazioni descritte in maniera assai dettagliata nelle due iscrizioni. Da un lato, come si è visto, è l'assemblea a mettere in moto le procedure di valorizzazione delle terre delle due divinità, dall'altro la competenza sulle diverse questioni legate agli affitti spetta invariabilmente ai due *polianomoi*, i quali aggiudicano le locazioni assieme agli *horistai* (I, 95-100), incassano il canone e le eventuali ammende coadiuvati in ciò dai *sitagertai* (I, 100-104, 109-112), approvano i garanti (I, 104-105), verificano che gli obblighi imposti agli affittuari dal contratto siano stati rispettati (I, 124-128). A I, 95-100 viene anzi posto l'accento sul fatto che sono "la *polis*, i *polianomoi*...e gli *horistai*" a stipulare i contratti di enfiteusi relativi alle "terre sacre" di Dioniso (μισθῶντι τὼς ἱαρὼς χώρως τῶ Διονύσω). Dei magistrati incaricati della gestione dei due santuari non viene neppure fatta menzione. Ciò si può spiegare con il fatto che ci troviamo di fronte ad una riorganizzazione su vasta scala del complesso delle terre sacre, un provvedimento del tutto eccezionale reso necessario da una situazione di diffusa illegalità,[58] cui si era posto rimedio anche mediante contestazioni e processi al fine di riportare il quadro κατ τὰ ἀρχαῖα (I, 48-50; II, 26-28). Se questa è la logica sottesa all'iscrizione su bronzo dei due documenti, si capisce allora come le dinamiche della ordinaria gestione dei santuari rimanessero al di fuori dell'angolo di visuale di chi redasse i due testi. Rimane nondimeno il fatto che a Eraclea il rapporto tra santuario, terra e *polis* risulta eccezionalmente stretto.

Come la realtà delle cose fosse in ultima analisi sfaccettata, se non confusa, appare tuttavia dalla serie dei documenti d'affitto di Tespie della seconda metà del III sec. a.C. (Pernin, *Baux ruraux* 21-26), dove le terre locate sono nella maggior parte dei casi definite "sacre" (22, 24 e 25, in cui, se nel primo documento si parla di una terra di Eracle appartenente al ἱαρὸς τόμος [B, 5], nei restanti due l'oggetto della locazione sono

[58] Ampolo (1992) 26; cfr. anche Gallo (2017) 696: "La mancanza di una (se non di più) *Tavole*, come confermato dall'assenza di quella riportante la prima parte delle norme latine, lascia intendere come il fenomeno del *ghes anadasmos* abbia investito tutta la *chora* sacra, se non proprio tutto il territorio della città."

semplicemente le "terre sacre", ἱαρὰς γᾶς, delle Muse) e dove vi è un collegio di magistrati preposto a tutte le operazioni, cui si fa riferimento con il termine piuttosto vago di ἀρχά. In almeno un caso sicuro (e probabilmente in altri), tuttavia, la terra interessata dalle locazioni viene definita come "pubblica" (Pernin, *Baux ruraux* 23, 2-4 e 8-9: ἐμίσθωσαν τὰν γᾶν τὰν δαμοσίαν τὰν ἐν Δρυμοῖ), ma, qui, a complicare le cose, per qualche ragione sono gli ἱαράρχαι, magistrati il nucleo delle cui attività era evidentemente "lié aux affaires religieuses",[59] a essere responsabili delle procedure di locazione. Poiché non sembra che la ἀρχά e gli *hiararchai* possano essere identificati, ci troviamo di fronte ad uno scenario apparentemente capovolto rispetto a quello dell'iscrizione di Amorgo. L'ipotesi che fosse stata la destinazione delle rendite a determinare la scelta dei magistrati è ragionevole[60] ma risolve soltanto in parte le cose. Soprattutto è la natura della *archa* a rimanere indefinita. Nuovamente, tuttavia, l'amministrazione della *polis* ancora di più si rivela essere un tutt'uno integrato, piuttosto che un insieme di ambiti separati.

5. Terre sacre e *polis*: una proposta di interpretazione

In questo quadro ogni tentativo di definire in maniera univoca sul piano teorico lo statuto giuridico delle terre sacre rischia perciò di introdurre nel discorso categorie e concetti estranei alla mentalità e alla percezione antica. Un'idea suggestiva, che potrebbe almeno in parte risolvere il problema, è quella, avanzata da C. Ampolo, secondo cui "in sostanza gli dei e gli eroi della città greca fossero [visti come] cittadini" e "proprio come membri della comunità civica avessero diritto al lotto di terra" che garantiva mezzi di sostentamento per "lo svolgimento di feste e cerimonie, non solo metaforicamente".[61] Si tratta di un'idea un po' paradossale che trova il suo fondamento in un passo della

[59] Pernin (2014) 138.
[60] Pernin (2014) 137-138.
[61] Ampolo (2000) 15-16.

Varia Historia di Eliano relativo a Turi, secondo cui i Turii si sarebbero salvati di fronte a una imponente spedizione navale di Dionisio I poco dopo il 379 grazie all'arrivo di un violento vento dal nord che avrebbe messo fuori combattimento, se non annientato, la flotta siracusana. In seguito a questi avvenimenti οἱ Θούριοι τῷ Βορρᾷ ἔθυσαν καὶ ἐψηφίσαντο εἶναι τὸν ἄνεμον πολίτην καὶ οἰκίαν αὐτῷ καὶ κλῆρον ἀπεκλήρωσαν (12, 61). L'incorporazione di Borea nel *pantheon* della città si sarebbe quindi tradotta in un decreto, che pare riecheggiare un documento ufficiale, che gli conferiva la cittadinanza, una dimora e un lotto di terra. In virtù dell'unicità della testimonianza — si trattava di un *escamotage* con cui i Turii attribuivano dignità e risorse ad una nuova divinità in un quadro giuridico che risaliva alla fondazione della città e verisimilmente non consentiva mutamenti[62] — è tuttavia alquanto dubbio che si possa generalizzare su questa base.

Per il resto, la discussione ha mirato soprattutto a valorizzare la terminologia usata dagli antichi per esprimere ciò che ai nostri occhi appare soprattutto come una finzione. Le fonti di volta in volta utilizzano nozioni come quelle di προστασία (Xen. *Hell.* 3, 2, 31: gli Elei erano nella condizione di προστάναι τοῦ Διὸς τοῦ Ὀλυμπίου ἱεροῦ; Diod. Sic. 16, 27, 3: Filomelo si impadronisce di Delfi τῆς τοῦ ἱεροῦ προστασίας ἀμφισβητῶν), ἐξουσία (Polyb. 4, 25, 8: Filippo V e gli alleati si impegnano a ristabilire per gli Anfizioni le leggi καὶ τὴν περὶ τὸ ἱερὸ ἐξουσίαν sottratta loro dagli Etoli), ἐπιμέλεια (Rousset [2002a], nr. 41, 54-61: [al termine di una lista di χωρία appartenenti ad Apollo Pizio] τούτων [.]πέδωκε Μ[ά]νιος Ἀκίλιος στρα[τη]γὸς ὕπατος Ῥωμαίων τὰν ἐπιμέλε[ι]αν τᾶι πόλει τῶν Δελφῶν),[63] ovvero, la

[62] Jacquemin (1979).

[63] I tre termini compaiono associati in *IG* V 1, 1144 (inizio del I sec. a.C.), da Gytheion in Laconia, in cui i due onorati ricevono per i loro meriti il sacerdozio ereditario di Apollo e si stabilisce ἔχειν αὐτοὺς τὰν ἐξουσίαν τοῦ τε ἱεροῦ καὶ τοῦ θεοῦ καὶ τῶν ἀπὸ τοῦ ἱεροῦ πάντων, προστασίαν ποιουμένους καὶ ἐπιμέλειαν, καθὼς ἂν αὐτοὶ προαιρῶνται (29-33). Migeotte (2018) 99-100 trae da ciò la conclusione che "[à] Gytheion, le sanctuaire est donc resté consacré à Apollon Carneios et a continué à lui appartenir, mais sa gestion est passée de la

nozione a prima vista senz'altro più interessante e con più spiccate implicazioni giuridiche, soprattutto sul piano del diritto privato, κυριεία, che, va però detto, viene riflessa per lo più da termini appartenenti alla famiglia lessicale quali κύριος o il verbo κυριεύω, e non dal sostantivo stesso, e soprattutto con scarsa frequenza in rapporto al "controllo" della *polis* sui santuari e sulle terre sacre (fa eccezione *CID* IV 104 = Rousset [2002a], nr. 42 [lettera di Spurio Postumio al *koinon* degli Anfizioni in cui si riporta quanto deliberato dal Senato romano], 5-7: καὶ [Δελφοὺ]ς αὐτονόμους καὶ ἐλευθέρους κ[αὶ ἀνεισφόρους, οἰκοῦν]-τας καὶ πολιτεύοντας αὐτοὺς καθ' αὐ[τοὺς καὶ] κυριεύοντας τῆς τε ἱερᾶς χώρ[ας καὶ τοῦ ἱεροῦ λι]μένος, καθὼς πάτριον αὐτοῖς ἐξ ἀρχῆς [ἦν]).[64] Mi sembra tuttavia che tali termini rimandino più a dati di fatto concreti che alle loro implicazioni sul piano del diritto. In tutti questi casi, infatti, i beneficiari vengono in particolare ristabiliti o confermati in una posizione di controllo politico sul santuario e sulle sue pertinenze dopo che questa era stata messa in discussione.

Nel più recente dibattito i modelli esplicativi proposti per dar senso a tale terminologia sono stati sostanzialmente due: da un lato quello di L. Migeotte, secondo cui la proprietà delle terre sarebbe stata prerogativa della divinità e il ruolo della città sarebbe stato invece pensato in termini di "gestione" di beni altrui,[65] il quale costringe tuttavia lo studioso a interpretare in maniera un po' innaturale espressioni, pure non infrequenti nelle fonti, in cui porzioni di terra o case sono "donate" o "dedicate" "al dio e alla città" (cfr. ad es. Rousset [2002a], nr. 41, 11-12:

cité à une famille, autrement dit du domaine public au domaine privé". Si vedano in proposito le osservazioni di D. ROUSSET, *BE* 2019, 196, il quale rileva che ad essere privatizzato nella decisione dei Giteati non è il culto, il quale rimane aperto alla città, e anzi della città, bensì il santuario stesso.

[64] MIGEOTTE (2006) 240-242. Sulla nozione di κυριεία intesa come "disponibilità ("Verfügungsbefugnis") e...titolarità, a vari livelli, di un bene, materiale o umano, in rapporto alla relazione tra cedente e cessionario" cfr. anche BOFFO (2001) 233-240.

[65] MIGEOTTE (2006); (2014) 20-25 e *passim*; (2015) 482-485: "un large droit de gestion sur les fonds sacrés, mais non pas la pleine souveraineté"; (2018).

τὰ δεδομένα χωρία τῶι θεῶι καὶ τᾶι πόλει, e 44; *IG* VII 1786) come brachilogie indicanti che la terra apparteneva al dio ma la sua gestione era competenza della *polis*, dall'altro quello, più lineare, di M. Dreher e D. Rousset, i quali ritengono che il controllo esercitato dalla città sui beni sacri si configurasse concettualmente come un rapporto di proprietà, o meglio di comproprietà (secondo il primo con la precisazione che gli dei erano i proprietari "ideali" mentre i membri della comunità della *polis* ne costituivano i proprietari "effettivi").[66]

In questa prospettiva, per cercare di rappresentare come ciò potesse essere concepito in termini giuridici, non chiamerei tanto in causa l'idea, pur calzante e attrattiva ma, come si è visto, poco supportata dalle fonti, che la *polis* esercitasse il ruolo di κύριος, una sorta di tutela come avveniva per il *kyrios* di una donna o di un minore,[67] quanto piuttosto farei ricorso alla nozione di "comproprietà solidale" tipica del diritto greco in base alla quale, secondo la definizione di A. Biscardi, "il godimento e la disposizione materiale dei beni comuni spettano indistintamente a tutti i condomini per l'intero. Non solo, infatti, ogni condomino può usare dei beni stessi come se fosse l'unico proprietario...ma ciascuno può attingere liberamente alle risorse comuni, senz'altro limite di quello delle proprie necessità...onde il limite medesimo appare, nella sua essenza, un limite di fatto e non diritto".[68]

Mi sembra che tale nozione si adatti bene al caso del rapporto tra città e proprietà sacre. La città era comproprietaria dei beni appartenenti agli dei che si trovavano all'interno del suo territorio e, in virtù del principio della comproprietà solidale, poteva agire con piena disponibilità come se ne avesse la proprietà da sola. Questo spiega perché l'amministrazione delle terre sacre, pur riconosciuta come un ambito distinto, risulta nello stesso tempo integrata sul piano funzionale all'interno della *polis* nel suo complesso e, nello stesso tempo, perché nei documenti

[66] Dreher (2006) 251-253; Rousset (2013) 13-21; (2015) 385-391.
[67] Dreher (2014) 21; Rousset (2015) 390-391.
[68] Biscardi (1999) 46; cfr. anche Maffi (2005) 260.

epigrafici esaminati la città compaia in più occasioni nominalmente come la parte locatrice negli affitti di *temenê* e altre risorse appartenenti agli dei e, in certi casi, anche come destinataria delle rendite. E così si giustifica anche la classificazione binaria aristotelica che suddivide i *koina* in *hiera* e *dêmosia* (*Pol.* 1330a9-16). Come ben sintetizzato da C. Ampolo, "[l]e terre sacre sono sostanzialmente una categoria particolare di beni pubblici".[69] Nello stesso tempo, i limiti del potere di disposizione del comproprietario erano, come evidenziato da A. Biscardi, limiti di fatto più che di diritto, ed erano nel caso specifico rappresentati da norme affidate alla tradizione e alla morale religiosa che volevano che i beni degli dei restassero tali (anzi, come appare dall'iscrizione delfica del 159/8 a.C. sulla fondazione costituita con fondi donati da Attalo II, la consacrazione ad Apollo del capitale poteva diventare lo strumento con cui assicurarne l'intangibilità e la permanenza nel tempo [*Syll.*^{3} 672, 13-15]) e che le rendite da esse derivanti fossero in primo luogo destinate alle finalità del culto e "ai servizi per gli dei" (Arist. *Pol.* 1330a12-13).

6. La città come garante del rispetto dei confini

L'ultima questione di carattere generale che vorrei analizzare ci consente di allargare il discorso a comprendere anche le terre private, che, com'è ovvio, si affiancano a quelle pubbliche (ai diversi livelli della comunità) e sacre fin qui considerate. Nel quadro del dibattito sui caratteri dell'economia antica, si è infatti da lungo tempo discusso, con esiti in anni recenti tendenti a sottolineare la funzione regolatrice della città sul mercato e sulle sue dinamiche, su quanto "interventista" fosse la *polis* greca.[70]

[69] AMPOLO (2000) 14.

[70] Sulla questione, seppure da un angolo di visuale limitato ai beni di importazione primari, cfr. BISSA (2009); fondamentale, sulle procedure di controllo amministrativo di persone e beni, è BRESSON (2007). Sulla regolamentazione del mercato e sul controllo dei prezzi si vedano FANTASIA (2012); i contributi dedicati alle città greche in CAPDETREY / HASENHOR 2012; BRESSON (2016) 234-259, 325-338; HARRIS / LEWIS (2016) 28-31.

Credo si possa tuttavia senza tema di dubbio affermare che il controllo da essa esercitato sull'assetto della proprietà fondiaria, in quanto non solo risorsa economica ma anche bene "politico" a fondamento della vita comunitaria, emerga chiaramente sin dal periodo arcaico. Il rispetto dei confini, secondo un principio sancito anche sul piano religioso (Pl. *Leg.* 842e-843a, dove, nel quadro dei νόμοι γεωργικοί, spostare gli ὅρια della terra, tutelati da Zeus, equivale a τἀκίνετα κινεῖν, "spostare ciò che è inamovibile"; [Dem.] 7, 39-40), e le controversie che potevano sorgere intorno ad essi, e in particolare ai cippi posti a marcare i confini dei campi, costituiscono un motivo ricorrente a partire da Hom. *Il.* 12, 421-424, dove due uomini litigano sulla fascia di terra che hanno in comune (ἐπιξύνῳ ἐν ἀρούρῃ) "intorno ai confini... con le misure in mano" (ἀμφ' οὔροισι...μέτρ' ἐν χερσὶν ἔχοντες).[71] Si capisce allora come Aristotele nella *Politica*, nella sua rassegna delle magistrature "indispensabili", includesse anche gli ἀστυνόμοι, tra le cui funzioni vi era appunto quella di garantire, in rapporto ai beni pubblici e privati della città, il rispetto dei confini, in maniera che non sorgessero controversie (ὅπως ἀνεγκλήτως ἔχωσι) (1321b21-24), e gli ἀγρονόμοι (o ὑλωροί) che avevano le medesime competenze ἀλλὰ περὶ τὴν χώραν καὶ περὶ τὰ ἔξω τοῦ ἄστεως (1321b27-30).[72]

Sul piano della prassi epigrafica, la nostra attenzione deve concentrarsi soprattutto sugli *horoi* intesi come pietre di confine miranti a delimitare porzioni di terreno e spazi funzionali, pubblici e privati, all'interno del territorio della *polis*. La categoria più largamente rappresentata è, dal VI sec. a.C., senza dubbio quella degli *horoi* che indicavano i limiti delle aree sacre,[73] ma

[71] Sulla traduzione di ἐπιξύνῳ ἐν ἀρούρῃ vd. ZURBACH (2017) I, 230. Sugli ὅροι cui si fa riferimento in Omero come segni di confine vd. CÀSSOLA (1964) 42-44; HARRIS (1997) 104-105.

[72] CORSARO (1990) 213-215, con una lista di fonti epigrafiche che attestano tali magistrature. Sugli *astynomoi* e il loro rapporto con "property issues" vd. COX (2007). Degli ἀγρονόμοι parla anche PL. *Leg.* 760b-c.

[73] Un'utile raccolta dei documenti nelle diverse città del mondo greco si deve a HORSTER (2004) 23-33. Per gli *horoi* dei *temenê* dedicati alle divinità ateniesi nei territori confiscati della lega delio-attica vd. POLINSKAYA (2009).

non mancano ovviamente quelli destinati a individuare spazi o terreni pubblici. Si pensi ad esempio agli *horoi* tardo-arcaici dell'*agora* ateniese (*Agora* XIX, H25-27),[74] a quelli che segnavano i confini di edifici e aree funzionali negli spazi del Pireo (*IG* I³ 1101-1115),[75] a quelli che segnavano i percorsi delle strade (ad esempio gli ὅροι Κεραμεικοῦ rinvenuti ad Atene all'interno e all'esterno del Dipylon),[76] agli *horoi* che marcavano i contorni della *Dophitis* a Chio (Osborne - Rhodes, *GHI* 133), ai due cippi, nuovamente da Chio, che portano l'iscrizione πόλεως ὅροι a delimitare una zona di rispetto vicino al muro della città.[77] *I.Cret.* IV 42 B, una legge di Gortina databile alla prima metà del V secolo, stabiliva norme procedurali in caso di controversie riguardo ai confini (2: ᾶι ἀκριᾶι ἀτέρα γᾶ ποτὶ τὰ μολιόμενα).

In certe situazioni le città potevano nominare commissioni straordinarie di ὁρισταί con il compito di definire (o ristabilire) i confini di una determinata area. Malgrado la tradizione lessicografica (*Lex. Seg. s.v.* ὁρισταί, p. 287 Bekker), che allude a competenze molto ampie pertinenti alle proprietà pubbliche e private, nei casi documentati (ad Atene, Chio ed Eraclea in Lucania) essi espletano le loro attività sempre in rapporto ai terreni sacri.[78] La riedizione e la rilettura, da parte di N. Papazarkadas, di *Agora* XIX, L6, sulla delimitazione del territorio montuoso di Oropo assegnato alle tribù Aigeis e Aiantis, come riguardante controversie tra le due tribù e individui privati sembra tuttavia attestare un raggio di azione più ampio degli *horistai*[79] e non è quindi escluso che l'addensarsi delle testimonianze sulle terre di pertinenza dei santuari sia soltanto il riflesso del fatto che le questioni che le riguardavano avevano una maggiore probabilità di avere ricadute epigrafiche. Degno di nota è anche il verbo tecnico ἀφορίζειν, "delimitare mediante *horoi*" che nelle

[74] F. Longo, in Greco (2014) 1096-1097.
[75] Gill (2006) 5-10.
[76] Ficuciello (2008) 37-41.
[77] Matthaiou (2012).
[78] Lombardo (2013).
[79] Papazarkadas (2009).

iscrizioni nuovamente compare soprattutto con riferimento a spazi sacri.[80] Nel discorso iperideo *Per Eussenippo* (16), esso ricorre in relazione alla porzione di territorio di Oropo che gli *horistai* avevano "scelto e riservato" per il dio (ὡς πρότερον τοὺς ὁριστὰς τοὺς πεντήκοντα ἐξελόντας αὐτὸ τῷ θεῷ καὶ ἀφορίσαντας).[81] Analogamente, in *Agora* XIX, L3,[82] un decreto relativo a terre di titolarità contestata sull'isola di Lemno e a una ridefinizione dell'assetto fondiario, si fa riferimento a τ]ὰ ὄρη καὶ τὰ ἀφορίσματα (l. 18), rispettivamente le zone collinari o montuose e "quelle delimitate mediante *horoi*..., con tutta probabilità riservate per scopi cultuali".[83]

Di grande interesse in questo contesto è infine un'iscrizione della seconda metà del II sec. a.C. dall'isola di Lepsia, in antico parte integrante del territorio di Mileto, che riporta un περιορισμὸς τῆς χώρας (7-8), in altre parole la descrizione, nel testo conservato mediante 21 *horoi* e riferimenti a corsi d'acqua, strade, colline, dei confini di un tratto di terra sacra ad Apollo (14: τὰ δὲ ἄνω πάντα τοῦ θεοῦ) (*IG* XII 4, 3897).[84] Ciò che rende il documento pressoché unico è tuttavia il fatto che dal decreto milesio iscritto in testa alla stele si evince che il περιορισμός era in realtà già disponibile, ἀναγεγραμμέν[ος] ἐ[μ π]ίνακι, "su una tavoletta", presumibilmente di legno, nel santuario di Apollo *Lepsios* e che il compito del personaggio nominato dall'assemblea era quindi stato quello di curarne la trascrizione εἰς στήλην λιθίνην (ll. 4-11). Si conferma così quello che sono andato da tempo sostenendo, vale a dire che nella città greca la tenuta di registrazioni fondiarie su materiali non durevoli era una pratica corrente e diffusa che aveva origine nello stretto rapporto tra la condizione di cittadino e la capacità giuridica di avere la proprietà di beni immobili.[85]

[80] Culasso Gastaldi (2020) 259-260 con n. 2.

[81] Knoepfler (2010) 445. Cfr. anche Matthaiou (2020) 35-36.

[82] Si veda ora la riedizione del documento, purtroppo molto frammentario, di Matthaiou (2020).

[83] Culasso Gastaldi (2020) 262-265.

[84] Dreliossi-Herakleidou / Hallof (2018).

[85] Boffo / Faraguna (2021) 293-367. Un caso del tutto analogo è ora offerto dalla pubblicazione di un ulteriore frammento dello "*psephisma* di Lumbarda"

Un ultimo punto meritevole di attenzione in questo quadro è connesso al fatto che spesso i terreni interessati da delibere pubbliche sono semplicemente indicati con il loro nome, ad esempio i κοῖλοι μόροι di *IG* IX 1², 609, la *Dophitis* di Osborne - Rhodes, *GHI* 133, la *Nea* di *IG* II³ 1, 447, la *Phelleis* di *IG* II² 2492, o i fondi denominati Λαγοείη e Μικαλιηνείη (γῆ) nell'iscrizione degli affitti dei *Klytidai* di Chio (Pernin, *Baux ruraux* 130, A II, 35; B II, 30-31).[86] Si potrebbe pensare che tali denominazioni topografiche erano per la loro natura inevitabilmente piuttosto vaghe ma, come si è visto, attraverso una combinazione di *horoi* e registrazioni scritte, non doveva essere impossibile determinare quali fossero i loro confini, o, quanto meno, senza voler troppo idealizzare la città greca, non mancavano gli strumenti per farlo nel caso divenisse necessario, come spesso avveniva, procedere a operazioni di recupero e di rilevazione confinaria in seguito a contestazioni. Da un'iscrizione di Thebai sulla penisola del Micale (*I.Priene B — M* 414) appare ad esempio come un personaggio, anch'egli eletto dal *dêmos*, avesse ripristinato i confini della *chôra* controllata dai Tebani sulla base delle informazioni contenute nei λευκώματα (ἀποκατέστησε τοὺς χώρους [ἐκ τῶν] λευκομάτων). Seguiva sulla stele, di cui è conservata soltanto la parte superiore, la descrizione degli ὅροι con riferimento a elementi fisici del paesaggio.

7. Transazioni immobiliari e registrazione pubblica

Una seconda forma di controllo pubblico sull'assetto fondiario nel territorio delle *poleis* era costituita dall'intervento attivo dei magistrati nella registrazione delle transazioni immobiliari.

dall'isola adriatica di Korčula (*Syll.*³ 141, fine IV-inizio III sec. a.C.), relativo all'assegnazione di *oikopeda* e lotti di terra ai "primi coloni" (vd. in proposito LOMBARDO (2001) 80-85, 122-124 (nr. 7), in cui alle ll. 7-8 si legge ora ἀναγραφῆμεν δὲ [τὸν πρῶ]τ[ο]ν κλᾶρον ἐς πίνα[κα] εἷ ἕκαστος ἔλαχε, "venga registrato su una tavoletta il primo lotto dove ciascuno l'abbia ricevuto in sorte"; cfr. MAROHNIĆ / POTREBICA / VUKOVIĆ (2021).

[86] Per un'analisi dei contenuti e dei problemi posti da quest'ultima iscrizione cfr. FARAGUNA (2019a) 115-124.

Si tratta di un argomento di cui mi sono più volte occupato e che riprendo qui soltanto in forma sintetica. Il punto di partenza, com'è noto, è dato dal frammento περὶ συμβολαίων delle *Leggi* di Teofrasto (fr. 650 Fortenbaugh), il più lungo tra quelli conservati di un'opera in 24 libri. In esso, nella prima sezione, troviamo un'enumerazione delle diverse modalità con cui le città assicuravano la pubblicità delle compravendite immobiliari, pubblicità che era anzi una delle precondizioni (assieme al pagamento del prezzo) per la validità giuridica del negozio.[87] In quasi tutti gli esempi, introdotti da Teofrasto in ordine ascendente di efficienza lungo il *continuum* tra oralità e scrittura, la transazione richiedeva la presenza del magistrato e la registrazione scritta ai fini dell'affissione pubblica e/o della conservazione in archivio. Il successore di Aristotele in particolare sottolineava che lo strumento di gran lunga più efficace era la ἀναγραφὴ τῶν κτημάτων καὶ συμβολαίων, "il registro delle proprietà e delle obbligazioni" perché "grazie a questi si può sapere con certezza se uno vende legittimamente beni liberi ed esenti da ipoteche e dei quali ha la piena proprietà" (ἐξ ἐκείνων ἔστι μαθεῖν εἰ ἐλεύθερα καὶ ἀνέπαφα καὶ τὰ αὑτοῦ πολεῖ δικαίως).[88]

Due punti vanno a questo proposito evidenziati: il primo è che tra gli esempi elencati da Teofrasto, i quali offrono un'illustrazione di come si realizzava in concreto l'unità del diritto greco, il più antico ci riporta alla legislazione di Pittaco. La vendita doveva avvenire alla presenza di un magistrato, καθάπερ καὶ Πίττακος παρὰ βασιλεῦσι καὶ πρυτάνει.[89] Un perfetto parallelo è qui in *IG* IX 1², 609 sulle distribuzioni di terra, dove si stabilisce che ἀλλαγὰ δὲ βέβαιος ἔστο, ἀλαζέσθο δὲ ἀντὶ τõ ἀρχõ, che lo scambio dei lotti era legalmente possibile, a condizione che avvenisse davanti al magistrato (20-21). Il secondo è che sul piano epigrafico la tipologia documentaria che sembra essere l'esito attestato con maggiore frequenza delle pratiche giuridiche

[87] FARAGUNA (2019b); BOFFO / FARAGUNA (2021) 302-308.

[88] Sul significato del termine ἀνέπαφος cfr. MIGEOTTE (1977) 136-137.

[89] Sulla legislazione di Pittaco vd. l'interessante contributo di DIMOPOULOU (2017) in part. 29-30.

descritte da Teofrasto è il "registro delle vendite", noto, nella sua veste più completa, attraverso una lunga iscrizione di Teno, attribuita ora da J. Faguer alla fine del III sec. a.C.,[90] che registra 47 transazioni immobiliari concluse davanti agli *astynomoi* lungo l'arco dell'anno in cui era arconte Ameinolas (*IG* XII 5, 872), e un analogo, più breve, documento originante dalla città macedone di Mieza che, fatto incidere a titolo privato da un certo Zopyros, raccoglie dieci atti di vendita stipulati alla presenza dei magistrati cittadini (l'ἐπιστάτης, lo ἱερεύς e i *ταγωναται) e di testimoni (*I.Kato Maked.* II 93)[91]. In entrambi i documenti troviamo un formulario comprendente il nome dell'acquirente e quello del venditore (preceduto da παρά), il verbo ἐπρίατο, la descrizione spesso molto dettagliata dell'immobile e dei suoi elementi costitutivi, la localizzazione, il prezzo di acquisto, i nomi dei garanti. Singoli atti di vendita che presentano una struttura del tutto analoga sono inoltre noti da Anfipoli e dalle città della Calcidica (Game [2008], nrr. 1-38bis), da Amorgo (*IG* XII 7, 55)[92] e da Paro (*SEG* 54, 798),[93] cosicché appare ragionevole ritenere che il controllo pubblico sui contratti di compravendita immobiliare fosse una pratica molto diffusa, se non ubiqua nel mondo greco, soprattutto in quello tardo-classico ed ellenistico.[94]

Un fenomeno complementare è costituito dalle vendite pubbliche all'asta di beni confiscati i cui testi, se si lasciano da parte le celebri "stele attiche" (*Agora* XIX, P1), i frammenti relativi alla vendita dei beni sequestrati ai Trenta Tiranni e agli altri magistrati coinvolti negli eventi del 404/3 (*Agora* XIX, P2) e,

[90] FAGUER (2020) 159 con n. 4.

[91] HATZOPOULOS (2011) 48-62.

[92] ERDAS (2020) 169-171.

[93] VELISSAROPOULOS-KARAKOSTAS (2012), con le osservazioni di DREHER (2012); FAGUER (2020) 188-201.

[94] La "tavoletta di Idalion" (VAN EFFENTERRE - RUZÉ, *Nomima* I 31), relativa al dono di due lotti di terra e di un κᾶπος al medico Onasilos e ai suoi fratelli e datata al *c.* 480-470, presenta tuttavia una descrizione della localizzazione geografica e dei confini delle proprietà, ricavate dall'*oikos* del re e attribuite ai beneficiari in perpetuo e con diritto di vendita, del tutto simile a quelle conosciute tramite i documenti più tardi.

più in generale, le iscrizioni dei poleti ateniesi, sono stati raccolti e discussi, con riferimento soprattutto all'Asia Minore, da F. Delrieux.[95] Le più antiche attestazioni ci consentono in ogni caso significativamente di risalire fino al VI sec. (*IG* IV 506 [Argo]; *SEG* LX 507 [Tebe]; cfr. anche Hdt. 6, 121, 2).

Ciò che invece non è pressoché documentato nella Grecia di età classica è la registrazione pubblica dei prestiti e delle ipoteche. Ad Atene gli ὅροι posti su un terreno a pubblicizzare il fatto che quel terreno era stato costituito in garanzia ipotecaria in occasione di un prestito erano un fenomeno essenzialmente privato, mentre i χρεωφύλακες intesi come magistrati preposti alla tenuta dei registri dei debitori, con qualche eccezione (Arist. [*Oec.*] 1347b-1348a1; *IG* XII 7, 3, 33-38), sono un fenomeno soprattutto ellenistico.[96] Ne conseguiva che tale mancanza, nel caso della πρᾶσις ἐπὶ λύσει, "vendita con patto di riscatto", veniva per lo più aggirata registrando il negozio come una vera e propria vendita. Molte delle transazioni trascritte nel registro degli *astynomoi* di Teno e negli atti di vendita della Grecia settentrionale sono in effetti operazioni creditizie più che alienazioni a titolo definitivo.[97] Bisogna su un piano generale riflettere sul fatto che l'ἀναγραφὴ τῶν κτημάτων καὶ συμβολαίων di cui parla Teofrasto nel suo frammento delle *Leggi* costituisce uno strumento piuttosto sofisticato che ebbe una realizzazione concreta nell'antichità greca soltanto nella βιβλιοθήκη ἐγκτήσεων dell'Egitto romano.

8. Le servitù

Un terzo caso di intervento pubblico che andava a incidere sulla proprietà privata è costituito dalla regolamentazione delle servitù, un argomento che meriterebbe una trattazione più ampia e dettagliata di quella a esso riservata nei manuali. Harrison, per

95 Delrieux (2013).
96 Velissaropoulos-Karakostas (2011) II, 260-270; Migeotte (2017).
97 Faraguna (2019b); Faguer (2020) e (2021).

fare un esempio, nella sua opera sul diritto ateniese dedica alle servitù una breve sezione come parte dell'argomentazione secondo cui i Greci avrebbero avuto una nozione di proprietà "relativa", diversa da quella "assoluta" della tradizione romanistica, che faceva sì che "[t]he Athenian in claiming a right to a thing seems to have been merely asserting a better right than A or B or C".[98] Dal punto di vista logico, le due cose, regolamentazione pubblica dei diritti di accesso e concetto di proprietà, non sono tuttavia necessariamente interconnesse.

Un importante aspetto di questa realtà è rappresentato dallo sfruttamento minerario e, nel caso di Atene, l'unico che ci è veramente noto nelle sue implicazioni giuridiche e amministrative, in particolare dai rapporti tra chi si assicurava la concessione di una miniera e il proprietario del terreno dove la miniera era ubicata. Dalle liste dei poleti, i magistrati preposti all'assegnazione delle concessioni, si evince infatti che la città disponeva di una sorta di monopolio sui diritti di sfruttamento del sottosuolo (*Bergregal*), mentre il titolare del terreno interessato dai lavori di estrazione, ad esempio in relazione all'accesso alle gallerie e ai pozzi così come ai depositi di minerale e scorie, conservava i diritti sulla superficie.[99] Ciò non poteva mancare di dare origine ad una lunga serie di problemi giuridici e motivi di conflitto che dovevano essere oggetto di normazione, presumibilmente nell'ambito del νόμος μεταλλικός (Dem. 37, 35-38),[100] ma su cui le fonti in nostro possesso ci lasciano totalmente all'oscuro.

Più ampiamente documentate sono, invece, nella varietà delle loro implicazioni, le questioni che riguardano il diritto delle acque e la regolamentazione del loro uso.[101] Innanzitutto, va

[98] HARRISON (1968) 200-205, 249-252, seguito da TODD (1993) 236-243. Per un diverso approccio alla questione cfr. HARRIS (2016) 118-120 e relative note.

[99] Sul regime di struttamento delle miniere del Laurion cfr. THÜR / FARAGUNA (2018). La documentazione va ora integrata con la legge di Epicrate pubblicata da RICHARDSON (2021), su cui vd. HARRIS (2022), in part. 75-77.

[100] HARRISON (1968) 234-235, 315; MACDOWELL (2006) 128-131.

[101] Per una panoramica generale e un esame dei problemi connessi all'uso delle acque, a partire dalla terminologia "tecnica" applicata in tale contesto, rimando a FARAGUNA (2016).

sottolineato che Platone ritenne necessario, nelle *Leggi*, dedicare a questo argomento una sezione specifica all'interno dei νόμοι γεωργικοί (844a-d, 845d; cfr. anche 761b-c)[102] con una serie di norme, attinte a una tradizione di παλαιοὶ καὶ καλοὶ νόμοι, la cui applicazione era di competenza degli *astynomoi* in città e degli *agronomoi* in campagna. I principi fondamentali che se ne ricavano possono essere così sintetizzati: 1) la proprietà (e la disponibilità) delle risorse idriche (sorgenti, pozzi, fontane, cisterne, canali e tubature) era collegata alla proprietà, pubblica o privata che fosse, del terreno cui appartenevano. Nel "registro delle vendite" degli *astynomoi* di Teno (*IG* XII 5, 872), dove gli immobili oggetto delle transazioni sono descritti con grande dovizia di dettagli, ben nove dei negozi riguardanti terreni e case fanno riferimento a risorse d'acqua, o perché all'interno della proprietà erano presenti fonti d'acqua o perché vi erano delle condutture che consentivano di attingere ad acque provenienti dall'esterno; 2) i corsi d'acqua, gli acquedotti, i pozzi e le fontane pubbliche (cfr. ad es. Plut. *Sol.* 23, 6, con riferimento ad un δημόσιον φρέαρ) erano a disposizione di tutti, sebbene spesso con forme di limitazione all'uso indiscriminato. Una legge di Gortina della prima metà del V sec. stabiliva, ad esempio, che era possibile predisporre una derivazione da un corso d'acqua per portare l'acqua stessa nel proprio campo ma nello stesso tempo poneva limiti alla quantità (*I.Cret.* IV 43 Bb). Due altre iscrizioni gortinie regolavano le modalità con cui si poteva condurre acqua nel proprio terreno passando attraverso quelli confinanti (*I.Cret.* IV 52 e 67); 3) chi non disponeva di acqua nel proprio campo poteva attingere a quella del vicino. Indicazioni piuttosto dettagliate a questo proposito erano già in una legge soloniana (Plut. *Sol.* 23, 6 = Leão / Rhodes [2015], fr. 63; cfr. anche Pl. *Leg.* 844b) che stabiliva quanto uno dovesse scavare nel proprio terreno prima di poter acquisire legalmente il diritto di attingere a quella del vicino.

[102] Klingenberg (1976) 62-132.

È interessante notare come lo sfruttamento delle risorse idriche, in un contesto geografico e climatico, come quello della Grecia mediterranea, dove queste erano inevitabilmente scarse,[103] poteva portare ad una dissociazione tra i diritti d'uso del sottosuolo, da un lato, e di quanto si trovava sulla superficie simile a quello che abbiamo riscontrato a proposito delle miniere d'argento del Laurion. Un gruppo di cinque piuttosto enigmatici documenti di età licurghea relativi alla costruzione dell'"acquedotto di Acarne" in Attica (*SEG* XIX 181 e 182; *IG* II² 2491 e 2502; *SEG* LIV 237) rivela come dei κοινωνοὶ τοῦ [Ἀχα]ρνικοῦ ὀχετοῦ[104] avessero acquisito, a prezzi tutt'altro che modesti, i diritti di sfruttamento delle acque e di passaggio delle condutture sotto la superficie del suolo εἰς τὸ ἅπαντα χρόνον dai proprietari dei terreni interessati, in cambio di vantaggi non facilmente precisabili. Due dei documenti si definiscono in particolare come ὅροι ἐνναίας, un termine, quest'ultimo, che è stato variamente interpretato come "ground water", "water rights" ovvero, più concretamente, come "sorgente", "corso d'acqua" (*SEG* XIX 181: ὅρος ἐνναίας πεπραμένης καὶ ὀχετῶι διαγωγῆς παρὰ Κτήμονος Συπαληττίου ἐκ τοῦ χω[ρ]ίου τούτου εἰς τὸν ἅπαντα χρόνον 𐅅ΗΗ δραχμ[ῶν] τοῖς κοινωνοῖς τοῦ [Ἀχα]ρνικοῦ ὀχετοῦ ὥσ[τε ἐξ]εῖναι αὐτοῖς ἄγει[ν τὸν ὀ]χετὸν βάθος [ὅσον ἂν] βούλωνται).[105]

Similmente, anche se questa volta non nel contesto di accesso alle risorse idriche bensì in quello della bonifica del lago paludoso (λίμνη) di Ptechai nel territorio di Eretria (11-12: [ἐ]ξάγει τὴν λίμνην), in *IG* XII 9, 191 Chairephanes e i suoi κοινωνοί (29-31) erano legittimati in base alle norme contrattuali (συνθῆκαι), dietro un indennizzo ai proprietari, a scavare pozzi per la galleria sotterranea (φρεατία[ς] ποεῖν τῶ[ι ὑπονόμωι]), mentre qualora

[103] Come evidenziato da DIMOPOULOU (2016), il regime di gestione delle acque nella Macedonia, una regione assai più ricca d'acqua, di età romano-imperiale non era tuttavia molto diverso.

[104] Sull' "acquedotto di Acarne", destinato a servire la città di Atene, cfr. D. MARCHIANDI, in GRECO (2014) 819-821.

[105] Così, rispettivamente, VANDERPOOL (1965) e THEODORIDIS (1985). Per una discussione dei documenti cfr. KELLOGG (2013) 105-110, 211-212; FARAGUNA (2016) 400-404.

i canali e i fossati fossero stati al livello della superficie, essi avrebbero dovuto essere scavati là dove la terra non era coltivata (ἐξαγέτω ἀπὸ τῶν ἐργασίμων χωρίων δι[ὰ] τῶν ἀργῶ[ν]),[106] in modo da ridurre al massimo i danni all'agricoltura (17-18, 20-21).[107]

Servitù prediali potevano inoltre insorgere anche per garantire l'accesso a tombe, quando queste si trovavano all'interno di terreni privati (che potevano ad esempio essere in seguito venduti): una simile situazione, come è stato notato da A.R.W. Harrison, sembra essere presupposta dall'orazione demostenica *Contro Callicle*, dove si allude alla presenza di μνήματα sul terreno in parola sin da prima che la famiglia del convenuto avesse acquistato il fondo (55, 14: καὶ τὰ μνήματα παλαιὰ καὶ πρὶν ἡμᾶς κτήσασθαι τὸ χωρίον γεγενημέν' ἐστίν) ma è esplicitamente definita in una legge gortinia dove viene previsto che, se non vi era una strada pubblica, era consentito il trasporto della salma di un defunto attraverso un terreno altrui e chi si opponeva doveva versare una multa di dieci stateri. Per converso, se vi era una strada e i familiari ugualmente trasportavano il corpo attraverso un'altra proprietà, in questo caso — il testo, tuttavia, qui si interrompe — dovevano essere i parenti del defunto a essere passibili di un'ammenda (*I.Cret.* IV 46 B, 6-14).

Per completare il discorso, un ulteriore caso, oggetto di un'illuminante analisi da parte di N. Papazarkadas, e che investe il rapporto tra sacro, pubblico e privato, è infine costituito dalle μορίαι, gli ulivi sacri ad Atena da cui in origine veniva prodotto l'olio dato in premio ai vincitori delle gare atletiche ed equestri delle Panatenee (Arist. [*Ath. Pol.*] 60, 1-3). Secondo la *Costituzione degli Ateniesi* aristotelica, in precedenza (πρότερον), fino all'inizio del IV sec., e prima che per qualche ragione le norme diventassero meno stringenti, la *polis* assegnava in appalto il

[106] Sugli aspetti tecnici delle operazioni di drenaggio vd. KNOEPFLER (2001), 51-53.

[107] Per gli aspetti giuridici sottesi al contratto (συνθῆκαι) tra la città di Eretria e Chairephanes cfr. VELISSAROPOULOS-KARAKOSTAS (2011) II, 248-249, 369-375, 462-463.

diritto di raccolta del καρπός (πρότερον δ' ἐπώλει τὸν καρπὸν πόλις) e se qualcuno sradicava o tagliava uno degli ulivi sacri il giudizio, che prevedeva severe pene, competeva all'Areopago.[108] Si vede quindi come la presenza delle μορίαι comportasse qualche limitazione e periodiche ispezioni da parte di ἐπιγνώμονες (Lys. 7, 25) per i proprietari del terreno, i quali nondimeno conservavano la pienezza dei loro diritti su di esso.[109]

9. Osservazioni conclusive

A conclusione di questa disamina di fonti e problemi vorrei evidenziare, per le loro implicazioni su un piano più generale, soprattutto due punti. In primo luogo, la grande ricchezza e articolazione del lessico greco in rapporto alla terra e al lotto di terra. Soltanto nel corso della nostra rassegna, necessariamente basata su una selezione di documenti, abbiamo di volta in volta incontrato termini quali ἀγρός, ἄρουρα, κτῆμα, κλῆρος, δαιθμός, τέμενος, ἐσχατιά, φελλεύς, μόρος, τόμος, τομάς, γύη, γῆ, χωρίον, χῶρος, ὀργάς, ἔδαφος, οἰκόπεδον. Molti altri se ne potrebbero ovviamente aggiungere. In alcuni casi, appare lecito immaginare che tale varietà, oltre che con la diacronia, possa essere semplicemente spiegata con gli usi locali. In altri casi, risulta invece ragionevole l'ipotesi che la scelta di certi termini derivasse dal loro significato tecnico, specializzato e riflettesse una sorta di classificazione "catastale" della qualità e delle caratteristiche dei terreni.[110]

[108] PAPAZARKADAS (2011) 260-284; cfr. anche SHEAR (2003) 98-100. Sull'orazione lisiana *Sull'olivo sacro* (7) rimando al commento con ampia introduzione di TODD (2007) 477-540. Discusse sono in particolare le ragioni sottese al cambiamento del sistema amministrativo con cui era ottenuto l'olio sacro, il quale al tempo di Aristotele prevedeva che fosse "il proprietario del terreno a fornire l'olio" e che l'olio provenisse "alla città dal fondo agricolo, non dalle piante" (τὸ δὲ ἔλαιον ἐκ τοῦ κτήματος οὐκ ἀπὸ τῶν στελεχῶν ἐστι τῇ πόλει): si confronti PAPAZARKADAS (2011) 267-275 con TODD (2007) 483-485.

[109] PAPAZARKADAS (2011) 266.

[110] FARAGUNA (1998) 175-177; (2019a) 121-122.

In secondo luogo, la nostra analisi ha portato a evidenziare, da un lato, la complessità della gestione del territorio di una *polis* nei suoi molteplici e variegati aspetti, dall'altro le misure con cui la città interveniva sul piano istituzionale per fare fronte a tale complessità non solo con la messa a punto di strumenti normativi volti a regolare la vita comunitaria nelle sue diverse sfaccettature e a prevenire l'insorgere di conflitti ma anche con l'elaborazione di soluzioni relativamente sofisticate sul piano concettuale e della prassi giuridica.

Bibliografia

Ackermann, D. (2018), *Une microhistoire d'Athènes. Le dème d'Aixônè dans l'Antiquité* (Atene).

Ampolo, C. (1992), "The Economics of the Sanctuaries in Southern Italy and Sicily", in T. Linders / B. Alroth (a c. di), *Economics of Cult in the Ancient Greek World* (Uppsala), 25-28.

— (2000), "I terreni sacri nel mondo greco in età arcaica e classica", in E. Lo Cascio / D.W. Rathbone (a c. di), *Production and Public Property in Classical Antiquity* (Cambridge), 14-19.

— (2022), "Contributo allo studio della Città: sull'esperienza urbana nella Sicilia antica, *polis* e città ('repolitiser' la *polis*?), in C. Ampolo (a c. di), *La Città e le città della Sicilia Antica* (Roma), 3-11.

Arena, E. (2020), *Nuove epigrafi greche da Halaesa Archonidea. Dati inediti sulle* Tabulae Halaesinae *e su una città della Sicilia tardo-ellenistica* (Oxford).

Biscardi, A. (1956), "Sul regime della comproprietà in diritto attico", in *Studi in onore di Ugo Enrico Paoli* (Firenze), 105-143 = *Scritti di diritto greco* (Milano, 1999), 23-74.

Bissa, E.M.A. (2009), *Governmental Intervention in Foreign Trade in Archaic and Classical Greece* (Leida).

Boffo, L. (2001), "Lo statuto di terre, insediamenti e persone nell'Anatolia ellenistica: documenti recenti e problemi antichi", *Dike* 4, 233-255.

Boffo, L. / Faraguna, M. (2021), *Le* poleis *e i loro archivi. Studi su pratiche documentarie, istituzioni, società nell'antichità greca* (Trieste).

Bouvier, D. (2012), "Les poèmes homériques (VIIIe — VIe siècles ?)", in A. Macé (a c. di), *Choses privées et chose publique en Grèce*

ancienne. Genèse et structure d'un système de classification (Grenoble), 41-73.
BRESSON, A. (2007), "L'entrée dans les ports en Grèce ancienne : le cadre juridique", in C. MOATTI / W. KAISER (a c. di), *Gens de passage en Méditerranée de l'Antiquité à l'époque moderne. Procédures de contrôle et d'identification* (Parigi), 37-78.
— (2016), *The Making of the Ancient Greek Economy. Institutions, Markets, and Growth in the City-States* (Princeton).
CANEVARO, M. (2016), *Demostene,* Contro Leptine. *Introduzione, traduzione e commento storico* (Berlino).
— (2022), "Social Mobility vs. Societal Stability: Once Again on the Aims and Meaning of Solon's Reforms", in J.C. BERNHARDT / M. CANEVARO (a c. di), *From Homer to Solon. Continuity and Change in Archaic Greece* (Leida), 363-413.
CAPDETREY, L. / HASENHOR, C. (a c. di) (2012), *Agoranomes et édiles. Institutions des marchés antiques* (Bordeaux).
CAREY, C. (2019), "Bridging the Divide between Public and Private: *dikē exoulēs* and Other Hybrids", in C. CAREY / I. GIANNADAKI / B. GRIFFITH-WILLIAMS (a c. di), *Use and Abuse of Law in the Athenian Courts* (Leida), 75-92.
CARUSI, C. (2005), "Nuova edizione della *homologia* tra Trezene e Arsinoe (*IG* IV 752, *IG* IV^2 76+77)", *Studi Ellenistici* 16, 79-139.
CÀSSOLA, F. (1964), "Solone, la terra e gli ectemori", *PP* 19, 25-67 = *Scritti di storia antica. Istituzioni e politica.* I (Napoli, 1993), 133-181.
CHANIOTIS, A. (1995), "Problems of 'Pastoralism' and 'Transumance' in Classical and Hellenistic Crete", *Orbis Terrarum* 1, 39-89.
CORSARO, M. (1990), "Qualche osservazione sulle procedure di recupero delle terre pubbliche nelle città greche", in G. NENCI / G. THÜR (a c. di), *Symposion* 1988 (Colonia), 213-229.
COX, C.A. (2007), "The *Astynomoi,* Private Wills and Street Activity", *CQ* 57, 769-775.
CULASSO GASTALDI, E. (2020), "Lottare per la terra: abusi e regolamentazioni in territorio attico", in *Studi su Lemnos* (Alessandria), 259-294.
CULLEY, G.R. (1975), "The Restoration of Sanctuaries in Attica: *I.G.*, II^2, 1035", *Hesperia* 44, 207-223.
DELRIEUX, F. (2013), "La vente de biens confisqués dans la Carie des Hécatomnides : notes d'histoire économique et monétaire", in M.-C. FERRIÈS / F. DELRIEUX (a c. di), *Spolier et confisquer dans le monde grec et romain. Actes du colloque de Chambéry, 15 - 17 juin 2011* (Chambéry), 209-260.

DIMOPOULOU, A. (2016), "Some Reflections on Water Rights in Inscriptions from Beroia in Imperial Times: Response to Michele Faraguna", in D.F. LEÃO / G. THÜR (a c. di), *Symposion 2015* (Vienna), 409-417.
— (2017), "The Lion and the Sage: Writing the Law in Archaic Lesbos", *RDE* 7, 19-36.
DONLAN, W. (1997), "The Homeric Economy", in I. MORRIS / B. POWELL (a c. di), *A New Companion to Homer* (Leida), 649-667.
DREHER, M. (2006), "Antwort auf Léopold Migeotte", in H.-A. RUPPRECHT (a c. di), *Symposion 2003* (Vienna), 247-254.
— (2012), "Ein Kauf-Horos aus Paros: Antwort auf J. Velissaropoulos-Karakostas", in B. LEGRAS / G. THÜR (a c. di), *Symposion 2011* (Vienna), 283-291.
— (2014), "Die Rechte der Götter", in M. GAGARIN / A. LANNI (a c. di), *Symposion 2013* (Vienna), 1-26.
DRELIOSSI-HERAKLEIDOU, A. / HALLOF, K. (2018), "Eine neue Grenzziehungsurkunde aus Lepsia", *Chiron* 48, 159-170.
ERDAS, D. (1997), "P.S.I. 1301 e la terminologia delle assegnazioni di terre in ambito epico", *SCO* 46, 741-757.
— (2020), "Terra e proprietà nelle Cicladi: il caso di Amorgos", in A. INGLESE (a c. di), *Epigrammata 5. Dinamiche politiche e istituzionali nell'epigrafia della Cicladi* (Tivoli), 163-184.
FABIANI, R. (2015), *I decreti onorari di Iasos. Cronologia e storia* (Monaco).
FAGUER, J. (2020), "Ventes immobilières et sûretés réelles à Ténos et Paros", *BCH* 144, 155-207.
— (2021), "Le marché du crédit à Olynthe et le calendrier des Chalcidiens de Thrace", *REG* 134, 1-32.
FANTASIA, U. (2012), "I magistrati dell'*agora* nelle città greche di età classica ed ellenistica", in C. AMPOLO (a c. di), Agora *greca e* agorai *di Sicilia* (Pisa), 31-56.
FARAGUNA, M. (1998), "Un nuovo studio sulle *Rationes Centesimarum*", *Dike* 1, 171-180.
— (2005), "Terra pubblica e vendite di immobili confiscati a Chio nel V secolo a.C"., *Dike* 8, 89-99.
— (2012), "*Hektemoroi, isomoiria, seisachtheia*: ricerche recenti sulle riforme economiche di Solone", *Dike* 15, 171-193.
— (2016), "Water Rights in Archaic and Classical Greek Cities: Old and New Problems Revisited", in D.F. LEÃO / G. THÜR (a c. di), *Symposion 2015* (Vienna), 387-408.
— (2019a), "Aspetti dell'amministrazione pubblica della terra a Chio in età classica ed ellenistica", in L. GAGLIARDI / L. PEPE (a c. di.), *Dike. Essays on Greek Law in Honor of Alberto Maffi* (Milano), 105-129.

— (2019b), "Loans in an Island Society: The *Astynomoi*-Inscription from Tenos", in S. DÉMARE-LAFONT (a c. di), *Debt in Ancient Mediterranean Societies* (Ginevra), 215-234.
— (2021), "Magistrates' Accountability and Epigraphic Documents: The Case of Accounts and Inventories", in K. HARTER-UIBOPUU / W. RIESS (a c. di), *Symposion 2019* (Vienna), 229-253.
FICUCIELLO, L. (2008), *Le strade di Atene* (Atene).
FORSDYKE, S. (2006), "Land, Labor and Economy in Solonian Athens: Breaking the Impasse between Archaeology and History", in J.H. BLOK / A.P.M.H. LARDINOIS (a c. di), *Solon of Athens. New Historical and Philological Approaches* (Leida), 334-350.
FRULLINI, S. (2021), "Politics and Landscape in the Argive Plain after the Battle of Sepeia", *JHS* 141, 110-131.
GALLO, L. (2014), "Les impôts sur la terre dans les *poleis* grecques", *RDE* 4, 99-113.
GALLO, S. (2017), "Le *Tavole* greche di Eraclea: appunti di paleografia e spunti indiziari", in A. PONTRANDOLFO / M. SCAFURO (a c. di), *Dialoghi sull'Archeologia della Magna Grecia e del Mediterraneo. Atti del I Convegno Internazionale di Studi*. III (Paestum), 691-702.
GAME, J. (2008), *Actes de vente dans le monde grec. Témoignages épigraphiques des ventes immobilières* (Lione).
GAUTHIER, P. (1966), "Les clérouques de Lesbos et la colonisation athénienne au Ve siècle", *REG* 79, 64-88.
GILL, D.W.J. (2006), "Hippodamus and the Piraeus", *Historia* 55, 1-15.
GRECO, E. (a c. di) (2014), *Topografia di Atene. Sviluppo urbano e monumenti dalle origini al III secolo d. C.* T. 3, *Quartieri a nord e a nord-est dell'Acropoli e Agora del Ceramico*. 2 vol. (Atene).
— (2018), *Ippodamo di Mileto. Immaginario sociale e pianificazione urbana nella Grecia classica* (Paestum).
HARRIS, E.M. (1997), "A New Solution to the Riddle of the *Seisachtheia*", in L.G. MITCHELL / P.J. RHODES (a c. di), *The Development of the* Polis *in Archaic Greece* (Londra), 103-112.
— (2022), "Notes on the New Law of Epicrates from the Athenian Agora", *ZPE* 222, 65-81.
HARRIS, E.M. / LEWIS, D. (2016), "Introduction. Markets in Classical and Hellenistic Greece", in E.M. HARRIS / D.M. LEWIS / M. WOOLMER (a c. di), *The Ancient Greek Economy. Markets, Households and City-States* (Cambridge), 1-37.
HARRISON, A.R.W. (1968), *The Law of Athens*. I, *The Family and Property* (Oxford).
HATZOPOULOS, M.B. (2011), "A List of Sales from Mieza and the Constitution of Extensive Landed Properties in the Central Macedonian Plain", *Tekmeria* 10, 47-69.

HENNIG, D. (1980), "Grundbesitz bei Homer und Hesiod", *Chiron* 10, 35-52.
— (1994), "Immobilienerwerb durch Nichtbürger in der klassischen und hellenistischen Polis", *Chiron* 24, 305-344.
HORSTER, M. (2004), *Landbesitz griechischer Heiligtümer in archaischer und klassischer Zeit* (Berlino).
IGELBRINK, C. (2015), *Die Klerouchien und Apoikien Athens im. 6. und 5. Jahrhundert v. Chr. Rechtsformen und politische Funktionen der athenischen Gründungen* (Berlino).
JACQUEMIN, A. (1979), "ΒΟΡΕΑΣ Ο ΘΟΥΡΙΟΣ", *BCH* 103, 189-193.
KELLOGG, D.L. (2013), *Marathon Fighters and Men of Maple. Ancient Acharnai* (Oxford).
KINDT, J. (2012), *Rethinking Greek Religion* (Cambridge).
KLINGENBERG, E. (1976), *Platons* ΝΟΜΟΙ ΓΕΩΡΓΙΚΟΙ *und das positive griechische Recht* (Berlino).
KNOEPFLER, D. (2001), "Le contrat d'Érétrie en Eubée pour le drainage de l'étang de Ptéchai", in P. BRIANT (a c. di), *Irrigation et drainage dans l'Antiquité. Qanats et canalisations souterraines en Iran, en Égypte et en Grèce* (Parigi), 41-79.
— (2010), "L'occupation d'Oropos par Athènes au IVe siècle avant J.-C. : une clérouquie dissimulée ?", *ASAA* 88, 439-454.
KRASILNIKOFF, J.A. (2010), "Marginal Land and its Boundaries and the Rupestrial *Horoi* of Attica", *C&M* 61, 49-69.
KRITZAS, C. (1992), "Aspects de la vie politique et économique d'Argos au Ve siècle avant J.-C.", in M. PIÉRART (a c. di), *Polydipsion Argos. Argos de la fin des palais mycéniens à la constitution de l'État classique, Fribourg (Suisse), 7-9 mai 1987* (Atene), 231-240.
KROLL, J.H. (2020), "The Inscribed Account on Lead from the Ephesian Artemision", in P. VAN ALFEN / U. WARTENBERG (a c. di), *White Gold. Studies in Early Electrum Coinage* (New York), 49-63.
LAMBERT, S.D. (1997), Rationes Centesimarum. *Sales of Public Land in Lykourgan Athens* (Amsterdam).
LEÃO, D. / RHODES, P.J. (2015), *The Laws of Solon. A New Edition with Introduction, Translation and Commentary* (Londra).
LOMBARDO, M. (2001), "La documentazione epigrafica", *ACSMGr* 40, 73-152.
— (2013), "*Horistai*: osservazioni sull'evidenza a partire dalle tavole di Eraclea", in A. INGLESE (a c. di), *Epigrammata 2. Definire, descrivere, proteggere lo spazio* (Tivoli), 373-395.
MACDOWELL, D.M. (2006), "Mining Cases in Athenian Law", in H.-A. RUPPRECHT (a c. di), *Symposion 2003* (Vienna), 121-131.

MACK, W. (2015), *Proxeny and Polis. Institutional Networks in the Ancient Greek World* (Oxford).

MAFFI, A. (2005), "Family and Property Law", in M. GAGARIN / D. COHEN (a c. di), *Cambridge Companion to Ancient Greek Law* (Cambridge), 254-266.

MAROHNIĆ, J. / POTREBICA, H. / VUKOVIĆ, M. (2021), "A New Fragment of the Greek Land Division Decree from Lumbarda on the Island of Korčula", *ZPE* 220, 137-143.

MATTHAIOU, A.P. (2011), Τὰ ἐν τῆι στήληι γεγραμμένα. *Six Greek Historical Inscriptions of the Fifth Century B.C.* (Atene).

— (2012), "Νέα Χιακὴ ἐπιγραφή", *Grammateion* 1, 53-55.

— (2020), Τὸ Ἀττικὸ ψήφισμα περὶ τῶν Ἀθηναίων οἰκούντων ἐν Λήμνῳ (Atene).

MEISTER, R. (1910), "Beiträge zur griechischen Epigraphik und Dialektologie. VIII, Synoikievertrag aus dem arkadischen Orchomenos", *Berichte d. Sächsischen Gesellschaft d. Wiss. z. Leipzig, phil.-hist. Kl.* 62, 11-26.

MERITT, B.D. / WADE GERY, H.T. / MCGREGOR, M.F. (1950), *The Athenian Tribute Lists*. III (Princeton).

MIGEOTTE, L. (1977), "Sur une clause des contrats d'emprunt d'Amorgos", *AC* 46, 128-139 = *Économie et finances publiques des cités grecques*. I, *Choix d'articles publiés de 1976 à 2001* (Lione, 2010), 31-48.

— (2006), "La gestion des biens sacrés dans les cités grecques", in H.-A. RUPPRECHT (a c. di), *Symposion 2003* (Vienna), 233-246 = *Économie et finances publiques des cités grecques*. II, *Choix d'articles publiés de 2002 à 2014* (Lione, 2015), 103-115.

— (2014a), *Les finances des cités grecques* (Parigi).

— (2014b), "L'aliénation de biens-fonds publics et sacrés dans les cités grecques aux périodes classique et hellénistique", in M. GAGARIN / A. LANNI (a c. di), *Symposion 2013* (Vienna), 287-301 = *Économie et finances publiques des cités grecques*. II, *Choix d'articles publiés de 2002 à 2014* (Lione, 2015), 151-164.

— (2015), "Les finances des cités grecques un an plus tard", *Topoi* 20, 477-494.

— (2017), "Chreophylakes", in *Encyclopedia of Ancient History* (Hoboken).

— (2018), "La privatisation du culte d'Apollon à Gytheion", in B. BISCOTTI (a c. di), *Kállistos Nómos. Scritti in onore di Alberto Maffi* (Torino), 93-101.

MOGGI, M. (1978), "L'insediamento a Salamina di Antidoro Lemnio e degli uccisori di Mirrina", *ASNP* s. III, 8, 1301-1312.

MORISON, W.S. (2003), "Property Records for Athenian Cleruchs or Colonists? Notes on *IG* I³ 420", *ZPE* 145, 109-113.
MÜLLER, C. (2010), *D'Olbia à Tanaïs. Territoires et réseaux d'échanges dans la mer Noire septentrionale aux époques classique et hellénistique* (Bordeaux).
NOUSSIA-FANTUZZI, M. (2010), *Solon the Athenian, the Poetic Fragments* (Leida).
PAPAZARKADAS, N. (2009), "The Decree of Aigeis and Aiantis (Agora I 6793) Revisited", in A.A. THEMOS / N. PAPAZARKADAS (a c. di), Ἀττικὰ ἐπιγραφικά. Μελέτες πρὸς τιμὴν τοῦ *Christian Habicht* (Atene), 165-181.
— (2011), *Sacred and Public Land in Ancient Athens* (Oxford).
PERNIN, I. (2014), *Les baux ruraux en Grèce ancienne. Corpus épigraphique et étude* (Lione).
POLINSKAYA, I. (2009), "Fifth-Century Horoi on Aigina: A Reevaluation", *Hesperia* 78, 231-267.
PRESTIANNI GIALLOMBARDO, A.M. (2012), "L'acqua come elemento fondamentale nell'organizzazione e nel controllo del territorio e dello spazio urbano: il caso di Alesa", in A. CALDERONE (a c. di.), *Cultura e religione delle acque* (Roma), 375-398.
RAAFLAUB, K.A. (1997), "Homeric Society", in I. MORRIS / B. POWELL (a c. di), *A New Companion to Homer* (Leida), 624-648.
RICHARDSON, M.B. (2021), "The Law of Epikrates of 354/3 B.C.", *Hesperia* 90, 685-746.
ROUSSET, D. (2002a), *Le territoire de Delphes et la terre d'Apollon* (Atene).
— (2002b), "Terres sacrées, terres publiques et terres privées à Delphes", *CRAI* 146, 215-241.
— (2013), "Sacred Property and Public Property in the Greek City", *JHS* 133, 1-21.
— (2015), "Les fonds sacrés dans les cités grecques", *Topoi* 20, 369-393.
SCHORN, S. (2014), "Nikagoras von Zeleia", *Hermes* 142, 78-93.
SHEAR, J.L. (2003), "Prizes from Athens: The List of Panathenaic Prizes and the Sacred Oil", *ZPE* 142, 87-108.
SHIPLEY, G. (2005), "Little Boxes on the Hillside: Greek Town Planning, Hippodamos, and Polis Ideology", in M.H. HANSEN (a c. di), *The Imaginary Polis* (Copenhagen), 335-403.
SOURVINOU-INWOOD, C. (1988), "Further Aspects of *Polis* Religion", *AION(Arch)* 10, 259-274 = R. BUXTON (a c. di), *Oxford Readings in Greek Religion* (Oxford), 38-55.
— (1990), "What is Polis Religion?", in O. MURRAY / S. PRICE (a c. di), *The Greek Polis, from Homer to Alexander* (Oxford), 295-322 =

R. BUXTON (a c. di), *Oxford Readings in Greek Religion* (Oxford), 13-37.
TAYLOR, M.C. (1997), *Salamis and the Salaminioi. The History of an Unofficial Athenian Deme* (Amsterdam).
THEODORIDIS, C. (1985), "Die ὅροι ἐνναίας der Inschriften SEG 19,181.182 und Photius E 989", *ZPE* 60, 51-52.
THÜR, G. / FARAGUNA, M. (2018), "Silver from Laureion: Mining, Smelting and Minting", in B. WOYTEK (a c. di), *Infrastructure and Distribution in Ancient Economies. Proceedings of a Conference Held at the Austrian Academy of Sciences, 28-31 October 2014* (Vienna), 45-57.
TODD, S.C. (1993), *The Shape of Athenian Law* (Oxford).
— (2007), *A Commentary on Lysias, Speeches 1-11* (Oxford).
TRIBULATO, O. (2019), "La legge tardo-arcaica di Himera (*SEG* 47, n° 1427; *IGDS* II n° 15): un riesame linguistico ed epigrafico", *Pallas* 109, 167-193.
VANDERPOOL, E. (1965), "The Acharnian Acqueduct", in Χαριστήριον εἰς Ἀναστάσιον Κ. Ὀρλάνδον. I (Atene), 166-175.
VASSALLO, S. (2022), "Riflessioni sull'organizzazione degli spazi nella città di Himera", in C. AMPOLO (a c. di), *La Città e le città della Sicilia Antica* (Roma), 263-270.
VELISSAROPOULOS-KARAKOSTAS, J. (2011), *Droit grec d'Alexandre à Auguste. Personnes, biens, justice (323 av. J.-C. — 14 ap. J.-C.).* 2 vol. (Atene).
— (2012), "*Périègèta* : un nouveau terme de la vente grecque", in B. LEGRAS / G. THÜR (a c. di), *Symposion 2011* (Vienna), 267-281.
ZURBACH, J. (2017), *Les hommes, la terre et la dette en Grèce, c. 1400 – c. 500 a. C.* 2 vol. (Bordeaux).

DISCUSSION

D. Marcotte: Le corpus que vous nous proposez est tout à la fois riche et varié et les perspectives que trace son examen sont particulièrement prometteuses, comme l'a montré le cas remarquable de *SEG* XIX 181, qui permet de confirmer une glose de Photios. Le statut des eaux et du sous-sol, que vous avez abordé, soulève par ailleurs des questions d'une grande actualité, dont la dimension peut être aussi, du reste, géopolitique.

Mais je voudrais m'arrêter sur l'inscription de Lepsia (*IG* XII 4, 3897), relative au *periorismos* d'une *chôra* et à son enregistrement (*anagegrammenos*) sur un *pinax*, selon une procédure qui paraît rigoureusement encadrée. Je crois que ce document est capital pour l'interprétation des prolégomènes de Ptolémée (l. I-II, 1), dont les traductions et commentaires modernes ont tendance à gommer la dimension technique, voire administrative. Comme on sait, la matière de la *Géographie* est, dans les livres II-VII, distribuée en *periorismoi* (appelés aussi, le cas échéant, *perigraphai*), quatre-vingt-quatre au total, qui sont définis par leurs *horoi*, mesures à l'appui, et se répartissent eux-mêmes en nombre variable entre les vingt-six *pinakes* qui forment le livre VIII. Au vu de l'inscription de Lepsia, on peut se demander si Ptolémée ne puisait pas en réalité au registre de l'administration. L'inscription de Priène (*I.Priene M–B* 414), que vous citez également, produirait avec *leukôma* un terme alternatif pour *pinax*. À votre connaissance, existe-t-il d'autres documents qui font état de l'enregistrement, sur des tablettes, de données topographiques à vocation cadastrale ?

M. Faraguna: In effetti la cosa più straordinaria del documento di Lepsia è il fatto che venisse specificato che il *periorismos* già esisteva ed era registrato su un *pinax* e che il decreto stabilisse che esso dovesse da quel momento essere iscritto anche su una stele. Gli esempi di registrazioni fondiarie su tavolette di legno non sono numerosi : mi viene tuttavia in mente la legge efesia sull'appianamento dei debiti scaduti durante il *koinos polemos* (*I.Ephesos* 4) in cui era previsto che, nel caso di contenziosi, le sentenze dei giudici stranieri, riguardanti "le persone, i luoghi e i confini", dovessero essere registrate su *leukômata*. Un altro caso interessante dove, a proposito di una distribuzione di terre, viene menzionato un *pinax* è costituito dal decreto di Lumbarda dove il termine compare nel frammento recentemente pubblicato in *ZPE* 220 (2021).

D. Marcotte: Je me demande si quelquefois les commentateurs d'aujourd'hui ne sont pas influencés, dans l'analyse des sources grecques, par les procédures romaines : le *chorographus* romain est en effet chargé de dresser une *forma*, dont on a quelques exemples dans le corpus des *agrimensores*. En revanche, le corpus grec est pauvre en schémas graphiques ; les archives de Zénon offrent l'ébauche du plan d'un fonds de terre, isolé dans notre documentation.

A. Cohen-Skalli: Oui, il s'agit de *P.Lille gr.* I, 1, qui donne un plan très sommaire. Est-ce la seule occurrence d'un tel plan ?

I. Pernin: Il faut préciser que ce document provenait de la comptabilité de Zénon, et qu'il ne s'agissait pas d'un acte public. Ce type de document, issu d'archives privées, conservées sur papyrus, a totalement disparu pour le reste du monde grec.

M. Faraguna: Concordo, la realtà di rappresentazioni grafiche, se sono esistite, deve essere considerata l'eccezione e non di certo la norma. Nei miei studi ho incontrato come possibile esempio un'iscrizione da Amatunte pubblicata da P. Aupert e P. Flourentzos (*BCH* 132, 2008, 311-346, anche *SEG* LVIII 1673), dove i lotti sono identificati con serie numeriche, ma siamo nella seconda metà del II sec. a.C. e in un contesto tolemaico.

Altrimenti c'è il caso delle "iscrizioni catastali" di Larisa, trattato da I. Pernin nella sua relazione, senza dubbio di straordinario interesse ma che rimane tuttavia alquanto discusso tanto nei contenuti e significati specifici quanto nelle implicazioni più generali.

D. Rousset: Je remercie beaucoup M. Faraguna pour son exposé si riche. Cet exposé nous est particulièrement utile parce qu'il permet de comparer terminologie géographique et terminologie juridique, et leurs respectives palettes lexicales et thématiques. En effet, vous avez souligné la richesse, la variété, le nombre des termes grecs anciens qui désignent les terres, les champs, les terrains, les biens-fonds, etc. Mais, de l'autre côté, la terminologie juridique relative à la possession et à la propriété est beaucoup plus pauvre, puisque l'on ne compte que trois ou quatre termes, que vous avez rappelés, *exousia*, *epimeleia*, *kyrieia*, et éventuellement *prostasia*. D'autre part, si l'on peut dire que la géographie grecque antique s'est développée tardivement et lentement et que cela expliquerait sa relative et éventuelle pauvreté conceptuelle (notamment par rapport aux langues contemporaines : voir l'introduction générale au volume), en revanche c'est assurément tout l'inverse pour le droit grec, qui a été conceptualisé et écrit très tôt, en un vocabulaire très varié et précis, comme l'attestent maintes inscriptions archaïques et classiques déjà, avant même le droit attique du IVe siècle. Or, donc, s'agissant des termes désignant ce que nous appelons la possession et la propriété, ils ne sont pas du tout nombreux, quant à eux, dans les sources grecques. Si les Grecs avaient voulu préciser et définir le droit de la "propriété", ils en auraient trouvé le moyen, si grandes pouvaient être la variété et la richesse de leurs concepts juridiques et abstraits. On doit donc conclure que, d'une certaine façon, les Grecs se sont volontairement abstenus de développer un vocabulaire de la possession et à la propriété qui soit à la fois riche, précis et aussi univoque que celui issu du droit romain. Par conséquent, pour ma part, j'hésiterais à étiqueter la documentation grecque antique en usant de concepts juridiques qui ne correspondent pas au vocabulaire des Grecs, et je croirais plus prudent d'utiliser seulement, ou avant tout, les termes qui leur sont familiers. C'est pourquoi je m'étais arrêté, en 2015, à la notion de *kyrieia* (voir p. 235 et note 64 de votre texte) à propos des biens sacrés dans la cité, et c'est aussi et surtout pour cela que je m'interroge sur la véritable pertinence de la notion de "copropriété solidaire", que vous proposez. Dans quel type de texte juridique grec ancien est-elle attestée, et dans quelle mesure sommes-nous autorisés à accrocher cette étiquette à la propriété du dieu dans la cité ?

M. Faraguna: Sono d'accordo sul fatto che la nozione di comproprietà solidale da me evocata, che pure è operativamente ben documentata nel diritto greco, non si riflette in una terminologia specifica, tecnica. Lo stesso, mi sembra, vale tuttavia anche per quella di *kyrieia* che è attestata prevalentemente in età ellenistica e con riferimento alle "donazioni" di terre da parte dei sovrani (un'enumerazione delle forme di acquisizione legittima di una porzione di territorio è nella ben nota iscrizione dell'arbitrato dei Magneti sul Meandro nella disputa tra Itanos e Hierapytna, *I.Cret.* III iv, 9, 133-134). Certo, nel secondo caso vi è l'attrattiva del parallelo con il ruolo del *kyrios* di donne o minori, ma il problema è quello di dare una definizione teorica a ciò che per i Greci era soprattutto un problema pratico. La stessa definizione del concetto di proprietà nel mondo greco, se "relativo", come vuole una consolidata tradizione di studi, o, in ultima analisi, non diverso da quello moderno, come sostenuto, sulla scorta di A.M. Honoré, in diversi lavori recenti da E.M. Harris (da ultimo "The Legal Foundations of Economic Growth in Ancient Greece", in E.M. Harris / D.M. Lewis / M. Woolmer (a c. di), *The Ancient Greek Economy. Markets, Households and City-States* [Cambridge 2016], 118-119), è discussa.

D. Rousset: A partir du cas de Thespies, vous vous êtes interrogé sur le rôle des ἱαράρχαι et sur le possible mélange entre public et sacré qu'indiquerait l'intervention des magistrats ainsi nommés ; vous avez avancé l'expression de "magistrats sacrés". Néanmoins, je me demande si dans les cités grecques on peut établir une distinction entre magistrats "sacrés" et magistrats "publics", a fortiori pour des cités modestes comme Thespies, dont les institutions sont mal connues. Je ne suis pas sûr que les titres mêmes des magistrats (*naopes*, *hiararchai*, etc.) prouvent en eux-mêmes une confusion entre domaine public et domaine sacré dans l'"administration" de la cité.

M. Faraguna: È un punto sicuramente importante, di cui è necessario tenere conto; il senso delle mie considerazioni era in effetti soprattutto quello di sottolineare, seguendo la *Politica* di Aristotele, come, a livello amministrativo, ciò che per noi attiene alla religione è di fatto pienamente integrato nell'organizzazione istituzionale della città.

D. Rousset: Sur le statut juridique et l'éventuelle inaliénabilité des biens sacrés, il faut rappeler le témoignage certes isolé, mais très explicite, de l'inscription de Gythéion *IG* V 1, 1144, texte qu'avait commenté L. Migeotte en 2018 in B. Biscotti (éd.), *Kállistos Nómos. Scritti in onore di Alberto Maffi*, Torino, 2018, 93-101 : "La privatisation du culte d'Apollon à Gytheion". Deux Gythéiates, sans doute au début du Ier siècle av. J.-C., Philémon et son fils Théoxénos, avaient accepté de réparer à leurs frais τὸ ἱερὸν τὸ τοῦ Ἀπόλλω[ν]ος τοῦ ποτὶ τᾶι ἀγορᾶι. En échange de quoi le peuple décida : εἶναι τὸ ἱερὸν τὸ τοῦ Ἀπόλλωνος Φιλήμονος τοῦ Θεοξένου καὶ Θεοξένου τοῦ Φιλήμονος (…) καὶ ἔχειν αὐτοὺς τὰν ἐξουσίαν τοῦ τε ἱεροῦ καὶ τοῦ θεοῦ καὶ τῶν ἀπὸ τοῦ ἱεροῦ πάντων, προστασίαν ποιουμένους καὶ ἐπιμέλειαν καθὼς ἂν αὐτοὶ προαιρῶνται. Comme je l'ai suggéré dans le *BE* 2019, 196, il ne s'agit pas, malgré L. Migeotte, de "privatisation *du culte d'Apollon*", mais de privatisation "d'un sanctuaire", comme il est dit explicitement. Le culte demeurera selon la plus grande vraisemblance toujours libre. Mais il y a bel et bien *aliénation* du bien au profit de particuliers.

M. Faraguna: La ringrazio per la segnalazione di questo documento molto interessante che non conoscevo e che, così interpretato, rivela come la distinzione tra proprietà sacre con carattere di "infrastrutture", e come tali inalienabili, e proprietà sacre sfruttate, sotto diversi aspetti, come se fossero beni "privati" abbia forse contorni meno netti e ben definiti di quanto suggerito, nella sua classificazione, da L. Migeotte.

C. Schuler: Wie Sie gezeigt haben, ist die Frage nach der historischen Entwicklung des Konzepts der ἔγκτησις sehr wichtig, da es sich um eines der zentralen Prinzipien handelt, über die sich die Bürger einer Polis definierten. Wäre es denkbar, dass die Erfahrungen der Koloniegründungen zur Entwicklung dieses Prinzips beitrugen? Die Gründung einer Kolonie war ein aufwendiges und oft gefährliches Unternehmen. Dies könnte den Gedanken gestärkt haben, das Recht auf Teilhabe an dem besetzten Land als exklusives Privileg der Siedler zu sehen, denen die erfolgreiche Landnahme und der Aufbau einer Siedlung zu verdanken war.

M. Faraguna: Come si fosse giunti al quadro di età classica è un problema di fondamentale importanza nello sviluppo della *polis* cui sarebbe importante poter dare un risposta. Mi sembra significativo che tra i più di 60 decreti di *enktêsis* documentati per Atene solo un piccolo numero vede come destinatari i meteci. Ciò significa che si voleva che il privilegio rimanesse meramente simbolico e non venisse attuato. Riguardo alle possibili implicazioni, sul piano mentale e concreto, della colonizzazione, il fenomeno che ho cercato di evidenziare è a tutti gli effetti riscontrabile anche nelle *apoikiai* : emblematico è ad esempio il caso di Cirene dove, secondo Erodoto, dopo una prima fase della storia della città segnata da una convivenza pacifica, l'afflusso di un gran numero di nuovi coloni avrebbe portato allo scontro con la popolazione indigena e al contrasto tra i primi coloni e i nuovi arrivati (4, 159-161). I "primi lotti" sono un tema ricorrente nella *Politica* di Aristotele. È stato verosimilmente l'aumento demografico a far sì che la *polis* divenisse sotto questo aspetto meno "generosa". Nell'*Odissea* Laerte aveva all'opposto acquistato il suo *agros* lontano dalla città semplicemente rendendo coltivabile "con molta fatica" un pezzo di terra ancora non lavorato (24, 205-207). Una questione in ogni caso da non trascurare è il fatto che le prime attestazioni della concessione del diritto di *enktêsis* non sono anteriori alla fine del V secolo. Si tratta, con ogni probabilità, soltanto di un fatto di "abitudine epigrafica" ma rimane che le origini di questo istituto sono al momento non facilmente esplorabili.

I. Pernin: Si l'on revient sur le cas de Thespies, dans cette cité, le sacré n'est en aucun cas institutionnellement distingué du public.

M. Faraguna: Questo, come si è visto, è vero ma, nello stesso tempo, non bisogna, a mio giudizio, neppure eccedere nell'integrare completamente le due dimensioni. Abbiamo visto come gli *hiera* venissero sul piano istituzionale riconosciuti come un ambito specifico, ad esempio nell'ordine del giorno delle assemblee. La difficoltà della questione è quindi quella di trovare una definizione che consenta di riconoscere la specificità di ciò che è sacro nel sistema della *polis* — ciò che si riflette ad esempio nella sua organizzazione finanziaria — senza appiattire una nozione sull'altra, e nello stesso tempo di evitare visioni anacronistiche che, troppo rigidamente, insistano su una distinzione tra sfere ben separate e diverse.

C. Schuler: Straßen hatten für die Gliederung eines Polisterritoriums eine große Bedeutung, nicht zuletzt als Markierung von Grenzlinien. Surveys zeigen, dass wir außerhalb der Städte mit einem verzweigten Netz von Haupt- und Nebenstraßen, Wegen und Pfaden rechnen müssen. Eine Hierarchie der Straßen und Verkehrswege ist beispielsweise in dem frühhellenistischen „Schuldengesetz“ aus Ephesos belegt. Erwähnungen von öffentlichen Straßen (ὁδοὶ δημοσίαι) implizieren, dass es auf dem Land Hauptachsen gab, deren Bau und Unterhalt von der Polis getragen wurde, während kleinere Wege möglicherweise auf Gewohnheitsrechten beruhten und von den Anwohnern unterhalten wurden. Wie schätzen Sie diese Fragen ein?

M. Faraguna: La ringrazio, si tratta di un tema di grande interesse che ho soltanto potuto sfiorare nella mia relazione. Nei documenti dei poleti ateniesi le strade compaiono ripetutamente a segnare i confini delle proprietà confiscate o delle miniere date in concessione per lo sfruttamento. Ed è interessante che nella citata iscrizione della legge sull'appianamento dei debiti di Efeso si sottolinei come le strade che davano accesso ai santuari, alle fontane, agli edifici e alle tombe dovessero rimanere al di fuori della divisione delle terre tra creditori e debitori (*I.Ephesos* 4, ll. 13-14). Qui nuovamente balza in primo piano il potere regolatore della città che impone il rispetto dei diritti di servitù. Come lei sottolinea, i lavori di ricognizione nel territorio delle città greche hanno evidenziato come esso fosse caratterizzato da una sviluppata, e a prima vista insospettata, rete di strade. Ciò è apparso anche durante le operazioni di *survey* compiute nel territorio del demo attico, rurale e in posizione piuttosto remota, di Atene ad opera di H. Lohmann. Il problema cui è difficile dare una risposta complessiva riguarda le autorità preposte a questo fitto *network* di strade. Il fatto che ad Atene e in altre *poleis* (abbiamo visto il caso di Gortina) esistessero delle strade esplicitamente definite come *demosiai*, la cui cura e manutenzione, possiamo immaginare, era di competenza dei magistrati cittadini (Arist. [*Ath. Pol.*] 54, 1), farebbe pensare che non tutte lo erano. Se ad Atene le strade non *demosiai* ricadessero nell'amministrazione locale dei demi, come mi sembra più probabile, o fossero invece lasciate del tutto alla cura e all'iniziativa dei privati, è una questione su cui le fonti hanno da dirci davvero molto poco.

VI

CHRISTOF SCHULER

DIE STRUKTURIERUNG DES RAUMS IN DEN HELLENISTISCHEN KÖNIGREICHEN

ABSTRACT

The Hellenistic kingdoms were not territorial states in the modern sense, but conglomerates of territories with different status. On the other hand, the kings did claim to treat their respective domains as a unified space. This article attempts an analysis of the relevant terminology that abstracts from matters of topographical detail in order to deduce principles of spatial structuring. After introductory remarks on the preconditions and functions of geographical knowledge in the kingdoms, three administrative levels and their respective spatial perspectives are examined: the kingdom as a whole, i.e. the king; the regions, i.e. the 'provinces'; and the local administration. A certain uniformity of administrative geography can at best be observed in the Egyptian heartland and in Macedonia. The kings certainly had an overview over their entire realms, but only of its most important subdivisions. Detailed geographical knowledge was a matter for the regionally and locally responsible functionaries on whom the kings had to rely. Local agents thus gained a considerable influence on the monarchs' decisions.

Die hellenistischen Könige — wie schon die Achämeniden vor ihnen — hatten ein starkes Interesse an Geographie, wie spektakuläre Erkundungsfahrten und Gesandtschaftsreisen oder die Forschungen am Mouseion von Alexandria zeigen.[1] Den

[1] SCHMITT / VOGT (2005) *s.vv.* Geographie (DUBIELZIG / GEUS), Eratosthenes (GEUS / KOST), Megasthenes, Nearchos, Patrokles (SCHMITT), jeweils mit weiterer Literatur; RATHMANN (2013) 11-35; KOSMIN (2014) 31-76; zu den Achämeniden WIESEHÖFER (2007).

Königen ging es aber nicht hauptsächlich darum, geographische Forschung um ihrer selbst willen zu fördern, sondern vielmehr im Sinne der Pragmatik des Polybios[2] um die konkreten Probleme der militärischen und administrativen Kontrolle geographischer Räume. Dazu benötigten sie detaillierte Informationen, wie sie nicht aus theoretischer Analyse, sondern nur aus empirischer Beobachtung lokaler Verhältnisse zu gewinnen waren. Die Frage, wie derartiges Wissen innerhalb der königlichen Verwaltungen gewonnen, gespeichert und kommuniziert wurde, steht deshalb im Mittelpunkt der folgenden Überlegungen.

Zeitgenössische Darstellungen dazu, wie hellenistische Könige ihre Reiche als geographische Räume konzeptualisierten, erschöpfen sich in Auflistungen der jeweils beherrschten Großlandschaften, die mit ihren traditionellen Namen angesprochen werden.[3] Wie immer, wenn es um strukturelle Fragen der Königreiche geht, sind wir darauf angewiesen, aus verstreuten, lückenhaften Informationen eine zugrundeliegende Systematik zu erschließen — oder das noch fundamentalere Problem zu klären, ob es eine solche Systematik überhaupt gab. Fragen zur Geographie der Königreiche können aus verschiedenen Blickwinkeln gestellt werden: Am häufigsten werden in der Forschung Realien wie Namen und administrative Bezeichnungen von Provinzen[4] und anderen Distrikten diskutiert, deren jeweilige Ausdehnung und ihre häufig wechselvolle Geschichte von Eroberung, Verlust und Rückeroberung. Fortschritte sind in solchen Einzelfragen ohne neue Quellen kaum möglich, und die notwendig bruchstückhaften Ergebnisse geben wenig Aufschluss über Raumkonzepte.[5] Die folgenden Überlegungen versuchen stattdessen eine von topographischen Einzelfragen abstrahierende Analyse der einschlägigen

[2] POLYB. 12, 25e, 1; vgl. in diesem Band A. COHEN-SKALLI.

[3] Zum ptolemäischen Reich: THEOC. *Id.* 17, 86-90 mit HUNTER (2003) 159-166; *OGIS* 54, Z. 6-8, 13-15, 17-20.

[4] Der eigentlich anachronistische Begriff wird im Folgenden als Sammelbezeichnung für die unterschiedlich benannten Hauptgliederungen der Königreiche verwendet, ebenso die Bezeichnung „Statthalter" für deren Vorsteher.

[5] Siehe die unten Anm. 54 angegebene Literatur.

Terminologie, um daraus Prinzipien räumlicher Strukturierung zu erschließen. Die relevanten Einzelfragen sind ebenfalls schon häufiger untersucht worden, seltener jedoch im Zusammenhang. Bemerkenswert ist, dass die zahlreichen im Zuge des *spatial turn* entstandenen Sammelbände die hellenistischen Reiche meist übergehen.[6] Neuere Arbeiten zu einzelnen Königreichen widmen dagegen unter dem Einfluss des *spatial turn* Fragen der Territorialität und Regionalität große Aufmerksamkeit;[7] ihren Ergebnissen verdanken die folgenden Überlegungen viel, auch wenn die hier gewählte Perspektive eine andere ist. Noch weniger untersucht und möglicherweise innovativer wäre die Frage, welche raumstrategischen Konzepte sich an den zahlreichen Feldzügen hellenistischer Könige ablesen lassen. Eine fundierte Auseinandersetzung mit einer Vielzahl von Kriegen, deren Ereignisgeschichte oft unklar und umstritten ist, würde jedoch den vorliegenden Rahmen sprengen.

Eine Untersuchung von Terminologie und Konzepten räumlicher Strukturierung in den hellenistischen Königreichen muss an epigraphischen und papyrologischen Texten ansetzen, die einen unmittelbaren Einblick in die Sprache der Könige und ihrer Funktionäre eröffnen. Die literarische Überlieferung enthält ebenfalls unverzichtbare Informationen, muss jedoch mit Vorsicht behandelt werden, wenn es um Begrifflichkeit geht, weil die Autoren aus stilistischen Gründen zu Variationen und untechnischer Sprache neigen. Es ist deshalb unvermeidlich, dass im Folgenden einige seit langem bekannte und intensiv diskutierte Dokumente erneut in den Blick genommen werden. Immerhin sind in den letzten beiden Jahrzehnten wichtige Neufunde zu verzeichnen, die auch für unser Thema neue Mosaiksteine beitragen.

[6] So etwa ALBERTZ / BLÖBAUM / FUNKE (2007); RATHMANN (2007a); BOSCHUNG / GREUB / HAMMERSTAEDT (2013).

[7] Zu nennen sind insbesondere die Arbeiten von CAPDETREY (2007), (2010) und KOSMIN (2014); letzterer bietet trotz des Untertitels seines Buchs keine konzeptionelle Auseinandersetzung mit den dort genannten Begriffen „space" und „territory".

1. Bedingungen räumlicher Wahrnehmung in den hellenistischen Reichen

Zunächst sind einige Vorüberlegungen zu den Voraussetzungen und Funktionen von geographischem Wissen in den hellenistischen Königreichen nützlich. Wenn man danach fragt, aus welcher Perspektive und mit welchen empirischen Methoden die Könige die für eine erfolgreiche Herrschaftspraxis nötigen Kenntnisse von Land und Leuten erwarben, ist ihre Formung und ihr Selbstverständnis als militärische Kommandeure von großer Bedeutung. Die Reiche Alexanders und der Diadochen beruhten auf militärischer Eroberung, der Anspruch der Könige auf die von ihnen beherrschten Gebiete gründete auf dem „Speererwerb" (δορίκτητος χώρα); Sieghaftigkeit stand in ihrer Selbstdarstellung und Herrschaftslegitimation an vorderster Stelle.[8] Wenn hellenistische Könige reisten, geschah dies häufig in Form von militärischen Unternehmungen zu Wasser und zu Land.[9] Auch die führenden Akteure des Herrschaftsapparates hatten in der Regel einen militärischen Hintergrund. Bei Feldzügen wurden die täglich zurückgelegten Strecken genau registriert, um die eigene Position bestimmen und Rückzugs- und Nachschubwege abschätzen zu können. Diese Praxis wurde von Alexander in Gestalt der βηματισταί systematisiert, die täglich die auf dem Marsch zurückgelegten Distanzen zu messen hatten.[10] Der Kreter Philonides, β[α]σιλέως Ἀλε[ξάνδρου] ἡμεροδρόμας καὶ βηματιστὴς τῆς Ἀσίας, war Langstreckenläufer für die schnelle Kommunikation über größere Entfernungen und zugleich Bematist.[11] Beide Funktionen setzten eine robuste Physis, gutes Orientierungsvermögen und geographische Kenntnisse voraus.[12] Die

[8] GEHRKE (1982), (2013); MILETA (2008) 12-13. WIEMER (2017). Vgl. zu den Ptolemäern ARISTEAS JUDAEUS 223 (Neigung der Könige ἐπὶ χώρας κατάκτησιν) und HUNTER (2003) 160-161.

[9] Insbesondere die Seleukiden bereisten ihr Großreich aber auch in Friedenszeiten häufig: KOSMIN (2014) 129-180.

[10] SCHWARTZ (1897) mit den Belegen.

[11] *I.Olympia* 276-277 und *I.Olympia* Suppl. 43 mit den Kommentaren; PAUS. 6, 16, 5. Vgl. in diesem Band D. MARCOTTE.

[12] TZIFOPOULOS (1998); CHRISTENSEN / HEINE NIELSEN / SCHWARTZ (2009).

Bematisten notierten neben den gemessenen Strecken zumindest die wichtigsten geographischen Merkmale zum Verständnis dieser Zahlen; einige scheinen ausführlichere Berichte veröffentlicht zu haben.[13] So zitiert Strabon eine Behauptung des Patrokles, wonach Alexander deshalb sehr genaue geographische Kenntnisse gehabt habe, weil „die besten Experten das ganze Land für ihn beschrieben hätten, und diese Beschreibung habe Patrokles später von dem Gazophylax Xenokles erhalten." Demnach umfasste das von dem sonst unbekannten Xenokles geleitete γαζοφυλάκιον nicht nur eine königliche Kasse, sondern auch ein Archiv.[14] Neben solchen Berichten gab es die literarischen Darstellungen von Teilnehmern des Alexander-Zuges, die in Verbindung mit der Ereignisgeschichte ebenfalls geographische Beschreibungen enthielten, jedoch weniger systematisch und vermutlich eher auf ungewöhnliche Aspekte konzentriert.[15]

Hellenistische Könige nahmen den Raum also zunächst aus militärischem Blickwinkel wahr, der sich auf Marschrouten, Entfernungen, Städte, Siedlungen, strategische Punkte und andere Landmarken konzentrierte. Da sich ein Heer auf dem Marsch zum größten Teil aus dem Land versorgte, waren außerdem Informationen über dafür geeignete Ressourcen und günstige Lagerplätze von Bedeutung. Mit diesen Bedürfnissen hängt das Interesse der Könige am Ausbau und an der Vermessung von Straßen zusammen, das schon für die Achämeniden und — wohl beeinflusst vom persischen Vorbild — für das vorhellenistische Makedonien bezeugt ist.[16] Konkreter Ausdruck dieses Interesses

[13] RATHMANN (2007b) 89-90.

[14] STR. 2, 1, 6 C69 (*FGrHist* 712 F 1): οὐδὲ τοῦτο δὲ ἀπίθανον τοῦ Πατροκλέους ὅτι φησὶ τοὺς Ἀλεξάνδρῳ συστρατεύσαντας ἐπιδρομάδην ἱστορῆσαι ἕκαστα, αὐτὸν δὲ Ἀλέξανδρον ἀκριβῶσαι ἀναγραψάντων τὴν ὅλην χώραν τῶν ἐμπειροτάτων αὐτῷ· τὴν δ' ἀναγραφὴν αὐτῷ δοθῆναί φησιν ὕστερον ὑπὸ Ξενοκλέους τοῦ γαζοφύλακος. RADT (2006) 187 kommentiert zur Stelle: „‚Schatzhüter' ist hier offenbar Bezeichnung für den ‚Archivdirektor' (...)." Vgl. SCHWARTZ (1897) 267: „Die Berichte dieser ‚topographischen Abteilung des Grossen Generalstabs' wurden im Reichsarchiv aufbewahrt." RATHMANN (2007b) 90 verortet dieses Archiv in Susa.

[15] RATHMANN (2007b) 90-91.

[16] Achämeniden: WIESEHÖFER (2007) 33-34; Makedonien: THUC. 2, 100, 2.

sind hellenistische Stelen mit Entfernungsangaben in Stadien aus Makedonien und Kleinasien.[17] Aus einer solchen grundsätzlich linearen, hodologischen Perspektive auf den Raum entsteht noch kein umfassendes Bild von einer Landschaft. Eine schrittweise Differenzierung ermöglicht aber die Konstruktion eines immer dichteren Netzwerks von Verkehrsachsen, Knotenpunkten und Landschaftscharakteristika.

Eine derartige Verdichtung räumlichen Wissens war für die Bedürfnisse einer auf Dauer angelegten Verwaltung unbedingt notwendig. Eroberungen brachten zweifellos Prestige, darüber darf jedoch der herrschaftspraktische Zweck territorialer Expansion nicht vergessen werden, der Zugewinn von Land als entscheidender Ressource in einer agrarisch geprägten Wirtschaft. Militärische und wirtschaftliche Interessen hingen engstens zusammen: Militärisch musste die Kontrolle eines Gebietes dauerhaft abgesichert werden, wirtschaftlich stand die Extraktion möglichst großer Überschüsse im Mittelpunkt der Ziele königlicher Verwaltung. Dies geschah in Form von Abgaben und Steuern, die im Wesentlichen auf landwirtschaftlichen Erträgen beruhten.[18] Hier kommen Menschen als weitere unverzichtbare Ressource ins Spiel, denn Land war wertlos, wenn Arbeitskräfte für die Bewirtschaftung fehlten, und überdies benötigten die Könige stets Soldaten für ihre Heere. Alle drei Ziele, militärische Kontrolle, Steigerung agrarischer Produktivität und Stärkung der demographischen Basis, verfolgten die Könige mit der Gründung von Kolonien. Thraseas, ptolemäischer Statthalter Kilikiens, formuliert diesen Zusammenhang ganz unumwunden in einem Brief, den er in der zweiten Hälfte des 3. Jhs. v. Chr. an die von seinem Vater Aëtos gegründete Polis Arsinoë richtete: καλῶς ποιήσετε ἐργαζόμενοί τε πᾶσαν αὐτὴν (scil. τὴν χώραν)

[17] ROELENS-FLOUNEAU (2019) 57-61. Zu Makedonien ferner NIGDELIS / ANAGNOSTOUDIS (2015/16), die betonen (84), die Steine seien Beleg „for the existence of a well-organized road network in Hellenistic Macedonia; a road network that was developed by the central government before it was acquired and improved by the Romans."

[18] SCHULER (2004), (2007); MILETA (2008) 63-110; CAPDETREY (2007) 395-428.

καὶ καταφυτεύοντες, ὅπως αὐτοί τε ἐν εὐβοσίαι γίνησθε καὶ τῶι βασιλεῖ τὰς προσόδους πλείους τῶν ἐν ἀρχῆι γινομένων συντελῆτε.[19] Nachdem ein Landkonflikt mit der Nachbarstadt Nagidos beigelegt war, sollten sich die Siedler von Arsinoë nun bemühen, das gesamte ihnen zugewiesene Land zu bearbeiten und durch die Bepflanzung mit Wein oder Oliven noch produktiver zu machen, um selbst zu Wohlstand zu kommen und dem König künftig höhere Abgaben zu leisten.[20] Umgekehrt konnten neu angesiedelte Kolonisten für eine gewisse Zeit von Abgaben entlastet werden, bis sie an ihrem neuen Wohnort eine stabile Existenz aufgebaut und die landwirtschaftliche Produktion in Gang gebracht hatten.[21]

Das Management von Land, Bevölkerung und Abgaben hing also im administrativen Handeln der Könige immer engstens zusammen. Prominente Angehörige des Hofes, die mit Großgrundbesitz belohnt werden sollten, erhielten häufig ganze Dörfer zusammen mit deren einheimischen Bewohnern, die das zugehörige Land bearbeiteten.[22] Land ohne Leute wäre wertlos gewesen, ebenso Leute ohne Land. Neue Siedlungen konnten die Könige gründen, weil sie über eine Fülle von erobertem Land verfügten. Bei der Entscheidung für bestimmte Standorte spielten

[19] *SEG* LII 1462 Z. 6-9 (nach 238 v. Chr.); grundlegend JONES / HABICHT (1989). Zum Zusammenhang zwischen Bevölkerung und agrarischer Produktivität vgl. SCHULER (1998) 102-105 mit weiteren Hinweisen.

[20] Ähnlich argumentieren die Samaritaner in einer von Josephus überlieferten Petition an Antiochos IV., dem sie höhere Abgaben versprechen, wenn sie besser vor Übergriffen geschützt würden und in Ruhe ihrer Arbeit nachgehen könnten: τοῖς δ'ἔργοις μετὰ ἀδείας προσανέχοντες μείζονάς σοι ποιήσομεν τὰς προσόδους (JOSEPH. *AJ* 12, 261). Zur möglichen Authentizität des Dokuments vgl. BICKERMAN (2007b).

[21] Von Antiochos III. in Kleinasien angesiedelten Juden waren in den ersten zehn Jahren von Abgaben befreit: JOSEPH. *AJ* 12, 151. Steuerentlastungen dienten auch zur Stärkung von Gemeinden oder Städten, die in Schwierigkeiten geraten waren; vgl. JOSEPH. *AJ* 12, 139, 143-144 mit BICKERMAN (2007a) 321-322, 327-328; MAIER, *Mauerbauinschriften* 76 (181 v. Chr.) Z. 8-9, 14-17; WÖRRLE (1988) 469-470.

[22] Zu den einheimischen Bauern (λαοί), die in solchen Dörfern lebten, siehe die unterschiedlichen Einschätzungen von PAPAZOGLOU (1997); SCHULER (1998) 180-190; MILETA (2008) 111-126.

sicher militärische Aspekte eine wichtige Rolle, da strategische Punkte gesichert werden mussten. Zugleich aber musste gutes Land zur Verteilung zur Verfügung stehen. Eine Vertreibung einheimischer Bevölkerung konnte nicht im Interesse der Könige liegen, solange diese sich kooperativ verhielt, wie die erwähnten Transfers einheimischer Dorfgemeinden zeigen. Eine möglicherweise gewaltsame Vertreibung von Bewohnern ist nur im Fall der bereits angesprochenen Gründung von Arsinoë durch den ptolemäischen Statthalter Aëtos bezeugt. Der Text beschreibt mit der Wahl eines strategischen Punktes — τόπος ἐπίκαιρος — und dem μερισμός des Landes an die Siedler die wichtigsten Schritte einer Koloniegründung.[23] Aëtos hatte für sein Projekt einen Teil des Territoriums von Nagidos herangezogen, nachdem er vorher „Barbaren", die das Land „nutzten", vertrieben hatte, [ἐ]γβαλὼν τοὺς ἐπινεμομένους βαρβάρους. Die Wortwahl diskreditiert die Vertriebenen doppelt als feindselige, nicht integrierbare Gruppe und als widerrechtliche Nutzer des Landes.[24] Inwieweit dieses Bild zutrifft, ob es sich um Einheimische, die traditionell auf dem Territorium von Nagidos lebten,[25] oder um bewaffnete Eindringlinge handelte, bleibt offen.

Zwei unvollständig erhaltene Dokumente aus dem Jahr 165/4 v. Chr. vermitteln einen besonders farbigen Eindruck davon, welchen Stellenwert das Bevölkerungsmanagement in der königlichen Verwaltung hatte. Eine Siedlung namens Apolloniou Charax, wahrscheinlich eine Kolonie, war in einem Krieg stark in Mitleidenschaft gezogen worden und erhielt nun von Eumenes II. umfangreiche Hilfen. Ein Angriff von Feinden — gemeint sind wohl die Galater — hatte schwere Zerstörungen

[23] *SEG* LII 1462, Z. 21-23 und JONES / HABICHT (1989) 323 zu ἐπίκαιρος, das eine spezifischere Bedeutung als das im Zusammenhang mit der Lage von Städten öfter gebrauchte εὔκαιρος (dazu in diesem Band A. COHEN-SKALLI) hat.

[24] *SEG* LII 1462, Z. 23-24 und JONES / HABICHT (1989) 324 zu ἐπινέμειν. In der Siedlergemeinde von Toriaion in Phrygien lebten Kolonisten und Einheimische (ἐνχώριοι) dagegen harmonisch zusammen: SCHULER (1999); zur Datierung SAVALLI-LESTRADE (2018b).

[25] Vgl. die Phryger auf dem Territorium von Zeleia: SCHULER (1998) 201-203.

angerichtet, Häuser waren verbrannt oder lagen in Trümmern.[26] Für den Wiederaufbau des χωρίον, wohl einer zentralen Festung, von der sich der Name Charax („Fort") ableitete, schickte der König Steinmetze.[27] Zudem gewährte er eine temporäre Befreiung von Abgaben und eine Lockerung der militärischen Dienstpflicht, indem künftig nur ein Drittel der wehrpflichtigen Männer aufgeboten werden sollte.[28] Es folgt ein Satz, der die große Bedeutung der Siedlergemeinden als demographisches Reservoir für das königliche Heer eindrucksvoll unterstreicht: Aufgrund der Einsatzbereitschaft und Loyalität der Siedler ist sich der König sicher, dass sie bei dringendem Bedarf freiwillig mehr Soldaten stellen würden.[29] Nicht zuletzt ist im Zusammenhang mit dem Wiederaufbau in der Region so selbstverständlich von der Umsiedlung ganzer Gemeinden die Rede, dass es sich offenbar um ein übliches Instrument königlicher Verwaltung handelte.[30]

Eine letzte Vorbemerkung betrifft die Größenordnung: Die räumliche Wahrnehmung eines Königreichs hing wesentlich von seiner Größe ab. Makedonien und das pergamenische Reich vor dem Frieden von Apameia bildeten im Vergleich zum ptolemäischen Reich des 3. Jhs. v. Chr. und vor allem zum seleukidischen Reich kleine, leichter überschaubare Einheiten. Makedonien hatte eine Sonderstellung, weil die makedonische Elite ihr Stammland und die angrenzenden Regionen seit Jahrhunderten aus eigener Anschauung sehr gut kannte. Das Herrschaftsgebiet der Attaliden beschränkte sich lange Zeit auf einen kleinen Teil Westkleinasiens, der von Pergamon aus bis in lokale

26 *SEG* LVII 1150 in der verbesserten Lesung von THONEMANN (2011) A, Z. 14-15 (κατεφθ[ι]μένοι πέρυσι ὑπὸ τῶμ πολεμίωμ), B, Z. 9-10 (ἐνπεπυρισμέναι καὶ καθ̣ειλ̣κυσμέναι οἰκίαι).

27 Ebd. A, Z. 24-26. B, Z. 10. Vgl. die Reparatur eines πυργίον in der Καρδάκων κώμη, die Eumenes II. 181 v. Chr. ähnlich unterstützen ließ (MAIER, *Mauerbauinschriften* 76, Z. 18-19).

28 *SEG* LVII 1150 in der verbesserten Lesung von THONEMANN (2011) A, Z. 19: ἀπὸ τριῶν τὴγ καταγραφὴν γ[ί]νεσθαι.

29 Ebd. B, Z. 20-22: αὐτοὶ [...] οἶδ' ὅτι δ̣ώ̣σ[ου]σιν πλείονας σ<τ>ρατιώτας.

30 Ebd. A, Z. 4-5. B, Z. 19-23.

Verhältnisse hinein gut zu überblicken war. Mit dem Frieden von Apameia erreichte die Ausdehnung des Reichs zwar ganz neue Dimensionen, blieb aber in dem westkleinasiatischen Rahmen, mit dem die Attaliden aufgrund ihrer langen Präsenz und früheren Feldzügen in der Region bereits gut vertraut waren. Bei der Eroberung des achämenidischen Reichs stieß das Heer Alexanders dagegen in meist nur vage bekannte Regionen vor. Was Größe und Heterogenität des Herrschaftsgebiets betrifft, waren die eigentlichen Erben Alexanders die Seleukiden. Die räumliche Gliederung des seleukidischen Reichs ist deshalb von besonderem Interesse.

2. Ebenen der räumlichen Gliederung

Zur Einführung eignet sich das epigraphische Dossier mit dem Brief, in dem Antiochos III. 209 v. Chr. einen gewissen Nikanor, ein hochgestelltes Mitglied des seleukidischen Hofes, als „Oberpriester aller Heiligtümer jenseits des Tauros" (ἀρχιερεὺς τῶν ἱερῶν πάντων ἐν τῆι ἐπέκεινα τοῦ Ταύρου) einsetzte. Antiochos schrieb dazu an Zeuxis, seinen Vertreter im westlichen Kleinasien, und initiierte so eine Befehlskette, die entlang der Hierarchie königlicher Funktionäre von der Spitze bis an die Basis verlief. Der ganze Vorgang ist in zwei parallelen Inschriftendossiers aus Mysien und Phrygien überliefert. In Mysien sind es drei Briefe, die in einem lokalen Heiligtum auf einer Stele aufgezeichnet wurden:[31] Antiochos schrieb an Zeuxis, Zeuxis an Philotas und dieser schließlich an einen gewissen Bithys, der dafür sorgte, dass der Befehl zur Veröffentlichung der königlichen Anordnung in seinem Zuständigkeitsbereich umgesetzt wurde. Dabei beschränkte man sich nicht auf das wichtigste und längste Schriftstück, den Brief des Königs, sondern nahm die Begleitschreiben des Zeuxis und des Philotas, die lediglich den Befehl weiterleiteten und die weitere Ausführung regelten, mit

[31] *SEG* XXXVII 1010.

hinzu. Das dreiteilige Konvolut wurde genau so auf den Stein übertragen, wie es Bithys auf Papyrus empfangen hatte; die knappe Anweisung des Philotas an ihn steht ganz oben, darauf folgen die Abschriften (ἀντίγραφα) der Briefe des Zeuxis und des Königs. Die Schriftstücke standen also in umgekehrter chronologischer und hierarchischer Reihenfolge auf dem Stein. Der entscheidende Brief des Königs stand paradoxerweise an letzter Stelle, jedoch war er aufgrund seiner Länge und der optischen Trennung der Schreiben auf dem Stein für Leser gleichwohl rasch zu erkennen. Dieselben Merkmale zeigt das parallele Dossier aus Phrygien, jedoch mit dem Unterschied, dass auf der Stele nicht nur zwei, sondern vier Begleitschreiben aufgezeichnet wurden.[32] Da die Verwaltungen in Mysien und Phrygien nicht identisch aufgebaut gewesen sein müssen, ist es denkbar, dass die Befehlskette in Mysien tatsächlich bei Bithys endete, während sein Pendant in Phrygien weitere Funktionäre unter sich hatte. Ebenso gut möglich ist aber, dass auch Bithys Anweisungen an Untergebene weitergab, diese aber nicht auf den Stein übertragen wurden. Jedenfalls zeigt das Beispiel, dass wir eher nicht mit konsequenter Einheitlichkeit und Systematik des seleukidischen Apparats rechnen sollten.

Über die Geographie des seleukidischen Reichs erfahren wir aus beiden Dossiers auf den ersten Blick nur wenig. Es ist charakteristisch für die Korrespondenz zwischen den Königen und ihren Funktionären, dass letztere keinen Titel tragen, der über ihren Rang und Zuständigkeitsbereich Auskunft geben könnte. Die beteiligten Funktionäre kannten sich und benötigten diese Informationen nicht, ebenso die Bevölkerung, die ihrer Autorität unterstand. Entscheidend war die Befehlskette selbst und die Position, die die Beteiligten darin einnahmen. An der Spitze

[32] MALAY (2004); *SEG* LIV 1353. Da in den am Beginn der Inschrift erhaltenen Resten des vierten Begleitschreibens von der Aufstellung einer Abschrift ἐ̣ν̣ τ̣ῶ̣ι̣ ἐπιφανεστάτ̣ω̣ι̣ [τόπωι] (Z. 4) die Rede ist, scheint mit diesem Brief die unterste lokale Ebene erreicht. Zur spezifischen Form der hierarchischen Kommunikation vgl. mit weiteren Beispielen COTTON / WÖRRLE (2007) 194-196; GERA (2009) 138-140.

stand der βασιλεὺς Ἀντίοχος; nur der König trug seinen Titel, der anzeigte, dass alle Macht im Reich von ihm ausging. Soweit Andere Macht ausübten, war sie ihnen vom König delegiert. Aus dieser Perspektive gewinnt der Umstand, dass in beiden Nikanor-Dossiers nicht der Brief des Antiochos, sondern Anweisungen an lokale Subalterne am Anfang stehen, seinen Sinn: Auch wenn die lokal Zuständigen der untersten Hierarchieebene angehörten, verkörperten sie für die lokale Bevölkerung die seleukidische Herrschaft, und ihre Autorität war legitim, weil sie sich bis zum König zurückverfolgen ließ. Dieser Zusammenhang wird im Layout der Inschriften visualisiert. Indirekt bildet diese Befehlskette jedoch auch geographische Strukturen ab. Der König an der Spitze steht für das gesamte Reich. Der Titel des Zeuxis ist aus anderen Inschriften bekannt: Er war als ἐπὶ τῶν πραγμάτων Vertreter des Königs im westlichen Kleinasien, einem wichtigen Reichsteil, der mehrere Satrapien umfasste. Philotas und Philomelos, die Zeuxis über den Befehl des Königs informierte, fungierten offenbar als Statthalter in zwei dieser Satrapien, Mysien und Phrygien. Unterhalb des Königs zeigt das Dossier also mindestens drei Hierarchieebenen, denen geographische Untergliederungen entsprachen. Im Folgenden geht es um die Frage, welche räumlichen Begriffe sich den einzelnen Gliederungsebenen zuordnen lassen.

2.1. *Das Reich als Ganzes*

Die Könige mussten bei ihrem Handeln das gesamte Reich überblicken. Es überrascht deshalb, wie selten in den Quellen Begriffe begegnen, die sich im räumlichen Sinn auf das Reichsganze beziehen. Zu berücksichtigen ist allerdings, dass insbesondere die epigraphisch überlieferten Dokumente begrenzte Perspektiven privilegieren, weil sie fast stets lokale oder regionale Vorgänge und Belange einzelner Personen oder Gemeinden behandeln. Auch in den Königsbriefen sind generelle Aussagen über politische Grundsätze oder Strategien, die das gesamte Reich betreffen und damit auch Auskunft über territoriale Konzepte geben könnten, selten. Eine prominente Ausnahme ist der Brief, in dem sich Seleukos IV. 178 v. Chr. ungewöhnlich ausführlich über die Grundsätze äußert, von denen er sich bei der Ernennung eines gewissen Olympiodoros wohl zum Archiereus in der Satrapie Koile-Syrien und Phönikien[33] leiten ließ. Als seine vornehmste Aufgabe bezeichnet es Seleukos, für die Sicherheit seiner Untertanen (ἡ τῶν ὑποτεταγμένων ἀσφάλεια) zu sorgen, damit die Menschen in seinem Reich (οἱ κατὰ τὴν βασιλείαν) ohne Furcht leben können. Da dies nur mit dem Wohlwollen der Götter möglich sei, wolle er Anordnungen für die richtige Verehrung der Götter, die er in den übrigen Satrapien (κατὰ τὰς ἄλλας σατραπείας) bereits getroffen habe, nun auch auf Koile-Syrien und Phönikien übertragen.[34] Seleukos stellt damit der βασιλεία, dem Reich als Ganzem, die Satrapien als dessen wichtigste Untergliederungen gegenüber. Das Königreich ist die Summe der Satrapien.

Zu diesem räumlichen Gebrauch von βασιλεία gibt es mehrere Parallelen in unterschiedlichen Kontexten.[35] Als Antiochos III. 193 v. Chr. Oberpriesterinnen für die Verehrung der Königin Laodike ernannte, verwies er dafür auf das Vorbild der Oberpriester seines eigenen Kultes, die „überall im Reich" eingesetzt seien (καθάπερ ἡμῶν ἀποδείκνυνται κατὰ τὴν βασιλείαν ἀρχιερεῖς).[36] Antiochos IV. gewährte Milet Zollfreiheit für alle Einfuhren von Agrarprodukten in das Königreich, ἀτέλειαν πάντων τῶν ἐκ τῆς Μιλησίας εἰσαγομένων γενημάτων εἰς τὴν βασιλείαν.[37] Die Milesia, das Territorium der Polis Milet, steht hier dem seleukidischen Reichsgebiet gegenüber. Dieselbe

[33] GERA (2009) 133-136, 149-150.

[34] *CIIP* 3511 (GERA [2009] 129) Z. 14-25.

[35] Vgl. SCHULER (1998) 168-169; CAPDETREY (2010) 18-22.

[36] *OGIS* 224, Z. 22-23; *I.Estremo Oriente* 271 Z. 5-7, 278 Z. 10-11, 453 Z. 10-12.

[37] *I.Milet* 1039 II-III, Z. 2-3. Mit derselben Wortwahl beschreibt POLYBIOS (5, 89, 9) die Atelie, die Seleukos II. den Rhodiern gewährte: τοῖς εἰς τὴν αὑτοῦ βασιλείαν πλοϊζομένοις. Ähnlich in Kommagene: πάντες οἱ ἐκ τῆς βασιλείας (*SEG* XXVI 1623, Z. 14-15).

Bedeutung kann explizit oder implizit χώρα annehmen. In Verhandlungen zwischen Zeuxis und Herakleia am Latmos ging es wiederum um Zollfreiheit, diesmal von Ausfuhren ἐκ τῆς τοῦ βασιλέως (scil. χώρας) εἰς τὴν πόλιν.[38] Der von Antiochos I. mit Land beschenkte Aristodikides von Assos erhielt die Erlaubnis, seinen Großgrundbesitz an eine Polis seiner Wahl anzuschließen, solange diese im seleukidischen Herrschaftsbereich lag. Dabei spricht der König einmal von den Poleis τῶν ἐν τῆι χώραι τε καὶ συμμαχίαι, einmal von denjenigen τῶν ἐν τῆι ἡμετέραι συμμαχίαι.[39] Die möglicherweise absichtlich unscharf gehaltenen Formulierungen lassen durchblicken, wie fließend sich — zumindest aus Sicht des Königs — die Übergänge zwischen „unterworfenen" Poleis, die als integrale Bestandteile des Reichsgebietes galten, und verbündeten Poleis, die je nach machtpolitischer Konstellation größere Autonomie genossen, darstellten. In der Verbindung χώρα τε καὶ συμμαχία wird der Unterschied zwischen territorialer Herrschaft und einer als Bündnisbeziehung konstruierten Abhängigkeit verwischt, wenn nicht aufgehoben.

Der territoriale Gebrauch von βασιλεία findet sich auch im ptolemäischen Kontext. Das Priesterdekret auf dem Stein von Rosetta (196 v. Chr.) berichtet über den Erlass von Steuerschulden, von dem die gesamte Bevölkerung profitierte, sowohl in Ägypten als auch im übrigen Königreich: οἱ ἐν Αἰγύπτωι καὶ οἱ ἐν τῆι λοιπῆι βασιλείαι.[40] Die Zweigliedrigkeit bringt die besondere Bindung der Ptolemäer an Ägypten zum Ausdruck: Ihre βασιλεία setzte sich aus dem Kernland Ägypten und dem übrigen Reichsgebiet zusammen. Die Vorstellung eines Kernlandes finden wir auch in Makedonien, wo sich die Antigoniden auf ein über Jahrhunderte gewachsenes, starkes Zusammengehörigkeitsgefühl

[38] WÖRRLE (1988) 424 N III Z. 8 (*SEG* XXXVII 859).

[39] *I.Ilion* 33 Z. 44-46 (WELLES, *RC* 11, Z. 20-22). 57-58, 71-72. (WELLES, *RC* 12, Z. 8-9, 22-23); generell zum Aristodikides-Dossier BENCIVENNI (2004). Vgl. ἡ τασσομένη ὑπὸ τὸν βασιλέα χώρα in *IG* XII 6.1, 11, Z. 6-7 und die literarischen Parallelen in SCHULER (1998) 169 Anm. 40.

[40] *I.Egypte prose* I 16, Z. 13. Ebd. in ἐπὶ τῆς ἑαυτοῦ βασιλείας sowie in Z. 1, 10 bedeutet βασιλεία dagegen eher „Herrschaft" als „Reich".

der Μακεδόνες stützen konnten. Dieses Kerngebiet des Reichs konnte als Μακεδονία bezeichnet werden.[41] Bereits in einem Vertrag, den Amyntas III. im frühen 4. Jh. mit dem chalkidischen Bund schloss, ist von Zöllen die Rede, die die Chalkidier bei der Ausfuhr aus Makedonien und die Makedonen bei der Ausfuhr aus dem Gebiet der Chalkidier zu entrichten hatten: τελέουσιν τέλεα καὶ Χαλκιδεῦσι ἐκγ Μακεδονίης καὶ Μακεδόσιν ἐκ̣ Χαλκιδέων.[42] Die Verwendung der geographischen Bezeichnung Μακεδονίη ist umso auffälliger, als parallel zu ἐκ̣ Χαλκιδέων auch die Formulierung ἐκ Μακεδόνων möglich gewesen wäre. Der Kontext setzt zwingend voraus, dass „Makedonien" für ein Territorium mit klaren, den Vertragspartnern bekannten Grenzen stand.[43] Zwei Jahrhunderte später richtete Philipp V. eine allgemeine Anweisung an alle Gymnasiarchen ἐν ταῖς πόλεσιν ταῖς κατὰ Μακεδονίαν.[44] Auch hier beschreibt „Makedonien" ein festes, als Einheit aufgefasstes Gebiet, das sich seinerseits in die Poleis mit ihren Territorien gliederte. Insgesamt zeigen die angeführten Beispiele übereinstimmend, dass die Könige ihre jeweilige βασιλεία oder χώρα als Einheit betrachten und zumindest in bestimmten Zusammenhängen Anordnungen treffen konnten, die einheitlich in ihrem gesamten Herrschaftsgebiet umgesetzt werden sollten.

Antiochos III. ernannte Nikanor zum Archiereus ἐν τῆι ἐπέκεινα τοῦ Ταύρου — mitgedacht ist hier wohl χώρα. Die „Region jenseits des Tauros" fasst die seleukidischen Gebiete im westlichen Kleinasien zusammen. Der Wendung liegt eine eindeutige Blickrichtung von Osten nach Westen zugrunde, mit dem Ausgangspunkt in Syrien. Dort gab es mit der Seleukis eine Landschaft, die durch ihren Namen als Zentrum des Königreichs

[41] Daneben gab es auch makedonisches Herrschaftsgebiet, das über das Kernland hinausging, vgl. HATZOPOULOS, *Macedonian Institutions* I, S. 204.

[42] Ebd. II 1 B, Z. 8-10 (ca. 393/2 v. Chr.).

[43] Das gilt unabhängig davon, dass sich die Ausdehnung des „national territory" (HATZOPOULOS) der Makedonen im Lauf der klassischen und hellenistischen Zeit veränderte, vgl. HATZOPOULOS, *Macedonian Institutions* I, S. 167-209.

[44] Ebd. II 16, Z. 5-6 (183 oder 182 v. Chr.); vgl. ebd. S. 410-411.

herausgestellt war[45] — mit dem wichtigen Unterschied zu Makedonien und Ägypten, dass die Seleukiden dieses Kernland durch intensive Kolonisierung und die Gründung zahlreicher Städte, von denen viele die Namen von Städten im makedonischen Mutterland reproduzierten, künstlich geschaffen hatten. Die Landschaft selbst wurde aber nicht etwa nach Makedonien oder nach einer einheimischen Region, sondern nach dem Dynastiegründer benannt. Dies folgte zwar der üblichen Praxis bei Städtegründungen, erscheint aber bei der Benennung eines ganzen Landstrichs als Innovation, die keine Parallele hat. Die ungewöhnliche Geste unterstreicht, wieviel Wert die Seleukiden darauf legten, in der komplexen Geographie ihres Riesenreichs einen völlig neuen Mittelpunkt zu schaffen, um ihre Herrschaft symbolisch zu verankern und den dort angesiedelten Makedonen ein starkes Identifikationsangebot zu machen. Von diesem Zentrum aus gesehen bildete Westkleinasien eine Großregion „jenseits des Tauros" (ἐπέκεινα τοῦ Ταύρου), die im Osten ein Pendant in αἱ ἄνω σατραπεῖαι[46] hatte. Dabei war die Verwendung des Tauros als markantes Element geographischer Großgliederung keine seleukidische Neuerung, sondern hatte bereits eine lange Tradition.[47] Dies mag erklären, warum sie flexibel und an den Standort gebunden blieb, etwa wenn Ilion in einem Dekret formulierte, der König sei aus der Seleukis in die Gegenden diesseits des Tauros gekommen (παραγενόμενος ἐπὶ τοὺς τόπους τοὺς ἐπιτάδε τοῦ Ταύρου).[48] In einem 197 v. Chr. geschlossenen Vertrag mit Euromos finden wir dieselbe Blickrichtung in dem ausführlichen Titel, den der „Vizekönig" Zeuxis als Vertragspartner der Stadt führt: ὁ ἀπολελειμμένος ὑπὸ τοῦ βασιλέως Ἀντιόχου ἐπὶ τῶν ἐπιτάδε τοῦ Ταύρου πραγμάτων.[49] Will man diese spezifische Form des Titels nicht dem

[45] Capdetrey (2007) 22, 246-248.

[46] Ebd. 267-271.

[47] Zur Geschichte der Formel ausführlich Thornton (1995); Lebreton (2005).

[48] *I.Ilion* 32, Z. 12.

[49] *Staatsverträge* IV 619, Z. 3-5 (197 v. Chr.).

redaktionellen Einfluss der Polis Euromos zuschreiben, bleibt nur der Schluss, dass „jenseits des Tauros“ auch innerhalb der seleukidischen Administration und bei Zeuxis selbst keine so verfestigte technische Bedeutung angenommen hatte, dass man den Ausdruck auch dann gebraucht hätte, wenn man sich in Westkleinasien befand. Es handelt sich demnach weniger um einen technisch-administrativen als um einen ideologischen Begriff, der unabhängig von der Blickrichtung den seleukidischen Anspruch auf Westkleinasien zum Ausdruck brachte.[50] Die Verwendung herausragender, allgemein bekannter Landmarken wie großer Flüsse oder Gebirge zur Einteilung der Oikumene oder zur Abgrenzung von Herrschaftssphären war im Übrigen ein probates Mittel. So herrschte Kroisos über Völker diesseits des Halys,[51] Ptolemaios III. eroberte alles Land diesseits des Euphrat.[52] Dem entsprach auf lokaler Ebene die Verwendung von Flüssen, Bergen und Straßen zur Grenzziehung zwischen Polisterritorien und Grundstücken.[53] Die Methodik war dieselbe, nur die Maßstäbe unterschieden sich.

2.2. *Regionale Gliederungen*

Die regionale Gliederung der hellenistischen Reiche gehört zu den in der Forschung häufig diskutierten Fragen, die hier nicht neu aufgerollt zu werden brauchen. Sowohl Seleukiden als auch Ptolemäer knüpften bei der Einteilung ihrer Reiche in Satrapien beziehungsweise „Gaue“ (νομοί) an achämenidische und ägyptische Traditionen an.[54] Soweit wir die Bezeichnungen

[50] MA (^{2}2002) 235-242; CAPDETREY (2007) 271-273.

[51] HDT. 1, 6, 1: τύραννος δὲ ἐθνέων τῶν ἐντὸς Ἅλυος ποταμοῦ.

[52] *OGIS* 54, Z. 13-14: κυριεύσας δὲ τῆς ἐντὸς Εὐφράτου χώρας πάσης; die Überschreitung des Flusses (Z. 20-21: διέβη τὸν Εὐφράτην ποταμόν) markiert eine neue Phase der Expansion.

[53] Vgl. die Beiträge von M. FARAGUNA und I. PERNIN in diesem Band.

[54] Zu den Seleukiden siehe den erschöpfenden Überblick bei CAPDETREY (2007) 229-275, zu Ägypten HUSS (2011) 91-110, zum attalidischen Reich ALLEN (1983) 85-98; THONEMANN (2013) 9-12.

der seleukidischen Satrapien und der ptolemäischen Außenbesitzungen kennen, orientierten sie sich an traditionellen Landschaftsnamen und unterschieden sich damit konzeptionell nicht von Gepflogenheiten der achämenidischen Zeit. Eine Innovation stellt jedoch die περὶ Ἀπάμειαν σατραπεία in Syrien dar, die in der Inschrift von Baitokaike bezeugt ist und laut Strabon Entsprechungen in Satrapien um die Städte Antiochia, Chalkis und Kyrrhos hatte.[55] Die Neuerung ist zunächst terminologischer Natur, hatte mit der Hervorhebung einer Hauptstadt aber auch administrative Implikationen. Zentralorte gab es auch in anderen Satrapien, etwa Sardis in Lydien, ohne dass sich dies in der Benennung der Provinz niedergeschlagen hätte. Dagegen waren die ägyptischen Gaue in der Regel nach einem Hauptort benannt, während die außerägyptischen Provinzen des ptolemäischen Reichs dem Modell der seleukidischen Nomenklatur entsprachen.[56] Die Attaliden scheinen vor ihren enormen Zugewinnen im Frieden von Apameia ohne eine Großgliederung ihres bis dahin überschaubaren Herrschaftsbereichs ausgekommen zu sein. Auch Makedonien bildet mit vier als μερίδες bezeichneten Distrikten, die bereits auf die antigonidische Zeit zurückzugehen scheinen, einen Sonderfall. Diese vier „Teile" dienten der organisatorischen Gruppierung der makedonischen Städte, bildeten aber offenbar keine eigene administrative Ebene, da der König unmittelbar mit den Poleis kommunizierte.[57] In Makedonien kann zumindest von einer Tendenz zu flächendekkend einheitlichen Strukturen gesprochen werden, da Polisterritorien die dominierende Organisationsform darstellten. In deutlichem Kontrast dazu bieten die Reiche der Seleukiden und Ptolemäer schon wegen ihrer kulturell und historisch sehr unterschiedlichen Teilregionen ein aufgrund der lückenhaften Quellenlage schwer durchschaubares Bild von Vielfalt und unsystematischer Organisation. Letzteres gilt trotz der viel dichteren

[55] *IGLS* VII 4028, Z. 21; STR. 16, 2, 4 mit CAPDETREY (2007) 247-248.

[56] HUSS, a.a.O.

[57] HATZOPOULOS, *Macedonian Institutions* I, 231-260.

papyrologischen Überlieferung in einigen Punkten auch für das ägyptische Kernland.[58] Seleukidische Satrapien vereinigten auf ihrem Gebiet in regional sehr unterschiedlichen Mischungen alte und neue griechische Poleis, Städte mit anderem kulturellem Hintergrund, selbstverwaltete einheimische Bevölkerungsgruppen, einheimische Dörfer auf Königsland oder auf privatem Großgrundbesitz,[59] nicht als Poleis organisierte, kleinere Militärkolonien, von Festungen aus kontrollierte Bezirke und andere Organisationsformen. Laurent Capdetrey hat in seiner eingehenden Diskussion von Einheiten unterhalb der „provinzialen" Ebene, insbesondere der sporadisch bezeugten Hyparchien und Toparchien, mit Recht betont, dass sich eine klare Systematik weder reichsweit noch regional nachweisen lässt.[60] Seine Ergebnisse brauchen hier nicht wiederholt zu werden. Stattdessen sollen einige Aspekte der lokalen Administration angesprochen werden.

2.3. *Die lokale Ebene*

Am Ende seines Bestallungsschreibens für den Oberpriester Nikanor gab Antiochos III. die Anweisung, Kopien des Briefs in den wichtigsten Heiligtümern zu veröffentlichen: τῆς ἐπιστολῆς τὸ ἀντίγραφον ἀναγράψαντας εἰς στήλας λιθίνας ἐχθεῖναι ἐν τοῖς ἐπιφανεστάτοις ἱεροῖς.[61] Die Auswahl der Heiligtümer, die dieses Kriterium erfüllten, überließ der König seinen Funktionären. Zeuxis, Philotas und Philomelos gaben die Anweisung weiter, ohne sie näher zu konkretisieren. Die Funktionäre der unteren, lokalen Hierarchieebene genossen damit bei der Wahl der Publikationsorte eine gewisse Entscheidungsfreiheit.

[58] Siehe etwa die Bemerkungen von HUSS (2011) 50-55 und *passim*.
[59] Zur Bedeutung von Großgrundbesitz, der auf Landzuteilungen seleukidischer Könige in Kleinasien zurückging, siehe jetzt THONEMANN (2021) 25-35; zu den unterschiedlichen Eigentumsformen in den Königreichen CRISCUOLO (2011).
[60] CAPDETREY (2007) 257-266.
[61] *SEG* XXXVII 1010, Z. 46-50.

Der König und seine hohen Repräsentanten stützten sich bei der Umsetzung dieses Vorgangs also bewusst auf das geographische Detailwissen der lokalen Verwaltung. In der phrygischen Variante des Dossiers werden von einem Subalternen auch tatsächlich vier Heiligtümer aufgelistet, in denen der Brief Antiochos' III. veröffentlicht werden sollte.[62]

Diesem Hinweis auf die Bedeutung des geographischen Wissens regionaler oder lokaler Akteure wird im Folgenden weiter nachgegangen. Die sogenannte Mnesimachos-Inschrift aus Sardis wirft ein Schlaglicht auf lokale Strukturen im frühhellenistischen Kleinasien. Ende des 4. Jhs. v. Chr. übertrug ein gewisser Mnesimachos seinen Großgrundbesitz (οἶκος) zur Absicherung eines Kredits, den er nicht zurückzahlen konnte, an die Verwalter des Artemis-Tempels von Sardis.[63] Von Interesse für unsere Fragestellung ist die detaillierte Beschreibung des Großgrundbesitzes, der sich aus mehreren Dörfern und Landlosen (κλῆροι) zusammensetzte.[64] An erster Stelle der Aufzählung steht „das Dorf Tobalmoura in der Ebene von Sardis, im Ἴλου ὄρος, zu dem auch die Dörfer Τανδου Κώμη und Kombdilipia gehören".[65] Die übrigen Beschreibungen folgen demselben Muster: Sie gehen vom Großen zum Kleinen und knüpfen an allgemeiner bekannte Fixpunkte immer kleinteiligere geographische Informationen an. Ausgangspunkt der gesamten Systematik ist die Stadt Sardis, in deren Umgebung alle aufgezählten Ländereien lagen.[66] Die „Ebene von Sardis" ist offenbar als größerer Raum mit vielen Untergliederungen gedacht. Ob damit auf die χώρα

[62] Malay (2004) 408 (*SEG* LIV 1353) Z. 12-15.

[63] Zu dem vieldiskutierten Rechtsgeschäft zwischen Mnesimachos und dem Tempel siehe zuletzt Scheibelreiter (2013) mit ausführlicher Analyse der älteren Forschung und ebd. 43-44 zur Datierung.

[64] *I.Sardis* I 1, col. I, Z. 3-10.

[65] Ebd. Z. 4-5: Τοβαλμουρα κώμη ἐν Σαρδιανῶι πεδίωι ἐν Ἴλου ὄρει· προσκύρουσιν δὲ [πρὸς τὴν κώ]μ̣ην ταύτην καὶ ἄλλαι κῶμαι ἣ καλεῖται Τανδου καὶ Κομβδιλιπια.

[66] Auch wenn die Angabe ἐν Σαρδιανῶι πεδίωι (Z. 4) nicht an erster Stelle steht, scheint impliziert, dass auch alle folgenden Landstücke dort verortet sind.

der Polis Sardis verwiesen wird, bleibt offen, da wir nicht wissen, ob Sardis zu diesem Zeitpunkt bereits als Polis verfasst war,[67] in welcher Form der Stadt ein Territorium zugeordnet war und in welchem Verhältnis Großgrundbesitz dieser Art zu einem solchen Territorium stand. Die Dörfer Tobalmoura, Periasasostra und Ἴλου Κώμη werden als bekannte Einheiten behandelt, deren Lage innerhalb der Ebene von Sardis jeweils mit einem weiteren Bezugspunkt angegeben wird. Das Territorium von Tobalmoura war so groß, dass ihm zwei weitere, wohl kleinere Dörfer ein- und untergeordnet waren. Neben den Siedlungen dienten markante Landschaftselemente — ein Gewässer (Μορστου Ὕδωρ) und ein Höhenzug (Ἴλου ὄρος) — der Orientierung.[68] Die Siedlungshierarchie gliedert sich in mindestens drei Ebenen: die Stadt Sardis, große Dörfer wie Tobalmoura und solchen ländlichen Zentralorten zugeordnete kleinere Dörfer. Als vierte Ebene sind Einzelgehöfte zu vermuten, auch wenn sie nicht explizit genannt werden. Die Toponymie ist durchgehend einheimisch, mit genau solchen unbekannten und unverständlichen Ortsnamen, die nach Polybios in der Historiographie nur verwirrender Ballast waren.[69] Für die Administration dagegen waren diese Toponyme selbstverständlich unverzichtbar. Ob die größeren Dörfer mit ihren Gemarkungen als Verwaltungsdistrikte fungierten, läßt sich nicht sagen, zumal neben ihnen noch drei durch die Namen ihrer mutmaßlichen Kommandeure unterschiedenen Chiliarchien genannt sind, an die Abgaben aus den Ländereien des Mnesimachos zu zahlen waren.[70] Ob die Chiliarchien als feste Militärdistrikte und damit Elemente der administrativen Geographie zu verstehen sind, ist umstritten. Jedenfalls taucht der Begriff später nicht mehr in den Verwaltungsstrukturen der hellenistischen Königreiche auf, und vieles spricht dafür, dass seine Verwendung in der Mnesimachos-Inschrift eine

[67] Dazu GAUTHIER, *I.Sardes Suppl.* II, S. 151-170.
[68] Zur Verbindung von Landschaftselementen mit Personennamen im Genitiv in der Toponymie vgl. THONEMANN (2021) 19-20.
[69] POLYB. 3, 36, 3-4.
[70] *I.Sardis* I 1, col. I, Z. 5-9.

Kontinuität achämenidischer Organisationsformen bis in die Diadochenzeit anzeigt.[71]

Da Mnesimachos ein privates Geschäft mit dem Artemis-Tempel abschloss, stammte die Beschreibung seiner Ländereien in der in Ich-Form verfassten Urkunde von ihm selbst. Wie er aber vorab erklärt, war ihm der Besitz von Antigonos übertragen worden; gemeint sein muss Antigonos Monophthalmos.[72] Es ist deshalb wahrscheinlich, dass die Form der Grundstücksbeschreibung ursprünglich auf die Übertragung des Besitzes durch die Administration des Diadochen zurückgeht. Spätere seleukidische Dokumente erlauben es, die administrativen Praktiken solcher Landübertragungen genauer zu beobachten. Aristodikides von Assos, der zur prominenten Gruppe der „Freunde" des Königs gehörte und für nicht näher bekannte Verdienste belohnt werden sollte, erhielt von Antiochos I. zunächst 2.000 Plethren Ackerland in der Troas mit dem Recht, das Land an das Territorium von Ilion oder Skepsis anzuschließen. Die Anweisung dazu erteilte der König in knappem Befehlston an einen Meleagros, der nach den üblichen Kommunikationsformen keinen Titel trägt, bei dem es sich aber um den Strategen der Satrapie am Hellespont handeln dürfte, die im zweiten Brief des Dossiers auch genannt wird.[73] Der König konnte zunächst darauf verzichten, die Satrapie eigens zu benennen, weil die Region, um die es ging, durch die Erwähnung der Städte ohnehin feststand. Diese Gegend dürfte dem König von Aristodikides, der von dort stammte, nahegelegt worden sein, wohl auch das Privileg, das Land an eine Polis anschließen[74] und damit auf Dauer aus dem Königsland herauslösen zu dürfen. Es genügte, dass Antiochos Meleagros über die Fläche des Landes und die

[71] Siehe den Kommentar zu *I.Sardis* I 1 und SCHULER (1998) 160-161 Anm. 5.

[72] *I.Sardis* I 1, col. I, Z. 2: ἐπέκρινέ μοι τὸν οἶκον Ἀντίγονος.

[73] WELLES, *RC* 10; *I.Ilion* 33, Z. 18-25.

[74] Zum Vorgang des Anschlusses BENCIVENNI (2004). Neben προσφέρειν wird dafür auch προσορίζειν oder προστίθεσθαι verwendet; zu letzteren beiden Verben THONEMANN (2021) 15-16.

Polisterritorien, an die es angrenzen sollte, informierte. Die konkrete Auswahl des Landes, das nicht nur in Fläche und Qualität (γῆ ἐργάσιμος) geeignet, sondern auch für eine Neuvergabe verfügbar sein musste, überließ er dem Statthalter, der die dafür nötigen Informationen besaß oder beschaffen konnte.[75]

Wenig später wandte sich Aristodikides mit der Bitte an den König, ihm noch mehr Land anzuweisen, diesmal gleich mit dem ganz konkreten Wunsch nach einem Dorf namens Petra, den Antiochos akzeptierte und wiederum an Meleagros weitergab.[76] In diesem Fall setzt der König bei der Lokalisierung auf der übergeordneten Ebene an, der ἐφ' Ἑλλησπόντου σατραπεία, vermutlich deshalb, weil Petra ein wenig spezifischer Ortsname und nicht sofort zu verorten war. Aristodikides hatte erfahren, dass sich das betreffende Land nicht mehr im Besitz des früheren Nutzers befand,[77] also neu vergeben werden konnte. Der König konnte selbst nicht verifizieren, ob dies zutraf, sondern stellte seine Entscheidung unter Vorbehalt und beauftragte Meleagros mit der Überprüfung.[78] In der Tat bemühte Aristodikides den König später erneut, weil sich herausgestellt hatte, dass sich Petra tatsächlich bereits in anderer Hand befand. Darauf erteilte Antiochos neue Anweisungen, in denen er wieder auf Aussagen des Aristodikides verwies.[79] Die Könige verfuhren bei der Vergabe von Land — wie auch bei anderen an sie gerichteten Petitionen — häufig in dieser

[75] WELLES, *RC* 10; *I.Ilion* 33, Z. 23: οὗ ἂν δοκιμάζηις. Den Auftrag für eine spätere, zusätzliche Landübertragung verband Antiochos lediglich mit der allgemeinen Vorgabe, dass es an den Besitz angrenzen musste, den Aristodikides bereits erhalten hatte: ἀπὸ τῆς βασιλικῆς χώρας τῆς συνοριζούσης τῆι ἐν ἀρχῆι δοθείσηι αὐτῶι παρ' ἡμῶν (WELLES, RC 12, Z. 19-21; *I.Ilion* 33 Z. 68-70). Die Details waren wiederum Sache des Meleagros.

[76] WELLES, *RC* 11; *I.Ilion* 33, Z. 26-32.

[77] Ebd. Z. 28-29: ἣμ πρότερον εἶχεν Μελέαγρος. Dieser Meleagros ist nicht identisch mit dem gleichnamigen Statthalter. Vgl. zur Angabe früherer Besitzer *IGLS* VII 4028 (Baitokaike) Z. 20-21.

[78] Ebd. Z. 33-34: εἰ μὴ δέδοται ἄλλωι πρότερον. Z. 38-39: σὺ οὖν ἐπισκεψάμενος, εἰ μὴ δέδοται ἄλλωι πρότερον αὕτη ἡ Πέτρα.

[79] WELLES, *RC* 12, Z. 1-5; *I.Ilion* 33, Z. 51-54: ἐνέτυχεν ἡμῖν Ἀριστοδικίδης, φάμενος κτλ.

Weise.[80] Sie signalisierten damit, dass es sich um Angaben ohne Gewähr handelte, deren Richtigkeit von den lokalen Zuständigen zu überprüfen war.

Dass der seleukidische König im Fall des Aristodikides nicht genau über das Königsland informiert zu sein scheint, ist also nur auf den ersten Blick verwunderlich. Die Ursache liegt nicht in einer mangelhaften oder gar chaotischen Verwaltung, sondern offenbar in dem pragmatischen Prinzip der regionalen und lokalen Zuständigkeit, an dem die Verwaltungspraxis bewusst ausgerichtet wurde. Der König setzte voraus, dass seine lokalen Funktionäre, in diesem Fall der Stratege Meleagros, über das geographische Detailwissen verfügten, das sie für die Umsetzung seiner Anordnungen benötigten. Die Perspektive des Königs konzentrierte sich auf die großen Einheiten des Reichs, die Satrapien, die wichtigsten Städte, sonstigen Zentralorte und Verkehrsachsen. Das Dossier macht andererseits klar, dass der König großen Wert darauf legte, Entscheidungen über die Vergabe von Königsland persönlich zu treffen. Aber er verfügte über kein zentrales Archiv, das alle nötigen geographischen Informationen enthalten hätte; angesichts der Größe des seleukidischen Reichs wäre die Zusammenstellung und Pflege eines solchen Archivs auch kaum zu leisten gewesen. Hinweise auf in Frage kommendes Land kamen wohl — wie auch in den anderen Königreichen — häufig von den Interessenten selbst, die sich mit konkreten Bitten an den König wandten. Die praktische Umsetzung einer Landvergabe war dann Sache der regionalen Statthalter, die dabei über gewissen Entscheidungsspielraum verfügten, und untergeordneter Funktionäre.

Einen anderen Umgang mit geographischen Angaben dokumentiert der von Antiochos II. 254/3 v. Chr. angeordnete Verkauf des Dorfes Pannou Kome an seine erste Frau Laodike. Überliefert ist ein in Didyma gefundenes Dossier aus drei Texten.

[80] Philipp V. bewilligte 181 v. Chr. eine Eingabe (ὑπόμνημα) von Soldaten: σ̣υνχωρῶ οὖν αὐτοῖς (...) χώ̣ρ̣α̣ν ψιλήν, [ἥν φ]ασιν εἶναι πλέθρα πεντήκ̣οντα (*I.Ano Maked.* 87; HATZOPOULOS, *Macedonian Institutions* II, 17; ders. [2001] 167 Nr. 6, Z. 4-6 mit HATZOPOULOS, *Macedonian Institutions* I, S. 95-101, 419-422). Ähnlich die Attaliden: *SEG* LXIV 1269, Z. 5: ἔφησε̣[ν].

An zweiter Stelle steht der Brief des Königs, der den Vorgang einleitet; diesem vorgeschaltet ist ein Begleitschreiben, mit dem der königliche Befehl weitergegeben wurde. Den Abschluss bildet ein Protokoll der Übergabe des verkauften Landes mit einer Beschreibung seiner durch Stelen neu markierten Grenzen. Dieser Transaktion kam mit Blick auf die Auflösung der Ehe mit Laodike große politische Bedeutung zu. Vielleicht deshalb beschränkte sich der König nicht — wie bei der Schenkung an Aristodikides — auf eine knappe Anweisung, sondern machte präzise geographische Angaben. Er wusste nicht nur, dass das Dorf Pannou Kome an die Territorien der Städte Zeleia und Kyzikos angrenzte, sondern auch, dass eine alte Überlandstraße, die die Grenze des Dorfes markierte, zerpflügt worden war. Diese Information muss der König entweder von seinen lokalen Vertretern angefordert oder von Laodike zusammen mit dem Vorschlag, genau dieses Land zu kaufen, bekommen haben.[81] Die als Übergabeprotokoll von einem lokal zuständigen Hyparchen verfasste Grenzbeschreibung ist noch genauer als die Angaben im Brief des Königs.[82] Analog zu den benachbarten Territorien der Poleis Zeleia und Kyzikos (Ζελειτίς, Κυζικηνή) wird die Gemarkung des Dorfes Pannou Kome (ἡ κώμη καὶ ἡ προσοῦσα χώρα) bei dieser Transaktion als feste territoriale Einheit behandelt. Die drei Territorien stießen aneinander an und waren durch lineare Grenzen markiert, deren Verlauf den lokalen Akteuren bekannt war, aber auch schon vor dem Verkauf im königlichen Archiv von Sardis schriftlich dokumentiert gewesen sein dürfte. Der König ging im Übrigen davon aus, dass sich in der Gemarkung von Pannou Kome weitere Ortschaften befanden, Gehöfte oder kleinere Siedlungen, als deren Zentralort das Dorf fungierte.[83] Beim Abschluss des Geschäftes wurde der Grenzverlauf

[81] Die nötigen Informationen könnte Laodike ihrerseits von ihrem Verwalter Arrhidaios (ὁ οἰκονομῶν τὰ Λαοδίκης) erhalten haben, der das Land in ihrem Namen in Empfang nahm und mit den lokalen Verhältnissen vertraut gewesen sein dürfte (WELLES, *RC* 20, Z. 4; *I.Didyma* 492, Z. 55).

[82] WELLES, *RC* 20; *I.Didyma* 492, Z. 54-70.

[83] WELLES, *RC* 18, Z. 7-8; *I.Didyma* 492, Z. 23-24: καὶ εἴ τινες εἰς τὴν χώ[ρα]ν ταύτην ἐμ[πί]πτουσιν τόποι.

nicht nur erneut schriftlich festgehalten, sondern auch im Gelände durch Grenzsteine markiert. Die Orientierung an natürlichen und künstlichen Landmarken entspricht üblicher griechischer Praxis: Neben den Trassen von Überlandstraßen und dem Fluss Aisepos nennt der Hyparch einen Altar für Zeus und ein Grab, die offenbar als auffällige Monumente in der Landschaft standen. Um den Verlauf der zerpflügten alten Landstraße zu rekonstruieren, griff der Hyparch auf das Wissen von drei Einheimischen zurück, die als wichtige Zeugen namentlich genannt werden: Neben zwei Παννοκωμῆται beteiligte sich daran ein Πυθοκωμήτης, offenbar ein Mitglied einer anderen selbstständigen Dorfgemeinde, die an Pannou Kome angrenzte. Zwei Beobachtungen sind festzuhalten: Das Verfahren unterscheidet sich nicht wesentlich von Grundstückstransaktionen und Grenzbeschreibungen in einer Polis, bei denen ebenfalls Landschaftselemente angeführt und benachbarte Eigentümer als Zeugen benannt wurden. Zum zweiten dürften große Teile des hellenistischen Westkleinasien ähnlich strukturiert gewesen sein: eine flächendeckende Aufteilung in Polisterritorien oder territoriale Einheiten mit anderem Status, gegliedert durch feste, wenn auch gelegentlich umstrittene lineare Grenzen. Für den König und hochrangige Funktionsträger seiner Verwaltung genügte es, Namen, regionale Lage und ungefähre Größe dieser Einheiten zu kennen, während alle Detailfragen lokalen Funktionären überlassen bleiben konnten.

Ein Archivar namens Timoxenos erhielt die Anweisung, die Dokumente über den Verkauf im königlichen Archiv in Sardis zu hinterlegen: ἐπεστά[λ]καμεν δὲ καὶ Τιμοξένωι τῶι βυβλιοφύλακι καταχω[ρί]σαι τὴν ὠνὴν καὶ τὸν περιορισμὸν εἰς τὰς βασιλικὰς γρ̣αφὰς τὰς ἐν Σάρδεσιν, καθάπερ ὁ βασιλεὺς γέγραφ̣ε̣ν̣. Sardis war ein Zentralort der seleukidischen Verwaltung für ganz Westkleinasien, wo offenbar auch ein königliches Archiv für die gesamte Region geführt wurde. Der Text ist das einzige Zeugnis für dieses Archiv, dessen sehr allgemeine Bezeichnung als βασιλικαὶ γραφαί ungewöhnlich ist.[84] Auch der Titel des Timoxenos,

[84] Zu γραφή vgl. die Beispiele bei THONEMANN (2021) 23. Falls dieses Archiv bis 213 v. Chr. bestand, könnte es bei der Eroberung von Sardis durch Antiochos III. in Mitleidenschaft gezogen worden sein.

βυβλιοφύλαξ, ist im Zusammenhang mit städtischen Archiven nicht gebräuchlich. Dagegen sind die Begriffe περιορισμός und περιορίζειν für Grenzziehungen und Grenzbeschreibungen in Poleis häufig belegt.[85] Gleichwohl erscheint περιορισμός so oft in seleukidischen Dokumenten, dass man von einem charakteristischen Bestandteil der Verwaltungssprache des Reichs sprechen kann.[86]

Die erwähnten Übertragungen ganzer Dörfer zeigen, dass ländliche Gemeinden einheimischer Bauern (κῶμαι) ein wichtiges Element in der hellenistischen Siedlungsgeographie Kleinasiens bildeten. Dasselbe gilt für Syrien und für Ägypten.[87] In diesem Umfeld gehörte neben der Gründung von Städten die Anlage von zahlreichen kleineren Militärkolonien (Katoikien) zu den stärksten und nachhaltigsten Veränderungen, die die hellenistischen Monarchien in der Geographie ihrer Herrschaftsgebiete bewirkten. Dieses Phänomen zeigt sich besonders deutlich im Landesinneren Westkleinasiens. Die Zahl der Belege für solche κατοικίαι wächst beständig. Wie oben am Beispiel von Apolloniou Charax bereits angesprochen, handelt es sich um direkt von der königlichen Administration abhängige Kolonien, deren Bewohner (κάτοικοι) mit Land ausgestattet wurden und im Gegenzug für den Kriegsdienst mobilisiert werden konnten. Viele Belege für Katoikien stammen erst aus späthellenistischer oder gar römischer Zeit, ihre Nomenklatur lässt aber den Schluss

[85] *F.Xanthos* X, S. 51; *I.Sardis* II 432; *IG* XII 4, 3897, Z. 7-8 (ὁ ὑπάρχων περιορισμ[ός]) mit den Hinweisen von DRELIOSSI-HERAKLEIDOU / HALLOF (2018) 162.

[86] *IGLS* VII 4028, Z. 20-24 (Baitokaike): Verweis auf die gültigen, also wohl im Archiv dokumentierten, Grenzen des Dorfes, die προϋπάρχοντες περιορισμοί. WELLES, *RC* 41, Z. 4: Die dürftigen Textreste lassen noch erkennen, dass es um die Befreiung von der δεκάτη ging. Von der Beschreibung des Gebiets, um das es ging, ist nichts erhalten. *I.Sardis* II 313; *I. Sardes Suppl.* II 7 mit den Kommentaren; an der Ergänzung κατὰ τοὺς προϋπάρχοντ[ας περιορισμούς - - -] ist kaum zu zweifeln. Wie in Baitokaike handelt es sich um die Gemarkungen von Dörfern, die als feste Einheiten behandelt werden. In ptolemäischen Dokumenten scheint der Begriff dagegen bislang nicht nachgewiesen zu sein.

[87] Dörfer als Bestandteile von Großgrundbesitz im hellenistischen Syrien beleuchtet das Dossier von Hefzibah: *SEG* XXIX 1613; Neuedition: HEINRICHS 2018; zur Datierung SAVALLI-LESTRADE (2018a).

zu, dass die meisten dieser Siedlungen auf hellenistische Gründungen zurückgehen.[88] Über die genaueren Umstände ihrer Einrichtung wissen wir nur wenig, da wir in den meisten Fällen nur die Namen der Gemeinden kennen. Beide Kategorien von Dorfgemeinden, κατοικίαι und einheimische κῶμαι, haben eine bemerkenswerte Gemeinsamkeit in der Toponymie, die sich deutlich abzeichnet: Fast alle Ortsnamen, auch die der Katoikien, sind einheimischer Herkunft. Auch die Kolonisten wurden demnach in aller Regel in bestehenden einheimischen Dörfern angesiedelt, die vorhandene Siedlungsstruktur wurde im Kern nicht verändert und einheimische Tradition jedenfalls insoweit respektiert, als der Landschaft keine völlig neue, griechische Toponymie übergestülpt wurde. Lediglich prominentere Neugründungen mit Polis-Status, die an wichtigen strategischen Punkten entstanden, erhielten in der Regel griechische, meist dynastische Namen. Dieses aus der Toponymie gewonnene Bild großer Kontinuität muss jedoch relativiert werden. Neben wirtschaftlichen Faktoren, die hier nicht besprochen werden können — Intensivierung der landwirtschaftlichen Produktion, Förderung der Geldwirtschaft durch die Erhebung von Abgaben, Urbanisierung durch Städtegründungen —, zeigen besonders die oben zitierten Beispiele für die Zerstörung von Dörfern und die Flucht, Umsiedlung oder Abwanderung größerer Bevölkerungsgruppen, dass bis in lokale Verhältnisse hinein mit erheblichen Veränderungen zu rechnen ist.

Auch andere Indizien sprechen dafür, dass die Königreiche mit der Kolonisierung starke Veränderungen traditioneller Strukturen bewirkten. Wenn Höflinge wie Aristodikides nicht mit bestehenden Dorfgemarkungen ausgestattet wurden, sondern mit einem neu zu schaffenden Großgrundbesitz bestimmter

[88] SCHULER (1998) 33-41; DAUBNER (2011). Während meist angenommen wird, dass die Mehrheit der kleinasiatischen Katoikien auf seleukidische Initiative gegründet worden ist, hat sich MITCHELL (2018), (2019) kürzlich mit gewichtigen Argumenten dafür ausgesprochen, dass die makedonische Kolonisierung im Wesentlichen bereits unter Alexander stattfand. MITCHELL betont außerdem den bedeutenden Umfang und die nachhaltigen Folgen dieser Kolonisierung.

Größe, brachte dies zwangsläufig Eingriffe in den Status quo mit sich. Der Stratege Meleagros konnte dazu nicht einfach auf eine vorhandene territoriale Einheit zurückgreifen, und Antiochos wies ihn deshalb an, entsprechende Flächen für Aristodikides vermessen zu lassen (σύνταξον καταμετρῆσαι).[89] Demnach ist mit einer genauen und differenzierten Erfassung der Landschaft durch die seleukidische Verwaltung zu rechnen. Die Statthalter müssen über das nötige Fachpersonal und über Archive verfügt haben, in denen die Daten zu Grenzen, Grundstücksgrößen und Landkategorien gesammelt wurden. Die Vermessung war nicht bloße administrative Routine, sondern ein wichtiges Instrument der Kontrolle des Raumes und sichtbarer Ausdruck des königlichen Zugriffs auf das Land.[90] Dies gilt für alle hellenistischen Königreiche, insbesondere aber für das ptolemäische Ägypten, wo die Rhythmen des Nilhochwassers regelmäßige Neuvermessungen nötig machten.[91] Von einer καταμέτρησις ist auch in einem Schreiben von Eumenes II. die Rede,[92] und ein γεωμ[έτρης] erscheint in einem Fragment eines Dokumentes der königlichen Verwaltung in Makedonien.[93] In attalidischen Inschriften ist ein γεωδότης Lykinos belegt: 162/1 v. Chr. errichteten οἱ ἐκ Εμμοδι Μυσοί, eine Gemeinde in der Region von Saittai im östlichen Lydien, eine Weihung an Zeus, mit der sie ihm für Wohltaten dankten.[94] Die neue Inschrift aus Apolloniou Charax (165/4 v. Chr.) gibt nun genaueren Einblick in die Aufgaben des γεωδότης. Eumenes II. beauftragte ihn mit einer verantwortungsvollen Aufgabe, die erheblichen Entscheidungsspielraum implizierte: Um das Territorium von Apolloniou Charax zu vergrößern, sollte Lykinos prüfen, welches Land für diesen

[89] WELLES, *RC* 11, Z. 19 ; 12, Z. 15-16; *I.Ilion* 33, Z. 43, 64-65.

[90] Dabei gehen Vermessung und Steuererhebung schon in achämenidischer Zeit Hand in Hand: HDT. 6, 42, 2.

[91] CRAWFORD (1971) 5-38, zum γεωμέτρης besonders 30-31.

[92] WELLES, *RC* 48 D, Z. 18. Vgl. 51, Z. 2, τά τε καταμετ[ρ- - in stark fragmentarischem Kontext, in dem es um die Vergabe von Landstücken an Soldaten geht, deren Größe in Plethren und Qualität exakt beschrieben wird.

[93] HELLY, *Gonnoi* II 98, Z. 3.

[94] *SEG* XL 1062 mit THONEMANN (2011) 22.

Zweck in Frage kam; Siedler aus zwei anderen Orten sollte er in Katoikien seiner Wahl umsiedeln.[95] Ähnliche Maßnahmen dürften Lykinos die Dankbarkeit der Myser in Emmodi eingebracht haben. Da solche Aufgaben häufig die Vermessung von Land mit sich bringen mussten, wird Lykinos in seinem Stab Landvermesser gehabt haben. In seiner eigenen, viel allgemeineren Amtsbezeichnung als γεωδότης kommt aber offensichtlich zum Ausdruck, dass seine Befugnisse über die technisch-administrative Kompetenz der Vermessung weit hinausgingen. Die Vergabe von Land, sei es in Form von Großgrundbesitz oder in Form von Landlosen an Siedler, gehörte zu den prominentesten Feldern königlichen Handelns, und die unmittelbare Teilhabe daran verlieh dem γεωδότης zweifellos eine herausragende Stellung. Die Funktion ist bisher allerdings nur durch die beiden zitierten Inschriften für die Person des Lykinos unter Eumenes II. bezeugt. Da beide Texte aus Lydien stammen, könnte sich die Zuständigkeit des Lykinos auf eine überschaubare Region beschränkt haben. Auch könnte sein Amt als Sondermission nur für einen kurzen Zeitraum eingerichtet worden sein, um besondere administrative Herausforderungen der 160er Jahre wie die in der Inschrift aus Apolloniou Charax lebhaft geschilderten Kriegsfolgen zu bewältigen.

3. Schluss: Pragmatik und Systematik

Die hellenistischen Könige hatten vor allem aus herrschaftspraktischen Gründen ein intensives Interesse an Geographie. Dieses Interesse konzentrierte sich auf die militärische Kontrolle und tributäre Ausbeutung von Räumen und Menschen. Die militärisch geprägte Perspektive der Könige brachte es mit sich, dass sie zunächst in Itineraren, Entfernungen und Knotenpunkten

[95] *SEG* LVII 1150 in der Lesung von THONEMANN (2011) A, Z. 12-14: Λυκίνωι δ̣[ὲ] τῶι γεωδότηι συνετάξαμεν [φροντίζ]ειν ὅ̣θ̣εν δ[υ]ναίμεθα χώραμ προσορίσαι αὐτοῖς, B, Z. 22-24: τοὺς δ' ἐν τούτοις μετάγειν εἰς ἃς ἂν κρίνῃ κατοικίας Λυκῖνος ὁ γεωδότης.

dachten. Für eine dauerhafte Verwaltung musste diese Art des Wissens immer mehr verdichtet werden, bis hin zu einem sehr genauen und flächendeckenden Bild der Verhältnisse auf lokaler Ebene. Der Vermessung von Land kam dabei für die Praxis und Symbolik der Herrschaft große Bedeutung zu; die oben zitierten Belege sind disparat, lassen aber vermuten, dass die Landvermessung ebenso wie die Archivierung ihrer Ergebnisse nicht nur im ptolemäischen Ägypten, sondern auch in den anderen Königreichen einen gewichtigen Zweig der Verwaltung darstellte. Umfang und Dichte der Sammlung geographischer Daten baute auf achämenidischen Vorbildern auf und dürfte gegenüber dem vorhellenistischen Griechenland eine neue Qualität erreicht haben. Weniger innovativ erscheinen die Methoden der Erfassung und Beschreibung von Land sowohl auf regionaler als auch auf lokaler Ebene; sie unterschieden sich nur maßstäblich, aber nicht konzeptionell von dem, was im Rahmen von Poleis praktiziert wurde. Die Akkumulierung geographischen Wissens geschah außerdem nicht zentral, sondern auf verschiedenen Hierarchieebenen der administrativen Gliederung der Königreiche. Die Herrscher überblickten das gesamte Herrschaftsgebiet und seine wichtigsten Gliederungen; in deren Bezeichnung griffen sie fast durchweg auf traditionelle Landschaftsnamen zurück. Es gab die Möglichkeit, die Reiche als territoriale Einheiten zu denken, aber die neuzeitliche Idee eines Territorialstaates mit weitgehend einheitlich aufgebauter Verwaltung ist auf die hellenistischen Königreiche nicht anwendbar. Dem standen die Vielfalt regionaler Verhältnisse und der Einfluss lokaler Akteure entgegen. Eine stärkere Einheitlichkeit der administrativen Geographie wurde allenfalls im ägyptischen Kernland und in Makedonien erreicht. Königliche Verwaltung war ein ständiger Balanceakt zwischen systematischem Vorgehen und pragmatischer Offenheit für vielfältige Aushandlungsprozesse und zudem abhängig von den jeweiligen Machtkonstellationen, die sich in vielen Regionen häufig veränderten. Vor diesem Hintergrund war geographisches Detailwissen Sache der regional und lokal zuständigen Funktionäre. Obwohl die

Könige großen Wert darauflegten, Entscheidungen über territoriale Fragen auch auf lokaler Ebene selbst zu treffen, mussten sie sich dabei auf das Wissen ihrer Untergebenen und nicht selten auch auf die Mitwirkung der örtlichen Bevölkerung verlassen. Dies eröffnete lokalen Akteuren einen nicht zu unterschätzenden Einfluss auf Entscheidungen der Könige, deren im Ideal als absolut gedachte Macht hier an Grenzen stieß.

Literaturverzeichnis

ALBERTZ, R. / BLÖBAUM, A. / FUNKE, P. (Hrsg.) (2007), *Räume und Grenzen. Topologische Konzepte in den antiken Kulturen des östlichen Mittelmeerraums* (München).

ALLEN, R.E. (1983), *The Attalid Kingdom. A Constitutional History* (Oxford).

BENCIVENNI, A. (2004), "Aristodikides di Asso, Antioco I e la scelta di Ilio", *Simblos* 4, 159-185.

BICKERMAN, E.J. (2007a), "The Seleucid Charter for Jerusalem", in ders., *Studies in Jewish and Christian History* I (Leiden), 315-356.

— (2007b), "A Document Concerning the Persecution by Antiochus IV Epiphanes", ebd. 376-407.

BOSCHUNG, D. / GREUB, T. / HAMMERSTAEDT, J. (Hrsg.) (2013), *Geographische Kenntnisse und ihre konkreten Ausformungen* (München).

CAPDETREY, L. (2007), *Le pouvoir séleucide. Territoire, administration, finances d'un royaume hellénistique (312-129 av. J.-C.)* (Rennes).

— (2010), "Espace, territoires et souveraineté dans le monde hellénistique : l'exemple du royaume séleucide", in I. SAVALLI-LESTRADE / I. COGITORE (Hrsg.), *Des rois au prince. Pratiques du pouvoir monarchique dans l'Orient hellénistique et romain (IVe siècle av. J.-C. - IIe siècle après J.-C.)* (Grenoble), 17-36.

CHRISTENSEN, D.L. / HEINE NIELSEN, T. / SCHWARTZ, A. (2009), "Herodotos and *Hemerodromoi*: Pheidippides' Run from Athens to Sparta in 490 BC from Historical and Physiological Perspectives", *Hermes* 137, 148-169.

COTTON, H.M. / WÖRRLE, M. (2007), "Seleukos IV to Heliodoros: A New Dossier of Royal Correspondence from Israel", *ZPE* 159, 191-205.

CRAWFORD, D.J. (1971), *Kerkeosiris. An Egyptian Village in the Ptolemaic Period* (Cambridge).

CRISCUOLO, L. (2011), "La formula ἐν πατρικοῖς nelle iscrizioni di Cassandrea", *Chiron* 41, 461-485.

DAUBNER, F. (2011), "Seleukidische und attalidische Gründungen in Westkleinasien — Datierung, Funktion und Status", in ders. (Hrsg.), *Militärsiedlungen und Territorialherrschaft in der Antike* (Berlin), 41-63.

DRELIOSSI-HERAKLEIDOU, A. / HALLOF, K. (2018), "Eine neue Grenzziehungsurkunde aus Lepsia", *Chiron* 48, 159-170.

GEHRKE, H.-J. (1982), "Der siegreiche König. Überlegungen zur hellenistischen Monarchie", *AKG* 64, 247-277.

— (2013), "The Victorious King: Reflections on the Hellenistic Monarchy", in N. LURAGHI (Hrsg.), *The Splendours and Miseries of Ruling Alone. Encounters with Monarchy from Archaic Greece to the Hellenistic Mediterranean* (Stuttgart), 73-98.

GERA, D. (2009), "Olympiodoros, Heliodoros and the Temples of Koilê Syria and Phoinikê", *ZPE* 169, 125-155.

HATZOPOULOS, M.B. (2001), *L'organisation de l'armée macédonienne sous les Antigonides. Problèmes anciens et documents nouveaux* (Athen).

HEINRICHS, J. (2018), "Antiochos III and Ptolemy, Son of Thraseas, on Private Villages in Syria Koile around 200 BC: The Hefzibah Dossier", *ZPE* 206, 272-311.

HUNTER, R. (2003), *Theocritus. Encomium of Ptolemy Philadelphus. Text and Translation with Introduction and Commentary* (Berkeley).

HUSS, W. (2011), *Die Verwaltung des Ptolemaiischen Reichs* (München).

JONES, C.P. / HABICHT, C. (1989), "A Hellenistic Inscription from Arsinoe in Cilicia", *Phoenix* 43, 317-346.

KOSMIN, P.J. (2014), *The Land of the Elephant Kings. Space, Territory, and Ideology in the Seleucid Empire* (Cambridge, M).

LEBRETON, S. (2005), "Le Taurus en Asie Mineure : contenus et conséquences de représentations stéréotypées", *REA* 107, 655-674.

MA, J. (^{2}2002), *Antiochos III and the Cities of Western Asia Minor* (Oxford).

MALAY, H. (2004), "A Copy of the Letter of Antiochos III to Zeuxis (209 B.C.)", in H. HEFTNER / K. TOMASCHITZ (Hrsg.), *Ad Fontes! FS G. Dobesch* (Wien), 407-413.

MILETA, C. (2008), *Der König und sein Land. Untersuchungen zur Herrschaft der hellenistischen Monarchen über das königliche Gebiet Kleinasiens und seine Bevölkerung* (Berlin).

MITCHELL, S. (2018), "Dispelling Seleukid Phantoms: Macedonians in Western Asia Minor from Alexander to the Attalids", in K. ERICKSON (Hrsg.), *The Seleukid Empire, 281-222 BC* (Swansea), 11-35.

— (2019), "Makedonen überall! Die makedonische Landnahme in Kleinasien", in M. NOLLÉ *et al.* (Hrsg.), *Panegyrikoi Logoi. FS J. Nollé* (Bonn), 331-352.

NIGDELIS, P. / ANAGNOSTOUDIS, P. (2015/2016), "A New δεκαστάδιον (Milestone) from Amphipolis", *Tekmeria* 13, 79-88 (doi:http://dx.doi.org/10.12681/tekmeria.10791).

PAPAZOGLOU, F. (1997), *Laoi et paroikoi. Recherches sur la structure de la société hellénistique* (Belgrad).

RADT, S. (2006), *Strabons* Geographika *5. Abgekürzt zitierte Literatur.* Buch I-IV, *Kommentar* (Göttingen).

RATHMANN, M. (Hrsg.) (2007a), *Wahrnehmung und Erfassung geographischer Räume in der Antike* (Mainz).

— (2007b), "Wahrnehmung und Erfassung geographischer Räume im Hellenismus am Beispiel Asiens", in RATHMANN (2007a), 81-102.

— (2013), "Kartographie in der Antike: Überlieferte Fakten, bekannte Fragen, neue Perspektiven", in BOSCHUNG / GREUB / HAMMERSTAEDT (2013), 11-49.

ROELENS-FLOUNEAU, H. (2019), *Dans les pas des voyageurs antiques. Circuler en Asie Mineure à l'époque hellénistique (IVe s. av. n. è. - Principat)* (Bonn).

SAVALLI-LESTRADE, I. (2018a), "Le dossier épigraphique d'Hefzibah (202/1-195 a.C.)", *REA* 120, 367-383.

— (2018b), "Nouvelles considérations sur le dossier épigraphique de Toriaion (*SEG* 47. 1745; *I. Sultan Dağı* I, 393)", *ZPE* 205, 165-177.

SCHEIBELREITER, P. (2013), "Der Vertrag des Mnesimachos: Eine dogmatische Annäherung an ISardes 7,1,1", *ZRG* 130, 40-71.

SCHMITT, H.H. / VOGT, E. (Hrsg.) (2005), *Lexikon des Hellenismus* (Wiesbaden).

SCHULER, C. (1998), *Ländliche Siedlungen und Gemeinden im hellenistischen und römischen Kleinasien* (München).

— (1999), "Kolonisten und Einheimische in einer attalidischen Polisgründung", *ZPE* 128, 124-132.

— (2004), "Landwirtschaft und königliche Verwaltung im hellenistischen Kleinasien", in V. CHANKOWSKI / F. DUYRAT (Hrsg.), *Le roi et l'économie. Autonomies locales et structures royales dans l'économie de l'empire séleucide* (Lyon), 509-532.

— (2007), "Tribute und Steuern im hellenistischen Kleinasien", in H. KLINKOTT / S. KUBISCH / R. MÜLLER-WOLLERMANN (Hrsg.), *Geschenke und Steuern, Zölle und Tribute. Antike Abgabenformen in Anspruch und Wirklichkeit* (Leiden), 371-405.

SCHWARTZ, E. (1897), *s.v.* "Bematistai", in *RE* III 1, 266-267.

THONEMANN, P. (2011), "Eumenes II and Apollonioucharax", *Gephyra* 8, 19-30.
— (2013), "The Attalid State, 188-133 BC", in ders. (Hrsg.), *Attalid Asia Minor. Money, International Relations, and the State* (Oxford), 1-47.
— (2021), "Estates and the Land in Hellenistic Asia Minor: An Estate near Antioch on the Maeander", *Chiron* 51, 1-35.
THORNTON, J. (1995), "Al di qua e al di là del Tauro: una nozione geografica da Alessandro Magno alla Tarda Antichità", *RCCM* 37, 97-126.
TZIFOPOULOS, Y.Z. (1998), "'Hemerodromoi' and Cretan 'Dromeis': Athletes or Military Personnel? The Case of the Cretan Philonides", *Nikephoros* 11, 137-170.
WIEMER, H.-U. (2017), "Siegen oder untergehen? Die hellenistische Monarchie in der neueren Forschung", in S. REBENICH / J. WIENAND (Hrsg.), *Monarchische Herrschaft im Altertum* (München), 305-339.
WIESEHÖFER, J. (2007), "Ein König erschließt und imaginiert sein Imperium: Persische Reichsordnung und persische Reichsbilder zur Zeit Dareios' I. (522-486 v.Chr.)", in RATHMANN (2007a), 31-40.

DISCUSSION

A. Cohen-Skalli: Zur strukturierenden Funktion des Tauros in der Darstellung Kleinasiens wollte ich Folgendes unterstreichen: Bemerkenswert ist, dass der Friede von Apameia die Bedeutung des Tauros für die Gliederung Kleinasiens verstärkte. Diese Gliederung begegnet natürlich auch in unseren Autoren, z.B. bei Strabon, der sie aus Dikaiarchos und aus Eratosthenes übernimmt. Man findet sie z.B. häufig im Buch XIV, auch mit Varianten, die Sie in ihrem Vortrag erwähnt haben: ἐντὸς τοῦ Ταύρου/ἐκτὸς τοῦ Ταύρου, oder Kilikien wird ἔξω τοῦ Ταύρου genannt usw.

C. Schuler: Vielen Dank für die wichtige Ergänzung. Die epochale Bedeutung des Friedens von Apameia, der seleukidischen Ansprüchen auf Westkleinasien eine endgültige Absage erteilte, stärkte in der Tat noch einmal die Funktion des Tauros als Landmarke globalen Maßstabs. Dabei dominiert in den Texten über die Aushandlung und den Abschluss des Friedens die von Westen nach Osten gerichtete Perspektive der römischen Sieger: Antiochos hatte Asien diesseits des Tauros zu räumen (Zusammenstellung der Texte in *Staatsverträge* IV 626). Der Friedensvertrag enthält noch weitere Beispiele für die Verwendung geographischer Landmarken, so die Festlegung der Fahrtgrenze für seleukidische Kriegsschiffe in Kilikien am Kalykadnos und am Kap Sarpedonion.

D. Marcotte: Dans sa *Géographie*, Ptolémée distingue, comme je le rappelais précédemment, quatre-vingt-quatre régions, qu'il désigne comme autant de *periorismoi*; ceux-ci sont à leur tour répartis en deux catégories, *eparcheiai* et *satrapeiai*, ce dernier terme s'appliquant aux régions extérieures à l'Empire romain.

Dans l'ensemble, la division est surtout déterminée par la géographie physique ou des critères ethniques, plus rarement administratifs ou politiques. La terminologie qui la sous-tend n'est pas autrement justifiée par l'auteur, d'où la question qu'elle appelle : vous paraît-elle pouvoir être un emprunt à l'administration séleucide ? J'aurais une seconde observation, à propos de l'inscription d'Ilion et de la mission confiée à Méléagre : la procédure visée par le verbe *episkepsamenos* (qui évoque celle d'un *kataskopos* missionné pour aller inspecter un site ou vérifier sur le terrain la validité d'une mesure) pourrait-elle se comparer à une πρὸς ἐπίσκεψιν πορεία, comme en signale la documentation papyrologique, du moins pour la période romaine ?

C. Schuler: Die Begriffe "Satrap" und "Satrapie" blieben auch noch in den Reichen der Parther und der Sassaniden in Gebrauch. Ptolemaios könnte sich zu seiner Zeit also an den Parthern orientiert haben. Vermutlich benötigte er aber gar keinen spezifischen Bezugspunkt, sondern betrachtete den seit den Achämeniden in der antiken Tradition verankerten Begriff der Satrapie als naheliegende und allgemein geläufige Bezeichnung für Regionen, die östlich außerhalb des römischen Reichs lagen. — Was die Rolle des Meleagros im Aristodikides-Dossier betrifft, war der Auftrag, die genaue Sachlage zu prüfen, sicher nicht so gemeint, dass sich der Statthalter dazu selbst auf den Weg machte. Entweder konnte er auf Dokumente im Archiv zurückgreifen, oder er beauftragte einen lokalen Funktionär mit einer Autopsie des fraglichen Landes, sofern dies nötig war. Das Verb ἐπισκοπεῖν wird in ganz unterschiedlichen administrativen Zusammenhängen in der Bedeutung "prüfen", "inspizieren" verwendet, und in diesem allgemeinen Sinn ist die Stelle sicherlich mit den zitierten Wendungen aus den Papyri vergleichbar. Das konkrete Vorgehen, das wir im Fall von Meleagros nicht im Detail kennen, läßt sich aber nicht ohne Weiteres übertragen.

D. Rousset: Les résultats de votre remarquable synthèse appellent une comparaison, voire une confrontation avec ceux d'un livre qui d'une certaine façon incarne le *spatial turn* dans l'étude du royaume séleucide, à savoir celui de P.J. Kosmin, *The Land of the Elephant Kings. Space, Territory, and Ideology in the Seleucid Empire* (2014). Certes, ce livre porte surtout sur les parties orientales de l'Empire séleucide, au-delà d'Antioche, parties différentes de celle que votre propre communication a avant tout étudiée dans ce royaume, à savoir l'Asie Mineure. La thèse de P.J. Kosmin est qu'il y a bel et bien, de la part du pouvoir central séleucide, une organisation de l'espace. Or, ce que vous montrez pour l'Asie Mineure, c'est que le roi et ses bureaux eux-mêmes ne connaissent pas très bien l'organisation interne des diverses "régions" et des différents territoires, et qu'ils s'en remettent pour les précisions géographiques, pourtant indispensables, de leurs décisions aux connaissances de leurs subordonnés en fonction sur place. De façon générale, votre exposé synthétique a eu également l'intérêt de démontrer qu'il n'y a guère, autant qu'on le puisse le voir, de traces d'une centralisation — sous la forme d'une "remontée" — des informations géographiques auprès des diverses chancelleries royales hellénistiques, et en tout cas apparemment encore moins dans le royaume séleucide que dans les autres royaumes. Concernant précisément ce dernier royaume, pensez-vous qu'aient pu exister deux organisations différentes, l'une à l'est d'Antioche ou bien "au-delà du Taurus", reprenant une certaine centralisation spatiale de l'Empire achéménide, et l'autre en Asie Mineure, dans une région à la structuration politique morcelée, plus ancienne et affirmée, remontant aux différentes dynasties régionales et aux cités grecques fondées dès l'époque archaïque ? Ainsi, dans cette partie de l'Empire, la conception unifiée de l'espace et la connaissance des différents territoires et régions par les Séleucides auraient été moins profondes, le pouvoir central et plus ou moins lointain se heurtant ici à des fortes traditions et partitions régionales et locales. — Par ailleurs, pour les concepts de la géographie ancienne, que pensez-vous de l'articulation entre *Land*, *Space* and *Territory* mise en avant par P.J. Kosmin ? La mise en œuvre de ces trois concepts vous paraît-elle au total pertinente pour décrypter la géographie du monde séleucide ?

C. Schuler: Ich glaube nicht, dass sich Kleinasien so stark von den östlichen Regionen des seleukidischen Reichs unterschied, wie es Ihre Frage suggeriert. Hier wie dort finden wir eine große Vielfalt von Siedlungs- und Organisationsformen mit starken regionalen und lokalen Traditionen, hier wie dort mussten die Könige und die Funktionäre ihrer Verwaltung riesige Entfernungen überbrücken. In gewisser Weise lag Westkleinasien sogar näher am Machtzentrum der seleukidischen Monarchie als viele andere Regionen, in räumlicher Hinsicht, weil das Mittelmeer eine rasche Kommunikation ermöglichte; in kultureller Hinsicht, weil die Könige sich dort der griechischen Ausdrucksformen bedienen konnten, die ihnen aufgrund ihrer makedonischen Herkunft am nächsten lagen. (Administrative) Zentralisierung ist aus meiner Sicht a priori keine geeignete Kategorie, um das seleukidische Reich zu beschreiben — wie auch vorher schon das achämenidische Reich. Selbst das kaiserzeitliche römische Reich erreichte nach einem jahrhundertelangen Entwicklungsprozess nur einen begrenzten Grad an Zentralisierung. Das Phänomen, dass der König über lokale Verhältnisse nicht vollständig informiert ist, ist vor diesem Hintergrund nicht überraschend. Darin liegt sicher eine Schwäche des Königs als Zentralgewalt und ein "empowerment" regionaler und lokaler Akteure. Andererseits haben die Könige meines Erachtens aus den ihnen zur Verfügung stehenden Mitteln das Beste gemacht — ich verweise dazu noch einmal auf den hierarchisch aufgebauten Apparat und den Informationsfluss zwischen den verschiedenen Ebenen, der bei machtpolitisch stabilen Rahmenbedingungen offenbar gut funktionierte. Aus dieser Perspektive ist es eher bemerkenswert, wieviel Detailwissen über Geographie, Bevölkerung oder Abgaben der König bei Bedarf mobilisieren konnte. — Die von Paul Kosmin gewählte räumliche Perspektive scheint mir unbedingt wichtig und angemessen, da die Etablierung einer Herrschaft über Land — und damit die Abgrenzung und Konstituierung eines Territoriums — sowohl herrschaftspraktisch als auch ideologisch konstitutiv für alle hellenistischen Monarchien gewesen ist. Der griechische Begriff χώρα vereinigt in sich alle diese Aspekte, und es hängt von den Kontexten ab, worauf jeweils der Akzent liegt. Es ist bemerkenswert, dass die Könige von ihrer βασιλεία und der von ihnen beherrschten χώρα als einer einheitlichen räumlichen Größe sprechen konnten; die administrative Praxis war insbesondere im seleukidischen Reich jedoch oft weit von diesem Ideal entfernt. In diesem Punkt bin ich skeptischer als Paul Kosmin.

M. Faraguna: Vorrei fare un'osservazione e una domanda. Dalla relazione molto ricca e interessante emerge, mi sembra, un punto importante : il fatto cioè che noi siamo istintivamente portati a pensare ad un atto di conquista come a un processo che parte dall'alto verso il basso, mentre infatti uno degli aspetti fondamentali nell'atto di presa di possesso di un territorio è rappresentato dalla dimensione della conoscenza e quindi da un processo che inevitabilmente parte anche dal basso. Ci si può ad esempio domandare come Alessandro avesse potuto procedere alla definizione dei confini di Priene sia in rapporto alla perea di Samo sia verso l'interno dove era insediata la popolazione indigena se le informazioni non gli fossero venute da chi aveva richiesto il suo intervento. E' chiaro quindi che ogni organizzazione dei territori controllati dai sovrani della prima età ellenistica non poteva prescindere dal quadro preesistente. Sotto questo profilo, e con ciò giungo alla mia domanda, è affascinante vedere attraverso il caso dell'iscrizione di Mnesimaco da Sardi come la tenuta che aveva poi dato in ipoteca doveva essersi costituita non tutta in una volta (come anche quella di Aristodicide di Asso) ma probabilmente in maniera graduale nel tempo con parti che non erano sempre contigue e che non formavano un tutto unitario. Se ricordo bene accanto ad una suddivisione amministrativa del territorio ne esisteva anche una fiscale in chiliarchie. Mi chiedevo come funzionasse un sistema così complesso.

C. Schuler: Vielleicht deutet gerade die Liste der Ländereien des Mnesimachos an, wie ein derartiges System bei offenbar komplexen Besitzstrukturen funktionieren konnte: über Register in

Form von Listen, in denen die Besitzungen erfasst waren, die Abgaben an eine bestimmte Instanz zu leisten hatten. Allerdings wissen wir nicht, um was für Einheiten es sich bei den Chiliarchien handelt, ob sie überhaupt als Verwaltungsbezirke anzusprechen sind und ob es neben ihnen noch andere Distrikte gab. Genauere Aussagen sind deshalb leider nicht möglich.

W. Hutton: I was interested in your observation that new settlements on the site of pre-existing settlements tended to maintain the indigenous names, whereas completely new settlements were more likely to get a dynastic name. Is this true only of the Seleucid empires or does it hold good for other Hellenistic kingdoms as well? Also, can you account for obvious exceptions — for instance Skythopolis in Palestine (Beit She'an), which apparently receives the dynastic name Nysa after the Seleucid conquest?

S. Mitchell: On this last point, the pre-conditions for a city foundation, as Christof Schuler has pointed out, were that it was favorably situated with access to land and water resources, and so in reality it is very unlikely that any Hellenistic city foundation was actually created on *tabula rasa*, where there was no previous settlement.

C. Schuler: Ich würde mich der Einschätzung von Stephen Mitchell anschließen, und mir scheint deshalb, dass die Benennung von Kolonien in erster Linie von deren Status abhing: Die prestigeträchtigen dynastischen Namen, die eine besonders enge Bindung an das Königshaus signalisieren sollten, waren Poleis vorbehalten, während kleinere Siedlergemeinden, die in den Inschriften Kleinasiens als Katoikien bezeichnet werden, in der Regel die einheimischen Namen der bestehenden Siedlungen übernahmen, an die sie anknüpften. Aber auch Siedlungen, die den Status von Poleis erreichten, konnten ihren einheimischen Namen behalten, wie etwa das Beispiel von Thyateira in Lydien zeigt. Umgekehrt konnten Poleis, die keine Kolonien waren, aber besondere Bedeutung hatten, umgetauft werden und dynastische Namen erhalten. So benannte etwa Ptolemaios II. die lykische Polis Patara, deren Hafen der ptolemäischen Flotte als Stützpunkt diente, in Arsinoë um (Str. 14, 3, 7); nach dem Ende der ptolemäischen Herrschaft über Lykien setzte sich dann wieder der alte Name Patara durch, was in solchen Fällen häufiger geschah.

VII

STEPHEN MITCHELL

SPACE, PLACE, AND MOTION IN ASIA MINOR FROM STRABO TO LATE ANTIQUITY

ABSTRACT

This paper contrasts the ways in which space and regional divisions in Asia Minor were presented in Strabo's *Geography* and those perceived today through the results of modern historical and archaeological research. It follows a chronological evolution from the late Hellenistic period through the Roman empire to late Antiquity, and adopts a vari-focal approach to the entire region. It begins with a wide-angle view of the Asia Minor peninsula as part of Strabo's description of the entire continent of Asia, and then narrows to his geographical characterisation of the elusive and confusing boundaries of *ethnê* in the Asia Minor peninsula west of the Halys. This is followed by a short survey of the new provincial divisions of the Roman imperial period. The picture is further focussed to concentrate on a trapezoidal region of south-west Anatolia between the cities of Laodicea, Sagalassus, Perge and Cibyra, which included the ethnic region of the Milyadeis. Under the Roman Empire, this was divided between *provincia Asia* and *Lycia et Pamphylia*, but its most important features were two Roman roads, the republican road through Asia built by Manius Aquillius and the Augustan *via Sebaste*. The field of view is narrowed again to these roads where they ran through the territory of Sagalassus, south of the Burdur Lake. Spatial relationships here had been re-defined by the conditions of Roman rule. The movement of military, official and commercial travellers introduced a new awareness of the significance of space and of motion as an element of regional geography, which had been largely ignored by Strabo. Motion was not confined to the roads and official road users, but took other forms. The south-eastern part of the trapezium was one of the most important regions of middle-distance transhumance in late Ottoman Turkey until the mid-20th century, and the paper concludes by arguing that transhumance was also an important regional activity in the late Roman period.

1. Strabo and the geography of Asia

Any geographical study of Hellenistic and Roman Asia Minor must begin with Strabo. The seventeen books of Strabo's surviving *magnum opus* are a work without serious parallel in ancient literature, and fuse the modern categories of history and geography, as is demonstrated by Katherine Clarke's ground-breaking study *Between History and Geography*, published in 1999, which traced the ideas and connections between Polybius, Posidonius and Strabo, three writers whose works, taken together, have done more than any others to shape our understanding of the late Hellenistic age.[1] By combining a historical approach to the past, naturally including events of their own lifetimes, with an observation-based and scientific understanding of the natural environment and the physical relationships which bound places, regions and the populations that inhabited them together, each of these writers provided accounts and insights which summed up the post-Alexander world, but at the same time acknowledged the fundamental reconstruction of political relationships which had been brought about by Roman conquests. Their scholarly and literary recording of these achievements was also only achieved thanks to direct or indirect Roman patronage. In Strabo's direct personal experience, Asia Minor was at the heart of this Graeco-Roman world. Its internal divisions were shaped by recent conquest and acculturation, but at the same time it remained part of un-hellenised Asia.

Clarke's study emphasises the indivisibility of space and time. Space is the parameter that predominates in geography, time in history, but neither exists without the other. To use the obvious, trite, metaphor, both disciplines remain two-dimensional without

[1] CLARKE (1999) 193-197. With many thanks to the contributors to the colloquium at the Fondation Hardt and above all to Denis Rousset for invaluable criticisms of an earlier draft of this paper and many stimulating observations, and to my colleague Bob Wagner for his field notes and detailed map of the space determined by the Sagalassus-Tymbrianassus boundary decision, which have brought welcome clarity to a controversial topographical discussion.

the addition of the other. At some level, all history incorporates geography, and all geography history. If we want to tease the two genres apart, and try to distinguish the historical from the geographical strands in the dense and interwoven works of Polybius and Strabo, it is helpful to separate the general from the particular. The geographical element is generalised, and lies in descriptions of whole peoples, linguistic or cultural groups, mountains, rivers and other natural features of the landscapes, including modes of life (nomadic, agricultural, mercantile), while the historical deals with individuals, specific groups, and non-repetitive events, mostly initiated by persons or named and identified groups. History furnishes a cast of characters, geography the frame and context for their activity. These two elements fused most closely in cities, where individual activity was indivisible from the location where it took place, but where mere physical description of a city, a city without history, would simply be an empty shell. A *Geography* which throws the spotlight on cities, as in most of Strabo's account of western Asia Minor, cannot be other than a form of history at the same time.

A central task for all geographers is to define the space about which they write. Boundaries were critical not only in a political or territorial sense, but also as the most important tool which enabled writers of geography, literally, to articulate their subject matter. Strabo made this clear in the sentence which introduced his ground-breaking account of the entire continent of Asia in book 11:

> "Asia is adjacent to Europe, bordering it along the Tanaïs River. I must therefore describe this country next, first dividing it, for the sake of clearness, by means of certain natural boundaries. That is, I must do for Asia precisely what Eratosthenes did for the entire inhabited world." (Strabo 11, 1, 1 C490)[2]

At the broadest level of distinguishing the world's continents, Strabo worked in the tradition of the astronomical geographers, notably Eratosthenes, which provided him and others with a

[2] I have sometimes adapted H.L. JONES' Loeb translation of Strabo.

framework which remained the basis for modern *Erdkunde* until the end of the 19th century.[3] Beneath the largest continental scale, Strabo turned to tribes (ethnic groups), riverine and to a lesser degree mountain boundaries, as the principal means to articulate the spatial dimensions of his world picture. The Taurus Mountain range created a fundamental division across Asia, which was of primary importance,

> "The Taurus forms a girdle approximately through the middle of this continent, extending from west to east, leaving one part of it on the north and the other on the south. Of these parts, the Greeks call the one cis-Tauran and the other trans-Tauran." (Strabo 11, 1, 2 C490)

Ethnê (which can be variously translated according to context as tribes, peoples or even nations) and rivers then played a vital subsidiary role.

> "It has been divided into many parts with many names, determined by boundaries that circumscribe areas both large and small. But since certain tribes are comprised within the vast width of the mountain, some rather insignificant, but others extremely well known . . . those which lie for the most part in its northerly parts must be assigned there, and those in its southern parts to the southern, while those which are situated in the middle of the mountains should, because of the likeness of their climate, be assigned to the north, for the climate in the middle is cold, whereas that in the south is hot. Further, almost all the rivers run from there in contrary directions some into the northern region and others into the southern . . ., and they therefore are naturally suitable in our use of these mountains as boundaries in the two-fold division of Asia." (Strabo 11, 1, 4 C490-491)

Ethnic divisions and river boundaries did not always coincide, a fact that becomes clear from many detailed examples that

[3] The influence of Strabo's *Geography* on Carl Ritter's colossal *Die Erdkunde* (19 vols, 1822-1859) is palpable. Strabo's account of Asia Minor is far superior to vols. 18-19 of Ritter's *opus magnum*, written in the last years of his life, much of which was simply transcribed from the accounts of recent travelers, notably those of Julius Augustus Schönborn in 1841/2 and 1852. See DÉBARRE (2016) 67-98, 139-179.

Strabo subsequently enumerated. His subject encompassed both a natural geography, which was for the most part fixed, and an ethnic geography, which was subject to change, but he repeated at several points that his main objective lay in describing the inhabited regions, particularly the cities and other organised communities of the world in which he lived. Anything beyond these boundaries was of marginal interest, at best.[4] An account of the *oikoumenê* went far beyond fixing places in relation to one another, the task of *chorography* as defined by a fragment of Polybius,[5] and it involved descriptions which provided a historical perspective as well as accounting for the natural characteristics and spatial relationships of inhabited locations.[6]

Asia, which forms the subject of six of the seventeen books, was divided into four sections; two to the north and two to the south of the Taurus Mountain range, which prolonged the east-west Mediterranean axis through the continent as far as the eastern ocean. This mountain division created cis-Tauric Asia facing Europe, and a trans-Tauric region extending to India and Arabia.[7]

There was another important division across western Asia, a line running from north to south between the Black Sea coast and the gulf of Issus, thus separating western from eastern Asia Minor, as we would now call it.[8] This long-established geographical conception was explained by Herodotus, who distinguished between lower Asia and upper Asia, which were separated from one another by the river Halys, the eastern boundary of Croesus's Lydian kingdom. It is the source of some confusion

[4] STR. 1, 1, 16 C9-10; 2, 5, 5 C112: ὁ γὰρ γεωγραφῶν ζητεῖ τὰ γνώριμα μέρη τῆς οἰκουμένης εἰπεῖν, τὰ δ'ἄγνωστα ἐᾶν, καθάπερ καὶ τὰ ἔξω αὐτῆς; 2, 5, 34 C132: τοῖς δὲ γεωγραφοῦσιν οὔτε τῶν ἔξω τῆς καθ'ἡμᾶς οἰκουμένης φροντιστέον.

[5] POLYB. 34, 1, 3-6: ἡμεῖς δὲ . . . τὰ νῦν ὄντα δηλώσομεν καὶ περὶ θέσεως τοπῶν καὶ διαστημάτων· τοῦτο γάρ ἐστιν οἰκειότατον τῇ χωρογραφίᾳ; see CLARKE (1999) 93; and D. MARCOTTE in this volume.

[6] CLARKE (1999) 244-293.

[7] STR. 11, 1, 7 C492.

[8] The term Asia Minor hardly occurs in ancient authors; see GEORGACAS (1971).

that this ancient distinction between lower and upper Asia, which split the Achaemenid empire into its western and eastern parts, ignored the north-south division of the continent by the Taurus mountains. Herodotus also classified lower Asia's population by ethnic groups, many but not all of which were still present in Strabo's account.[9] For Herodotus, the overland distance between the sea opposite Cyprus and the Euxine formed the neck that divided lower from upper Asia:

> "Thus, the river Halys almost cuts off the whole of lower Asia from the sea opposite Cyprus and the Euxine; this is the neck of the entire country. The length of the journey is five days for a well-girt traveller." (Herodotus 1, 72, 3)

Herodotus indicated that the north end of the division was at Sinope, the most important southern Euxine harbour city, while Strabo preferred the coastal region around Amisus, which was closer to Issus. Strabo also envisaged western Turkey as a promontory or peninsula, but described it by the term isthmus, which in normal Greek usage was confined to a narrow neck of land, to describe the separation of western Asia from the rest of the continent.

> "Cappadocia constitutes the isthmus, as it were, of a large peninsula bounded by two seas, by that of the Issian Gulf as far as Cilicia Tracheia and by that of the Euxine as far as Sinope and the coast of the Tibareni. I mean by peninsula all the country which is west of Cappadocia this side of the isthmus, which Herodotus calls this side of the Halys River." (Strabo 12, 1, 3 C534)[10]

This perspective is counter-intuitive for a modern European accustomed to the appearance of the country on a map of Turkey,

[9] HDT. 1, 28. Croesus controlled σχεδὸν πάντων τῶν ἐντὸς Ἅλυος ποταμοῦ οἰκημένων, comprising the Lydians, Phrygians, Mysians, Mariandynians, Chalybes, Thracians (namely Bithynians and Thynians), Carians, Ionians, Aeolians, Dorians and Pamphylians, excluding only the Cilicians and Lycians.

[10] See also STR. 14, 3, 1 C664: ταῦτα δ' ἐστὶ μέρη μὲν τῆς χερρονήσου, ἧς τὸν ἰσθμὸν ἔφαμεν τὴν ἀπὸ Ἴσσου ὁδὸν μέχρι Ἀμισοῦ ἢ Σινώπης, ὥς τινες; "These are parts of the peninsula, the isthmus of which, as I was saying, is the road from Issus to Amisus, or, according to some, Sinope".

both because Strabo's 'isthmus' is far broader than a narrow neck separating a peninsula from the mainland, and because it is Asia- rather than Euro-centric, and adopted from the westward-looking viewpoint of the Achaemenid empire. However, the term 'Asia Minor peninsula' has entered modern usage.[11] Strabo's account continued by dividing western Asia into three bands, beginning in the East:

> "Writers now give the name of Asia to the country this side of the Taurus, calling this Asia by the same name as the whole continent. It comprises first the peoples on the east, the Paphlagonians and Phrygians and Lycaonians, and next the Bithynians and Mysians and the Epictetus, and then the Troad and Hellespontia, and after these, by the sea, the Aeolians and Ionians, who are Greeks, and, among the rest, the Carians and Lycians, and the Lydians in the interior." (Strabo 12, 1, 3 C534)

The observation, almost incidental, that amid other Asiatics the Aeolians and Ionians were Greeks, relativized their importance from a political perspective, and will have made sense to the Achaemenids, or, for that matter, to the modern nation of Turkey. Anatolia west of the Halys, Greek cities and all, had always been part of Asia. The Roman authorities picked up this terminology in turn in 133 BC when they inherited the Attalid kingdom and called their new province Asia, οἱ δὲ ἐπαρχίαν ἀπέδειξαν τὴν χώραν Ἀσίαν προσαγορεύσαντες ὁμώνυμον τῇ ἠπείρῳ, "The Romans designated the country a province, calling it Asia, by the same name as the continent".[12] Although Strabo had used the same expression in the passage from book 12, the choice of Asia as a province name had an even more geographically restricted sense than that usage, as Roman Asia came nowhere close to the river Halys. The label was very adaptable.

Strabo inherited from Herodotus and earlier writers the concept of 'Asia Minor' as being occupied by about sixteen large

[11] LEBRETON (2009) 28-32.

[12] STR. 13, 4, 2 C624. For the boundaries of Asia in the republican period see MITCHELL (2009) 169-178.

ethnic groups,[13] which were enlarged by the arrival of the Galatians in the 3rd century BC. All of them apart from the Cilicians and arguably the Pamphylians were settled in cis-Tauric Asia. However, his perception and understanding of the peoples of Asia were formed in a period when several of these ethnic groups were losing their definition and identity, at least in social and political terms. The creation by Mithridates VI of a powerful expansionist kingdom in north-east Cappadocia, extending round the Black Sea, already began to efface previous ethnicities from the political map east of the Halys. Regions were fused under a smaller number of rulers, and languages began to disappear. I quote at some length two characteristic passages. A very well-known section of book 12 described the fate of territory mastered by Rome after the defeat of Mithridates VI,

> "Mithridates Eupator was installed as king of Pontus. He took possession of the country separated off by the Halys as far as the Tibarani and the Armenians and the country this side of the Halys as far as Amastris and some parts of Paphlagonia. He also acquired the coast towards the west as far as Heracleia, the home city of Heracleides the follower of Plato, and in the opposite direction the coast extending to Colchis and Lesser Armenia; and this he added to Pontus. Having overthrown Mithridates, Pompeius took over the country comprised within these boundaries. He distributed the territory towards Armenia and round Colchis to the potentates who had fought on his side, while he divided the remainder into eleven states and added them to Bithynia, so a single province was formed out of the two. In between, he handed over some of the Paphlagonians living in the hinterland to be ruled by descendants of Pylaimenes, just as he gave over the Galatians to their hereditary tetrarchs. Later the Roman governors made one division after another, establishing kings and potentates, liberating some cities while subjecting others to potentates, and allowing others to be subject to the Roman people." (Strabo 12, 3, 1 C541)

[13] E.g., Cappadocians, Cataonians, Cilicians, Bithynians, Pontici, Paphlagonians, Phrygians, Mysians, Lydians, Troades, Aeolians, Ionians, Carians, Lycians, Pamphylians, Isaurians. Strabo's compilation, based on evidence from different periods, makes it impossible to establish a definitive list; further discussion in MITCHELL (2000) 118-122.

The passage reflects both the impact that Mithridates' imperialism had had on the formation of boundaries in north-east Asia Minor, and the direct and profound consequences of Pompey's organization of what had been Strabo's own homeland.[14] This was not simply the consequence of creating a Roman province of Pontus out of eleven cities, mostly new foundations,[15] but also the creation of new areas ruled by dynasts (notably Galatian kings and tetrarchs) which bore little or no relationship to previous kingdoms. Rulers changed, and so did their territories. Roman foreign policy led both to new provincial arrangements and to the emergence of these 'client', 'friendly', or 'allied' kings. Moreover, Strabo observed all these changes as transitional. The late Hellenistic world was in flux. Not only Strabo, but another observer Josephus, were contemporary or near contemporary witnesses to the redrawing of political and territorial boundaries across the entire Black Sea region, Anatolia and the Near East.[16]

Pompey's provincial arrangements in Pontus should be compared with the situation in neighbouring Cappadocia, which was annexed as a Roman province after the death of its last king Archelaus in AD 17. Strabo, who perhaps started to write his *Geography* at exactly this time, reported on new boundary making as a process whose outcome was not yet fixed,

> "As for Great Cappadocia, we at present do not yet know its administrative organisation, for, after the death of king Archelaus, Caesar and the senate decreed that it was a Roman province. In his reign and those of the kings who preceded him, the country was divided into ten prefectures . . ." (Strabo 12, 1, 4 C535).

[14] See especially MAREK (1993).

[15] I have argued that this was the first time that the term Pontus was ever used to describe a definable land mass, and that it was an anachronism of the Roman imperial period to refer to Mithridates VI and his predecessors as kings of Pontus (MITCHELL [2002] 50-52). The proposal has received both support and criticism.

[16] See ISH-SHALOM (2021), the scrupulous and detailed map of WAGNER (1983), and MITCHELL (1993) I, map 3, facing p. 40 for Asia Minor.

Cappadocia had the largest land area of any province of the Roman Empire. The administrative arrangements were to undergo considerable change over the next three centuries, but since inscriptions are scarce, almost nothing is known about its new internal divisions under the empire before the letters of Basil which described the splitting of Cappadocia into two provinces under the emperor Valens in the 370s.[17]

The reconfiguration of western Asia had begun with Roman arrangements for the former Attalid kingdom, when it became a province between 133 and 129 BC.

> "Then came five Roman ambassadors, and after that an army under the consul Publius Crassus, and after that Marcus Perpernas, who brought the war to an end, having captured Aristonicus alive and sent him to Rome . . . Manius Aquillius came over as consul with ten lieutenants and organised the province into the form of government that still now endures." (Strabo 14, 1, 38 C646)

Writing at about the same time as he was witnessing the intervention in Cappadocia, almost 150 years after this re-organisation took place in western Anatolia, Strabo described the consequences of Roman arrangements for the interior regions of the province of Asia, which simply ignored previous geographical divisions and political arrangements.

> "The parts situated next to this region towards the south as far as the Taurus are so inwoven with one another that the Phrygian and the Carian and the Lydian parts, as also of the Mysians, are hard to distinguish since they merge into one another. To this confusion no little has been contributed by the fact that the Romans did not divide them according to tribes, but organised their jurisdictions, within which they hold their popular assemblies and their courts, in another way. Mt. Tmolus is a quite compact mass of mountain and has only a moderate circumference, confined within the territory of the Lydians themselves; but Mount Mesogis extends in the part opposite as far as Mycalê, beginning at Celaenae, according to Theopompus, so that Phrygians occupy

[17] Mitchell (1993) II, 161.

the parts near Celaenae and Apameia, Mysians and Lydians occupy other parts, and Carians and Ionians others again. So, also, the rivers, particularly the Maeander, form the boundary between some of the peoples, but in cases where they flow through the middle of them, they make accurate distinction difficult. And the same is to be said of the plains that are situated on either side of the mountainous territory and of the river-land. Perhaps I should not pay such close attention as a surveyor must (οὐδ'ἡμῖν ἴσως ἐπὶ τοσοῦτον φροντιστέον ὡς ἀναγκαῖον χωρομετροῦσιν), but sketch them only so far as my predecessors have done." (Strabo 13, 4, 12 C628-629)

Strabo's description retained the categories of division by *ethnê*, mountains, and rivers which provided the framework for his whole account of Asia, but also illustrated their limitations. Population movements and other factors had already made it hard to find criteria for distinguishing between the Mysians, Phrygians, Lydians and Carians. Neither the mountains nor the region's main river established lasting divisions: the Tmolus was limited in extent to Lydia, and did not serve as a regional boundary, the Mesogis sprawled across western Anatolia north of the Maeander, but was occupied by many different peoples, and the Maeander itself did not function consistently as an ethnic boundary. However, the Romans, much like Alexander slicing the Gordian knot in another Anatolian context, had simply overridden these entanglements with brand-new structures which suited their own arrangements for administration and jurisdiction.[18] Faced with both the inherent complications of drawing ethnic boundaries between the peoples of western Asia and with the impact of Roman arrangements on the boundaries between regions and peoples, Strabo frankly admitted defeat and ironically left the job, if it had to be done, to the χωρομετροῦντες, land surveyors, not geographers.

[18] The administration of justice in Asia was based on the system of *dioikeseis*, regional centres, to which the Roman proconsul travelled according to a regular timetable, where law suits were heard; see MITCHELL (1999a) 22-29; HAENSCH (1997) 307-312, 748-751. We should not assume that a similar system existed in all Roman provinces.

Strabo recognised that the Romans were not exclusively responsible for the confusion, since he made similar observations about the country south of the Propontis, where the main cause was the movement of peoples at unspecified earlier periods:

> "It is difficult to mark the boundaries between the Bithynians and the Phrygians and Mysians, or even those between the Doliones around Cyzicus and the Mygdonians and the Trojans. And it is agreed that each tribe is 'apart' from the others (in the case of the Phrygians and Mysians, at least, there is a proverb, 'Apart are the boundaries of the Mysians and Phrygians'), but that it is difficult to mark the boundaries between them. The cause of this is that the foreigners who went there, being barbarians and soldiers, did not hold the conquered territory firmly, but for the most part were wanderers, driving people out and being driven out. One might conjecture that all these tribes were Thracian because the Thracians occupy the other side and because the people on either side do not differ much from one another." (Strabo 12, 4, 4 C564)

Strabo's description of the Propontic region of Asia thus took account of the impact of population movements on settlements and settlement patterns.

> "After the Trojan war the colonies of the Greeks and the Trereis, and the Cimmerian and Lydian invasions, and after these those of the Persians and Macedonians, and finally of the Galatians disturbed and mixed up everything. The lack of clarity has arisen not only because of the changes, but also because historians are not in agreement and do not say the same things about the same matters." (Strabo 12, 8, 7 C573)

Despite the research which Strabo had conducted into the conflicting accounts of earlier writers,[19] migration, colonial settlement and invasion through the whole period from the Trojan war to the Hellenistic period all contributed to the near impossibility of establishing ethnic boundaries in Asia.

[19] This is abundantly clear in his citation and criticism of many different sources in paragraphs 12, 8, 1-6 C571-573 that precede the judgement quoted in the text above.

The inscriptions produced by the *koinon* of Asia, which defined itself as the ἔθνη and δῆμοι in Asia and sometimes added the further category of πόλεις, provide another view of the settlements and territory in western Asia Minor which caused Strabo such perplexity.[20] These texts include several honorific statues put up for benefactors by οἱ ἐν τῇ Ἀσίᾳ δῆμοι καὶ τὰ ἔθνη between the 90s BC and the Augustan period,[21] and several mostly fragmentary inscriptions at Ephesus, which must have been the headquarters of the organisation. The same terminology appears in the Roman customs law for Asia, a document, which originated in the 120s BC and itself has important territorial implications, since it repeatedly referred both to the provinces harbours and to the ὅροι, i.e. land boundaries, where customs dues (*portoria*) could be levied.[22] This text confirms that the earliest Roman province in Asia Minor did have fixed territorial boundaries, but gives no information about how its territory was divided internally among the three categories of tribes, peoples and cities. These inscriptions are evidence for the diversity of settlement types as administrative entities, and thus in part corroborate the overall picture found in Strabo books 13 and 14, but shed no direct light on the spatial organisation of Asia.

[20] MAREK (2016) 415-423.

[21] *OGIS* 439 (Olympia; honours for Q. Mucius Scaevola), *OGIS* 438 (Poimanenon; for Herostratos son of Dorkalion), *IGR* IV 291 (Pergamon; for Agenor son of Demetrios); *I.Aphrodisias and Rome* (*I.Aphrodisias* 2007, 2.503) with DREW-BEAR (1972).

[22] *Customs Law of Asia*; for the coastal harbours see MAREK (2016) 391 map 22, and for problems of restoration and interpretation, MITCHELL (2009) 183-187, where l. 27 is restored to read: προσφω[νείτω καὶ ἀπογραφέσθω ὅπου ἂν τελώνιον ἐν τοῖς ὅροις τῆς χώρα]ς πρὸ τῶν βασιλείας (sc. χώρας) ἢ ἐλευθέρων πόλεων ἢ ἐθνῶν ἢ δήμων ὑπάρχῃ. The word ὅρος was used in other parts of the inscription to indicate the physical boundary of the province where customs dues could be levied: line 34 (ἐλευθέρους ὅρους, which should mean boundaries with free territories outside the province), lines 104-105 (ἐντὸς ὅρων καὶ λιμένων). The interpretation of lines 88-96, dating to 17 BC, which also refer to ὅροι connected with the Roman assize districts (διοικήσεις), has not been satisfactorily explained.

Another criterion which Strabo chose as a marker for his geographical project was language. As a native of eastern Anatolia, he was as aware as any highly educated and hellenised provincial inhabitant of the Roman Empire could be, of the plurality of languages that were heard and spoken across Asia. His mother's grandfather and one of his nephews had been close to power, and her paternal uncle (with the Iranian name Moaphernes) had held a high position in government at the time of the defeat of Mithridates VI.[23] The king himself was reputed to have mastered an incalculable number of the languages of the people that he ruled,[24] and Strabo provides a corresponding insight in his description of the east Pontic emporium of Dioscurias, at the foot of the Caucasus, a gathering point for seventy tribes, all speaking different languages.[25] He remarked that twenty-six languages were spoken by separate tribes, among the Albanians in the eastern Caucasus, although all had now been united under a single ruler, implying that the linguistic picture was now simpler.[26]

Polyglossia was the norm in the Caucasus; the situation in Asia Minor was certainly simpler. The Cappadocians all spoke the same language, which they had in common with the smaller grouping of the Cataonians, who occupied the southern Cappadocian prefecture which bordered on Cilicia. Since Cappadocia adjoined his own native region, and he had visited Cataonia in person (observing the dramatic gorge of the river Pyramus), these observations were certainly based on Strabo's direct personal knowledge and experience.[27] His observations on language use

[23] STR. 10, 4, 10 C477-478; 11, 2, 18 C499; 12, 3, 33 C557.

[24] MITCHELL (1993) I, 172.

[25] STR. 11, 2, 16 C498.

[26] STR. 11, 4, 6 C503. It is legitimate to ask how accurate this figure is. How could Strabo or his sources have known?

[27] STR. 12, 1, 1 C533 (all Cappadocians speak the same language), 12, 1, 2 C534 (including the Cataonians). Strabo also observed here that it was remarkable how all signs of ethnic difference between the Cataonians and other tribes had disappeared. For his autopsy of the gorges of the river Pyramus which flowed through Cataonia, see STR. 12, 2, 4 C536.

in western Asia are sparse, but show his professional interest in linguistic phenomena. He knew, without any doubt from personal observation, that two native languages and characteristic regional names were found in the parts of Cappadocia near the Halys next to Paphlagonia — regions directly adjacent to the territory of his native city Amaseia — and these names were common in the districts of Paphlagonia itself:

> "I mean the fact that the whole of that part of Cappadocia near the Halys River which extends alongside Paphlagonia uses two languages and abounds in Paphlagonian names: Bagas, Biasas, Aeniates, Rhatotes, Zardoces, Tibius, Gasys, Oligasys, and Manes; for these names are prevalent in Bamonitis, Pimolitis, Gazelonitis, Gazacene and most of the other districts." (Strabo 12, 3, 25 C553)

Other remarks suggest that Phrygians, Lydians and Mysians continued to use their own languages until his own day,[28] but Strabo recognized that the drawing of new boundaries and divisions by the Romans had a decisive impact in eradicating indigenous languages and nomenclature:

> "Both the Phrygians and the Mysians were in control after the fall of Troy, then later the Lydians, and after them the Aeolians and Ionians, then the Persians and the Macedonians, and finally the Romans, under whose control most people had cast off their languages and their names, since there had been a different partitioning of the territory." (Strabo 12, 4, 6 C565)[29]

He contributed a famous excursus on the Carians, 'barbarism', and the ways in which a non-Greek people came to speak Greek, including the clear statement that Greeks, surely including himself, learned to speak other languages, although with a thick accent, in the same way as the Carians living or fighting abroad

[28] STR. 12, 8, 3 C572 on the Mysian language: μαρτυρεῖν δὲ καὶ τὴν διάλεκτον· μιξολύδιον γάρ πως εἶναι καὶ μιξοφρύγιον.

[29] Strabo's observation conforms with the epigraphic evidence from the western parts of the province of Asia, where indigenous names had largely given way to Greek or Roman names in the imperial period, but did not apply to rural Phrygia, Paphlagonia, Galatia, Lycaonia and Cappadocia, where native languages and indigenous nomenclature persisted, especially in rural settlements.

had done, when they mastered the Greek language but spoke it badly. He discussed vocabulary, pronunciation, the individual characteristics of different languages, and the actual experience of non-Greeks learning and speaking Greek, and Greeks learning other languages,

> "Another sort of poor pronunciation, like barbarian pronunciation, occurs when someone has not mastered speaking Greek but says words like barbarians who are being introduced to learning Greek but have not yet mastered correct pronunciation, just as we do using their languages." (Strabo 14, 2, 28 C662)

This derived from the extensive acquaintance and entanglement of Greeks and barbarians, τῇ πολλῇ συνηθείᾳ καὶ ἐπιπλοκῇ τῶν βαρβαρῶν.[30] If he had been writing two hundred years later in the 3rd century AD, it is likely that Strabo would have said exactly the same about Phrygia, whose inscriptions at this period reveal a regional Greek dialect, which is easily recognisable in written form and must have been even more distinctive as a spoken language.[31] Cappadocians in the 3rd century also spoke with an unmistakeable, perhaps hardly intelligible accent.[32] Both Phrygian and Cappadocian survived as spoken languages in the 3rd and 4th centuries, although they died out in late Antiquity, almost unrecorded, as Strabo had no successor in this period. One other important linguistic observation concerned the region which is relevant to the case study to be examined later, namely the four languages of the Cibyratae, who occupied the frontier region between the Roman provinces of Lycia and Asia (see section 3).

Programmatically, in the second book, Strabo had provided a theoretical explanation of the importance of entanglements

[30] STR. 14, 2, 28 C662.

[31] BRIXHE (1984); and BRIXHE (2010).

[32] PHILOSTR. *VS* 2, 13 on the sophist Pausanias of Caesareia, who spoke παχείᾳ τῇ γλώττῃ καὶ ὡς Καππαδόκαις ξύνηθες συγκρούων μὲν τὰ σύμφωνα τῶν στοιχείων, συστέλλων τὰ μηκυνόμενα καὶ μηκύνων τὰ βραχέα, "with a thick accent, mixing up the consonants, shortening the long syllables and lengthening the short ones".

and the intercourse of peoples in developing civilization in the races and cities of the inhabited Mediterranean world:

> "A much greater part that is familiar, temperate in climate, and inhabited by well governed cities and tribes is here [sc. around the interior sea, the Mediterranean] rather than there [sc. adjoining the exterior sea]. We desire to find out about those parts of the world where mens' actions, political constitutions, arts, and everything else that contributes to practical wisdom have been recorded, and our needs draw us to those places in which entanglements and social intercourse is attainable (αἵ τε χρεῖαι συνάγουσιν ἡμᾶς πρὸς ἐκεῖνα ὧν ἐν ἐφεκτῷ αἱ ἐπιπλόκαι καὶ κοινωνίαι); and these are the places that have settlements, or rather good settlements." (Strabo 2, 5, 18 C121)

The words ἐπιπλοκαί, which Strabo applied to Greek-barbarian relations in his discussion of language learning and which was also used by Polybius to denote the entanglements among peoples,[33] and κοινωνίαι, sharing among different communities,[34] served to describe the consequence of interregional movement and contacts between peoples, which were intrinsic to all developed societies and therefore to the 'geographical history', which was the most important part of Strabo's project. However, he devoted remarkably little space to analyzing the topic of movement. The movement of peoples — whole nations and tribes, large groups or individuals — was intimately connected to warfare and hence fully recognised by the historians who dealt with ancient wars and conflicts, above all Herodotus and Polybius,[35] but was not treated as a central subject by geographers who focussed on places and regions, topography and chorography.

One aspect of Strabo's geography of Asia Minor which to modern eyes seems to be missing is any consistent discussion of major routes and roads. There is one conspicuous exception to

[33] See *LSJ s.v.* ἐπιπλοκή, and STR. 14, 2, 28 C662 (see n. 30).

[34] See MARCOTTE in this volume.

[35] For Polybius, see ISAYEV (2017) 231-266; for mobility as a central aspect of Herodotus' *Histories*, see CLARKE (2018).

this generalization, the detailed account of roads in western Asia which Strabo copied from Artemidorus of Ephesus. This contained information about places and the distances between them, θέσεις τόπων καὶ διαστήματα, the expression used by Polybius to describe itineraries and the intervals between places.[36] The first of these was the land route through Caria and Ionia from Physcus in the Rhodian Peraea, via Lagina, Alabanda, the Carian boundary at the Maeander crossing, and then through Ionia by way of Tralles, Magnesia, Ephesus and Smyrna to Phocaea, all with their intermediate distances. Strabo then added an account, also taken explicitly from Artemidorus, of the road east from Ephesus: ἐπεὶ δὲ κοινή τις ὁδὸς τέτριπται ἅπασι τοῖς ἐπὶ τὰς ἀνατολὰς ὁδοιποροῦσιν ἀπὸ Ἐφέσου, "since there is a sort of common road which is trodden by all those who journey from Ephesus to the East, he follows this as well".[37] The *koinê hodos* has sometimes been elevated in modern scholarship to the status of a formal named highway, like the great Roman roads such as the *via Domitia* or the *via Egnatia*, but this emphasis is recent, since for Strabo this was no more than the road that happened to be shared, κοινή τις ὁδός, by all travellers heading up the Maeander valley to central Asia Minor.

As in the account of the route through western Anatolia, the description of the road to the East comprised the names of cities and other significant places, the intermediate distances between them, and the ethnic regions where these were located, whose boundaries were observed in the itinerary: Karura was on the boundary between Caria and Phrygia, Tyriaion between Phrygia and Lycaonia, Garsaura between Lycaonia and Cappadocia, and Tomisa on the Euphrates between Cappadocia and Sophene. Beyond this the road ran straight to India. Polybius, according to Strabo, gave an alternative version that the road to India started at Samosata in Commagene, which itself was 450 stades

[36] POLYB. 34, 1, 4-5.

[37] STR. 14, 2, 29 C663. The lengthy account, covering both the road link through Caria and Ionia, and the route to central Asia, is introduced φησὶ δὲ Ἀρτεμίδωρος and appears to be cited almost verbatim from this source.

across the Taurus from the border of Cappadocia at Tomisa. Strabo also referred to specific sections of the *koinê hodos*: between Ephesos and Antioch on the Maeander,[38] between Magnesia and Tralles with Mount Mesogis on the left and the Maeander on the right,[39] and between Tralles and Nysa, where the village Acharaka and the remarkable sanctuary known as the Charonion were located.[40] Only here in his whole account of Asia does the topic of roads assume any prominence; elsewhere roads were an element of geographical infrastructure which was taken for granted and passed over in silence. This point is made indirectly in Strabo's account, in a different book and not drawn from Artemidorus, of Antioch on the Maeander, the eastern neighbour of Nysa in the Caro-Phrygian borderland between Aphrodisias, Cibyra and Laodicea: ἡ μὲν οὖν Ἀντιοχεία μετρία πόλις ἐστιν ἐπ' αὐτῷ κειμένη τῷ Μαιάνδρῳ κατὰ τὸ πρὸς τῇ Φρυγίᾳ μέρος, ἐπέζευκται δὲ γέφυρα, "Antioch is a middle-sized city located on the river Maeander itself in the part which adjoins Phrygia, and a bridge spans it". The bridge, sited where the road from inner Anatolia to Ephesus crossed the river from the south to the north bank before reaching the large cities further west, was a notable landmark and famously adorned with a triumphal arch in the 3rd century AD,[41] but in this passage Strabo said nothing about the *koinê hodos* and showed no awareness of the bridge's functional importance in the communication network.

2. Asia Minor in the Imperial period

Strabo observed Asia Minor during the complex political and social transformations of Asia Minor of the late republic

[38] STR. 14, 1, 38 C647.

[39] STR. 14, 1, 42 C648.

[40] STR. 14, 1, 44 C649.

[41] STR. 13, 4, 15 C630. For Antioch and the Maeander bridge, see NOLLÉ (2009) 29-44; but his observation, "sie war für den Verkehr im westlichen Kleinasien so wichtig, dass Strabo sie in seiner Geographie eigens erwähnt", misses the mark. On Hellenistic Antioch see THONEMANN (2019); (2021).

the early Julio-Claudian principate, which corresponded with the period which he described with the expressions ἐφ'ἡμῶν and καθ' ἡμᾶς, "in our times".[42] No text from the later imperial period presents a similar synoptic view of the region from a political or geographical perspective. The periploi and itineraries contain lists of cities, coastal harbours, specific places, or staging posts and distance measurements, but provide almost no contextual information to locate them within a geographical landscape.[43] The geography of Roman Asia Minor, like its history, must be constructed from sources which had other primary purposes.[44]

The most important evidence during this period for Asia Minor as a geographical space are inscriptions naming Rome's Anatolian provinces and their internal divisions that were notoriously complicated and subject to change.[45] The major provinces between the Aegean and the Euphrates under direct control of a Roman governor were acquired over a period of about 200 years from c. 130 BC to the time of the Flavians: Asia 129 BC; Cilicia 102 BC; Bithynia 75 BC; Pontus 63 BC; Galatia and Pamphylia 25 BC; Cappadocia AD 17; Lycia AD 43; Commagene and Cilicia in a new form AD 72. During this period some territory in eastern Anatolia was transferred from direct administration to regional dynasts, but this was no more than another form of imperial government, substituting the proxy power of local rulers for direct control by Roman officials, as Strabo made clear in his final summary of the Augustan

[42] POTHECARY (1997); CLARKE (1999) 289-293.

[43] The *Black Sea periplous* of Arrian and the *Itinerarium Antonini* are the best-known examples; cf. MAREK (2016) 309.

[44] See LEBRETON (2009), whose objective is to "comprendre comment une région particulière de l'*oikoumenê*, l'Asie Mineure, a été perçue par les Anciens sur le long terme, en observer les modifications et essayer d'en comprendre l'origine".

[45] The process is summarised in MITCHELL (1993) II, 151-163 with 156 map 6 and 162 map 7. For more detail, see MAREK (2016) 318 map 13 (Asia); 321 map 14 (Galatia); 323 map 15 (Galatia expanded to the north-east); 327 (Cappadocia); 336 map 17 (Pontic regions); 340 map 18 (provinces under Vespasian); 348 map 19 (provinces around AD 150).

impact the administrative organisation of the Roman Empire.[46] There were new arrangements in the 2nd century, notably the division of the huge provinces of Galatia and Cappadocia under Trajan and the creation of the Tres Eparchiae under Hadrian, and in the 3rd century a clear trend to split large into smaller provinces, which culminated in the provincial organisation recorded in the *Laterculus Veronensis* of AD 314. These developments were the continuation of the Roman interventions between 133 BC and AD 17 which Strabo had recorded in his *Geography*.

Most of the directly ruled provinces, defined by the terms *provincia* or ἐπαρχία, covered very large land areas and were internally subdivided. It has been a source of some confusion and dispute in modern scholarship that the same terms *provinciae* (the Latin version occurs only rarely)[47] and ἐπαρχίαι were also used to denote smaller units within a province.[48] So, to cite the best-known examples, there was an ἐπαρχία called Phrygia within proconsular Asia,[49] several ἐπαρχίαι were added to Galatia step-by-step across north-east Anatolia as this area was gradually brought back under direct rule as the local 'client' kings died or were removed,[50] and a single province called the Tres Eparchiae was created in the late Hadrianic period made up of the three adjacent regions of Isauria, Lycaonia and Cilicia. Between Vespasian and Trajan, the very large central province normally referred to as Galatia-Cappadocia in modern scholarship, appears in the titles of the *legati Augusti* as a compendious listing of

[46] STR. 17, 3, 25 C840; SUET. *Aug.* 48; see MILLAR (2004); ISH-SHALOM (2021).

[47] CIC. *Flac.* 32: *Dimidium eius quo Pompeius erat usus imperauit; num potuit parcius? Discripsit autem pecuniam ad Pompei rationem, quae fuit accommodata L. Sullae discriptioni. Qui cum omnis Asiae ciuitates pro portione in prouincias discripsisset, illam rationem in imperando sumptu et Pompeius et Flaccus secutus est.* In this passage the plural *prouincias* clearly has the sense of ἐπαρχίαι, "sub-provinces".

[48] Full treatment by VITALE (2012).

[49] VITALE (2016).

[50] MAREK (1993) 7-62 with the review by MITCHELL (1997).

regions: For example, A. Caesennius Gallus appears on milestones between 80 and 82 as *leg. pr. pr. prouinciarum Galatiae Cappadociae Ponti Pisidiae Paphlagoniae Lycaoniae Armeniae minoris* (*CIL* III 312), C. Iulius Quadratus Bassus (c. 108-110), as πρεσβεύτης καὶ ἀντιστράτηγος Καππαδοκίας, Γαλατίας, Ἀρμενίας μικρᾶς, Πόντου, Παφλαγονίας, Ἰσαυρίας, Πισιδίας (*AE* 1933, 268), and L. Caesennius Sospes, (c. 112-4) as *leg. Aug. pro pro prouinc. Gal(atiae) Pisid(iae) Phryg(iae) Lyc(aoniae) Isaur(iae) Paphlag(oniae) Ponti Galat(ici) Ponti Polemoniani Arm(eniae)* (*CIL* III 6818). These regional or sub-provincial names are known primarily from the titles of Roman administrators who were sent to govern them, but it is not straightforward to map these administrative partitions onto clearly delineated geographical regions. The inscriptions mentioning provincial divisions contain no information about exact boundaries on the ground and there was scope for ambiguity. Just as the land area of the Roman province of Asia did not match the entire geographical continent or even the whole of Asia west of the Halys, the separate regions named in these lists of provinces did not always match the entire region whose names they took. Both 'Phrygia' and 'Pisidia' only corresponded with a small part of larger regions. Most of Phrygia lay in the province of Asia, and southern Pisidia belonged to Lycia and Pamphylia.[51] The titles of governors denoted the administrative or governmental responsibilities of a Roman governor or official, not a geographical space. Sometimes the two coincided, but this was not always the case.

The customs law of Asia shows beyond doubt that the Roman provinces in Asia Minor had identifiable territorial limits,[52] but boundary inscriptions were rarely if ever placed on provincial

[51] Pisidia in the titulature of Quadaratus Bassus and Caesennius Sospes probably covered only the northern part of 'Pisidia', including Apollonia and Antiochia ad Pisidiam; CHRISTOL / DREW-BEAR (1991) 402 n. 20 assume that Pisidia must denote the whole ethnic region, but this conflicts with the interpretation of Phrygia, where this cannot be the case.

[52] See nn. 12 and 22.

frontiers,[53] although they commonly marked the limits of other communities and properties. Sometimes city frontiers coincided with a province boundary, as shown by the impressive monument with a dedication θεοῖς ἐνορίοις on behalf of Hadrian set up by the people of Apollonia in Galatia beside the road that linked them with Apamea in Asia, at the summit of a steep pass.[54] The original location of a Hadrianic boundary stone between Dorylaeum and Nicaea must also have marked the provincial frontier of Bithynia and Asia,[55] and two copies of a ruling dated to AD 209 by a quaestor operating on the instruction of Sempronius Senecio, proconsul of Asia, should relate to the boundary between Philomelium and Pisidian Antioch, and therefore, *de facto*, the division between Asia and Galatia.[56] Another likely example are the boundary stones between Sagalassus and Tymbrianassus, discussed below in section 4. But none of these texts contained the information that they were situated on a provincial boundary, and they belong in a larger category of boundary stones and official decisions which defined the territory of cities, villages or large estates.[57]

Milestones indirectly provided important information about the extent of provinces. When a governor's name appears with the name of the reigning emperor or emperors on several milestones,

[53] ECK (2022) 9 cites the milestone FRENCH, *Roman Roads* 3, 3, 23a set up by Hadrian *ab Amasia ad fines Galatarum* as clearly marking the provincial boundary of Galatia (the same formula in FRENCH, *Roman Roads* 3, 3, 36), and compares *CIL* III 749 and sixteen other Latin texts with similar wording which were set up on the authority of the emperor Hadrian *inter Moesos et Thraces*. However, this is questionable. The use of traditional *ethnica*, rather than an explicit province name is a striking feature of these texts; on other Asia Minor milestones the expression *ad fines* always referred to city boundaries (FRENCH, *Roman Roads* 3, 8 (indexes), p. 179 referring to examples in Bithynia: FRENCH, *Roman Roads* 3, 4, 17c, 34, 35A, 36, 62, 63A, and 63B); and the boundary of the Moesians and Thracians defined by the Hadrianic series does not coincide with the known frontier of the provinces of Moesia Inferior and Thracia.

[54] CHRISTOL (2018) 439-464; the monument is illustrated by TALLOEN (2015) 264 fig. 73.

[55] *MAMA* V 60.

[56] WALLNER (2019) 144-147 no. 1.

[57] AICHINGER (1982); BURTON (2000); ECK (1995) 355-363.

we can deduce that the find locations of these milestones all belonged to the same administrative province. The main purpose of a milestone was not to define territory, but to mark the course of a road, and the imperial road network became one of Anatolia's most prominent topographical characteristics. What was their significance in geographical sense? During the period of Roman imperial expansion in Italy and across the Mediterranean, which reached Asia by the end of the 2nd century BC and the Euphrates by the reign of Vespasian, roads certainly functioned as one of the main instruments of Roman authority and underpinned Rome's capacity to control and govern distant provinces. It was a characteristic of these roads that they were not designed to serve local regional networks, but to span long distances as economically as possible,[58] and they retained their importance as main axes of communication for centuries after they were built. Most of them covered more than a single province, and they gave strategic shape to large regions of the empire and to the provinces through which they ran. The general principle is well demonstrated by the *via Appia* from Rome to Brundisium, *the via Domitia* through Gaul to Hispania Citerior, the *via Egnatia* from the Adriatic to Perinthus, the *via militaris* which ran through Thrace to Byzantium, or the *via Traiana* in Arabia.

In Asia Minor, the best known examples are the road of Manius Aquillius across Asia, the *via Sebaste* in southern Asia Minor, which linked major Augustan colonies with the Mediterranean (see section 4), and the main Flavian roads of central and eastern Asia Minor.[59] The enormous province of Cappadocia, especially east of the capital Caesareia, was more or less defined by the military highway of Flavian origin which ran through Cappadocian Comana and Cocusus to Melitene, marked by

[58] Compare ISAYEV (2017) 81: "The new [312 BC] stretch of the Via Appia, by-passing many of the Latin settlements that were serviced by the older route of the Via Latina, established the centrality of Rome and the importance of its link with, and eventual possession of, Capua".

[59] See MITCHELL (forthcoming).

an extraordinary density of milestones,[60] and the road between Caesareia and Sebasteia, the later capital of the province of Armenia Minor, which is eloquently described in a letter of Gregory of Nyssa but for which no milestones have been recorded.[61] The inland parts of Pontus, leading to Armenia Minor, can simply be defined as the road running from Pompeiopolis through Neoclaudiopolis, Neocaesareia, and Nicopolis to Satala.[62] The Tres Eparchiae which spanned southern Anatolia north of the Taurus mountains from Isauria, through Lycaonia to Cilicia, was the southern counterpart of Pontus, and can essentially be defined from a Roman viewpoint as the road linked to the *via Sebaste*, also of Flavian origin, which ran from Lystra, Ilistra, Laranda, Kybistra, Podandus, and the Cilician Gates to Tarsus.[63] Rivers, tribes and mountains, the structural elements which Strabo used to define geographical space, largely failed to serve their purpose in western Asia. Strabo himself conceded that the overall picture in spatial terms was incoherent, and earlier divisions as far as they could be recognised were largely ignored in Rome's fundamental administrative re-organisation of the geographical space into new provinces. These acquired their spatial coherence from road construction, the aspect which Strabo had largely ignored.

3. The Cibyratis and the Milyas in transition from *ethnê* to provinces

By switching the focus from the whole Asia Minor peninsula to a specific region, questions about space and mobility can be addressed both at the medium scale of ethnic territories and

[60] FRENCH, *Roman Roads* 3, 3, 66-130 (237 milestones in all, 162 with surviving texts).

[61] GREG. NYSS. *Ep.* 1, 6. There is no compelling reason to assign FRENCH, *Roman Roads* 3, 3, 65, found in a quarry 4 km ENE of the centre of Kayseri (with the distance marking m. II μίλια) to this road.

[62] WINFIELD (1977).

[63] See MITCHELL (2022) 261-270.

Roman provinces, and by examining smaller critical areas at a higher resolution. Large areas of ancient south-west Anatolia have been explored and investigated in the last forty years: Lycia, Pisidia, western Caria. The region between them, eastern Caria, western Pisidia, the Milyas, and western Pamphylia, has escaped such intensive scrutiny.[64] Geometrically, this region has the shape of a large trapezium with sides of approximately 130 by 90 kilometres drawn between the important cities of Laodicea (NW), Sagalassus (NE), Perge (SE) and Cibyra (SW). Here, as elsewhere, the most obvious unifying feature was a Roman road, the southern section of the highway created by Manius Aquillius which joined Laodicea with Perge (fig. 1).

This 'trapezium' — of course the linear edges are arbitrary — formed a cushion between the more densely populated regions which surrounded it. Some of the largest cities of western Asia Minor, including Magnesia, Tralles, Nysa, and Antioch, lay to the north-west in the middle and lower Maeander valley. To the west was the important city of Aphrodisias in eastern Caria. On the east was Pisidia, an ethnically coherent region occupied by well-defended city states such as Sagalassus since the hellenistic period, and on the south-east the prosperous coastal province of Pamphylia, most of whose population was concentrated in the cities of Side, Aspendos, Sillyon, Perge and Attaleia.[65] To the south, beyond Cibyra, were Cibyra's allies in the tetrapolis of Oinoanda, Bubon and Balbura,[66] and then the numerous *poleis* of the highly distinctive Lycian federation.[67]

Very few communities within the region achieved the status of a *polis*, and none of these appears to have become more than

[64] There is an overview of the settlement of the Cibyratis by CORSTEN / HÜLDEN (2012) 7-19.

[65] BRANDT (1992).

[66] STR. 13, 4, 17 C631.

[67] STR. 14, 3, 3 C664-665. This account is immeasurably enhanced by information from rich epigraphic discoveries dating between the 2nd century BC and the 2nd century AD: the Hellenistic treaty between Tlos and Oinoanda; the Caesarian Roman-Lycian treaty; the *Stadiasmos* of AD 46 from the origins of the province; and the dossier relating to the benefactions of Opramoas.

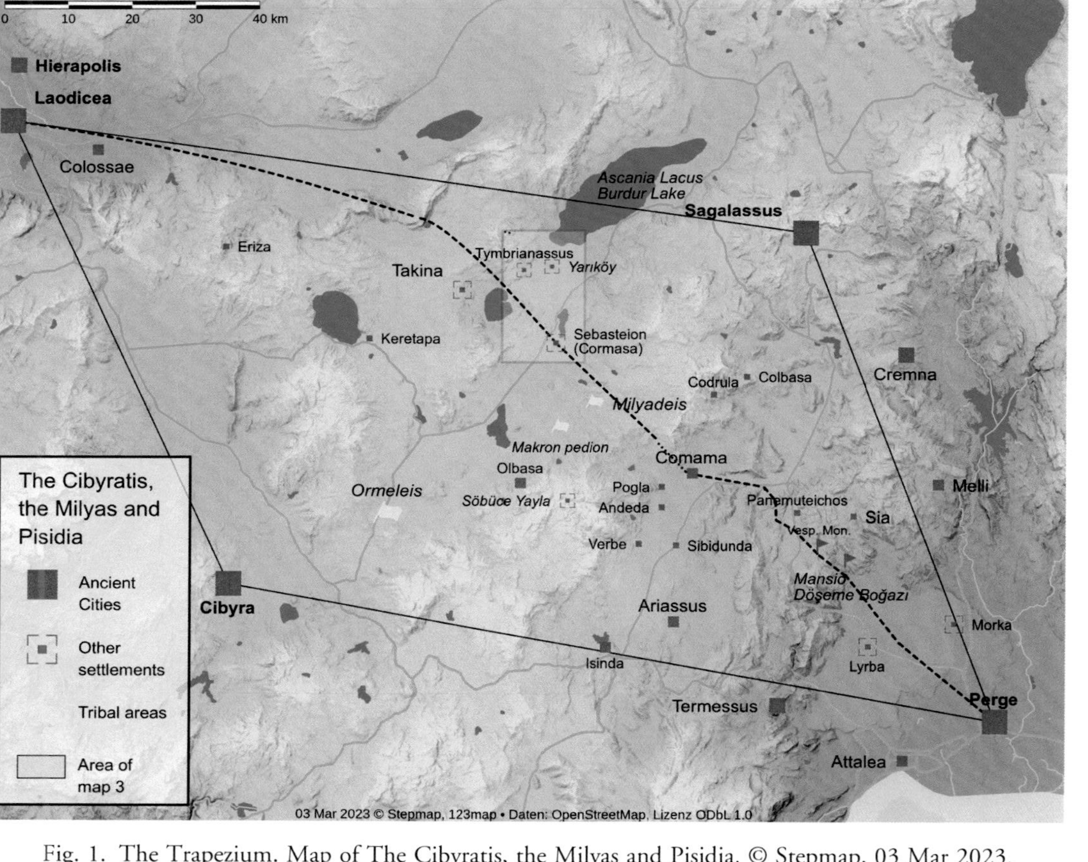

Fig. 1. The Trapezium. Map of The Cibyratis, the Milyas and Pisidia. © Stepmap, 03 Mar 2023.

a small agricultural town. The only places mentioned by Strabo which fall within the frame are the Milyas and Isinda (13, 4, 17 C631), Themisonium and Colossae (12, 8, 13 C576 both πολίσματα), and Aarassus (= Ariassus, 12, 7, 2 C570). Colossae, Isinda and Ariassus are on the region's margins and the location of Themisonium is uncertain. Even the large cities at the corners received only cursory attention. There was a brief reference to Sagalassos at the end of Strabo's account of Lycaonia, as a mountain stronghold accessible from Apamea, as a neighbour of the Roman colony of Cremna, and as a city that had fallen to Alexander.[68] Perge earned a single line, mentioning its famous temple of Artemis Pergaea.[69] The paragraph on Laodicea did not mention that it was a Seleucid foundation of the 3rd century, but highlighted more recent political history and its outstanding intellectual personalities since the Mithridatic wars, its reputation for high-quality wool products, its river system, and its vulnerability to earthquakes.[70] Cibyra claimed more attention:

> "It is said that the Cibyratae are descendants of the Lydians who took possession of Cabalis, but later of the neighbouring Pisidians, who settled there and transferred the city to another very strongly fortified site about one hundred stadia in circuit. It grew strong through its good laws; and its villages extended alongside it from Pisidia and the neighbouring Milyas as far as Lycia and the peraea of the Rhodians. Three neighbouring cities were added to it, Bubon, Balbura, and Oenoanda, and the combination was called a tetrapolis, each of the other three with one vote, but Cibyra with two; for Cibyra could muster thirty thousand foot-soldiers and two thousand cavalrymen. It was always ruled by a tyrant but nevertheless in a sensible way. The tyranny ended in the time of Moagetes, when Murena overthrew it and atttached Balbura and Bubon to the territory of the Lycians. None the less the territory of Cibyra is rated to be one of the largest assize districts in Asia. The Cibyratae used four languages, Pisidian, the

[68] STR. 12, 6, 4-5 C568; it was also mentioned as a neighbour of the Milyadeis and in the list of Pisidian cities which Strabo took from Artemidorus, STR. 12, 7, 1-2 C570.

[69] STR. 14, 4, 2 C667.

[70] STR. 12, 8, 16 C578, cf. 13, 4, 14 C630.

> language of the Solymi, Greek, and the language of the Lydians, of which there is not even a trace in Lydia. The easy embossing of iron is a peculiarity at Cibyra. Milyas is the mountainous country extending as far as Sagalassus and the country of the Apameians from the narrows at Termessus and the pass within the Taurus leading to Isinda." (Strabo 13, 4, 17 C631)

Late Hellenistic Cibyra was a powerful city with a large territory extending from Pisidia and the Milyas as far as Lycia,[71] comprising numerous villages as well as being linked to the other cities of the tetrapolis, which lie outside the area being considered here. The rural population doubtless supplied most of the manpower for the large forces which it could put into the field and many of the villages must have occupied the western part of the trapezium, west of Olbasa and south of the road of Manius Aquillius. In imperial times this included the territory of the Ormeleis, an area of large landed properties owned by Roman senatorial families and occupied by tenant farmers, which later became an imperial estate administered by Roman procurators.[72] There was another imperial estate near Takina, perhaps identical with the Neronian properties at Tymbrianassus (see section 4). Large organised settlements with the status of an ancient *polis* are conspicuously absent. The inhabitants of villages in the plain to the north of Olbasa were identified by an inscription as the Makropediatai.[73]

The Milyadeis, an important *ethnos*, whose history can be traced back to Herodotus, occupied a sweeping tract of upland country between Isinda and Sagalassus. Their territory adjoined Pisidia and therefore included the string of settlements in the Bozova plain north of Ariassus, including Sibidunda, Verbe, Andeda and Pogla. Pogla had a fortified acropolis and *polis* status in the late Hellenistic period. Its northern neighbour was the

[71] It is hard to accept Strabo's claim that the territory reached as far as the Rhodian Peraea.

[72] CORSTEN (2005); PICHLER (2018).

[73] Olbasa: LEVICK (1967) 49-50; Makropediatai: BEAN (1959) 103-104 no. 64 from Akören.

Augustan colony of Comama, which has the appearance of an unassuming agricultural town.[74] These mostly undefended sites contrasted with the fortified hilltop settlements of western Pisidia that also fall within the trapezium frame: the middle-sized cities of Ariassus and Sia, and Panemuteichos, a *polis* under the Roman empire with a fortified archaic predecessor.[75] Two other small Pisidian cities, Codrula and Colbasa, were in an important zone of local transhumance, occupied in the 19th and early 20th centuries by the Sarıkeçiler tribe, with an economy that was heavily dependent on sheep and goat rearing as late as the 1990s.[76]

Strabo noted the four languages used by the Cibyratans: Pisidian, Solymian (doubtless a version of Pisidian used by the inhabitants of Termessus beside Mount Solymos), Greek, and Lydian. Lydian, like Carian and Lycian, had long since ceased to be used in the Hermus and Cayster valleys, the heartlands of an *ethnos* that had been heavily influenced by Greek culture. The presence of Pisidian and Solymian was certainly a result of the well attested westward expansion of people from the region of Termessus and other parts of Pisidia in the Hellenistic period as far as the Cibyratan tetrapolis.[77] The Cibyratis therefore exemplified τῇ πολλῇ συνηθείᾳ καὶ ἐπιπλοκῇ τῶν βαρβαρῶν, the close and intricate mixing of peoples, the subject which had been discussed in detail in Strabo's disquisition on language use in Caria.[78]

The outstanding Roman features of the landscape were three major roads, none of them mentioned by Strabo. Two of these ran close to the west and south margins of the trapezium: a highway which ran from Pamphylia through the pass north of Termessus, τὰ κατὰ Τερμησσὸν στενά, past Isinda to Cibyra,[79]

[74] The best survey of the region is BEAN (1960); there was also a large estate in the area, owned by the Plancii of Perge, MITCHELL (1974) 33-34.

[75] MITCHELL 1998.

[76] PLANHOL (1958) 203-206.

[77] HALL / COULTON (1990).

[78] See n. 30 and 152.

[79] The passage by Termessus was protected by a Hellenistic wall and towers; WINTER (1966).

and a road running north from Cibyra to Laodicea on the Lycus, one of only two routes shown in the famous Patara *Stadiasmos* document that connected Lycia to another province.[80] Strabo did note that the Cibyratis formed one of the largest assize districts of Asia, and the elder Pliny recorded that the *conuentus* met at Laodicea on the Lycus and was known as the *dioikêsis Kibyratike*,[81] but this and Murena's campaign were the only specifically Roman features in his description. The third road, marked in fig. 1, was the southern section of the road built by Manius Aquillius,[82] which corresponded with the itinerary *Laudicium pilycum, Temissonio, Cormassa, Perge* recorded in the *Peutinger Table*. This tracked along the northern edge of the trapezium before bisecting it.

In the 2nd and 3rd centuries AD, the region was divided between two Roman provinces. The west part, including Laodicea and Cibyra, was in *Asia provincia* until the creation around AD 250 of a smaller new province called *Phrygia et Caria*, with its administrative centre at Laodicea. The east part belonged to *Lycia et Pamphylia*, a province which since the second, and perhaps even the Flavian period,[83] included most of Pisidia, including its metropolis Sagalassos. A separate Roman province called Pisidia was first created in the early 4th century. This new province still left most of ethnic Pisidia attached to *Lycia et Pamphylia*, but included the cities of Apamea (hitherto one of the most

[80] ŞAHIN / ADAK (2007): *Stadiasmos* C, 29-30: μεταξὺ Κι[β]ύρας καὶ Λαοδικήας ἐν τῶι ΕΠΙΚΑΜ[-]. Since the publication of the *stadiasmos* several studies have probed the underlying logic of its composition and its geographical implications, notably SALWAY (2001), BIAGI (2008), LEBRETON (2010), and ROUSSET (2013).

[81] PLIN. *NH* 5, 105: *Sed prius terga et mediterraneas iurisdictiones indicasse conueniat. Una appellatur Cibyratica; ipsum oppidum Phrygiae est; conueniunt eo XXV ciuitates celeberrima urbe Laodicea.*

[82] The *Peutinger Table* has: *Laudicium pilycum Temissonio xxxiiii Cormassa xii Perge.*

[83] Sagalassus belonged to the sprawling province of Galatia, the former kingdom of Amyntas, when Strabo wrote (STR. 12, 6, 5 C569) and remained so under Claudius and Nero, but was joined to Lycia and Pamphylia perhaps c. AD 70, and certainly by the late Hadrianic period. The evidence is hard to assess; for its status in Galatia, see section 4.

important Phrygian communities), the new capital Antiochia ad Pisidiam, and Iconium (until *provincia Lycaonia* was created in 371).[84] A reference in a saint's life reveals that in the 7th century Takina, situated close to the mid-point along the road from Laodicea to Perge, was dependent on Apamea, and therefore within the late Roman province of Pisidia.[85] These provincial divisions were further complicated by the fact that the responsibilities of the senatorial governors of Asia (always proconsuls), Lycia et Pamphylia (*legati Augusti pro praetore* up to the 160s, and then proconsuls), and their eastern neighbour Galatia (always *legati Augusti pro praetore*) did not coincide geographically with the administrative responsibilities of the imperial freedman procurators, who oversaw the very extensive imperial estates of west central Anatolia. Around 213 one of these, Aurelius Philokyrios, was involved in two episodes of conflict resolution between Roman soldiers, local villagers and estate tenants, respectively in central Phrygia north-east of Synnada at Sülümenli, and at Takina.[86] The administrative centre of the imperial domains was at Phrygian Synnada, but the authority of the procurators was recognised in Lycia and Pamphylia at Takina.[87] However, the questions that arise from trying to understand the jurisdictions of Roman officials are not primarily geographical, but concern Roman administrative arrangements.

[84] This is another example of a province which was created along a major highway, combining the east part of Strabo's *koinê hodos* from Apamea to Apollonia with the *via Sebaste*, which ran from there to Antioch and Iconium.

[85] DESTEPHEN (2007) 170, cites the passage from an edifying story known in a late Georgian translation and a fragment of the Greek original dating to the reign of Constantius II: περὶ πρεσβυτέρου δήσαντος διάκονον. Ὀρέστης τοὔνομα πρεσβύτερος μονῆς τοῦ ἁγίου <Γεωργίου, χωρίου λεγομένου> Τακινῶν, ἐνορία<ς Ἀ>παμείας τῆς Κιβώτου, ἐπαρχίας τῆς Πισιδίας ἤγουν Φρυγίας, ἀφηγήσατο ἡμῖν λέγων ὡς Ἰωάννης, χωρίου Βωνιτῶν τῆς αὐτῆς ἐνορίας …

[86] *SEG* XVI 625 (Sülümenli), based on the *ed. pr.* of FREND (1956) concerning transport obligations in east Phrygia; *SEG* XXXVII 1186; *AE* 1989, 721 (Yarışlı), re-edited by HAUKEN (1998) 217-243, and DESTEPHEN (2007) 159-168; see below section 4, nn. 98-99.

[87] The geographical areas indicated by inscriptions for procurators in Anatolia did not always coincide with those of the provincial governors; see MITCHELL (1993) I, 68 and II, 154.

4. Graeco-Roman space in sharper focus: Sagalassus and Tymbrianassus

The sites and inscriptions located along Manius Aquillius's road convey an impression which is very different from Strabo's depiction of the area. The southern part of this route between the harbour city of Perge and the Augustan colony of Comama, which runs through the Döşeme Boğazı, the most important pass connecting Pamphylia and Pisidia, is the subject of a recent monograph which reports results from the Pisidian survey, which I directed from 1982 to 1996. The monograph's title, *Roman Archaeology in a South Anatolian Landscape*, alludes to the material structures, movements and activities which were shaped by the social and economic priorities of the Roman empire. The most significant Roman features were a 4th-century *mansio* for official travellers located in the pass, Roman milestones of 6/5 BC erected alongside the Augustan *via Sebaste,* at least one monumental arch spanning the road near the *mansio*, and a monumental base which supported a large statue of Vespasian at a bridge crossing. Numerous cisterns and a very large enclosure building also attest to the importance of the route for transhumance in late Antiquity (see section 5). Apart from Comama there were no cities or large settlements along the road (see fig. 2).[88]

The road of Manius Aquillius and the *via Sebaste* continued along a shared course north-west of Comama as far as Boğaziçi on the river Lysis (the Eren or Boz Çay), the location of an Ottoman bridge which certainly had a Roman predecessor.[89] West of the river and about five kilometres north of the crossing the road branched. Physical remains of the *via Sebaste*, known locally today as the *Deve yolu* ("camel road"), can be traced in a straight line north as far as modern Yarıköy, where several

[88] MITCHELL / WAGNER / WILLIAMS (2021).

[89] RAMSAY (1888) 21 claimed to have seen traces of the Roman structure. There is a good photograph in WAELKENS / LOOTS (2000) 189 fig. 247.

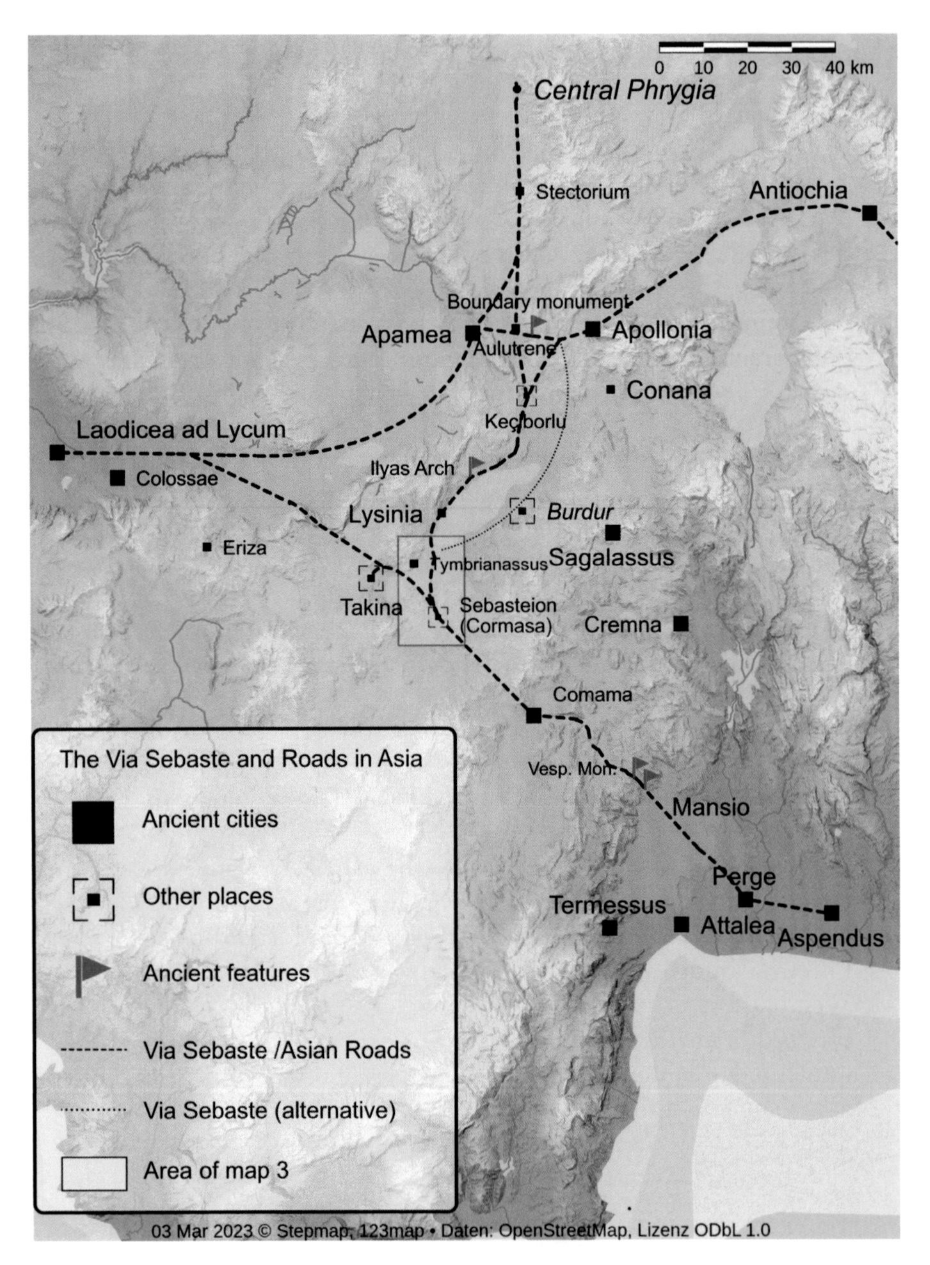

Fig. 2. The *via Sebaste* and the Asian road. © Stepmap, 03 Mar 2023.

milestones have been recorded.[90] It is generally presumed that the *via Sebaste* continued from here along the north-west shore of the Burdur Lake (ancient *Ascania lacus*), where there are road traces and several milestones, but we must take account of a recent proposal that the original Augustan route may have followed the opposite, eastern shore of the lake.[91] The other branch, the road of Manius Aquillius, went north-west from near the village of Karaçal, passed the modern village of Düğer, and rounded the north end of Yarışlı (Yaraşlı) lake. George Bean identified the ancient site of Takina on "a hill called Asar about half-way between Yaraşlı village and Tekke Mahallesi, some 2 kilometres from the Yaraşlı lake", with remains of buildings on the hill summit and the south slope, and a necropolis of rock-cut 'sarcophagi' on an adjoining slope to the south-west. This was about 2.5 kilometres west of the modern centre of Yarışlı. If this localization is correct, it appears that the road of Manius Aquillius did not pass through Takina, but ran about 3 kilometres to the east of it. This conformed with the usual pattern of these long-distance routes, that they linked major cities, in this case Laodicea and Perge, but did not provide direct access to the smaller settlements in the area through which they ran.[92] Four milestones of Manius Aquillius, with distances measured from the remote *caput viae* of Pergamum, have been recorded on this part of the road, two at Yarışlı, one nearby at Harmanlı and one at Alan to the north-west.[93] Another

[90] Four milestones of the original Augustan series, with the name of Cornutus Aquila, *legatus pro praetore*, have been recorded in the section discussed here: FRENCH, *Roman Roads* 3, 6, 04A (Comama, 122 m.p. CXXII), 4B (Comama, 114 m. p.), 5A (Boğaziçi 107 m.p.), 07B (Yarı Köy 88 m.p.). The *caput viae* was Pisidian Antioch.

[91] IVERSEN (2015) 12 with map 1; IVERSEN (forthcoming). This alternative possibility was already suggested by BEAN (1959) 81 nn. 29-30, and MITCHELL (1976) 122.

[92] BEAN (1959) 89-90. There is no more recent account of the site, but it appears to be identifiable on Google Maps at N37.5961 E 29.9145. Smaller communities, such as Takina, were served by local branch roads, see MITCHELL / WAGNER / WILLIAMS (2021) 15-19.

[93] French reportedly saw traces of the road itself south of the village of Düğer, close to the junction with the *via Sebaste* (WAELKENS / LOOTS [2000]

stretch of an old road, locally known as the *Sultan yolu* but surely Roman in origin, runs from the head of Yarışlı lake towards Yarıköy. This allowed travellers to turn east from Manius Aquillius' road to join the *via Sebaste* without travelling to the junction at Karaçal north of Boğaziçi, saving 13 kilometres of travelling. The triangle of territory created by the *via Sebaste*, Manius Aquillius's road and the *Sultan yolu* between Boğaziçi, Yarışlı, and Yarıköy, provides a focus for closer examination (fig. 3).

Inscriptions found along the *via Sebaste* show that its southern and western parts were in *Lycia et Pamphylia*. A Latin statue base honouring Antoninus Pius, set up c. 140-144 by permission of Q. Voconius Saxa Fidus, *legatus Augusti pro praetore,* shows that Comama was in this province while it was still governed by imperial *legati*.[94] In 164/5 under Marcus Aurelius and Lucius Verus after the province was transferred to proconsular administration, a milestone at Boğaziçi was erected by the proconsul D. Fonteius Fronto,[95] and another milestone from Tepecik, close to the north end of Burdur Lake, was put up in 197/8 by the Severan emperors under a later proconsul, C. Sulpicius Iustus Dryantianus.[96] The latter is separately attested as a governor of *Lycia et Pamphylia*, and this can safely be assumed for Fonteius Fronto.[97] This part of the Roman highway which encompassed the Burdur Lake on the north-west did not belong to *provincia Asia*. Contrary to earlier views, *Lycia et Pamphylia* also included the settlement at Takina. An important inscription from Takina of 213 containing several documents relating to conflicts between the local community and passing military traffic, which was evidently using Manius Aquillius's road, mentions the involvement of Aurelius Philokyrios, freedman procurator of

172) and noted the series of milestones: FRENCH, *Roman Roads* 3, 1, 7 (Alan, 214 m.p.), 8 (Harmanlı, 221 m.p.), 9a (Yarışlı, 223), 9b (Yarışlı, 227 m.p.).

[94] *CIL* III 6885; Voconius Saxa is attested as provincial governor on inscriptions at Perge and Phaselis, and on a fragmentary text from Kılıç (ancient Baris?) on the north shore of Lake Burdur, *AE* 2011, 1417.

[95] FRENCH, *Roman Roads* 3, 6, 05B (*AE* 1978, 788; *AE* 1992, 1663).

[96] FRENCH, *Roman Roads* 3, 6, 12 (*AE* 1991, 1528; *AE* 1992, 1664).

[97] FRENCH, *Roman Roads* 3, 6, 08; CHRISTOL / DREW-BEAR (1991).

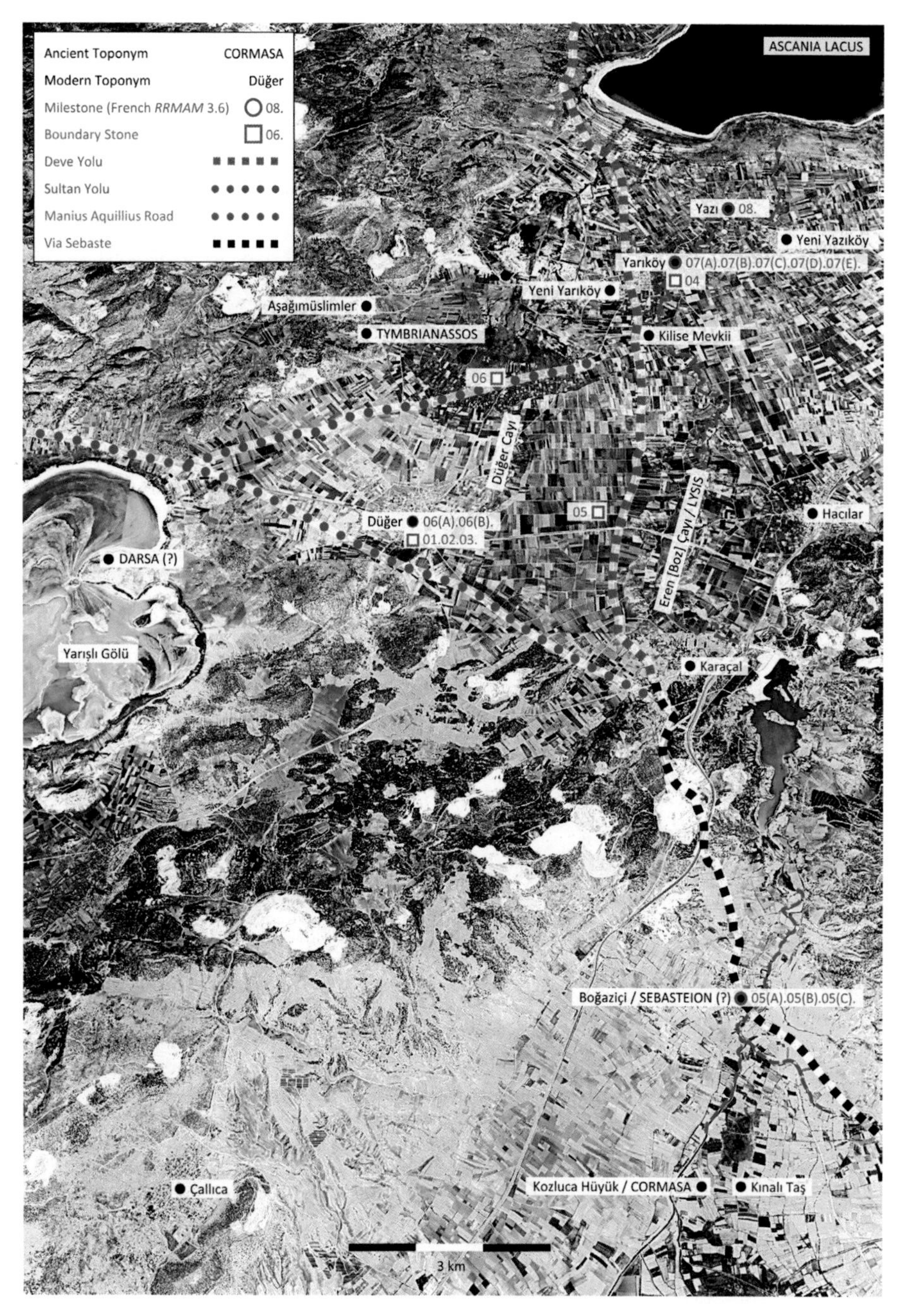

Fig. 3. Ancient roads, milestones, and boundary markers between Sagalassus and Tymbrianassus (Map: Bob Wagner). Milestone references are to FRENCH, *Roman Roads* 3.6.

Phrygia, which was a sub-province of Asia in the 2nd and 3rd centuries,[98] and a proconsul, Gavius Tranquillus, who was thought by the first editors to have been a governor of Asia, thus implying that the settlement was in *provincia Asia*.[99] However another Takina inscription documents the building of a bath house between 202 and 205 during the governorship of Iulius Tarius Tatianus, who is also attested as proconsul of *Lycia et Pamphylia* on an inscription at Pamphylian Attaleia. Thus, Takina and Attaleia belonged to the same province.[100]

The most important feature of the entire road section between Comama and Takina was not an ordinary settlement, but the sanctuary of Rome and Augustus which was located at or close to the Boğaziçi river crossing, a little south of where the *via Sebaste* and Manius Aquillius' road brought together traffic from the province of Asia to the north west and the large central Anatolian province of Galatia to the north-east. The sanctuary buildings have not been identified, but its remains include a relief fragment depicting legionary armour and the main dedicatory inscription,[101] which supported statues of the goddesss Roma and the emperor Augustus, dated by the imperial titles to 5/4 BC. The inscription, badly worn in the first three lines, covered three blocks which formed a base about four metres wide, height 92 cms, depth c. 45 cms with finely cut letters 3 cms high. One of these was built into the fabric of the Ottoman

[98] VITALE (2016).

[99] FRENCH / ŞAHIN (1987) 136 n. 1, followed by HAUKEN (1998) 225, and tentatively by DESTEPHEN (2007) 163.

[100] GÖKALP (2011); *AE* 2011, 1390 (Attaleia) and *IGR* IV 881, which records the bathhouse built at Takina ἐπὶ ἀνθυπάτου τοῦ λαμπροτάτου Ταρίου Τιτιανοῦ. G. Camodeca had already proposed that Gavius Tranquillus was proconsul of *Lycia et Pamphylia* (CAMODECA [1994]), and was supported by CHRISTOL / DREW-BEAR / ÖZSAIT (1993) 169 n. 57: "À cette partie de la Pisidie appartient vraisemblablement aussi la région de Takina ... Si Takina se trouvait alors en Lycie-Pamphylie, tous les problèmes relatifs à la qualité de proconsul que revêtait Gavius Tranquillus, et qu'aurait revêtu M. Iunius Çoncessus Aemilianus, disparaissent ou trouvent leur solution".

[101] The relief, which I noted at the village of Pınarbaşı south of Boğaziçi during a visit in 1994, is unpublished.

bridge, the other two were recovered from Kozluca village, about four kilometres distant to the east, and brought to Burdur Museum. The text has been restored as follows:[102]

> Ῥώμηι καὶ Α[ὐτοκρ]άτ[ορι] Καίσαρι θε[ο]ῦ [υἱῶι] Σεβασ[τ]ῷ
> ἀρχιερεῖ δημ[αρ]χικῆς ἐξουσίας ἐννε[α]καιδέκα[τ]ον
> ὑπάτωι δωδέ[κ]ατον αὐτοκράτορι τεσσαρεσκαιδέκα[τ]ον
> τῶι ἰδίωι σωτῆρ[ι] Μιλυάδεις καὶ οἱ πραγματευόμενοι [π]α-
> ρ' αὐτοῖς Ῥωμα[ῖ]οι καὶ Θρᾶκες οἱ κατοικοῦντες παρ' αὐτοῖς
> καθιέρωσαν.

> "For Rome and the emperor Caesar Augustus, son of a god, pontifex maximus, with tribunician power for the nineteenth time, twelve times consul, fourteen times imperator, their saviour, the Milyadeis, the Romans doing business among them, and the Thracians settled among them made this dedication."

The timing of the dedication is striking. It was contemporary with the inauguration of the imperial cult sanctuary at the Galatian capital Ancyra, one year after the ceremonies at Rome, attended by deputations from throughout the empire, which assembled for the start of Augustus' twelfth consulship and the designation of Gaius Caesar to a consulship five years later.[103] It also occurred one year after the completion of the *via Sebaste*. The foundation established the sanctuary near the river crossing at Boğaziçi as the central meeting point of the *ethnos* of the Milyadeis. Cicero had already referred to the *commune Milyadum* with Lycia, Pamphylia and Phrygia as victims of oppressive grain requisitioning by C. Verres when he was quaestor in Asia Minor in 79 BC,[104] and Manius Aquillius's road probably already served the purpose of bringing the scattered Milyan communities together when they met collectively at this earlier period. The inscription further testifies to the substantial numbers of influential Romans who had been attracted to the area

[102] HALL (1986) 137-140 no.1 (*SEG* XXXVI 1207); *I.Mus. Burdur* 328.
[103] See MITCHELL / FRENCH (2012) 149-150 for the dating and discussion of this context.
[104] CIC. *Verr.* 1, 95: *Pro quaestore quo modo iste commune Milyadum uexarit, quo modo Lycian, Pamphyliam, Phrygiam totam frumento imperando . . .*

and profited from the business opportunities which were presented by the two highways. There were also families of Roman veterans settled at the colonies of Comama and Olbasa within easy reach of the sanctuary. The origin of the Thracian immigrants remains obscure, but they are mentioned in a passage of the elder Pliny concerning the Milyae, and Thracian names have been noted on inscriptions in the Burdur region.[105]

Several topographical questions regarding the location of sites and settlements in the vicinity of the sanctuary have not been definitively resolved, and the most important of these is the location of Cormasa. Polybius, followed by Livy, named Cormasa as a *polis* which was reached by the army of Manlius Vulso in 189 BC as he advanced north from Pamphylia and approached Burdur Lake, where he was met by ambassadors from the city of Lysinoe (Lysinia). The army then entered Sagalassan territory.[106] A Latin gravestone put up for a freedman by a cavalry veteran of the Augustan *legio VII* who was a native of Cormasa was reused in the fabric of the Ottoman bridge at Boğaziçi.[107] Several sites

[105] PLIN. *NH* 5, 95: *A latere autem eius* (sc. Lycaonia*) super Pamphyliam ueniunt Thracum suboles Milyae, quorum Arycanda oppidum*. For Thracian names near Burdur, see RAMSAY (1895) 336 no. 169 = *I.Mus. Burdur* 273 (Seuthes; Yazıköy) and 337 no. 173 (Kotes; Burdur); and *I.Mus. Burdur* 186 (Aulanis), 272 (Daos), 274 (Kytis?). Thracians formed part of the citizen body at Apollonia, the Pisido-Phrygian city north-east along the *via Sebaste*, where there was also a conspicuous imperial cult sanctuary.

[106] POLYB. 21, 36: ὅτι Κύρμασα πόλιν λαβὼν ὁ Γναίος καὶ λείαν ἄφθονον ἀνέζευξεν. Προαγόντων δ'αὐτῶν παρὰ τὴν λίμνην παρεγένοντο πρεσβεῖς ἐκ Λυσινόης δίδοντες αὑτοὺς εἰς τὴν πίστιν· οὓς προσδεξάμενος ἐνέβαλεν εἰς τὴν τῶν Σαγαλασσέων γῆν ...; LIV. 38, 15: *Profectus inde continentibus itineribus ad Cormasa urbem peruenit. Darsa proxima urbs erat; eam, metu incolarum desertam, plenam omnium rerum copia inuenit. Progredienti praeter paludes legati ab Lysinoe dedentes urbem uenerunt. Inde in agrum Sagalassenum, uberem fertilemque omni genere frugum, uentum est.* Livy's Darsa, not mentioned by Polybius, has been identified by Waelkens' team with Ada Tepe ('Island Hill'), a site at the east edge of Yarışlı lake; see WAELKENS / LOOTS (2000) 176-187. Lysinia was located three kilometres north of Karakent on the west shore of the Burdur Lake by BEAN (1959) 78-81.

[107] BEAN (1959) 93 no. 42; (*AE* 1961, 15; *SEG* XIX 777); MILNER - HALL, *Kibyra Olbasa*, no. 152. However, inscribed stones were often removed and transported to serve elsewhere as building material. None of the inscriptions

have been proposed for Cormasa in the vicinity, both east and west of the river Lysis,[108] but since it is named by the *Peutinger Table* on the road between Laodicea and Perge,[109] there is much to be said for locating it precisely at or very close to the Boğaziçi bridge. According to the edict of the Galatian governor Sex. Sotidius Libuscidianus Strabo against oppressive requisitioning under Tiberius, the people of Sagalassus were obliged to provide Roman soldiers and officials with carts and mounts as far as Cormasa and Conana in return for payment. This provides a significant argument for placing Cormasa on the main road, and this becomes stronger if we can accept the hypothesis that the *via Sebaste* at this early period ran east of the Burdur Lake on a course that would also have brought it very close to Conana at the other extremity of Sagalassan territory.[110] Accordingly the reasons that weigh in favour of locating Cormasa at or close to the river crossing are the implication of three convergent sources that it was on a main route: the account of the march

from this vicinity, including even the sanctuary dedication of the Milyadeis, has been recorded on an ancient site at its original location.

[108] FRENCH, *Roman Roads* 4, 1, 35 made the eccentric suggestion that Cormasa could be identified with Mancarlı Hüyük, a site near Yeşilova much further to the west; BEAN (1959) 94 favoured a site 5 kilometres south-west of Boğaziçi at Çallıca (formerly Eğnes); HALL (1986) 140-142, who found an inscription which suggests that the Çallıca subsequently became the small city of Hadriani, argued for a large ruin field east of the the Lysis at Gavurören; see also WAELKENS/ LOOTS (2000) 188 and 191-192.

[109] The *Peutinger Table* marks Themisonium between Laodicea and Cormasa. NOLLÉ (2009) 56-61, has argued that Themisonium lay near Dodurga, much closer to Cibyra, but takes no account of the *Peutinger Table* evidence.

[110] MITCHELL (1976) map at p. 118, shows the *via Sebaste* on the north-west side of Burdur Lake and Bean's location of Cormasa at Çallıca. The alternative course of the *via Sebaste* has been proposed by IVERSEN (2015) 12 and IVERSEN (forthcoming), partly anticipated by WAELKENS / LOOTS (2000) 26. The argument is supported by the reported findspot of the requisitioning edict at Burdur railway station; cf. MITCHELL (1976) 122: "the site where the inscription was found in fact lies almost exactly half way between Cormasa and Comana and we may suppose that (the local inhabitants) served a more direct route running across the territory of Sagalassus between these two points." Note the convincing new reading of the last line of this inscription, reported in IVERSEN (2015) 14-16 no. 4.

of Manlius Vulso, the Tiberian transport edict and the *Peutinger Table*, combined with the discovery of the Latin epitaph in the bridge naming the veteran who was native of the place. The Sagalassus survey team directed by Waelkens which examined the area in detail in 1996 followed a tentative suggestion of Alan Hall, who had not visited the site, that Cormasa should be identified with Kozluca Hüyük, a substantial mound site east of the river Lysis about 1.70 kilometres south of the Boğaziçi bridge, and that the imperial sanctuary was at a smaller site called Kınalı Taş at Kemer Çay Mevkii, about 500 metres east of it (both marked on the map, fig. 3). The identification of Kozluca Hüyük with Cormasa is very plausible, but the imperial sanctuary should probably be placed closer to the ancient road and the river crossing.[111]

Three milestones from the *via Sebaste* north of Boğaziçi / Cormasa, whose locations are marked as blue points on the detailed map and numbered as in French, *Roman Roads* 3, 6 (fig. 3), raise another issue about the road's significance. The earliest of these was a milestone in the form of a columnar base copied at Yazı Köy, on the east side of the Lysis at the south end of Burdur Lake, which dates to AD 164/5, the same year as the Latin milestone from Bogaziçi set up by D. Fonteius Fronto. The text, in Greek, was a dedication to the emperors Marcus Aurelius and Lucius Verus by the city of Sagalassus, ἡ Σαγαλασσέων πόλις.[112] A second Greek milestone noted at the neighbouring village of Yarıköy on the west side of the Lysis was dedicated by ἡ λαμπροτάτη Σαγαλασσέων πόλις πρώτη τῆς Πισιδίας φίλη καὶ σύμμαχος Ῥωμαίων to the emperor Claudius II in 270. The emperor's name had been carved over an earlier, now illegible, text, and the city's name and titles were retained

[111] Hall (1986) 141-142 n. 5; Waelkens / Loots (2000) 188 and 191. The discussions by Bean (1959) 108-110 and Hall (1986) 140-142 of the find spots of inscriptions naming Hadriani / Hadrianopolis, which also appeared in episcopal lists from late Antiquity, do not affect the evidence relating to Cormasa.

[112] French, *Roman Roads,* 3, 6, 05B; Christol / Drew-Bear (1991) 406-408; Christol / Drew-Bear / Özsait (1993) 164-169.

from this earlier usage.[113] The third example, again in Greek, was copied at Düğer, a few kilometres west of the road on which it must have originally stood. This was erected by ἡ λαμπρὰ Σαγαλασσέων πόλις between 293 and 305 to the Emperors and Caesars of the first tetrarchy.[114] Christol, Drew-Bear and Özsait rightly remarked that the refurbishment of the *via Sebaste* in 164/5, provided Sagalassos with an opportunity "favorable pour indiquer aux usagers de la voie publique qu'ils entraient sur le territoire de cette cité, loyale aux empereurs", and they conjectured that the Yazı Köy stone marked the point at which travellers first stepped onto Sagalassan territory.[115] The display of three milestone texts dedicated by the Sagalassans at closely spaced locations over a period between the mid-2nd and early-4th centuries allows this conclusion to be drawn more emphatically. The city site of Sagalassos itself, the Pisidian metropolis, with its imperial temples and imposing public architecture, was almost fifty kilometres east of the major provincial roads that skirted its territory. It would have been visited by soldiers, officials and important travellers far less frequently than comparable cities such as Laodicea, Perge or even Cibyra. The valley of the river Lysis south of Burdur Lake was the only part of Sagalassan land crossed by a major highway, the *via Sebaste*. The Sagalassans, voluntarily or not, were required to take responsibility for maintaining this section of highway as well as providing transport facilities for official traffic. More important, it was exactly here that the city authorities could most effectively display to Rome's representatives (rulers, governors, officials, or soldiers) that they were the emperor's enthusiastic and loyal subjects and allies.[116]

[113] French, *Roman Roads* 3, 6, 07C.
[114] French, *Roman Roads* 3, 6, 06A.
[115] Christol / Drew-Bear / Özsait (1993) 169; followed by Waelkens / Loots (2000) 159.
[116] For Pisidian loyalty to Rome in 2nd and 3rd centuries, see Mitchell (1999b).

The Sagalassan presence in this part of its territory, a triangle of land with sides 7.5 × 12 × 10 kilometres extending from the *Sultan yolu* south to Boğaziçi, was displayed by an even more remarkable set of inscribed monuments than the milestones. Six boundary markers with long inscriptions, marked in red on fig. 3, have been found in the same villages that have produced milestones, three in Düğer (1-3), one at Yarıköy (4), one between Hacılar and Düğer close to the surviving trace of the *Deve yolu* (5), and one on the line of the *Sultan yolu* as it approached Yarıköy (6).

1. Düğer. Ramsay (1886) 128-130; Bean (1959) 85 no. 30 X.
2. Düğer. Ramsay (1886) 129; cf. Bean (1959) 87 Z.
3. Düğer. Bean (1959) 85 no. 30 Y.
4. Yarıköy. Iversen (2015) 8-12 no. 2.
5. Between Hacılar and Düğer, now in Burdur Museum. Horsley /Kearsley (1998); *I.Mus. Burdur*, 336; Iversen (2015) 13-14 no. 3.
6. On the *Sultan yolu* near Yarıköy. Waelkens / Loots (2000) 172 and map p. 177; The stone was also seen by D. French, and has been found again by Bob Wagner at N37.6041 E 30.0400 (see fig. 4).

The wording of the inscriptions is virtually identical and they can be presented as a composite text.[117]

> ἐξ ἐπιστολῆς θεοῦ Σεβαστοῦ Γερμανικοῦ Καίσαρος, Κοΐντος Πετρώνιος Οὖμβερ πρεσβευτὴς καὶ ἀντιστράτηγος Νέρωνος Κλαυδίου Καίσαρος Σεβαστοῦ Γερμανικοῦ καὶ Λούκιος Πούπιος Πραίσης ἐπίτροπος Νέρωνος Κλαυδίου Καίσαρος Σεβαστοῦ Γερμανικοῦ ὡροθέτησαν τὰ μὲν ἐν δεξιᾷ εἶναι Σαγαλασσέων,

[117] In place of a full bibliography, I have listed convenient references. The precise current locations of the stones have been established thanks to GPS readings made by Paul Iversen and Bob Wagner. I am grateful to Bob Wagner for compiling the data about the earlier records of these inscriptions as well as locating their find spots, as far as is now possible. Louis Robert reported that he had seen two unpublished examples in Yarıköy (Robert [1960] 596). One of these was 4, now published with an invaluable commentary and a map by Iversen, at 8-13 no. 2; Horsley and Kearsley assumed that 5, which they published, was also one of Robert's discoveries. Iversen assumes that the other text seen by Robert has remained unpublished, and that there were "at least seven examples".

Fig. 4. Sagalassus – Tymbrianassus boundary marker 6 (Photo: Bob Wagner).

τὰ δὲ ἐν ἀριστερᾷ κώμης Τυμβριανάσσου Νέρωνος Κλαυδίου Καίσαρος Σεβαστοῦ Γερμανικοῦ· ἐν ᾗ καὶ τὸ πένπτον μέρος Σαγαλασσέων.

"From a letter of the divine Augustus Germanicus Caesar, Quintus Petronius Umber, *legatus pro praetore* of Nero Claudius Caesar Augustus Germanicus, and Lucius Pupius Praesens, *procurator* of Nero Claudius Caesar Augustus Germanicus, fixed the boundaries: the lands on the right are of the Sagalassans, and those on the left of the village of Tymbrianassos of Nero Claudius Caesar Augustus Germanicus, in which a fifth part is also of the Sagalassans."

The inscriptions were all carved on large monuments, ranging up to 1.70 metres high and 75 cms wide, with lettering 2-5 cms high, about the same size as milestones but clearly distinguishable from them by their rectangular shape (fig. 4, showing stone 6). The alignment and the lettering of the texts are uneven and there are occasional engraving errors, but this should not be a surprise as inscriptions of any genre in the mid-1st century were rare in rural central Anatolia, and only became commonplace a century later.[118] The models available in the region were precisely the Republican and Augustan milestones along the Roman highways, the inscribed dedication of the imperial sanctuary and the veteran's Latin gravestone at Boğaziçi, and the extraordinary Latin and Greek bilingual stele from the territory of Sagalassus that carried the Tiberian requisitioning edict. All these were produced by, or in close collaboration with, official Roman authorities. Another remarkable feature of the boundary markers was that the long text was displayed in multiple versions. The series is unique in Asia Minor.[119]

[118] HORSLEY / KEARSLEY 1998) 125-126 and 129 discussed but eventually rejected the idea that the text might have been inscribed at a date in the 2nd or 3rd centuries. IVERSEN (2015) 11 also considered that the stone-cutter might have worked in the 3rd century, but based this on the erroneous argument that ὡροθέτησαν was an aorist passive form which "implies that this settled something once and for all in the past". It is the 3rd pers. pl aor. act. of ὁροθετέω, with the two Roman officials as the subject.

[119] It was not rare for several stones to mark a boundary in open terrain, but these were always very short texts, often in large letters cut on a rock. Inscriptions containing substantial boundary decisions are generally known from one or at

What do we know about the location of this boundary? The find spots of the stones are for the most part of limited relevance, since inscriptions were frequently moved in and around the plain south of Burdur Lake, and rarely indicate their original placement.[120] However, the statement of the texts that Sagalassan territory was to the right and that of Tymbrianassus to the left is an invaluable clue, since it implies that all the stones were at least approximately on the same alignment as one another, and that the line on which they stood must have been a recognisable landscape feature. Sagalassus lay to the east, so a viewer of the inscriptions must have approached them from the south for Sagalassan territory to be on the right-hand side. Bean thought that the alignment might have been along a river, and identified this with the small stream which flowed beside Düğer where three of the boundary stones had been copied, rather than the Lysis, which was five kilometres further east.[121] But an insignificant riverbank would be an extremely unlikely location for displaying important inscriptions, and a small stream in a landscape that was liable to change through erosion, flooding or earthquakes was ill-suited to an important city boundary. Horsley and Kearsley thought that the boundary might have been a combination of river and road, but this is not compatible with the local topography or the left- and right-hand indications of the text of the inscriptions.[122]

We should accept the argument of Waelkens's team and of Iversen, that the stones would have been placed along a road. Which road? There are three options: the road of Manius Aquillius coming from the north-west past Düğer to Boğaziçi,

most two examples. There were two examples each of the Latin boundary definition of an imperial estate in the Upper Tembris Valley, *MAMA* X 255 and 259, and of the boundary inscription between Philomelium and Antioch (see n. 56), never as many as six.

[120] For a striking illustration, see IVERSEN (2015) 1-8 no. 1 publishing parts of a dice oracle text copied at Yarıköy, whose other fragments were copied in the 19th century at Yarışlı.

[121] BEAN (1959) 87-88.

[122] HORSLEY / KEARSLEY (1998) 127-128.

the *via Sebaste* itself, which ran virtually due south from Yarıköy to Boğaziçi, or the *Sultan yolu* which ran for about 5 m. p. between Yarışlı lake and Yarıköy and linked Manius Aquillius's road with the *via Sebaste* at a place at a place called Kilise Mevkii, south of Yarıköy beside a crossing of the river Lysis (the Boz or Eren Çay).[123] The overall distribution of the find-spots of the boundary stones is a strong argument against Manius Aquillius's road. Iversen has suggested that the stones were placed along the *via Sebaste*, but erroneously believed that this road made a westward loop from Yarıköy to Düğer.[124] Waelkens's team recognised the importance of stone 6, in open country south-west of Yarıköy, with front and rear faces aligned WSW-ENE, which appeared to be *in situ*. However, David French was told in 1989 that the stone had been removed from a nearby field, and Bob Wagner's observation in 2022 is that it currently stands on a narrow berm between fields and is indeed probably in a secondary position, but not far removed from the original location.[125] This position is exactly in alignment with the *Sultan yolu*, which can be traced for about five kilometres to the south-west and continued for about two and a half kilometres north-east to join the *via Sebaste* at Kilise Mevkii. French reportedly supposed that the *via Sebaste* formed the western boundary of Sagalassus. Waelkens' team concluded that the city boundary followed the *via Sebaste* between the south end of Burdur Lake and the junction at Kilise Mevkii, but then turned south-west to follow the *Sultan yolu*.[126]

[123] There was a significant ancient settlement here, see WAELKENS /LOOTS (2000) 156-159.

[124] IVERSEN (2015) 12.

[125] WELKENS / LOOTS (2000) 172 and 175 for the details.

[126] WAELKENS / LOOTS (2000) 172 and 175. Their understanding of the boundary is not very clearly expressed. They rightly identify the *Deve yolu*, running 10 kms N-S about 1 km west of the Lysis, with the *via Sebaste* and state that the boundary markers seen at Yarıköy (no. 4) probably stood along this road (p. 175), *i.e.*, in the northern stretch between Kilise Mevkii (near Yarıköy) and the Burdur Lake. However, the discovery of stone no. 6 apparently *in situ* led them to the view that the boundary must have turned south-west from the *via Sebaste* at Kilise Mevkii to follow the *Sultan yolu* (p. 172).

The work of Waelkens' team supports the *Sultan yolu* option, but there is no need to include the *via Sebaste* in fixing the boundary. Stone 6 is on the line of the *Sultan yolu*; stone 4 at Yarıköy was near the junction of the *Sultan yolu* and the *via Sebaste*; stones 1-3 at Düğer were within easy reach of the *Sultan yolu*, which ran through the north part of the village's territory, and could easily have been carried from there. Only stone 5 is an outlier.[127] All six boundary markers are likely to have stood in a straight line beside the *Sultan yolu*.[128] Tymbrianassus, the neighbouring imperial property, lay to the left of the boundary, and George Bean already proposed that it should be identified with a large Roman site called Örenler south of the village of Aşağı Müslimler.[129] This suggestion was endorsed by Waelkens's team after their more thorough survey, and they rightly observed: "It is likely that Quintus Petronius Umber and Lucius Pupius Praesens put a number of boundary markers along this *Sultan yolu* and that the whole Düğer plain to the south of it belonged to Sagalassus."[130] This localization matches the *Sultan yolu* hypothesis admirably. Sagalassan territory lay on the right to the east, Tymbrianassus on the left to the north-west of the road line. The entire triangle of territory enclosed by the *Sultan yolu,* Manius Aquillius' road, and the *via Sebaste* as far as the junction of the last two roads at Karaçal and the combined stretch south to Boğaziçi / Cormasa, was thus confirmed as belonging to Sagalassus.[131]

[127] French provided Waelkens' team with details of its find-spot, "in fields c. 300 m. N. of the Duger-Hacılar road, ca 1 km. W of a bridge over the Bozçay" (WAELKENS / LOOTS [2001] 172).

[128] If each of them was placed one Roman mile (= 1480 m.) apart, there would have been space for exactly six along the 7.5 km. stretch of the *Sultan yolu* which ran between the Asian road at the north-east corner of Yarışlı Göl and Kilise Mevkii on the *via Sebaste*. However, this is probably a coincidence since it is unlikely that all the boundary markers would have survived from Antiquity, and we do not know how they would have been spaced.

[129] BEAN (1959) 88.

[130] WAELKENS / LOOTS (2000) 176-177 with map fig. 231.

[131] For roads serving as the recognized boundaries of landed estates, see SCHULER's paper in this volume, especially his discussion of WELLES, *RC* 18-20 (*I.Didyma* 492), lines 17-20.

The Sagalassans themselves took responsibility for setting up the boundary markers citing the letter they had received from Petronius Umber and Pupius Praesens as their authority to do so. They could have been inspired by the Roman milestones that already marked the major highways to set up this favourable decision on the large inscribed pillars along the link road. They were main beneficiaries of a ruling that allocated them about 43 square kilometres, 4300 hectares, of mixed agricultural and grazing land well served by the transport network, which was among the most productive which the city possessed.[132] The decision at the end of the inscription, ἐν ᾗ καὶ τὸ πένπτον μέρος Σαγαλασσέων, appears furthermore to have granted Sagalassus 20% of the revenue obtained from the imperial estate at Tymbrianassus. If the boundary had run along the *via Sebaste*, Sagalassus would have relinquished most of the Lysis valley to the imperial estate, and this final clause would have to be interpreted as a concession to compensate for revenues that Sagalassus had lost in the land division.[133] However, even allowing for such compensation, this would have been no cause for celebration by the Sagalassans. The claim to territory made by this unique set of boundary markers must have had a more substantial basis than this. Perhaps the creation of the imperial estate at Tymbrianassus had threatened to deprive the powerful Hellenistic city of the westernmost extent of its territory, and

[132] This is approximately the land area enclosed by the triangle of land between the *Sultan yolu* and the Boğaziçi bridge. Among many publications about the territory of Sagalassus, see VANHAVERBEKE / WAELKENS (2009) 243-262, who calculated the total extent of the city's territory at 1200 sq. kms., but commented of our area, "Sa partie orientale est dominée par le lac de Burdur et sa plaine alluviale étendue. Ce secteur est particulièrement fertile et a abrité les plus anciens établissements humains de la région (période du néolithique acéramique). En outre, il s'agissait d'un important axe de communication entre la côte (région de Pamphylie) et l'intérieur des terres (Anatolie)." PLANHOL (1958) 224 observed that this was "une large zone sans vie pastorale".

[133] WAELKENS /LOOTS (2000) 175-176, following BEAN (1959) 87-88; IVERSEN (2015) 12. The imperial estate around Tymbrianassus was probably extensive. The inscribed dossier of 213 from Takina, lines 16 and 32, which lay about ten kilometres SW of the Tymbrianassus site, contains two references to *dominici coloni*, who might have been tenants on the Tymbrianassus estate.

the letter of imperial officials, as well as fixing a boundary which guaranteed Sagalassan control over the Lysis valley north of Cormasa, also acknowledged the city's right to some of the revenue which would otherwise have been lost to the imperial estate beyond the newly defined boundary.

The administrative background to the decision can also be clarified. The letter of authority came from the emperor Claudius, now dead, θεοῦ Σεβαστοῦ Γερμανικοῦ Καίσαρος, but the inscription was erected in the reign of his successor Nero, Νέρωνος Κλαυδίου Καίσαρος Σεβαστοῦ Γερμανικοῦ, the owner of the land around Tymbrianassus. The boundary was therefore fixed after Nero's succession in October 54. One of the officials, L. Pupius Praesens, is attested by two Greek inscriptions from Iconium and an honorific Latin text from Perge, as *procurator Divi Claudi et Neronis Claudii Caesaris Augusti Germanici prouinciae Galaticae et Pamphyliae*. He was, therefore, procurator of Galatia combined with Pamphylia, the province to which Sagalassus belonged at the time of the boundary decision.[134] The position held by Q. Petronius Umber, the *legatus Augusti pro praetore*, is less clear cut. He is usually taken for a governor of Galatia. However, the *fasti* of Galatian governors at this period appear to leave no room for him between the term of M. Annius Afrinus from 49 to 54, and the appointment of Cn. Domitius Corbulo to an enlarged command, including Galatia, at the end of 54.[135] From c. 50 until some time after the death of Claudius Lycia was governed by T. Clodius Eprius Marcellus, later a close advisor of Vespasian, but his term did not stretch beyond 55 or 56, since he faced prosecution by the Lycians in Rome for *repetundae* in 57.[136] There is then a gap allowing Petronius Umber to succeed him early in Nero's reign.

[134] ONUR (2008) for the Perge text; *IGR* III 262 (= *SEG* XXXIV 1326) and 163 from Iconium. Northern Pisidia, including Sagalassus, was sandwiched between Galatia and Pamphylia.

[135] SHERK (1980) 967-969.

[136] Eprius Marcellus was *legatus Augusti pro pr.* of Lycia under Claudius and Nero (*AE* 1956, 186); for the prosecution and acquittal, see TAC. *Ann.* 13, 33, 3.

The next attested Lycian governor was C. Licinius Mucianus, probably in the early 60s.[137] The province of Lycia, annexed under Claudius in 43, certainly included the southern cities of the Cibyratan tetrapolis: Oinoanda, Balbura and Bubon. Roman attention under the first governor of Lycia, Quintus Veranius, focussed heavily on creating the local provincial road network in the Lycian heartland to the south, which is documented by the Pataran *Stadiasmos* inscription, but Veranius appears to have had a role in defining the provincial frontier between Lycia and Asia and possible infrastructure projects at Cibyra, which thereafter was attached to Asia.[138] However, there is no reason why the territory north-east of Cibyra extending as far as Takina, which certainly belonged to *Lycia et Pamphylia* from the mid-2nd century, should not already have been attached to Lycia from the foundation of the province. Lycia would thereby have had a frontier in the mid-1st century with Galatia/Pamphylia, along or close to the middle section of the *via Sebaste*. The resolution of the land dispute between Sagalassus and Tymbrianassus occurred in the early phase of the new Roman provincial arrangements for south-west Asia Minor and involved the procurator responsible for imperial revenues and other matters in Galatia and Pamphylia and an early governor of Lycia. It confirmed Sagalassan claims to the triangle of fertile land between the two main roads at the western edge of their large territory. Analogous cross border co-operation between Roman officials is attested by the Takina dossier involving Aur. Philokyrios,

[137] The Claudian and Neronian governors of Lycia are discussed by MILNER (1998), who excluded Petronius Umber on the grounds that the estate at Tymbrianassos was too remote from Lycia. Note that a relative of Petronius Umber, Q. Petronius Umbrinus, served as *leg. Aug. pro pr.* of Cilicia under Vespasian; see BIRLEY / ECK (1993).

[138] CORSTEN (2007) has argued convincingly against ERKELENZ (1998) that Cibyra was attached to Asia throughout the imperial period, but Q. Veranius, the first Lycian governor, is attested as having supervised Σεβαστὰ ἔργα there (*IGR* IV 902; *I.Kibyra* 36). CORSTEN (2007) 181, following JONES (2001) 165, suggests that this expression might refer to road building or other provincial infrastructure in the region linking Asia to the new Lycian province.

the procurator of Phrygia, and Gavius Tranquillus, governor of Lycia and Pamphylia, in 213.

Roads were the crucial element that defined the organisation and use of space in this strategic corner of inner Asia Minor. The milestones, as well as the remarkable boundary markers, emphasise the significance of the Roman highways, the strategic road junction close to Boğaziçi, the most important sanctuary for the region's inhabitants, the important link road between the Asian highway and the *via Sebaste*, and the concern of the Sagalassans to assert their presence in this sensitive but economically important part of their territory. It is noteworthy that two imperial administrative documents relating to official and military road users and their relations with the local communities have been recovered in exactly this small region: the edict of Sex. Sotidius Strabo Libuscidianus containing regulations for official transport requisitioning under Tiberius, and the dossier of documents from Takina, attempting to regulate the illegal seizure of animals and other services for transport by itinerant soldiers under Caracalla. From a Roman perspective, the highways headed for distant destinations which carried traffic from outside the region were more important than any individual settlement. Roads served the empire's interests more explicitly than the contribution of any individual city or community. The highways also provided a stage on which the Sagalassans, despite their city's remote location, could make their presence felt and advertise their territorial rights to travellers, traders, soldiers and officials.

5. Transhumance in late Antiquity

Roman highways and official traffic have left a large metaphorical footprint in the regional epigraphy. How should we appraise the other movements of goods, persons and animals which occurred across the area? The economic exploitation of Anatolia by urban dwellers, or by traders of any sort, presupposed that the products of landlocked areas could be obtained and moved to markets and consumers. The edict of Sotidius Strabo stated explicitly that those who were transporting grain and other products for their own use or profit had no entitlement to requisitioned services, *iis qui frumentum aut aliudquid tale uel quaestus sui caussa uel usus portant praestari nihil uolo*.[139] Such specific allusions to overland commercial transport are rare, and written sources are even less forthcoming about short-distance local movements, which everywhere and at all periods, not excluding the contemporary world, far outnumbered long-distance journeys. Inscriptions here are of little help to us, because routine local travel by unimportant people did not call for any permanent commemoration, and the importance of such movement is generally taken for granted rather than demonstrated by evidence or argument. So, our ability to find out about such movements and their implications is limited to occasional anecdotal evidence in literary sources, none of which, in any case, applies to the area of the current case study.

The final section of this paper, rather than attempting to answer this question comprehensively, deals with one aspect of mobility, transhumance. The term is sometimes loosely used to describe all forms of pastoralism which involve moving flocks between grazing areas between seasons, a common practice in many rural contexts sometimes relating to the movement of cattle and pigs as well as ovi-caprids. This discussion concerns the more precise application of the word to the seasonal movement of sheep and goats, usually from lowland winter to highland summer pastures, over middle or long distances to new pastures, and keeping them there for an extended period. There is an abundant modern bibliography mostly relating to medieval, early modern and contemporary practice in Europe, but which extends to prehistory and classical Antiquity.[140] Within

[139] MITCHELL (1976) 107, ll. 21-22.

[140] Two excellent collections provide surveys respectively of prehistory and the Classical world: WENDRICH / BARNARD (2008); WHITTAKER (1988).

the Mediterranean world, transhumant practices varied widely from region to region according to prevailing cultural and political circumstances at different periods.[141] In medieval Spain and late republican Italy, for example, long-distance seasonal movement of animals was a critical element in their pastoral economies. Transhumance has also been a focus for archaeologists and historians of classical and post-Classical Greece,[142] but these have rightly drawn a clear distinction between rural pastoral economies which operated within specific city territories, or more rarely across two adjoining territories by regulated agreements, and the much rarer phenomenon of middle- or long-distance transhumance, hypothetically covering the territories and jurisdictions of several autonomous cities. Autonomous city states in almost all situations were protective of their own land and crops, and did not tolerate the intrusion or passage of hungry flocks from other cities. Thus, the seasonal movement of animals between summer and winter pastures over long or even middle distances, was virtually unknown in the Classical period and for as long as the city-state structure of settlement prevailed in classical lands, and was perhaps restricted to the Pindus mountains and other parts of northern Greece and the southern Balkans, where *polis* structures were not established.[143]

Accordingly, the practice of moving flocks between winter and summer pastures in most of ancient Greece generally occurred within the boundaries of a community over distances of less than ten kilometres, and is better described by the French term *estivage*. Angelos Chaniotis in a discussion of the pastoral economy in Hellenistic Crete has identified an exception to this rule, the south-east Cretan *polis* of Hierapytna, which made agreements with neighbouring cities to allow its flocks and shepherds to pass through their territories to more remote pastures,

[141] For overviews see LAFFONT (2006).

[142] GEORGOUDI (1974). CHANDEZON (1966) recognizes almost no evidence for transhumance in ancient Greece in the strict sense.

[143] Chandezon's conclusions have been widely accepted, for instance by CARDETE (2019).

but concludes that this was due to exceptional economic and demographic pressures at Hierapytna in the 3rd and 2nd centuries BC, which obliged it to negotiate with its neighbours (from a position of relative strength) and adopt middle-distance transhumance as a supplement to conventional economic activities of agriculture and small-scale animal husbandry on its own territory.[144] This example in itself illustrates the general rule that although transhumance was in part a response or adaptation to climatic and environmental conditions, the practice, like most organised human activities, was always constrained by social and political circumstances. This conclusion is repeatedly underlined in the fundamental analysis of Greek pastoralism by Lucia Nixon and Simon Price, based both on textual and archaeological sources and their field-work experience in another part of Crete, which refutes the assumption that pastoral economies of any type, including those that depended on transhumant practices, were generally embedded over the *longue-durée* and subject to little, or very slow, change over time.[145] With a little exaggeration, they assert that "simple retrojection of present practices has to be rejected at all costs. It forms a vicious cycle of interpretation, which prevents any discovery that the past was different from the present."[146] Whereas most ancient historians, including Chandezon and Chaniotis, have stressed the political environment as having a decisive impact on forms of pastoralism, Nixon and Price propose a methodology based on analysis of seven broad factors that might lead to change: environment, location of the movement, scale, specialization, links with agriculture, gender and the division of labour, and the cultural integration of pastoral activity with other social needs and practices.[147]

144 CHANIOTIS (1995); see CHANDEZON (1966) 64-66 with the useful map, fig. 3, and 41 n. 14 for general literature on ancient pastoralism and the difficulty of studying the subject through archaeological remains.

145 NIXON / PRICE (2001).

146 NIXON / PRICE (2001) 396. Their emphasis serves as a deliberate counterweight to the classic exposition of pastoral economies as part of *longue durée* history in mountain zones by BRAUDEL (1982) I, 85-102 (= BRAUDEL [1966] I, 76-92).

147 NIXON / PRICE (2001)397-398.

Transhumance has not been systematically investigated in ancient Asia Minor, although it was a major element of the rural economy in parts of the Ottoman Empire and early republican Turkey, and the subject of pioneering geographical studies both in the Kurdish Taurus,[148] and precisely in Pamphylia and Pisidia. Xavier de Planhol's *De la plaine pamphylienne aux lacs pisidiens*, derived from field research between 1947 and 1949 is one of the most extraordinary ethno-geographical studies of any Mediterranean region. The research took place during the early period of the Turkish republic, when Pamphylia and Pisidia (the ancient names are strikingly retained to designate a modern landscape), although they had been subject to fundamental demographic change since Antiquity, including successive waves of settlement by Turkish and other newcomers, had not yet been exposed to the ravages of modern development.[149] The book is based almost entirely on direct observation by its author, unencumbered by bibliography, as there were almost no previous specialised regional studies. The breadth and precision of Planhol's reconnaissance have made it an irreplaceable reservoir of information and analysis, at the heart of which is his understanding of seasonal movement: "Le trait le plus caractéristique de la vie dans toute la bordure montagneuse du plateau anatolien est sans conteste cette sorte de mouvement perpétuel qui anime d'un bout de l'année à l'autre les bêtes et les gens."[150]

Planhol's observations rectify oversimplified ideas about seasonal transhumance. In contrast to the general assumption that whole villages or tribal groups alternated their location between summer and winter quarters, migrating communities were often divided: there would be coming and going between highlands

[148] HÜTTEROTH (1959). This study, like Planhol's, is based on intimate knowledge and close observation of the study region. Both Hütteroth and Planhol travelled mainly on horseback; see BECKER (2011).

[149] See MITCHELL /WAGNER / WILLIAMS (2021) 56-57 for the material damage; the enormous population growth of the Antalya region has had an even greater impact on the pattern of settlement.

[150] PLANHOL (1958) 186.

and lowlands in the summer months, when work had to be done in the lowland settlement, usually by a segment of the male population. Communities with cattle (*gros bétail*) naturally had patterns of movement which differed from those dominated by sheep and goats. Just as Nixon and Price developed a sophisticated theoretical framework for analysing pastoralism, Planhol demonstrated empirically that pastoralism was always a mixed form of rural economy which combined sedentism with semi-nomadism, and was characterised by complex rhythms of movement, which had a differential impact on men and women, and the various age groups of a community. Planhol tended to avoid the term transhumance, and described the middle- and long-distance displacements as *semi-nomadisme*. His work reveals the fragility of this way of life and its extreme sensitivity to outside influences: "Le stade de semi-nomadisme apparaît comme très vite dépassé dans les conditions actuelles de la fixation qui aboutit rapidement à l'enracinement définitif. C'est que d'abord les conditions politiques et sociales ne sont plus guère favorables au maintien des migrations, lorsqu'elles ne sont plus économiquement nécessaires."[151] These observations reinforce Nixon and Price's methodological warnings about assuming *longue durée* continuity in pastoral habits and practices.

One of the areas of transhumant movement that Planhol studied was Kestel Dağ, the mountain west of Kestel Göl, the territory of the Pisidian cities of Colbasa (Kuşbaba) and Codrula (Kaynar Kale), which were the grazing areas of one of the most distinctive Yörük groups of the 20th century, the Sarıkeçiler. The mountains above Kestel Lake, were dominated by a largely self-contained pastoral economy.[152] The small ancient cities were SSW of Sagalassus and west of Cremna, forming an enclave of highland Pisidian settlement which adjoined the lower-lying Milyas. The epigraphy of Codrula shows links with that

[151] PLANHOL (1958) 206, one of many characteristic observations on the disappearance of seasonal transhumance from two *yürük* villages. Compare PLANHOL (1958) 220, "Le semi-nomadisme direct s'est révélé beaucoup plus fragile".

[152] PLANHOL (1958) 196, 204.

of the Roman colony of Comama, 800 metres below and nine kilometres distant as the crow flies in the plain by the *via Sebaste*,[153] but no clear-cut ancient evidence has been identified that they were linked by reciprocal transhumance. Until the 1990s tens of thousands of sheep and goats grazed the pasture land between clumps of thick forest in the summer months. However, Turkish government policy as well as social trends in the 21st century have led to the virtual abandonment of this activity and demonstrated once again the vulnerability of pastoral economies to changing conditions.

The entire eastern part of the trapezium included the west Pamphylian plain on the territory of Perge, and three major Taurus passes: the road north of Termessus, the Çubuk Boğazı which is the modern line of road communication, and its ancient counterpart, the Döşeme Boğazı, which has not been used in modern times by wheeled traffic but served as a route for moving livestock at least until the mid-20th century. Communities and their flocks in the area north of Antalya and west of the Aksu river (the ancient Kestros, which may be seen on Fig. 1 immediately east of Perge) left their lowland settlements in May and after a journey of about ten days to their destinations camped in the highlands until night temperatures dropped sharply in mid-October. Tens of thousands of sheep and goats grazed the surrounding hills, until they were brought back by shepherds in November, the last of the population to make their way to winter quarters in the rustic, but stone-built, hamlets and villages of north-west Pamphylia.[154] One of the most important routes that they used ran through the Döşeme Boğazı, following the line of the *via Sebaste* as far as Comama, where it branched west and then south through the territory of the Makropeditai to the Roman colony of Olbasa, at the south end of the Long Plain, and then climbing up to the extensive uplands pasture of Söbüce yayla near the village of Taşkesiği. Planhol also reported

153 AYDAL / MITCHELL / VANDEPUT (1998) 277.
154 PLANHOL (1958) 399, 401-403.

that other groups followed the ancient highway, that ran through the valley north of Termessus to Isinda (Korkuteli). From here the drovers and their flocks chose either to turn south and climb into the mountains east of Termessus, or north to the *yaylalar* above Olbasa, including Söbüce yayla.[155]

There is much in this study which will always be beyond the reach of students of Antiquity, who can no longer be participant observers of pastoral practice, but it is possible to pose the broad questions. Did semi-nomadism or transhumance play a large part in the lives of the ancient inhabitants of Pamphylia, Pisidia and the Milyas as it did in the 19th and 20th centuries? The very authoritative regional study by the Hild and Hellenkemper, authors of the *Tabula Imperii Byzantini* volume for Lycia and Pamphylia reaches a negative conclusion:

> „Eine grosßräumige Wanderhirtenwirtschaft . . . in Lykien und Pamphylien ist in römischer und frühbyzantinischer Zeit nicht bezeugt und erscheint unter rechtlichen Aspekten problematisch. Eine solche jahreszeitlich weitläufige Wanderbewegung hätte jeweils mehrere Polisterritorien tangiert und damit die poliseigene Nutzung der Weide- und Waldfluren zugunsten ‚fremder' Bevölkerungsgruppen eingeschränkt. Die Landschaften Lykiens und Pamphyliens sind in die höchsten Siedlungslagen im Taurus . . . als Polisterritorien erkennbar und unterliegen somit eigentumsrechtlichen (und auch durchsetzbaren) Prinzipien . . . Eine Transhumanz wird sich also weitgehend nur im kleinräumigen Bereich vollzogen haben. Erst nach dem 6. Jahrhundert ist sie in größerem Maßstab möglich, erst seit dem Spätmittelalter, also seit der ethnischen Umschichtung durch Einwanderung türkischer Volksgruppen ist sie nachweisbar."[156]

This conclusion, which is essentially in agreement with current views about the very limited importance of transhumance in ancient Greece, is supported by evidence from several parts of Asia Minor, for instance the remarkable treaty between the Lycian city of Tlos and Termessus by Oinoanda of the

[155] PLANHOL (1958) 196, 213, 218, 220-221; and fig. 20, a map illustrating "le semi-nomadisme".

[156] HELLENKEMPER / HILD (2005) I, 169.

mid-2nd century BC, which allowed the Termessans to collect wood and graze animals on Mount Masa, but not to establish settlements or cultivate the land there. The local topography makes it clear that the Termessans would not have needed to practise middle-distance transhumance to gain access to the mountain, which was immediately adjacent to their territory. The treaty was designed to allow their shepherds limited rights of exploitation while avoiding conflict with their neighbours.[157]

Peter Thonemann has shown in his book on the historical geography of the Maeander that pastoralism was vital to the economy of the cities of the middle Maeander valley, Heraclea, Attuda, Laodicea and Trapezopolis, on a scale large enough to generate prodigious wealth for their leading families, and that their territories had common access to the woodlands and pastures of Mount Cadmus which lay between them. The value of sheep-herding was in direct proportion to the prestige of the luxurious woollen garments and other cloths produced at the famous textile manufacturing cities of Laodicea on the Lycus and Hierapolis.[158] None of these cities, however, had to resort to long-distance transhumance to access these resources.[159] The only possible evidence for long-distance transhumance that emerges from the middle Maeander region is based on a clause of the Roman *senatus consultum* of 39 BC, which awarded rights and privileges to the community of Plarasa and Aphrodisias in eastern Caria, the neighbour of Attuda and Heracleia, also situated at the foot of Mount Cadmus, which included a clause to the effect that "(whatever the people of Plarasa and Aphrodisias) bring from within the borders of the Trallians in to the borders of the Plarasans and Aphrodisians, they should be free of tolls and exempt from dues on pasturage when they are moved outside the boarders of the Trallians".[160] Thonemann supposes

[157] Rousset (2010); Onur (2020).
[158] Thonemann (2011) 178-202.
[159] Thonemann (2011) 203-241.
[160] Thonemann (2011) 198, citing *I.Aphrodisias and Rome*, no. 8, l. 62-65, ἅτε τινὰ ἂν καὶ [οἵ ἂ]ν Πλαρασεῖς [καὶ οἱ Ἀφροδεισιεῖς — c. 38 letters —]ạ ἐκ

that this refers to a long-distance transhumance route which followed a drove road for about sixty miles from the low plain east of Tralles along the valleys of the Maeander and its large tributary, the Morsynos, which then took a circuitous climb to the foothills of Karıncali Dağ near Bingeç, the site of Plarasa, and the very damaged text provides some fragile support for this reconstruction. Goods or animals brought from Trallian territory seem to have been exempt from tolls or a tax on income from pasturing, *scriptura*,[161] but the clause could simply refer to the movement of animals along a drove road which avoided the main Maeander valley highway and have nothing to do with seasonal transhumance. Evidence for this supposed transhumance route has not been traced on the ground, and the case made by Thonemann is inconclusive.

However, the assumption that the interests of sedentary city dwellers and transhumant populations were essentially irreconcilable, and that seasonal large scale 'Wanderhirtenwirtschaft' would have been impossible in late Roman Asia Minor is wide of the mark. A closer look at the geographical and topographical relationships in Pamphylia, Pisidia and the Milyas shows that conflict between sedentary populations and seasonal migrants with their flocks was not inevitable. Two important ancient roads, the *via Sebaste* as far as Comama and the road through the pass north of Termessus as far as Isinda provided access to the highlands through a region without ancient cities, except for Comama itself. The 'cities' of the Bozova plain north of Isinda (Verbe, Sibidunda, Andeda, Pogla), hardly more than overgrown villages, lay between the branches of the putative transhumant routes. No doubt special arrangements could have been agreed with the Roman colonies at Comama and Olbasa, whose territories, like those of Hierapytna's Cretan neighbours, would

τῶ̣ν̣ [Τραλ]λ̣ιανῶ̣ν̣ ὅ̣ρων ε̣ἴσω τῶν [ὅρων τῶ]ν Πλαρασέ[ων καὶ Ἀφροδεισιέων — c. 31 letters — ἀγ]ῶσιν, ταῦτα πάντα ἀτελῆ καὶ ἀννενομίω[τα ἐ]ξάγειν ἐκ [τῶν ὅρων τῶν? Τραλλιανῶν]. It is reasonable to translate the otherwise unattested adjective ἀννενομίωτος as derived from ἐπινόμια, equivalent to Latin *Pascua*.

[161] Raggi / Buongiorno (2020) 53 and 80.

be affected by the passage of animals. There is no direct evidence from other sources for semi-nomadism in the Hellenistic or early imperial periods, but the settlement pattern was not incompatible with regular transhumant activity.

The case for regional transhumance between west Pamphylia and Pisidia in the Hellenistic and Roman imperial periods cannot be demonstrated on current evidence, but there are clear positive traces of transhumance in the archaeology of late Antiquity. Identifying material traces of pastoralism, including transhumance, is a notoriously difficult task, especially in rural ancient Greece. The starting point for settlement and landscape archaeology is almost invariably a site, implying a fixed settlement, and it is not easy to tease apart pastoral and agricultural activities in the archaeological record. It is equally difficult to distinguish animal pens in rural areas (Turkish *mandra*, a common feature of ancient and modern landscapes) related to long distance transhumance from those that served the shepherds of a nearby settlement.[162] However, material circumstances changed in late Antiquity. Large-scale construction in stone and mortar was now widespread in both urban and rural settlements between the 3rd and 6th centuries. Archaeological sites at this period are not simply identified by sherd scatters but by built structures in the landscape, and two categories of building from our region not only relate directly to the pastoral economy but also point towards large-scale transhumance being an important part of the local economy.

The Roman and late Roman site at the foot of the Döşeme pass, the location of a Roman *mansio* half-way between Comama and Perge,[163] also includes a very large, open-air enclosure building with thin high walls, of irregular trapezoidal shape enclosing an area of more than 6500 square metres. This was constructed in late Antiquity, perhaps the 5th or 6th century, at the point where the *via Sebaste* started the easy ascent through the Taurus

[162] FORBES (1995) 336-338.
[163] MITCHELL (2020).

into Pisidia. This was a pinch point at which all routes heading north and north-west out of Pamphylia came together, and where all traffic could be observed and controlled. Since the design of the building was unsuited to defensive purposes, the only rational explanation for its use was to harbour large flocks of animals. This enclosure building, for which I can find only two other parallels in the late Roman Empire,[164] was much more significant for the local populations than the *mansio*. The high walls even without interior roofing, provided necessary shade at most times and seasons. It could have provided shelter and protection for flocks of any size, it was a place where livestock could be counted and where tolls and taxes could be raised, and it could serve as a market place. Probably at different times it had all these functions. An overarching reason for its construction was that it stood at a hinge point between the Pamphylian lowlands and the Pisidian uplands, an inescapable point of convergence for regulating and controlling transhumance.

The other feature of this south Anatolian landscape which makes sense only in relation to the movement of men and animals, is the extraordinary abundance of large, stone-built cisterns which are to be found both in the highlands north-west and the lowlands south-east of the pass. Typologically and chronologically ninety-two examples can be assigned to late Antiquity (4th-6th centuries), and twenty-three examples to the Ottoman period (mostly 17th-19th centuries). They are found along all the ancient roads which radiated from Antalya and Perge, north-west to the Döşeme pass, or west to the pass north of Termessus leading to Isinda and Cibyra. They are densely distributed on and along the secondary routes that criss-crossed the travertine terraces of north-west Pamphylia, much of it stony land, suitable for winter grazing, covered with a thick macchia, mostly *quercus ilex*.[165] These cisterns housed water which was hardly

[164] Full details in MITCHELL / WAGNER / WILLIAMS (2021) 41-45. I have only been able to identify two similar structures in the Roman or Byzantine East, one near Androna in northern Syria, the other on the road in eastern Pontus between Satala and Trapezus.

[165] MITCHELL / WAGNER / WILLIAMS (2021) maps 4, 7, 8, 11 and 12.

fit for human consumption, but which served the needs of the animals. Men and women could draw on fresh springs which used to be abundant before the appalling degradation of hydraulic conditions caused by the growth of the modern city of Antalya. Many of them have been maintained and repaired since their original construction dates until modern times, because they continued to serve the main purpose of sustaining livestock. Both their numbers and their locations indicate that they were not designed to support small flocks, *ex hypothesi* gathered in their winter grazing areas. Cisterns in the countryside are a form of monumental evidence which provide direct insight into a pastoral way of life, that of transhumant stock-rearing, which has left so few other material traces. The archaeology of motion is a much more elusive topic than the archaeology of place, but these constitute structures that illuminate not settlement but seasonal migration. The constant mobility of transhumant populations, and their claims on space and resources, need to be given full and proper attention in making sense of space, place and boundaries in Asia Minor.

In western Pamphylia Pisidia and the Milyas, pastoralism including transhumance transformed the observable landscape of this part of south-west Turkey in the late Roman Empire. It would exceed the bounds of this essay to offer a full explanation of this development, but the impetus behind the transformation is surely to be sought in the growth of large cities in Pamphylia, the Maeander valley and other parts of western Asia, where textile products were in continuous high demand, as well as the needs of the imperial capital in Constantinople, which was the most important export market for easily transportable textiles and materials. Late Antiquity in Asia Minor had been a period of demographic growth, which placed increasing demands on the productive capacity of rural areas.[166] Much of the buoyancy of the economy along the south coast of Turkey and its hinterland from the 4th to the 6th centuries was based on the dynamic exploitation of this pastoral production.

[166] MITCHELL (2015) 363-369.

Works cited

AICHINGER, A. (1982), "Grenzziehungen durch Sonderbeauftragte in den römischen Provinzen", *ZPE* 48, 193-204.

AYDAL, S. / MITCHELL, S. / VANDEPUT, L. (1998), "1996 yılı Pisidia yüzey araştırması", *XV. Araştırma Sonuçları Toplantısı 2* (Ankara), 275-295.

BEAN, G.E. (1959), "Notes and Inscriptions from Pisidia I", *Anatolian Studies* 9, 67-117.

— (1960), "Notes and Inscriptions from Pisidia II", *Anatolian Studies* 10, 43-82.

BECKER, H. (2011), "Länderkündler der Türkei und historischer Geograph des osmanischen Reiches: Wolf-Dieter Hütteroth (1930-2010)", *Mitteilungen der Fränkischen Geographischen Gesellschaft* 58, 363-378.

BIAGI, S. (2008), "Le *stadiasmos* de Patara et la définition de l'espace romain dans la nouvelle province de Lycie-Pamphylie", *Res Antiquae* 5, 299-307.

BIRLEY, A.R / ECK, W. (1993), "M. Petronius Umbrinus, Legat von Cilicia, nicht von Lycia-Pamphylia", *Epigraphica Anatolica* 21, 45-54.

BRANDT, H. (1992), *Gesellschaft und Wirtschaft Pamphyliens und Pisidiens im Altertum* (Bonn).

BRAUDEL, F. (1982), *The Mediterranean and the Mediterranean World in the Age of Philip II* (London); English trans. of *La Méditerranée et le monde méditerranéen à l'époque de Philippe II* (Paris, [2]1966).

BRIXHE, C. (1984), *Essai sur le grec anatolien au début de notre ère* (Nancy).

— (2010), "Linguistic Diversity in Asia Minor during the Empire: Koine and Non-Greek Languages", in E. BAKKER (ed.), *A Companion to the Ancient Greek Language* (Oxford), 228-252.

BURTON, G.P. (2000), "The Resolution of Territorial Disputes in the Roman Empire", *Chiron* 2000, 195-215.

CAMODECA, G. (1994), "Un nuovo proconsole del tempo di Caracalla e i *Gavii Tranquilli* di Caiatia", *Ostraka* 3, 467-473.

CARDETE, M.C. (2019), "Long and Short-distance Transhumance in Ancient Greece: The Case of Arkadia", *Oxford Journal of Archaeology* 38, 105-121.

CHANDEZON, C. (1966), "Déplacements de troupeaux et cités grecques", in LAFFONT (2006), 49-66.

CHANIOTIS, A. (1995), "Problems of 'Pastoralism' and 'Transhumance' in Classical and Hellenistic Crete", *Orbis Terrarum* 1, 39-89.

CHRISTOL, M. (2018), "Aux confins de l'Asie et de la Galatie à l'époque impériale romaine, entre Apamée de Phrygie et Apollonie de Pisidie : routes et territoires de cités, fiscalité et sécurité", *REA* 120, 439-464.

CHRISTOL, M. / DREW-BEAR, T. (1991), "D. Fonteius Fronto, *proconsul* de Lycie-Pamphylie", *GRBS* 32, 397-413.

CHRISTOL, M. / DREW-BEAR, T. / ÖZSAIT, M. (1993), "Trois milliaires d'Asie Mineure", *Anatolia Antiqua* 2, 159-169.

CLARKE, K. (1999), *Between Geography and History. Hellenistic Constructions of the Roman World* (Oxford).

— (2018), *Shaping the Geography of Empire. Man and Nature in Herodotus'* Histories (Oxford).

CORSTEN, T. (2005), "Estates in Roman Asia Minor: The Case of the Kibyratis", in S. MITCHELL / C. KATSARI (eds.), *Patterns in the Economy of Roman Asia Minor* (Swansea), 1-51.

— (2007), "Kibyra und Lykien", in C. SCHULER (ed.), *Griechische Epigraphik in Lykien. Eine Zwischenbilanz* (Vienna), 175-181.

CORSTEN, T. / HÜLDEN, O. (2012), "Zwischen den Kulturen: Feldforschungen in der Kibyratis. Bericht zu den Kampagnen 2008-2011", *Ist. Mitt.* 62, 7-117.

COTTIER, M. *et al.* (eds.) (2009), *The Customs Law of Asia* (Oxford).

DÉBARRE, S. (2016), *Cartographier l'Asie Mineure. L'orientalisme allemand à l'épreuve du terrain (1835-1895)* (Leuven).

DESTEPHEN, S. (2007), "La frontière orientale de la province d'Asie : le dossier de Takina", *Epigraphica Anatolica* 40, 147-173.

DREW-BEAR, T. (1972), "Deux décrets hellénistiques d'Asie Mineure", *BCH* 96, 435-471.

ECK, W. (1995), *Die Verwaltung des Römischen Reiches in der Hohen Kaiserzeit* (Basle) I, 355-363.

— (2022), "Das imperium Romanum: Seine Grenzen nach Aussen und die Grenzen im Innern", *Der Limes* 16, 4-12.

ERKELENZ, D. (1998), "Zu Provinzzugehörigkeit Kibyras in der römischen Kaiserzeit", *Epigraphica Anatolica* 30, 81-95.

FORBES, H. (1995), "The Identification of Pastoralist Sites within the Context of Estate-based Agriculture in Ancient Greece: Beyond the 'Transhumance versus Agro-pastoralism' Debate", *ABSA* 90, 325-338.

FRENCH, D.H. (2012-2016), *Roman Roads and Milestones of Asia Minor* (British Institute at Ankara), III.1-8, and IV.1 (available on-line at https://biaa.ac.uk).

FRENCH, D.H. / ŞAHIN, S. (1987), "Ein Dokument aus Takina", *Epigaphica Anatolica* 10, 133-142.

FREND, W.H.C. (1956), "A Third-Century Inscription Relating to Angareia in Phrygia", *JRS* 46, 46-56.

GEORGACAS, D. (1971), *The Names for the Asia Minor Peninsula and a Register of Surviving Anatolian pre-Turkish Placenames* (Heidelberg).
GEORGOUDI, S. (1974), "Quelques problèmes de la transhumance dans la Grèce ancienne ", *REG* 87, 153-185.
GÖKALP, N. (2011), "Iulius Tarius Titianus, Proconsul of *Lycia et Pamphylia*", *Gephyra* 8, 125-128.
HAENSCH, R. (1997), *Capita Provinciarum* (Mainz).
HALL, A.S. (1986), "The Milyadeis and their Territory", *Anatolian Studies* 36, 137-157.
HALL, A.S. / COULTON, J.J. (1990), "A Hellenistic Land Allotment Inscription from Balboura in the Kibyratis", *Chiron* 20, 109-158.
HAUKEN, T. (1998), *Petition and Response. An Epigraphic Study of Petitions to Roman Emperors 181-249* (Bergen).
HELLENKEMPER, H. / HILD, F. (2005), *Lykien und Pamphylien* (Tabula Imperii Byzantini VIII 1-3; Vienna).
HORSLEY, G.H.R. / KEARSLEY, R. (1998), "Another Boundary Stone between Tymbrianassos and Sagalassos in Pisidia", *ZPE* 121, 123-129.
HÜTTEROTH, W.D. (1959), *Bergnomaden und Yaylabauern im mittleren kurdischen Taurus* (Marburg).
ISAYEV, E. (2017), *Migration, Mobility and Place in Ancient Italy* (Cambridge).
ISH-SHALOM, T.A. (2021), "Provincial Monarchs as an Eastern *Arcanum imperii*: 'Client Kingship', the Augustan Revolution and the Flavians", *JRS* 111, 153-177.
IVERSEN, P. (2015), "Inscriptions from North-West Pisidia", *Epigraphica Anatolica* 48, 1-85.
— (forthcoming), "The Road System in and around Ancient Konane and Sagalassos, with a New Proposal for the Route of *the via Sebaste*", in L. VANDEPUT / S. MITCHELL (eds.), *Roads and Routes in Ancient Anatolia.*
JONES, C.P. (2001), "The Claudian Monument at Patara", *ZPE* 137, 161-168.
LAFFONT, P.-Y. (ed.) (2006), *Transhumance et estivage en Occident des origines aux enjeux actuels* (Valence sur Blaise).
LEBRETON, S. (2009), "Les mœurs des peuples, la géographie des régions, les opportunités des lieux : comment les Anciens se représentaient-ils l'Asie Mineure du Ve siècle av. n.è. au IVe siècle de n.è.", in H. BRU *et al.*, *L'Asie Mineure dans l'Antiquité. Échanges, populations et territoires* (Rennes), 15-51.
— (2010), "Les géomètres de Quintus Veranius : à propos du stadiasmos de Patara", *Dialogues d'histoire ancienne* 36, 61-116.
LEVICK, B.M. (1967), *Roman Colonies in Southern Asia Minor* (Oxford).

MAREK, C. (1993), *Stadt, Ära und Territorium in Pontus-Bithynia und Nord-Galatia* (Tübingen).
— (2016), *In the Land of a Thousand Gods. A History of Asia Minor in the Ancient World* (Princeton) (English translation of *Geschichte Kleinasiens in der Antike* [Munich, 2011]).
MILLAR, F. (2004), "Emperors, Kings and Subjects, the Politics of Two-Level Sovereignty", in *Rome, the Greek World and the East. 2, Government, Society and Culture in the Roman Empire* (Chapel Hill), 229-245.
MILNER, N. (1998), "A Roman Bridge at Oinoanda", *Anatolian Studies* 48, 117-124.
MITCHELL, S. (1974), "The Plancii in Asia Minor", *JRS* 64, 27-39.
— (1976), "Requisitioned Transport in the Roman Empire: A New Inscription from Pisidia", *JRS* 66, 106-131.
— (1993), *Land, Men, and Gods in Asia Minor.* I and II (Oxford).
— (1997), "Review" of MAREK (1993), *Bonner Jahrbücher* 1997, 828-832.
— (1998), "The Pisidian Survey", in R. MATTHEWS (ed.), *Ancient Anatolia* (London), 237-253.
— (1999a), "The Administration of Roman Asia 133 BC - AD 250", in W. ECK (ed.), *Lokale Autonomie und römische Ordnungsmacht* (Oldenburg), 17-46.
— (1999b), "Greek Epigraphy and Social Change: A Study of the Romanization of South-west Asia Minor in the Third Century A.D.", in S. PANCIERA (ed.), *XI Congresso Internazionale di Epigrafia Greca e Latina.* I, *Roma 18-24 Settembre 1997* (Rome), 419-433.
— (2000), "Ethnicity, Acculturation and Empire in Roman and Late Roman Asia Minor", in S. MITCHELL / G. GREATREX (eds.), *Ethnicity and Culture in Late Antiquity* (Swansea), 117-150.
— (2002), "In Search of the Pontic Community in Antiquity", in A. BOWMAN *et al.* (eds.), *Representations of Empire. Rome and the Mediterranean World* (Oxford), 35-64.
— (2009), "Geography, Politics and Imperialism in the Asian Custom's Law", in COTTIER *et al.* (2009), 165-201.
— ([2]2015), *A History of the Later Roman Empire AD 284-641* (Malden, MA).
— (2020), "The *mansio* in Pisidia's Döşeme Boğazı: A Unique Building in Roman Asia Minor", *JRA* 33, 231-248.
— (2022), "The Enemy Within: On the Front Line in Isauria from I to III AD", in *Res et Verba. Scritti in onore di Claudia Giuffrida* (Milan), 253-273.
— (forthcoming), "The Development of the Roman Road System in Asia Minor: Imperial Strategy or Organic Growth?", in

L. VANDEPUT / S. MITCHELL (eds.), *Routes and Roads in Anatolia from Prehistoric to Seljuk Times* (British Institute at Ankara Monograph).
MITCHELL, S. / FRENCH, D.H. (2012), *The Greek and Latin Inscriptions of Ankara (Ancyra).* I (Munich).
MITCHELL, S. / WAGNER, R. / WILLIAMS, B. (2021), *Roman Archaeology in a South Anatolian Landscape* (Istanbul).
NIXON, L. / PRICE, S. (2001), "The Diachronic Analysis of Pastoralism through Comparative Variables", *Annual of the British School at Athens* 96, 395-424.
NOLLÉ, J. (2009), "Beiträge zur kleinasiatischen Münzkunde und Geschichte 6-9", *Gephyra* 6, 7-99.
ONUR, F. (2008), "Two Procuratorian Inscriptions from Perge", *Gephyra* 5, 53-66.
— (2020), "The Location of Mount Masa on the Northern Border of Hellenistic Lycia", *Gephyra* 19, 135-164.
PICHLER, M.C. (2018), "The Estate of the Claudii North of Kibyra: Archaeological Evidence for the Villa of an Élite Family from the 2nd/3rd Century A.D.?" in T. KAHYA *et al.* (eds.), *Mediterranean Anatolia. International Young Scholars Conference.* II, *04-07 November 2015 Antalya, Symposium Proceedings* (Istanbul), 629-648.
PLANHOL, X. DE (1958), *De la plaine pamphylienne aux lacs pisidiens. Nomadisme et vie paysanne* (Paris).
POTHECARY, S. (1997), "The Expression 'Our Times' in Strabo's *Geography*", *CPh* 92, 235-246.
RAGGI, A. / BUONGIORNO, P. (2020), *Il Senatus consultum de Plarasensibus et Aphrodisiensibus del 39 a. C.* (Stuttgart).
RAMSAY, W.M. (1886), "Notes and Inscriptions from Asia Minor III", *AJA* 2, 123-131.
— (1888), "Antiquities of Southern Phrygia and the Border-lands", *AJA* 4, 6-21.
— (1895), *The Cities and Bishoprics of Phrygia* I.1 (Oxford).
REYNOLDS, J. (1982), *Aphrodisias and Rome* (London).
RITTER, C. (1822-1859), *Die Erdkunde.* 19 vols (Berlin).
ROBERT, L. (1960), *Hellenica* XI/XII. *Recueil d'épigraphie, de numismatique et d'antiquités grecques* (Paris).
ROUSSET, D. (2010), *De Lycie en Cabalide. La convention entre les Lyciens et Termessos près d'Oinoanda* (Geneva).
— (2013), "Le stadiasme de Patara et la géographie historique de la Lycie : itinéraires et routes, localités et cités", in P. BRUN *et al.* (eds.), *Colloque Euploia. Carie et Lycie méditerranéennes : échanges et identités* (Bordeaux), 287-299.

ŞAHIN, S. / ADAK, M. (2007), *Stadiasmus Patarensis. Itinera Romana Provinciae Lyciae* (Istanbul).
SALWAY, B. (2001), "Travel, *Itineraria* and *Tabellaria*", in C. ADAMS / R. LAURENCE (eds.), *Travel and Geography in the Roman Empire* (London), 22-65.
SHERK, R.K. (1980), "The Governors of Galatia from 25 BC to AD 114", in *ANRW* II.7.2, 954-1052.
TALLOEN, P. (2015), *Cult in Pisidia* (Turnhout).
THONEMANN, P. (2011), *The Maeander Valley. A Historical Geography from Antiquity to Byzantium* (Cambridge).
— (2019), "The Silver Coinage of Antioch on the Maeander", *Num. Chron.* 179, 49-80.
— (2021), "Estates and the Land in Hellenistic Asia Minor: An Estate near Antioch on the Maeander", *Chiron* 51, 1-36.
VANHAVERBEKE, H. / WAELKENS, M. (2009), "La genèse d'un territoire : le cas de Sagalassos en Pisidie", in H. BRU *et al.*, *L'Asie Mineure dans l'Antiquité. Échanges, populations et territoires* (Rennes), 243-262.
VITALE, M. (2012), *Eparchie und Koinon in Kleinasien von der ausgehenden Republik bis ins 3. Jh. n. Chr.* (Bonn).
— (2016), "Imperial Phrygia: A 'procuratorial Province' Governed by *liberti Augusti*?", *Philia* 1, 33-45.
WAELKENS, M. / LOOTS, L. (2000), *Sagalassos.* V, *Report on the Survey and Excavation Campaigns of 1996 and 1997* (Leuven).
WAGNER, J. (1983), *Die Neuordnung des Orients von Pompeius bis Augustus (67 v. Chr. - 14 n. Chr.)* (Tübingen).
WALLNER, C. (2019), "Ramsays Fragmente: Ein Lokalaugenschein im Depot von Antiocheia ad Pisidiam", in K. HARTER-UIBOPUU (ed.), *Epigraphische Notizen zur Erinnerung an Peter Herrmann* (Stuttgart), 143-156.
WENDRICH, W. / BARNARD, W.H. (2008), "The Archaeology of Mobility: Definitions and Research Approaches", in *The Archaeology of Mobility. Old World and New World Nomadism* (Los Angeles), 1-21.
WHITTAKER, C.R. (ed.) (1988), *Pastoral Economies in Classical Antiquity* (Cambridge).
WINFIELD, D. (1977), "The Northern Routes Across Anatolia", *Anatolian Studies* 27, 151-166.
WINTER, F.E. (1966), "Notes on Military Architecture in the Termessos Region", *AJA* 70, 471-483.

DISCUSSION

W. Hutton: Your paper reminded me of something I'd been working on recently — Dio Chrysostom's 35th Oration, written for the people of Kelainai/Apamea, which is not within your parallelogram but is not far to the north of it. In praising the city (though it is praise that is partially tongue-in-cheek), Dio alludes to the ethnic diversity that Strabo describes: Kelainai "sits in front of" Phrygia, Lydia, and Caria and serves as a market town for Cappadocians, Pamphylians, and Pisidians, and he remarks on the city's situation "between the most beautiful plains and mountains" and on its many herds of cattle and sheep. But one part of his discourse could perhaps be related to your discussion of transhumance: he congratulates the city on being the site of periodic assize courts, which bring people in from the entire region. These visitors spend a lot of money while they are there, which helps make everyone in Apamea prosperous. He compares this to the way farmers encourage shepherds to quarter their sheep in their land because the dung will fertilize their fields. This speaks to the movement of livestock and also to the potential compatibility of the agrarian and pastoral economies. Of course, Dio is using this as a metaphor, and he is not speaking specifically of Apamean livestock, but as a good rhetorician Dio would know to choose metaphors that his audience would find comprehensible and evocative. You mentioned that literary sources for this region apart from Strabo are scarce, so perhaps this would be a valuable addition to your analysis.

S. Mitchell: Thank you for reminding me about this famous passage. The earthy metaphor about dung fertilizing the fields is particularly telling. It shows that the pastoral economy, including sheep-reading, was not only important in a general way even for sophisticated cities, but was especially apposite in this case, both because of Kelainai-Apamea's natural geographical situation situated between plains and uplands, and because it was a market center and a gateway to much of southern and central Asia Minor, where similar conditions could be found. It doesn't help us with the delicate question whether any of these cities or regions operated a transhumance economy which extended beyond their own territorial boundaries.

C. Schuler: Der Hinweis auf das Phänomen der Transhumanz ist besonders anregend. Dem Verhältnis zwischen Ackerbau und Viehzucht kommt in einer vorindustriellen Landwirtschaft große Bedeutung zu, wobei die Möglichkeiten von Koexistenz über Kooperation und Komplementarität bis hin zu Konflikten reichen. Wenn die Wege der Transhumanz näher bestimmt werden können, sind sie zudem ein nützlicher Indikator für regionale Beziehungen. Um die Funktionsweise von Transhumanz zu verstehen, sind ethnologische Beobachtungen zur traditionellen Landwirtschaft in der Neuzeit unerlässlich, dürfen aber nicht ohne Weiteres in die Antike zurückprojiziert werden, wie es gelegentlich bei Louis Robert zu beobachten ist. Bei der Bewertung stellen sich mehrere Fragen: Wurde Transhumanz über kürzere oder längere Entfernungen praktiziert? Welches Bild können wir uns von der regionalen Wirtschaft machen, in die die Transhumanz eingebettet war? Für die Deutung der Zisternen und anderer Infrastruktur entlang der Via Sebaste kommen vielleicht auch andere Erklärungen in Betracht, etwa Viehtrieb zur Versorgung der pamphylischen Städte oder Lasttierkarawanen zum Transport von Rohstoffen und Waren zwischen den Städten im Binnenland und den Häfen an der Küste.

D. Rousset: Le sujet de la transhumance demeure aussi délicat qu'intéressant, y compris après les contributions successives, entre autres, de S. Georgoudi, A. Chaniotis et C. Chandezon.

D'une part, de façon générale, y a-t-il un terme grec ancien désignant la "transhumance" ? Il ne semble pas que ce soit le cas : cette absence de terme ne laisse pas d'être déjà un tant soit peu significative. D'autre part, il ne semble pas que, pour l'Asie Mineure intérieure antique, il existe de document écrit explicite sur des pratiques de transhumance.

Par ailleurs, ne faut-il pas rappeler la différence entre le déplacement de troupeaux sur deux échelles différentes ? C'est la différence entre la transhumance, sur de longues distances, et l'estivage, *i.e.* le fait de conduire les animaux dans les zones d'estives juste ou un peu au-dessus en altitude, zones qui sont soit sur le même territoire, soit un territoire immédiatement voisin ? En réalité, la pratique de l'estivage à l'intérieur du territoire civique devait être tellement répandue et habituelle, et pour ainsi dire également de droit pour les membres de la communauté, qu'il n'était pas nécessaire que des documents écrits de la cité la mentionnent. Par conséquent, pour cette pratique, l'absence de mention ne saurait le moins du monde valoir indice de non-existence.

Aussi, ne serait-il pas éclairant, pour la région que vous étudiez, de préciser la différence entre déplacement à longue distance et déplacement à courte distance sur un territoire proche ou limitrophe ?

La question de la transhumance, c'est aussi celle de son éventuelle nécessité économique. Certes, ce que vous décrivez pour l'intérieur de l'Asie Mineure à l'époque impériale rend la transhumance *possible*. Mais dans quelle mesure était-il économiquement utile, voire indispensable de déplacer des troupeaux sur de longues distances ? Est-ce que la majeure partie des bêtes n'était pas élevée et consommée localement ? Dans les sociétés rurales antiques, la plupart des personnes devaient vraisemblablement pratiquer, dans la famille plus ou moins élargie et en tout cas dans la communauté, à la fois l'agriculture et l'élevage des animaux, et cela pouvait suffire à l'essentiel de la consommation des divers produits, comestibles ou non, tirés des animaux (voir, à propos de Thèbes du Mycale, mes remarques *BE* 2016, 425).

Y avait-il donc en outre de si nombreux éleveurs, ayant des centaines ou des milliers de bêtes, pour lesquelles n'auraient pas suffi les zones de pacage de leur cité même ? Dans quels cas avait-on besoin de déplacer des troupeaux nombreux et sur de grandes distances, jusque sur d'autres territoires éloignés de la cité du propriétaire ou de l'exploitant ? S'il fallait vraiment procéder à des transports, n'était-il pas plus simple de transporter uniquement les peaux et la laine, et non pas les animaux eux-mêmes sur de grandes distances ? Certes, il pouvait y avoir des exceptions, à cause des grandes panégyries, et des métropoles nécessitant des approvisionnements importants en viande.

Enfin, sur le rapport entre le déplacement des troupeaux et l'obstacle hypothétiquement créé par les limites territoriales des cités, il faut en effet être prudent par rapport à l'affirmation tranchée de la *Tabula imperii byzantini* ; à vrai dire, l'idée que les frontières territoriales aient contrecarré, voire empêché le possible mouvement transhumant des troupeaux est présente déjà anciennement dans l'historiographie, comme l'avait rappelé C. Chandezon dans *L'élevage en Grèce*. Dans ce débat, on peut aussi faire entrer les prises de position, dans le même sens, de S. Alcock et de P. Thonemann : selon la première, c'est seulement dans la Grèce "romaine" que l'affaiblissement, puis la disparition des cadres civiques auraient rendu possible la transhumance, que jusque-là le cadre politique et l'exercice des droits économiques dans les limites des frontières civiques avaient rendue impossible. D'autre part, à lire P. Thonemann dans son chapitre sur l'économie pastorale à propos la haute vallée du Méandre et notamment de la région d'Attouda, on en vient à se laisser convaincre que, dans l'intérieur de l'Asie Mineure, où la densité des cités et la fermeture de leurs territoires devaient ou pouvaient être moins fortes que sur la bordure égéenne, il y eut possibilité de déplacement de troupeaux sans que cela se heurte à des frontières civiques plus ou moins hermétiques. Mais à vrai dire je ne crois pas à un antagonisme fort entre d'une part activité pastorale et d'autre part les sociétés civiques sédentarisées et délimitées, autrement dit à une incompatibilité entre agriculture et élevage (voir à nouveau *BE* 2016, 425).

S. Mitchell: I am very grateful for both these interventions regarding transhumance and have taken them into account in the printed version of my paper. I am fully in agreement with Denis Rousset's final point, that there is little evidence for endemic or systematic antagonism between sedentary populations and pastoralists in Asia Minor, although epigraphic and other evidence, for instance at Aegae in Aeolis and on the territory of Hierapolis, occasionally draws attention to specific, low-level conflicts. The idea of age-old conflict between highland nomads and settled peoples of the plains is almost an anthropological cliché, which became in Antiquity a *topos* for writers of all periods, but cannot serve as a basis for a historical reconstruction of ancient social and economic conditions. Planhol's famous study of southern Anatolia showed that during the 19th and early 20th centuries, middle or long-distance transhumance, involving journeys for men and their flocks of several days, covering 60-100 kilometres, played a very important part in the regional economics of the parts of Pamphylia, Pisidia and the Milyas to which I have paid special attention in the final part of my paper. My argument that similar transhumant practices existed in late Antiquity from the 4th to the 6th centuries, rests on my interpretation of the archaeological evidence, namely the presence of cisterns along the likely transhumance routes and in an area which would have been intensively used for overwintering flocks, as well as a large structure at one of the crucial collection points, which seems designed for the sheltering and controlling the movement of transhumant animals in this period. Whether transhumance on a substantial scale also occurred in the classical, Hellenistic or Roman imperial periods remains for me an open question. The regional conditions of the terrain and climate favored the development of transhumance, but in no way determined this. However, I have tried to show that the settlement of western Pisidia, western Pamphylia and the Milyas in Strabo's day and under the Roman empire was not dominated by a dense, or even a loose network of *poleis* with well-defined contiguous territories, and that it would not be difficult to model a pattern of occupation across the region which allowed a form of transhumance and the complementary co-existence of seasonal pastoral movement and agricultural settlement.

D. Marcotte: Les populations de la Pamphylie et de la Pisidie étaient-elles totalement hellénisées à date hellénistique ?

S. Mitchell: It appears that the major settlements of Pisidia and Pamphylia (but not the Milyas) had become *poleis* between the 4th and 2nd centuries BC, with some later additions under the Roman Empire, and that therefore the basic political structure of both regions was hellenised (S. Mitchell, "Hellenismus in Pisidien", in E. Schwertheim ed., *Forschungen in Pisiden*, Bonn 1992, 1-27; H. Brandt, *Gesellschaft und Wirtschaft Pamphyliens und Pisidiens im Altertum*, Bonn 1992). But this is far from saying that the populations had become culturally Greek or even Graeco-Roman. Inscriptions shows that indigenous languages survived in Pamphylia until the mid-Hellenistic period and in Pisidia into the Roman Empire, and Pamphylia had its own very distinctive form of Greek dialect, as C. Brixhe has shown. Indigenous proper names (alongside Greek and Roman nomenclature) remained common until the 3rd century AD, and there were numerous native cults, some retaining indigenous theonyms. Conversely higher levels of Greek culture only permeated sporadically to the urban élites. Greek verse inscriptions are rare in the region.

D. Rousset: Pour répondre à la question de D. Marcotte, rappelons que, sur l'hellénisation de l'Asie Mineure, y compris intérieure, Louis Robert a écrit, à propos des concours grecs, que l'achèvement de l'hellénisation s'est fait "sous l'égide de Rome" (*Choix d'écrits* [2007], 271). Il est vraisemblable que cette affirmation vaut également dans d'autres domaines, linguistiques (langue commune, onomastique), institutionnels et culturels.

Je voudrais d'autre part rappeler que, dans la version de votre communication qui avait circulé entre nous avant les *Entretiens*, vous aviez réuni des remarques sur la possibilité de reconstituer les circulations des groupes et des individus grâce à la fréquentation des sanctuaires. Est-ce que les rayons d'attraction des clientèles régionales des sanctuaires permettent de mesurer les échelles ? Quelles sont les longueurs de déplacement dans ces cas-là ?

S. Mitchell: I excluded from the written version some remarks about rural sanctuaries in Asia Minor which attracted worshippers from extended regions. The most remarkable case is that of the *Xenoi Tekmoreioi* at Sağır (territory of Antiochia ad Pisidiam), whose devotees assembled from a wide area of southern Phrygia and northern Pisidia, sometimes involving distances of up to 80 kms and journeys of 2-3 days. I would hesitate to use the word pilgrimage, but this is an important illustration of mobility within Anatolia.

A. Cohen-Skalli: Vous avez montré que nos auteurs, comme Strabon, n'offrent que des témoignages de routes, et très rarement de mobilités, ce qui est tout à fait vrai. Je souhaitais revenir sur une route bien connue d'Asie Mineure, que les savants ont coutume d'appeler la *koinê hodos* d'après le témoignage de Strabon : je ne sais comment les Anciens appelaient cette route qui traversait l'Anatolie d'ouest en est, mais je me demande si *koinê hodos* était bien son nom, puisqu'en réalité, et malgré l'usage qu'on en fait aujourd'hui, le passage de la *Géographie* allégué par les savants (14, 2, 29) ne donne pas son nom à proprement parler : la phrase dit en réalité ἐπεὶ δὲ κοινή τις ὁδὸς τέτριπται ἅπασι τοῖς ἐπὶ τὰς ἀνατολὰς ὁδοιποροῦσιν ἐξ Ἐφέσου etc., avec un indéfini qui empêche d'y voir le nom même de la route. En tout cas, à quoi ou à qui cette *hodos* était-elle "commune" ? Aux différents *ethnê* ? Par ailleurs, je souhaitais revenir sur l'importance du témoignage de la *Géographie* pour la définition des frontières en Asie Mineure et les problèmes auxquels sont confrontés les commentateurs : s'agit-il, à chaque cas, de divisions administratives ou géographiques ? Est-ce que les données de Strabon correspondent à ce que livrent les autres sources ? Cela nous conduit à la page finale du livre XIII, que vous avez analysée : le livre se boucle sur la description d'une circonscription administrative (13, 4, 17), alors même que, quelques chapitres plus haut (13, 4, 12), Strabon vient d'expliquer l'importance et la difficulté qu'il y avait à délimiter les frontières et à préciser de quel type elles étaient. N'était-il pas précisément alors en train de réfléchir à la difficulté du choix qu'il aurait à effectuer quelques paragraphes plus loin, à la fin du livre XIII ? Et la division en livres de Strabon, entre les livres XIII et XIV, ne peut-elle dès lors correspondre ici à un découpage administratif ?

S. Mitchell: I completely agree with your comments on the *koinê hodos*. Modern scholars, mostly writing about the topography of Asia Minor, have elevated the expression into a proper name, the 'Common Road', when Strabo says no such thing. I don't think one should place too much weight on the meaning of κοινή. I think Strabo just means that almost everyone traveling to inner Anatolia from Ephesus and other coastal centers had to use — as they still do.

As for the second point, the account of the Cibyratis 13, 4, 17 C631, does not relate to a Roman administrative division, and certainly illustrates indirectly the problem he had in establishing the boundaries between *ethnê* in western Asia. My impression is that although Strabo has conscientiously collected geographical information for the Asia Minor books, he is somewhat perplexed about how best to organise and present it. He has problems with defining the boundaries of the *ethnê*, is sometimes uncertain about where to locate the description of a specific place (for example Sagalassus at the end of a paragraph on Lycaonia in 12, 6, 5 C569), and the book divisions can seem arbitrary. So, book 13, mainly dealing with the Aegean region ends with the Cibyratis, which adjoined Lycia, which begins book 14. But the next section of book 14 deals with Caria, which in turn bordered on the Cibyratis. The main principle here is surely that the western Aegean regions belonged in book 13, while the south coast went into book 14. The Cibyratis, in fact, belongs to the interior not the coast, and forms a sort of buffer zone between the two books.

D. Marcotte: Dès les premiers chapitres de sa *Géographie*, Strabon se montre perplexe sur la pertinence des frontières administratives pour organiser la matière de son exposition;

en conséquence, il incline à leur préférer le découpage ethnique, mieux assis dans la durée, et bien sûr les grands ensembles physiques. C'est singulièrement à la transition entre deux livres qu'on le voit hésiter sur ce point : le cas le plus éloquent se trouve au début de sa description de la Celtique (4, 1, 1 C177), quand il observe que les divisions administratives tiennent au moment (*pros tous kairous*), celui de l'action politique, alors que le but du géographe serait de s'inscrire dans une forme de permanence, que le critère ethnique lui paraît pouvoir mieux garantir. D'où l'importance, peut-être, que revêt chez lui la question linguistique ; avant lui, Poséidonios avait en effet déjà tenté de rendre compte de la distribution respective des langues et des peuples.

VIII

ISABELLE PERNIN

LA NOTION DE "CADASTRE" DANS LA GRÈCE DES CITÉS

ABSTRACT

The notion of 'cadastre' is frequently used by archaeologists and historians in relation to Greek land tenure systems. It is used to describe either traces of land division, mainly found in the territories of colonial cities, or documents, mainly epigraphic, that have been called 'cadastre', 'cadastral list', or 'cadastral-based document', for very different periods, from the Archaic period to Late Antiquity. The present investigation proposes to revisit this modern concept and to explore its relevance to the realia of the Greek world: indeed, the word 'cadastre' and those of its family have few correspondences in ancient Greek and their use is delicate if one does not question the practices of the Greeks in terms of registration of property and their way of conceptualizing and representing the division of land.

Une partie de l'historiographie consacrée à la Grèce des cités considère que ces dernières n'avaient pas de cadastres. Tout juste l'envisage-t-on pour les royautés hellénistiques dont on suppose que le pouvoir centralisé et le prélèvement de l'impôt avaient rendu nécessaire la conception d'un tel outil par l'administration royale.[1]

C'est avec le développement de l'archéologie des territoires et la découverte notamment pour les espaces sous domination romaine des vestiges des centuriations[2] que le mot "cadastre" et le néologisme "cadastration" ont été employés, en français, pour

[1] THÜR (1998), *s.v.* "Grundbuch".
[2] CHOUQUER / CLAVEL-LÉVÊQUE / FAVORY (1982) 853.

décrire aussi les systèmes fonciers grecs, soit du point de vue archéologique, pour qualifier les traces de divisions du sol, repérées principalement dans les territoires de cités coloniales, soit du point de vue historique, pour décrire des documents, essentiellement épigraphiques, que l'on a qualifiés de "cadastre",[3] "liste cadastrale", ou de "document à base cadastrale".[4]

Si l'on a montré que les cités grecques pratiquaient des formes d'enregistrements fonciers,[5] ce concept moderne de cadastre est-il pertinent pour décrire d'une part ces méthodes d'enregistrements et d'autre part des formes de représentations du territoire de la cité grecque ?

1. Définitions

En France, le "cadastre", hérité de l'époque napoléonienne, désigne aujourd'hui à la fois un service de l'État et les documents qui recensent, par commune, les propriétés foncières. Le cadastre concerne l'ensemble du territoire français,[6] mais présente également une forte dimension locale puisqu'il est établi à l'échelle de chaque commune.

Le cadastre est composé de deux types de documents : des plans et des fichiers administratifs. Les plans ont été réalisés à différentes échelles, selon l'époque de leur création, et représentent les parcelles et le bâti édifié sur chaque parcelle. Les plans sont complétés par les "états de section", fichiers qui fournissent pour chaque parcelle, dans l'ordre numérique des parcelles, leurs identifiants cadastraux (lettres de section et numéro), leur adresse, leur superficie et la nature du bien.

Outre ces plans, le cadastre comprend également la matrice cadastrale : il s'agit d'un fichier annuel récapitulant pour chaque propriétaire la liste des parcelles lui appartenant, avec leur valeur

[3] Salviat / Vatin (1974).
[4] Aupert / Flourentzos (2008).
[5] Faraguna (1996) et (2000).
[6] À l'exception des départements de l'Alsace et de la Moselle où l'institution de la publicité foncière est le Livre foncier.

locative cadastrale. Ce document est fondé sur la déclaration faite par chaque propriétaire. Les informations figurant dans la matrice cadastrale sont régulièrement mises à jour par différentes sources d'information, à la suite d'opérations de bornage ou avec le dépôt de permis de construire ou de démolir.

Du point de vue du statut juridique des parcelles, la mise à jour se fait auprès du service de la publicité foncière (ou "conservation des hypothèques" jusqu'en 2012) : tout acte de mutation foncière — ventes, legs, donation — ou affectant juridiquement la propriété — jugement, saisie, hypothèque — est transmis par le notaire au service de la publicité foncière qui se charge ensuite de transmettre les informations au service du cadastre. Il recense ainsi dans le temps et dans l'espace les propriétés foncières et les droits qui les grèvent et permet de connaître les constitutions, les transmissions et les extinctions des droits portant sur les immeubles ainsi que les droits réels détenus par une personne, physique ou morale, sur un bien.

Le cadastre moderne constitue donc, en théorie, un enregistrement centralisé, qui se veut systématique, des propriétés foncières, sous la forme d'un plan réalisé à l'échelle d'une commune. Il est régulièrement mis à jour sur la base des informations transmises entre autres par le service de la publicité foncière. Ces deux services sont consultables et rendent disponibles les informations relatives à la propriété foncière et aux propriétaires. Le cadastre moderne permet ainsi d'identifier les propriétés foncières à des fins essentiellement fiscales puisque les informations qu'il recèle servent de base au calcul des impôts fonciers (taxe d'habitation et taxe foncière).

2. Le terme "cadastre", emprunté à l'historiographie du monde romain

En 1974, F. Salviat et C. Vatin publient un article intitulé "Le cadastre de Larissa"[7] relatif à des inscriptions qu'ils estiment être des éléments d'un cadastre. Avec cet article, les deux savants

[7] Salviat / Vatin (1974).

aixois apportent leur contribution au renouveau que connaît alors depuis quelques années l'étude des territoires des cités grecques et en particulier l'étude des territoires coloniaux, aussi bien en Occident qu'en mer Noire.[8] Les deux auteurs ont été influencés par la publication des résultats des fouilles et des prospections menées sur le rivage nord de la mer Noire, et en particulier à Chersonèsos de Crimée. Entre autres, ils s'inspirent des représentations schématiques qui illustrent les interprétations d'A. Chtcheglov pour étayer leurs propres hypothèses au sujet des documents de Larissa. Ils reproduisent d'une part le schéma de la publication russe (ci-dessous à gauche) dont ils tirent un second schéma (à droite) "simplifié" (fig. 1) :

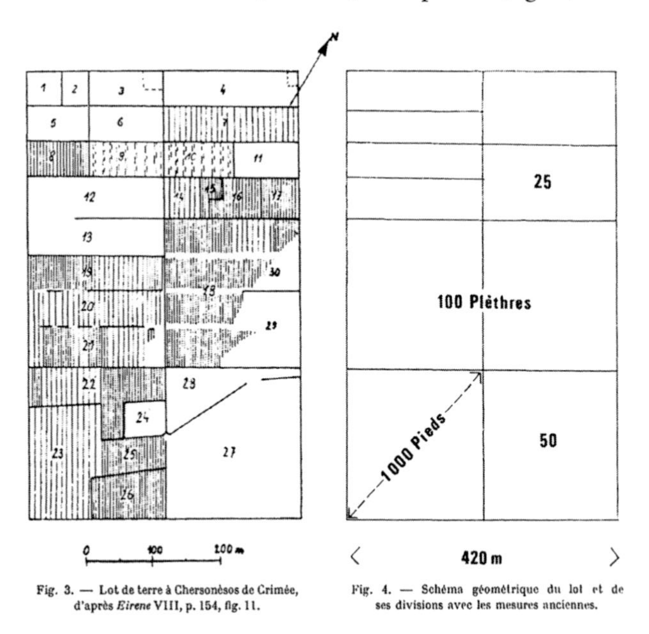

Fig. 3. — Lot de terre à Chersonèsos de Crimée, d'après *Eirene* VIII, p. 154, fig. 11.

Fig. 4. — Schéma géométrique du lot et de ses divisions avec les mesures anciennes.

Fig. 1. Schémas publiés dans Salviat / Vatin (1974)[9]

[8] Cf. le VIIe Congrès de Tarente de 1967, *La città e il suo territorio*, publié en 1968. Puis en 1969, la tenue, à Royaumont, d'un colloque de l'EPHE, publié en 1973, sous la direction de M.I. Finley, *Problèmes de la terre en Grèce ancienne*, dans lequel on retrouve la plupart des acteurs du Congrès de Tarente et surtout ses principales thématiques scientifiques.

[9] Salviat / Vatin (1974) 258.

Les représentations du lotissement régulier de Chersonèsos, d'une part, et les mesures de superficies qui apparaissent dans les fragments de catalogue de Larissa, d'autre part, les incitent à penser que le territoire de la cité thessalienne aurait connu, à une époque qu'il est impossible de fixer ("nettement antérieur au IIIe siècle", p. 260), un découpage régulier "en lots primitifs" de 50 plèthres, peut-être à l'occasion de l'inscription de nouveaux citoyens. Les fragments d'inscriptions du IIIe siècle en enregistreraient les vestiges : on y voit soit le regroupement de plusieurs lots, avec des superficies multiples de 50 plèthres, ou au contraire des divisions de lots initiaux, soit par division binaire (25, 12,5 plèthres), soit ternaire (16,66 plèthres).

F. Salviat et C. Vatin postulent "une division primitive, géométrique, en κλῆροι" (p. 257) qui aurait concerné tout le territoire civique de Larissa et considèrent que ces listes constituaient "plusieurs fragments de catalogues fonciers" (p. 247) faisant partie d'"un recensement cadastral", et participant d'"un bilan général de la propriété larisséenne" (p. 254).

Six ans plus tard, en 1980, lors de la table ronde consacrée à "Cadastres et espace rural. Approches et réalités antiques", organisée sous la direction de Monique Clavel-Lévêque, F. Salviat et C. Vatin font un bref "état des questions" sur le "cadastre de Larissa".[10] À partir de données nouvelles publiées par C. Habicht,[11] ils confirment leurs premières conclusions : les documents sont "homogènes" et traduisent une volonté de recenser méthodiquement et systématiquement les propriétés sur le territoire de la cité.

S'appuyant sur ces nouvelles données, ils proposent deux schémas théoriques du découpage en *kléroi* du secteur évoqué dans l'article de C. Habicht (fig. 2) :

[10] Salviat / Vatin (1983).
[11] Habicht (1976).

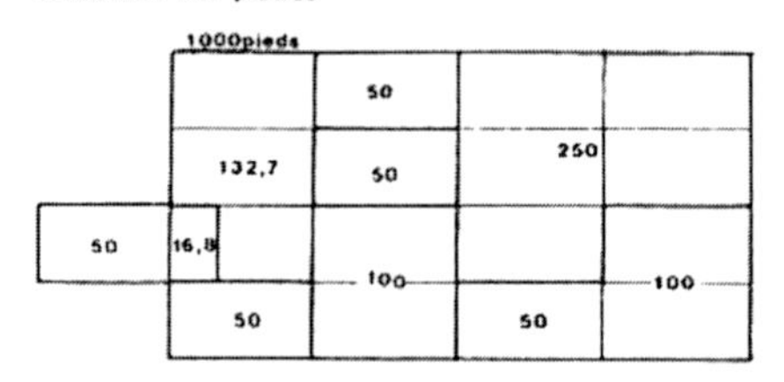

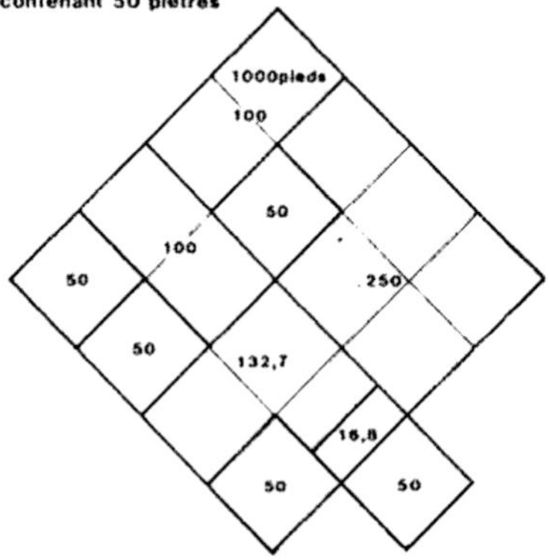

Fig. 2. "Larissa. Terroir Ipproioulkias. Schémas théoriques"[12]

Les concepts de l'archéologie ont exercé une influence durable dans l'élaboration du discours historique, en particulier français, et ont fixé l'usage du mot cadastre dans un sens assez éloigné de sa définition propre et ordinaire : la dimension de représentation du parcellaire que revêtent les documents constituant le cadastre, en particulier le plan parcellaire, a été en quelque sorte transposée aux *realia* archéologiques pour désigner directement les traces de division foncière que l'on a pensé avoir repérées en fouilles ou en prospection. Un exemple récent se trouve encore dans l'article de N. Boissinot à propos du territoire de Marseille antique,[13] dans lequel à partir des fouilles archéologiques qui

[12] Salviat / Vatin (1983) 310, fig. 1 et 2.
[13] Boissinot (2010).

ont mis en évidence les traces de plantations de vignes, l'auteur décrit ce qu'il nomme les "cadastres antiques", en fait la restitution des parcelles d'exploitation et de leur usage agricole à partir de l'identification des vestiges de structures agraires.

En dehors de l'historiographie française, la référence à la notion de "cadastre" est moins usitée, sans doute avant tout parce qu'elle renvoie à une réalité juridique et administrative propre à l'État français centralisé. On lui préfère la notion de "catalogue" ou "registre" foncier.[14] Ainsi, M. Faraguna depuis la fin des années 1990 a publié plusieurs études sur les archives des cités grecques de l'époque classique et hellénistique et tout particulièrement sur celles qui concernent les biens fonciers.[15] Dans l'étude relative aux "enregistrements cadastraux" à Athènes,[16] il postule qu'il devait exister non pas un cadastre, mais des registres fonciers ("registri fondiari", p. 32) tenus par le démarque, comme l'étaient les listes de citoyens, dont l'existence dans les dèmes athéniens est désormais attestée (*lexiarchikon grammateion*). Dans un article ultérieur (2000), M. Faraguna élargit son enquête au monde grec, et l'on constate, que le terme "catastali" n'apparaît plus, l'auteur ayant recourt plutôt à l'expression utilisée dans le titre de l'article "registrazioni fondiarie" ou celle déjà utilisée dans son article de 1997 "registri fondiari". Dans cet article, M. Faraguna part de la prescription des *Lois* dans lesquelles Platon préconise d'établir un registre des biens fonciers pour la cité des Magnètes et se demande s'il s'agissait d'une innovation ou bien du reflet d'une pratique courante à l'époque de Platon.[17] Confrontant sources littéraires et papyrologiques à plusieurs sortes d'inscriptions, cette étude montre que dans des documents de nature très diverse les cités grecques se préoccupent d'enregistrement foncier avec pour principal objectif de rendre

[14] WESTERMANN (1921).

[15] FARAGUNA (1997) ; (2000) ; (2020).

[16] FARAGUNA (1997).

[17] Quelques années plus tôt, M. Piérart à propos précisément de ce passage de Platon avait tranché : "il ne semble pas que les cadastres aient existé en Grèce et Platon a sans doute innové" : PIÉRART (1974) 177.

publiques des transactions immobilières : la publicité foncière plutôt que le cadastre.[18]

La question, il me semble, n'est pas tant de savoir si les Grecs avaient un cadastre ou non, puisque ce service administratif moderne tient à des structures politiques et juridiques incomparables avec les constitutions des cités grecques antiques et qu'il n'existe pas en grec ancien de mot qui traduirait cette notion, mais bien plutôt d'essayer de comprendre les besoins réels et les moyens dont disposaient ces dernières pour recenser, contrôler et administrer les différentes formes de propriétés sur leur territoire. Si l'on s'éloigne des conceptions archéologiques et de leur usage du mot "cadastre", certaines notions liées à la nature et la destination du cadastre moderne pourraient s'avérer pertinentes pour caractériser et interroger les sources grecques. Ainsi l'étude du "parcellaire", au sens où ce mot "désigne le dessin des parcelles d'exploitation",[19] constitue une part importante des études archéologiques de territoires : le développement de la photographie aérienne ou plus récemment des prospections géophysiques permettent de rechercher les formes et dimensions des parcelles anciennes. Ces études de terrain peuvent révéler une "photographie", à un moment donné de l'histoire du territoire, bien que ce moment soit souvent difficile à dater : on songe notamment à l'identification et à la datation des murets de terrasse. En revanche, quelques rares documents épigraphiques, isolés, rendent compte d'opérations de lotissement ou de délimitations qui ont conduit à des modifications du parcellaire, le plus souvent illisibles dans le paysage moderne, mais dont on peut tenter d'éclairer les conditions historiques et sociales.

[18] Dans leur dernier ouvrage, BOFFO / FARAGUNA (2021), malgré l'apparition d'une documentation nouvelle, notamment l'inscription des ventes des *hippoteia* à Larissa, qu'ils qualifient de "registrazioni catastali", considèrent qu'il serait imprudent d'assimiler ces listes de ventes, même lorsqu'elles sont organisées de manière topographique, à des "registres fonciers modernes" (p. 366).

[19] BRUNET / FERRAS / THÉRY (^{2}1993) 366, *s.v.* "parcellaire".

3. Contrôle et délimitation de la propriété foncière

3.1. *Attestation exceptionnelle, à Argos, de la "révision" d'une opération d'enregistrement foncier*

Un décret honorifique d'Argos, de la fin de l'époque hellénistique, resté partiellement inédit,[20] honore un personnage qui s'est occupé de la terre "sacrée et publique" qui avait subi des empiétements et dont il a contribué à rétablir l'intégrité et l'exploitation au profit de la cité et des dieux. Le même personnage, peut-être dans le même temps (καὶ) s'était occupé d'une réforme de l'enregistrement de terres détenues par des particuliers. À ce titre, "il a veillé aussi à ce que les parcelles soient enregistrées les unes après les autres", Ἐπιμέλειαν δὲ ἐποιήσατο καὶ ὅπως ἀναγράφωντι οἱ γύαι ἐφεξᾶς : l'adverbe ἐφεξᾶς, qui complète le verbe ἀναγράφω et dont le premier sens est "en ordre", d'où secondairement ce sens de "à la suite", "successivement", souligne le caractère méthodique de l'enregistrement. Compte tenu de la situation chaotique à laquelle le personnage honoré avait contribué à remédier, cet enregistrement avait peut-être également été systématique : καθὼς ἁ χώρα διεκλαρώθη ὑπὸ τῶν ἀρχαίων καὶ κατεμερίσθη κατὰ γύας δωτιναμένας, τὸν προτοῦ χρόνον ὡς ἔτυχε καὶ ἀναγραφομένας ἐν διερριμμένοις τόποις, "selon la manière dont autrefois le territoire avait été loti par les anciens et distribué en parcelles à louer, puisqu'elles se trouvaient aussi enregistrées dans des lieux disséminés."[21] En effet, ce passage semble confirmer que le nouvel enregistrement "continu" (autre traduction possible de l'adverbe ἐφεξᾶς) avait pour objectif de suppléer le précédent, qui relevait manifestement de différentes localisations. Ce décret d'Argos fait implicitement allusion à la distinction entre enregistrement topographique et "délocalisé" et un enregistrement "centralisé" qui a dû constituer une amélioration pour la communauté, puisqu'elle

[20] Kritzas (1992) 236-237 ; *SEG* XLI 282.
[21] Sauf mention contraire, les traductions du grec sont de l'auteur.

a honoré le magistrat responsable de cette réforme. Cette attestation d'un enregistrement global des parcelles allouées demeure isolée. En revanche, la documentation grecque témoigne à plusieurs reprises de circonstances où les cités ont dû procéder à des vérifications, des modifications ou des délimitations de leur parcellaire.

3.2. *Vérification et rétablissement du parcellaire*

Afin de procéder à des vérifications relatives aux propriétés publiques ou sacrées, des commissions *ad hoc* étaient désignées, souvent dans des circonstances exceptionnelles. Ainsi, à Zéléia, en Mysie,[22] dans le dernier tiers du IVe siècle av. J.-C., la cité doit choisir neuf citoyens pour procéder à l'inspection des domaines publics (ἀνευρετὰ[ς] |τῶν χωρίων τῶν δημοσίων, l. 3-4), probablement après des troubles politiques et le rétablissement de la démocratie. De même, à Héraclée de Lucanie, toujours au IVe siècle, le processus de récupération des terres sacrées de Dionysos et d'Athéna a été conduit par une commission respectivement de six et trois *horistai* choisis parmi les citoyens. Mais certaines entités semblent avoir procédé à des vérifications régulières. C'est le cas, à Athènes, de la tribu Érechtheis qui honore l'un de ses membres pour avoir, entre autres, instauré une inspection de ses biens-fonds[23] deux fois par an :

l. 17-22 :

ἔγραψε δὲ καὶ ψήφισμα ὅπως ἂν [Ἐρεχ]θεῖ-
δαι εἰδῶ[σιν ἅπ]αντες τὰ ἑαυτῶν κτήματα καὶ οἱ ἐπιμεληταὶ
οἱ αἰεὶ καθιστάμενοι κατ' ἐνιαυτὸν βαδίζοντες ἐπὶ τὰ κτήμ-
20 ατα δὶς τοῦ ἐνιαυτοῦ ἐπισκοπῶνται τά τε χωρία εἰ γεωργεῖτ-
αι κατὰ τὰς συνθήκας, καὶ τοὺς ὅρους εἰ ἐφεστήκασιν κατὰ τ-
ὰ αὐτά,

[22] *Syll.*³ 279 ; CORSARO (1984).
[23] *IG* II² 1165.

l. 17. "Afin que tous les membres de la tribu Éréchtheis puissent connaître l'état de leurs fonds, il a introduit un décret conformément auquel les épimélètes en fonction chaque année, se rendant sur les fonds deux fois dans l'année, surveillent si les terrains sont cultivés selon les conventions et si les bornes sont placées selon ces mêmes conventions."

Plusieurs indices dans ces inscriptions montrent que les "inspecteurs" avaient connaissance de l'état antérieur des propriétés. Dans le cas des biens de la tribu Érechtheis à Athènes, les épimélètes devaient fonder leur inspection bisannuelle sur les "contrats" κατὰ τὰς συνθήκας (l. 21) qui devaient contenir non seulement les conditions d'exploitation, mais également l'emplacement des bornes. Ce décret athénien semblerait corroborer l'hypothèse qu'il n'y avait probablement pas à Athènes de documents cadastraux centralisés et les épimélètes s'en remettaient donc aux contrats conservés par la tribu elle-même.

Dans les autres cas, on ne peut pas non plus déterminer la source de la connaissance des "inspecteurs", mais on peut constater qu'ils sont en mesure de déterminer les différences de superficie entre un état initial et un état dégradé et de procéder à un rétablissement des limites. Ils connaissaient également l'existence et l'emplacement des bornes disparues ou déplacées. À Zéléia et à Héraclée, ces documents de référence étaient peut-être également, comme pour la tribu athénienne, les anciens contrats selon lesquels les terres en litiges étaient antérieurement exploitées.

3.3. *Modification du parcellaire*

À Éphèse, dans le règlement visant à résoudre le problème des dettes garanties par des hypothèques sur la propriété privée, probablement au début du IIIe siècle av. J.-C., les commissaires et les juges ont dû procéder à une importante opération de restructuration des propriétés foncières individuelles d'après ce que l'on comprend de l'inscription. Le parcellaire avait dû être largement modifié : le règlement prévoit qu'il faut exclure de la “division du territoire” les voies d’accès aux sanctuaires, aux points d’eau, aux étables et aux tombeaux, ce qui suppose que l’opération a dû concerner des surfaces importantes de la *chôra*, sans que l’on puisse en déterminer la proportion. Le résultat du remembrement est désigné par le mot διαίρεσις, qui, au sens arithmétique, signifie “division”, et qui, dans un contexte social, désigne la répartition, le partage, par exemple, du butin ou des parts de sacrifice. À Éphèse, les magistrats l’ont utilisé pour désigner la nouvelle “répartition du territoire”, ἐν τῆι διαιρέσει τῆς χώρας,[24] établie pour empêcher que les terres, hypothéquées en garantie des emprunts, ne soient entièrement saisies au profit des créanciers.

La formulation est très proche de celle que l’on rencontre à Milet, dans les années 230, pour résumer l’opération de distribution de terres aux colons crétois : τὴν γενομένην διαίρεσιν ἀναγράψαι, “qu’il fasse enregistrer la nouvelle répartition”.[25] Parmi ces inscriptions de Milet, il existe un fragment qui devait concerner précisément les conditions de la division du territoire attribué aux nouveaux citoyens dans lequel on lit probablement le verbe διαιρέω : [K]ατ[ὰ] τάδε διη(ι)ρέ̣[θ]η ἡ̣ χώ̣[ρα] κ̣α̣[ὶ - - - - - -], “Conditions selon lesquelles la *chôra* a été divisée”.[26] Si la lecture de ce fragment est fiable, nous serions en présence du début d’un document tout à fait unique en son genre, dont seules quelques lettres des deux premières lignes de l’inscription ont été préservées. À Éphèse, le règlement précise qu’une copie des décisions devait être transmise à un magistrat, l’*antigrapheus*, peut-être chargé de la conservation et de la publication des documents officiels, pour qu’“il soit permis aux citoyens qui le souhaitent d’observer les nouvelles divisions des biens-fonds et de rendre publique cette répartition”, ἵν’ ἐξῆι τῶι βουλομένωι τῶμ πολιτῶν ἐφορᾶν τοὺς γεγενημένους μερισμοὺς τῶν ἐγγαίων, κοινὴμ μὲν διαίρεσιν ταύτην εἶναι.[27] Cette

[24] *Syll.*³ 364a, l. 13.
[25] *I.Milet* I 3, 33a-g, e l. 2.
[26] *I.Milet* I 3, 35.
[27] Éphèse, Loi sur les dettes, *Syll.*³ 364a, l. 22-24.

mention souligne que ce relevé de décisions avait dû exister sous une forme consultable (mais n'évoque pas son éventuelle gravure), dans les archives de l'*antigrapheus* et devait contenir la description des parcelles nouvellement délimitées.

3.4. *Délimitations*

Enfin, il convient d'évoquer d'autres documents isolés qui enregistrent le résultat de délimitations de portions de territoire. De telles opérations sont nommées dans les inscriptions mêmes par des termes composés du substantif ὁρισμός, "action de borner, de délimiter".

C'est le cas d'une inscription provenant de la cité sicilienne d'Halaesa aujourd'hui perdue.[28] Elle était gravée sur deux colonnes, dont il manquait la partie supérieure. Les raisons pour lesquelles on a gravé cette liste de lots (κλᾶρος) n'est pas connue. Le document évoquait cependant une περιωρεσία (II, l. 38), une "délimitation" d'au moins trente-cinq lots. On décrit pour chacun d'eux les limites par la mention de bornes et d'éléments du paysage, construits et naturels.

Une autre inscription, elle aussi disparue, provenant d'Orchomène, en Béotie, présente quelques caractéristiques comparables à celle de la grande inscription d'Halaesa. Malgré son état lacunaire, elle devait décrire également une délimitation de parcelles. La première ligne de l'inscription mentionne la commission qui avait probablement été constituée spécialement pour mener à bien l'opération, dont l'objet exact a disparu dans la lacune : ἁ σταθεῖσα ἀρχὰ ἐ[π]ὶ τὸν [...]. P. Roesch avait proposé de restituer ἁ σταθεῖσα ἀρχὰ ἐ[π]ὶ τὸν [ὁρισμὸν],[29] "la commission constituée pour la délimitation". Nous avons montré[30] que l'emploi de ce mot hors du contexte littéraire était rare, et nous lui avons préféré celui de περιορισμός, employé par

[28] Prestianni Giallombardo (1992). En dernier, cf. Arena (2018).
[29] Roesch (1965) 186.
[30] Pernin (2022) 55.

ailleurs dans des inscriptions relatives à des conflits de frontières ou pour désigner la délimitation de terres du domaine royal,[31] en Asie Mineure, ainsi que dans une inscription provenant d'une île, dépendante de Milet, qui mentionne un περιορισμὸς τῆς χώρας (l. 7-8). Cette nouvelle inscription est remarquable pour notre propos, comme le souligne également M. Faraguna dans ce même volume, car elle apporte une attestation de l'existence dans les archives de la cité de cette délimitation, conservée jusqu'à sa gravure sous la forme d'une tablette, probablement de bois, et dont les termes ont ensuite été gravés précisément sur la stèle retrouvée sur l'île de Lepsia.[32]

Dans l'inscription d'Halaesa, la description d'une des séries de lots était introduite par la mention : τοῖς παρὰ τὸν ῥοῦν τὸν Ἄλαισον δαιθμοὺς, "Lots <concédés ?> à ceux qui habitent près de l'Halaisos". Le mot est formé à partir du verbe *daiô* "diviser, distribuer", employé seulement au passif, "être partagé, divisé" et le datif attributif de l'expression τοῖς παρὰ τὸν ῥοῦν τὸν Ἄλαισον inciterait à penser que ces parcelles "divisées" étaient attribuées d'une manière ou d'une autre à ce groupe installé auprès du cours d'eau l'Halaisos, sans que le statut juridique de la concession puisse être défini. Pour Orchomène, nous faisons l'hypothèse[33] que les parcelles délimitées, appelées τομός, se situaient aux abords du lac Copaïs, qu'elles avaient peut-être même été gagnées sur les zones inondables, et que les nombres qui ponctuent l'inscription constituaient les montants du droit de pacage afférents à ces parcelles. Dans les deux cas, ces inscriptions forment des listes de parcelles dont le principal objet était de publier la description de leurs limites. Dans le cas d'Orchomène, il s'agit peut-être aussi d'informer sur le montant du droit d'usage de chaque parcelle.

Ces inscriptions témoignent de l'importance que revêtaient ces opérations foncières dans les cités grecques et de leur nécessaire publication. Mais ces documents sont extrêmement rares.

[31] Welles, *RC* 19, l. 7.

[32] Dreliossi-Herakleidou / Hallof (2018) ; *IG* XII 4, 3897.

[33] Pernin (2022) 58-59.

En revanche, beaucoup plus nombreux sont les documents qui relèveraient de ce qu'on appelle dans la langue juridique et administrative moderne la "publicité foncière" : des actes de ventes de propriétés immobilières, des actes de donation et des décrets honorifiques rendant ainsi publiques les modifications du statut juridique de la propriété. Ces actes relatifs à des mutations foncières, parfois gravés en série, sous forme abrégée et de listes, ne constituent ni des registres fonciers, ni des cadastres, mais relèvent d'une norme administrative qui manifeste la capacité de la cité à recenser, identifier et caractériser les propriétés foncières de la communauté.

4. Les données administratives de la propriété foncière

4.1. *État civil des propriétaires et généalogie des propriétés*

Tandis que le cadastre moderne associe données topographiques de la parcelle et identification du propriétaire, une telle pratique est rare dans les sources grecques. Les catalogues fonciers de Larissa associant le nom du propriétaire et la surface de terrain détenue constituent à ce titre une exception remarquable. Ainsi, pour les distributions de terre opérées dans le cadre des politographies de l'époque hellénistique, les listes gravées, lorsqu'elles ont été conservées, se réduisent à la liste des noms des nouveaux citoyens et ne mentionnent pas les lots de terrains qu'ils ont reçus à cette occasion. Par exemple, à Milet, le décret de politographie des mercenaires crétois que nous avons déjà évoqué prévoyait de "faire enregistrer la répartition [*i.e.* des terrains] dès qu'elle aura été faite avec les noms" (τὴν γενομένην διαίρεσιν ἀναγράψαι εὐ̣[θὺς με] τὰ τῶν ὀνομάτων, l. 2-3). Or, comme pour toutes les autres politographies connues, les listes établies par la cité de Milet, dans les années 230-220 et que l'on a retrouvées gravées sur la face intérieure des murs du Delphinion, ne comprennent que des noms, sans allusion aucune aux terres distribuées.

En revanche, par nécessité, ce sont dans les actes de la publicité foncière que l'on trouve des indications d'état civil et quelques informations démographiques, en lien avec les parcelles vendues. De rares listes de vente relatent même une courte "généalogie" du bien-fonds et, selon le nombre des terrains concernés, donnent une image, à l'échelle de deux ou trois générations, des mouvements de la distribution foncière. Ainsi, une des plus anciennes inscriptions enregistrant une liste de ventes (fin Ve ou début IVe siècle av. J.-C.), à Érythrées,[34] en Ionie, indique le nom de l'acheteur, le nom du vendeur et probablement le nom du propriétaire ayant précédé le vendeur. Les premières lignes du fragment A concernent des biens fonds qui avaient appartenu initialement à un certain Apellis. L'enregistrement de ces ventes montre qu'à l'origine Apellis possédait probablement deux terres (l. 1 et 4, mais les passages sont restitués) dont on ne mentionne pas la localisation, des vignes au lieu-dit ἐν Ἀργαδεῦσιν (l. 7) et une autre terre au lieu-dit ἐν [Αὐ]λικοῖς. Les propriétés d'Apellis ne formaient visiblement pas un domaine d'un seul tenant, ce qui avait peut-être facilité leur vente. Les quatre parcelles ayant appartenu à Apellis ont été ensuite successivement achetées par au moins deux, puis trois acheteurs différents, peut-être quatre (le nom de l'acheteur de la première parcelle est perdu).

Mais en dehors de cet exemple, les sources dont nous disposons ne permettent généralement pas d'établir la généalogie éventuelle d'une propriété. Tout au plus mentionne-t-on le nom du vendeur, mais rarement au-delà. Le récit de la disparition pendant plus de soixante-dix ans des archives foncières de la cité de Camiros, à Rhodes, indiquerait que théoriquement elles auraient pourtant dû être conservées. En effet, au début du IIe siècle av. J.-C., Philocratès[35] est honoré pour avoir permis de les restaurer, et ainsi de vérifier et de restituer des droits fonciers sur plusieurs générations. Mais au contraire de la pratique

[34] ENGELMANN (1987) 3 ; *SEG* XXXVII 917.
[35] SEGRE / PUGLIESE-CARRATELLI (1949-1951) 110.

rhodienne, la majeure partie des actes de vente ou de propriété enregistre d'une part le seul nom du vendeur et d'autre part, pour décrire les limites du bien-fonds, les noms des propriétaires des domaines voisins : cet usage semble signifier que l'on envisageait rarement la préservation de ces informations au-delà de ce que la mémoire d'une génération était en mesure de restituer. Ce qui prouve qu'il n'y avait pas de centralisation et de systématisation des renseignements de façon ordonnée (topographiquement), deux traits nécessaires pour parler de cadastre.

4.2. *Nature, superficie et valeur des terres*

Lorsque les documents comportent des données que l'on peut qualifier de "cadastrales", au sens moderne du terme (valeur, typologie, localisation des terres), et qu'ils concernent plusieurs parcelles réparties dans différents secteurs du territoire, on constate qu'ils offrent une représentation "schématique" dans laquelle le paysage de la cité est évoqué par grands ensembles. À Phila-Homolio,[36] dans une longue liste d'achats de terrains, on a précisé la situation des parcelles, opposant les terres "de montagne" (ὀρεινῆς) aux terres "nues" (ψιλῆς), c'est-à-dire des terres de plaines, labourables, et l'on constate que les terres de plaine étaient vendues à un prix plus élevé que celles de montagne. Quelle que soit la cité à laquelle on attribue cette inscription, les cités de l'embouchure du Pénée ont un territoire qui se partage effectivement entre les riches zones alluvionnaires de piémont et les premières pentes, plus arides et plus difficiles à mettre en culture, du mont Ossa, au sud, ou du massif de l'Olympe, au nord du lit du fleuve. La localisation des biens-fonds vendus entrait dans l'estimation du prix de vente et l'inscription en rend compte en recensant les parcelles vendues en fonction des secteurs dans lesquels elles se trouvaient.

[36] ARVANITOPOULOS (1911) 36.

La cité de Magnésie du Méandre en Ionie a livré un document qui semble être un décret abrégé. L'inscription est seulement datée par la mention du prytane et celle du mois.[37] Elle enregistre la vente (πρᾶσις, l. 2) de terre qui devait se situer dans la campagne (τῆς ἐν τῇ ἀγ[ροι]κίηι, l. 3-4). La forme de l'intitulé invite-t-elle à penser qu'il pouvait s'agir d'une opération mensuelle, qui pouvait être renouvelée ? En effet, l'objet premier de l'inscription est d'enregistrer le prix (τ[ὴ]ν τιμὴν, l. 4) acquitté pour chacun des lots qui constituaient une superficie totale de 333 *schoinoi*, vendus au mois de Smisiôn, différent de celui de la gravure (Anthestèriôn) : la précision de la "mensualité" de l'opération tendrait à induire qu'elle pourrait être répétée. Puis on indique le détail de la vente. Les noms des différents acheteurs constituent les entrées de la liste : après le nom de l'acheteur, on a gravé la surface qu'il a acquise (en *schoinoi*), puis le prix unitaire au *schoinos* et enfin le total rapporté par la vente. L'inscription ne donne pas les raisons de cette vente. On sait seulement qu'il s'agit de terre soit "cultivée" (ἡμ[έρ]ης, l. 3), soit "plane" (λεία[ς], l. 3). L'emploi de ce dernier adjectif n'est pas très fréquent pour décrire des terres, mais il en souligne probablement le prix : une terre de plaine, relativement plate, était plus facile à cultiver. Et en effet, les prix indiqués paraissent élevés si toutefois la comparaison avec d'autres prix connus, dans d'autres régions et à des dates différentes, est pertinente.[38]

L'enregistrement des informations d'état civil liées aux données cadastrales de la parcelle ainsi que la nature des terres ou de leur affectation agricole semblent être cantonnées, en Grèce ancienne, aux documents de la publicité foncière, tandis que le cadastre moderne lie avec minutie le nom des propriétaires et l'identification des parcelles leur appartenant. Ces fichiers révisés annuellement indiquent pour chaque parcelle sa valeur locative qui sert d'assiette pour le calcul des impôts fonciers. Or, pour

[37] Seule la paléographie permet à P. Thonemann de dater l'inscription de la fin du IVe siècle ou du début du IIIe siècle av. J.-C. : THONEMANN (2011) 243.

[38] Voir les références citées par THONEMANN (2011) 245.

les cités grecques, l'existence d'éventuels impôts fonciers est difficile à établir, du moins des impôts directement fondés *ad ualorem* sur la propriété foncière qui seraient prélevés de manière régulière.[39]

5. Représentation géographique du territoire

Le cadastre moderne constitue une source importante pour les études conduites par les géographes. Le dictionnaire critique de R. Brunet, à l'entrée *cadastre*, indique qu'il fournit des informations "sur deux points fondamentaux de la maîtrise de l'espace", en tant que "liste des parcelles appropriées", mais aussi comme "représentation du maillage territorial".[40] L'examen des données administratives de la documentation grecque montre que l'on élaborait, dans des contextes précis, les documents idoines, permettant d'enregistrer les modifications du parcellaire et d'autre part de mettre à jour la publicité foncière, mais sans volonté de "représenter", comme le font les plans parcellaires modernes. Quelle image de la division foncière peut-on néanmoins tirer de ces sources anciennes de l'enregistrement foncier ?

5.1. *Itinéraires et lignes de confronts*

En dehors de l'évocation de grands ensembles paysagers dans les listes des ventes, lorsque les cités sont amenées à décrire les délimitations de secteurs sur leur territoire, la représentation se complexifie, combinant à la fois des lignes itinéraires et des lignes de limites, ce que les médiévistes nomment les lignes de confronts, mot d'ancien français qui désignait les limites des parcelles dans les terriers et les compoix. Par exemple, à Orchomène, lorsque la cité délimite quelques parcelles, dans un secteur proche

[39] Pernin (2007).
[40] Brunet / Ferras / Théry (^{2}1993) 79-80, *s.v.* "cadastre".

du lac Copaïs, ou à Halaesa, pour délimiter quatre séries de quelques trente-cinq lots au total, les terrains sont localisés par rapport à un réseau viaire, grâce à des indications de microtoponymie, et sont décrits par la mention de leurs limites, qui consistent en des lignes formées par les cours d'eau, les chemins, les routes, ou encore les fossés, éventuellement une ligne de murailles ou encore la limite d'un sanctuaire, dont on peut supposer que le *temenos* était bien marqué ou celle d'une propriété voisine, mais aussi par des lignes "virtuelles" situées ente des points que sont les bornes et les arbres ou des marques à même les rochers ou les arbres.

Dans l'inscription d'Halaesa, dans chaque série, les lots sont mentionnés en suivant l'ordre de leur numérotation et ils sont décrits les uns par rapport aux autres, au fil de leur situation topographique, la limite ou la borne d'un lot étant limitrophes de celles d'un autre lot, le plus souvent, le suivant dans l'ordre de leur numérotation : ainsi, au début de la première colonne, le lot 5 de la première série va "jusqu'à la limite du lot 4 et suivant les limites du lot 4".[41] Mais la disposition de ces lots n'était probablement pas linéaire, en bande, puisque par exemple dans cette première série, on indique que le lot 10, contigu au lot 9 est aussi limitrophe du lot 5. Les descriptions mentionnent en outre plusieurs routes le long desquelles sont disposés certains lots, mais tous les secteurs semblent différemment viabilisés. Les treize lots de la série décrite dans la colonne I se trouvent dans un secteur parcouru d'au moins quatre routes, tandis que dans la série des sept lots attribués aux habitants du secteur du cours d'eau l'Halaisos, ne sont mentionnés qu'une route et un "chemin fréquenté", qui n'apparaissent que dans la description du premier lot. Les lots de cette série sont situés aux abords de la muraille et en l'absence de mention explicite de chemins ou de routes, on ne comprend pas comment se faisait l'accès à ces parcelles.

[41] *I.dial. Sicile* n° 196, col. I, l. 12-13 : ἐς τὸ ὅριον τοῦ · δ' · κλάρου καὶ ὡς τὰ ὅρια τοῦ : δ' · κλάρου.

À Halaesa, les routes mentionnées semblent être des routes existantes et non pas aménagées au moment du lotissement. Dans la première colonne, là où l'on trouve le secteur le plus fortement viabilisé, le lot 6 se trouve en bordure d'une route qui "conduit vers l'étranger" : ἀπὸ τᾶς ὁδοῦ τᾶς ξενίδος. L. Dubois propose de traduire l'expression par "route principale", par comparaison sans doute avec les autres routes que l'on pourrait dire "secondaires" et qui desservent des lieux se trouvant à l'intérieur des limites du territoire de la cité[42] (la source Ipyrra, une forteresse (?), le Tapanon[43]), ou celle qui longe le sanctuaire de Meilichios. En plus de ces routes qui devaient être plus ou moins fréquentées, l'inscription évoque "un chemin d'accès" (πόθοδος, l. 53, puis l. 62) au sanctuaire d'Andranos. À la ligne 53, ce chemin constitue une des limites du lot 11, mais à la ligne 63, dans la description du lot 12, on découvre que ce même chemin d'accès au sanctuaire d'Andranos doit être laissé libre ou même aménagé par celui qui aura la charge d'occuper et d'exploiter cette parcelle : παρεξεῖ πόθοδον ἑξάπεδον ποτὶ τὸ Ἀδρανιεῖον, "il ménagera un chemin d'accès de six pieds de large vers le sanctuaire d'Adranos". Ce chemin est donc à la fois une des limites du lot 11 et constitue une servitude du lot 12, puisque c'est à son occupant de veiller à son accessibilité.

À Héraclée, la description de la délimitation des terrains appartenant à Dionysos a paru suffisamment explicite pour donner lieu au dessin d'un schéma,[44] mais il s'agit là d'une exception. Soit que ces descriptions comportent des ambiguïtés, des difficultés d'établissement du texte (comme à Orchomène) ou d'interprétation (comme à Halaesa), il est souvent impossible

[42] L'expression ξενὶς ὁδός est connue dans d'autres inscriptions. Dans la délimitation d'une aire de pacage, à Delphes, en 178 av. J.-C., le terrain réservé devait se trouver le long de "la route de l'hippodrome, celle de l'étranger". D. Rousset, dans le commentaire qu'il donne de cette inscription, indique les autres références connues de cette expression : ROUSSET (2002) inscr. n°29, l. 24 et le commentaire.

[43] L. Dubois relève que le Tapanon "pourrait être une forteresse puisqu'il est question de son περιτείχισμα l. 52" : *I.dial. Sicile*, p. 242.

[44] CHANDEZON (2003) 262, fig. 10.

d'espérer en tracer une représentation, même schématique. Nous n'avons aucune allusion, pour ces délimitations à l'intérieur des frontières de la cité, qu'on ait eu recours à une quelconque représentation graphique. S'il ne fait pas de doute que la représentation cartographique faisait partie des outils conceptuels que maitrisaient les géographes savants,[45] nous avons peu ou pas d'attestation que la carte et le plan auraient été utilisés pour représenter l'espace familier et proche, dans les pratiques quotidiennes de l'exploitation du territoire des cités.

5.2. *Ténos : géographie du territoire et microtopographie*

La stèle des ventes de Ténos offre un exemple rare de document relatif à des propriétés disséminées dans des secteurs différents du territoire de la cité puisque les contrats transcrits portent sur des biens situés tantôt "en ville" tantôt dans la *chôra.* En effet, l'inscription semble être la copie des actes des astynomes dans lesquels étaient enregistrés des mutations foncières (ventes et hypothèques), dans l'ordre chronologique de leur conclusion.[46] À cette occasion, les biens vendus ou hypothéqués étaient succinctement localisés et parfois décrits. Il pouvait s'agir soit de propriétés situées "en ville" (ἐν ἄσ[τ]ει, l. 6),[47] le

[45] Arnaud (1989) ; Jacob (1992).

[46] Faraguna (2019).

[47] Dans cette stèle, on trouve à la fois les mots *polis* et *asty*. Étienne (1990) 22 estimait, à propos de cette inscription, que ἄστυ devait désigner la "nouvelle ville", celle que les observations et les prospections menées sur l'île à différentes époques situent au port actuel de Ténos, et que πόλις désignait l'établissement ancien, situé sur le Xombourgo, au-dessus et au nord du port de Ténos, tout en admettant que, précisément dans la stèle des ventes, πόλις employé dans l'expression ἐκ πόλεως, accolée à plusieurs noms de vendeurs, acheteurs ou garants, n'était qu'une survivance de l'ancienne désignation géographique dans le nom de l'une des tribus de la cité ainsi désignée et qu'il n'y avait pas de corrélation entre l'appartenance civique et le lieu éventuel de résidence "en ville". Cette hypothèse se trouve désormais confirmée puisque l'inscription des ventes serait à dater de la fin du IIIe siècle av. J.-C., probablement plus d'un siècle après la fondation de la "ville neuve", au port de Ténos : cf. Faguer (2020) 159 et n. 4.

plus souvent des maisons (ἐπρίατο τὴν οἰκίαν, l. 6), soit de propriétés rurales situées dans différents lieux dits de la *chôra*, qu'il s'agisse de champs (τὰ χωρία τὰ ἐν Σίχνει, l. 13), de domaines agricoles comprenant parfois aussi une maison (τὴν [οἰκ]ία[ν] καὶ τὰ χωρία τὰ ἐ[ν Σί]χνει, l. 16), auxquels pouvaient s'ajouter d'autres parcelles ou éléments de structures agraires telles que les *eschatiai*, les terrasses de cultures, les adductions d'eau ou l'équipement agricole qui se trouvait sur le domaine.

Les biens "en ville"

La ville comprenait au moins sept "quartiers", (τόνος) numérotés, et auxquels les contrats pour les maisons font référence, mais pas de manière systématique. Le mot grec τόνος désigne habituellement toute forme de lien, fil ou corde que l'on peut tendre (τείνω). Pour expliquer cet emploi, R. Martin a fait le rapprochement entre la corde des arpenteurs et le lotissement ainsi tracé qu'il supposait à l'origine de la construction de la ville neuve de Ténos.[48] Outre la numérotation du quartier, la localisation du bien est complétée par la mention de deux voisins. La numérotation et cette dénomination des "quartiers" par le terme τόνος, ont permis de suggérer que la ville nouvelle avait peut-être été construite d'après une "disposition du plan urbain que l'on peut supposer régulière".[49]

Les domaines de la *chôra*

Dans les 31 contrats pour des biens situés dans la campagne, on identifie au total seize noms de lieu-dit, certains n'apparaissant qu'une fois tandis qu'à d'autres endroits plusieurs propriétés faisaient l'objet de différents contrats. Ces toponymes constituent la seule information récurrente et omniprésente pour identifier les propriétés. Les autres types d'information, comme la

[48] MARTIN (1974) 205 : "Le terme lui-même, de par sa racine et ses parentés, s'explique par les opérations d'arpentage et de tracé à l'aide de la corde (*tonos*). "
[49] ÉTIENNE (1990) 23.

description des limites ou la mention des voisins, sont plus aléatoires, sans même tenir compte des difficultés d'établissement du texte par endroits.

Plusieurs toponymes évoquent des aspects divers du paysage de Ténos. Ainsi, ἐν Γύραι, littéralement "aux Roches Rondes", est un toponyme qui était déjà présent dans l'*Odyssée* (4, 500).[50] Hésychius évoque un Γυράς· ὄρος ἐν Τήνῳ, et R. Étienne (1990, p. 28) estime qu'il pourrait s'agir du Tsiknias, le plus haut sommet, dans l'Est de l'île. ἐ[ν Δ]ονακέα[ι] est un nom de lieu formé sur δόναξ, "roseau", qui pourrait être identifié avec une zone de marécage, "à la Roselière", peut-être proche de la mer : Hiller von Gaertringen (*IG* XII 5, 872) pensait à la plaine, au Nord de l'île, qui descend vers le golfe de Kolymbithra, au Nord du village de Kômi. ἐμ Βαλανείωι "au bain",[51] est un lieu-dit où se trouvaient un cours d'eau, un ravin et une fontaine et qui ne devait pas être très éloigné de la mer. ἐ[ν 'Ε]λαιοῦντι est directement formé sur le nom de l'olivier, ἡ ἐλαία. ἐμ Πανόρμωι est la forme substantivée de l'adjectif πάνορμος, "tout à fait sûr pour atterrir ou mettre à l'ancre", lui aussi déjà présent dans le vocabulaire homérique (*Od.* 13, 195). C'était probablement un toponyme assez usuel dans le monde îlien des Cyclades, puisque c'était également le nom de l'un des domaines que possédait Apollon délien dans l'île voisine de Rhénée.

Plusieurs autres toponymes auraient plutôt trait au paysage religieux. Ainsi ἐν ['Ελε]ιθυαίωι, "à l'Eleithyaion" fait probablement référence à un sanctuaire d'Ilithyie, dont le culte était attesté à Ténos par ailleurs.[52] ἐν Ἡρακλειδῶν, "aux Héraclides" renvoie à Héraclès dont le lien était particulier avec l'île de Ténos.[53]

[50] HOM. *Od.* 4, 500, trans. V. BÉRARD : "Posidon fit d'abord échouer ses [*i.e.* ceux d'Ajax fils d'Oïlée] vaisseaux aux grands rocs de Gyrées." Ajax était alors sur la route du retour depuis Ilion et les côtes d'Asie Mineure ; pour cette raison, on a voulu situer les Gyrées soit près de l'Eubée soit près de Myconos.

[51] Le mot désigne des bains publics. Cf. HELLMANN (1992) 63-64.

[52] L'inscription *IG* XII 5, 944 mentionne un prêtre de la déesse des accouchements.

[53] En effet, c'est à Ténos qu'Héraclès aurait blessé Zétès, l'un des fils de Borée. Zétès et son frère Calaïs faisaient partie avec Héraclès de l'expédition des

D'après l'inscription des ventes, "aux Héraclides" se trouvait un hérôon qui n'est pas autrement identifié.[54] Deux autres toponymes pourraient être reliés à des pratiques cultuelles. Pour le lieu-dit ἐν Ἠρίσθωι "à Eristos", on sait qu'à l'époque impériale (Ier-IIe siècle), Satyros fils de Phileinos est honoré par la cité de Ténos pour avoir consacré, entre autres bienfaits, 5000 deniers aux dieux de l'Eristos : τοῖς ἐν Ἠρίστῳ θεοῖς (*IG* XII 5, 946, l. 5-6). Et le lieu-dit ἐν Νευκλεί[ωι] avait peut-être été le siège d'un hérôon en l'honneur d'un certain Neuklès, anthroponyme attesté par ailleurs à Astypalaia (*IG* XII 3, 230) ainsi qu'à Épidaure.

Enfin, cinq toponymes ont la même étymologie que certains des adjectifs tribaux accompagnant les noms de personnes dans la stèle : ἐν Γύραι, ἐ[ν Δ]ονακέα[ι], ἐν [Ἐλε]ιθυαίωι, ἐν Ἡρακλειδῶν et ἐν Ἰακίνθωι. Les autres toponymes sont sans relation aucune avec les noms des tribus[55] de Ténos.

On décèle donc dans l'inscription des ventes, quelques éléments objectifs d'un système référentiel, qu'il s'agisse des "quartiers" dans la ville, numérotés de 1 à 7 (au moins), ou des seize noms (au moins) de lieux-dits, qui indiquent qu'il existait à Ténos une représentation collective du territoire anthropisé selon

Argonautes. Héraclès reprochait à Zétès de vouloir cesser de rechercher Hylas, son jeune compagnon disparu après avoir été englouti par les nymphes à la source où il était allé chercher de l'eau.

[54] ἐν Ἡρακλειδῶν, ἐν ὧι τὸ ἡρῶιόν ἐστιν τὸ ἐπάνω τῶν χωρίων τῶν [. . . . . .c.24. . . . .]χ[. .]⁻[. .]I κ[αὶ] χει[μά]ρρου[ς ὁ κα]ταρρέων εἰς τὴν ὁδόν, "<le terrain ?> situé aux Héraclides, où se trouve l'hérôon, en haut des terrains [...] et le torrent qui dévale vers la route" (l. 68).

[55] En observant les noms de tribus, on remarque que certains ont trait à des *realia* géographiques (Gyraieus, Donakeus, Eschatiôtês, "*ek poleôs*" et peut-être Thryèsios). Ce qui a fait écrire à R. Étienne qu'il s'agissait de tribus "territoriales" et non "gentilices" (1990, 28). D'autres sont directement dérivés de noms de divinités ou de héros (Éleityaieus, Hèrakleidès, Klyméneus et peut-être Thestias), tandis que l'étymologie du nom des Iakintheis ne se laisse pas deviner. Il est donc difficile d'affirmer que les tribus téniotes se réduisaient à des tribus territoriales. Il se pourrait qu'initialement les noms des tribus aient pu correspondre à une appartenance de leurs membres à une partie ou une autre du territoire, mais d'autres noms, choisis explicitement d'après ceux de héros ou de divinités, ont été introduits peut-être à l'occasion de remaniements politiques, démographiques et territoriaux qu'il est impossible de déterminer en l'état des sources.

des principes pérennes communs à la communauté civique. Dans le cas de la numérotation des quartiers, on peut supposer qu'elle avait dû être conçue lors de la construction, peut-être dans la cadre de la création de la nouvelle ville établie au bord de la mer. Pour les noms de lieux-dits dans la *chôra*, leur adoption collective s'est faite de manière probablement plus progressive : il s'agissait sans doute de toponymes donnés par les communautés qui ont peuplé ces lieux-dits et qui ont été peu à peu adoptés aussi par l'autorité politique et administrative. Dans le cas de Ténos, la stèle des ventes témoigne d'un état complexe de la représentation mentale du territoire par ses habitants, faite d'empirisme vernaculaire auquel avait dû s'ajouter la planification politique et administrative de la construction du nouveau centre urbain.

Description d'une parcelle

Enfin, à l'échelle de la parcelle, un des contrats (l. 78-85), relatif à une maison et des terrains situés au lieu-dit "Le bain", enregistre une description qui semble *a priori* précise des limites, par la mention des propriétés et d'éléments de paysage limitrophes, caractéristique de la pratique que l'on trouve dans d'autres attestations d'enregistrements fonciers :

78 §32. Σωσι[μ]ένης Σωσικ[ρ]άτους Θρυήσιος παρὰ Θε[α]ι[ν]ῶς Δωροθέου Θεστιάδος καὶ κυρίου Δωροθέου Κριτοδήμου Θεστιάδ[ου ἐπρίατο τὴν οἰ]-
κίαν καὶ τὰ χωρία τὰ ἐμ Βαλανείωι π[άν]τα καὶ τὰ ὕδατα ὅσα ἐστὶν τῶν χ[ω]ρ[ίω]ν τούτων, οἷς γε[ί]των Καλλικράτης τὰ μ[έχρ]ι τοῦ ποταμοῦ, ὡς ὁρίζει τὸ τειχίον ὅ ἐστιν τέ[ρμα(?) τῶν]
80 χωρίων τῶν Καλλικράτους, ὅ ἀνάγει ἄ[νω] ἐς τὴν ὁδόν, καὶ ἀπὸ τῆς ὁδοῦ ὡς περιάγει π[ρὸ]ς τὴν κρήνην, ὡς ὁρίζει τὸ τειχίον τὸ Μελίσσωνος ὅ ἐστιν ἐν τοῖς χωρίοις τοῖς Καλλικρά[τους]
τοῦ Μελίσσωνος, ὡς περιάγει τὸ τειχίον κύκλωι καὶ ὡς ὁ χειμάρρους ἀ[ν]άγει ἄνω πρὸς τὰ ἐργάσιμα χωρία τὰ Καλλικράτους καὶ ὡς περιάγει τὸ τειχίον κύκλωι ἄ[χ]ρι πρὸς τ[ὸ τειχίον(?) ὅ]
82 ἐστιν ὅρος τῆς ἐσχατίας τῆς ἡμισέας πρὸς τὸν χειμάρρουν, ὃς κατάγει ἐπὶ θάλατταν καὶ ὁρίζει τὰ χωρία τὰ ἐργάσιμα τὰ Μνησῶς, καὶ πίθους ἑπτὰ καὶ ὅλμον καὶ θυρῶν ζευγί[α (*numerus*)]

δραχμῶν ἀργυρίου πεντακοσίων· πρατῆρες Κόνων Φερεκλέους Θεστιάδης κατὰ ἑκατὸν εἴκοσι πέντε δραχμάς, Δημέα[ς Νι]κομά[χου Θεστι]άδης κατὰ ἑκατὸν εἴκοσι πέντε
84 δραχμάς, Νεοπτόλεμος, Διαγόρας Ἀστίου Θεστιάδα[ι] κατὰ ἑκατὸν εἴκοσι πέντε δραχμάς· Βόηθος Δωροθέου Θεστιάδης κατὰ ἑκατ[ὸν ε]ἴκοσι πέντε δραχμάς· πρατορεύει
Βόηθος καὶ [κ]ατὰ [τ]ὰς τριακοσίας ἑβδομήκο[ντα] πέντε δ[ραχμάς].

§32. — "Sôsiménès fils de Sôsikratès, Thryésios, a acheté à Théainô fille de Dôrothéos, Thestiade, et à son tuteur Dôrothéos fils de Kritodémos, Thestiade, la maison et les terrains situés "Au Bain", tous ainsi que les eaux qui en dépendent, ayant pour voisin Kallikratès, jusqu'au cours d'eau, le tout borné par le mur qui forme la limite (?) des terrains de Kallikratès, qui conduit en haut à la route, et qui, depuis la route, se dirige en tournant vers la fontaine ; borné par le mur de Mélissôn, qui est sur les terrains de Kallikratès fils de Mélissôn, et qui les entoure, et que longe le ravin qui conduit en haut aux terrains cultivés de Kallikratès, et qu'entoure le mur jusqu'au (mur ?) qui limite la moitié de l'*eschatia*, du côté du ravin, qui va à la mer et qui limite les terrains cultivés de Mnésô ; ainsi que sept jarres, un mortier et tant de portes à deux battants, pour 500 drachmes d'argent.

Garants de la vente : Konôn fils de Phéréklès, Thestiade, pour 125 drachmes, Déméas fils de Nikomachos, Thestiade, pour 125 drachmes, Néoptolémos et Diagoras fils d'Astios, Thestiades, pour 125 drachmes, Boéthos fils de Dôrothéos, Thestiade, pour 125 drachmes. Boéthos est aussi garant pour 375 drachmes."[56]

La traduction ci-dessus est en soi une forme de commentaire en ce qu'elle consiste en une tentative d'interprétation plus qu'une traduction littérale du texte grec, que ce dernier ne puisse être complètement établi ou compris. Il y a bien sûr les ambiguïtés grammaticales et lexicales, mais il me semble que la limite de notre compréhension tient également à la conception même de la description. Tout d'abord, elle n'est pas formellement orientée par les points cardinaux, ni par les notions de droite et de gauche. Les seuls repères sont donnés par les directions "en haut",

[56] Traduction J. GAME (2008) 188-189, modifiée I. PERNIN. La traduction de ce passage a bénéficié également de mes échanges avec D. Marcotte, durant la semaine des *Entretiens*.

ἄ[νω] (l. 80, 81) ou vers le bas et la mer, ὃς κατάγει ἐπὶ θάλατταν (l. 82). La propriété semble se trouver dans une pente entre une route (l. 80) et les terres cultivées de Kallikratès (l. 81) qui la surplombaient peut-être, et, en contrebas, un cours d'eau vers lequel ruissellent les eaux de la propriété (l. 79), ainsi, peut-être plus loin, que la mer à laquelle aboutit le ravin qui longe la parcelle. Ce ravin servait aussi de limite aux terrains cultivés de Mnèsô. Il n'y a aucune mention de superficie, ni de distance : les limites sont définies par l'énumération de "lignes", sans que les indications permettent de reconstituer la forme du périmètre ainsi esquissé. En l'absence d'orientation, l'emploi du verbe περιάγει, par exemple, est difficile à interpréter : le mur qui "tourne" se dirige vers une fontaine en venant depuis la route, mais surtout περιάγει est employé à deux reprises dans l'expression, ὡς περιάγει τὸ τειχίον κύκλωι, "que ce mur entoure" (l. 81). Les lignes définies seraient le mur des terrains de Kallikratès qui monte vers la route, et qui tourne vers la fontaine, le mur de Melissôn (le père de Kallikratès) qui se trouve sur les terrains de Kallikratès (mais pourrait-il s'agir du même mur, dénommé de manière différente ?), le ravin qui monte vers les terrains cultivés de Kallikratès et qui descend vers la mer servant de limite en montant à une *eschatia* et en descendant aux terrains de Mnèsô, si toutefois il s'agit bien là encore du même ravin. Cette description demeure ainsi en partie absconse pour le lecteur moderne. Elle semble avoir été rédigée au fil du cheminement, comme si l'on parcourait avec le rédacteur le périmètre de la propriété. La question se pose ici de l'objet et des destinataires de cette inscription. La description telle qu'elle a été gravée par l'autorité publique provient de la copie probablement *in extenso* d'un acte notarié qui n'avait pas initialement vocation à être rendu public. Les acteurs et partie prenante du contrat connaissaient parfaitement les lieux, objets de cette description. L'enjeu de la publicité par la gravure ne portait pas sur la question de la délimitation, mais sur l'engagement contractuel de l'acte de vente qui liait les parties.

Parcellaires anciens et nouveaux lotissements

Les données cadastrales contenues dans la stèle des ventes de Ténos permettent de mettre en évidence différentes phases de constitution du parcellaire du territoire : les propriétés de la *chôra* forment un parcellaire dont la microtoponymie révèle l'ancienneté et la complexité, tandis que la localisation des maisons en ville, par référence à la numérotation des quartiers, indique qu'il devait s'agir de la "ville neuve" que l'on situe au port actuel de Ténos.

C'est une situation, en quelque sorte inverse que semble révéler la documentation épigraphique de Larissa où devaient coexister, au IIIe siècle av. J.-C., comme à Ténos, des anciens et des "nouveaux" lotissements, mais tandis qu'à Ténos, on avait loti un espace en bord de mer pour y bâtir une ville nouvelle, à Larissa, les nouveaux espaces lotis étaient situés dans la *chôra*. En effet, dans l'épigraphie larisséenne, on distingue des secteurs de parcelles, vouées à l'usage agricole, au tracé dont les superficies et les principes de recensement souligneraient la régularité, d'une zone sans doute périurbaine, aux abords du rempart sud de la cité, où cohabitent les *temenê* des divinités, les tombeaux des héros et de petites parcelles exploitées.[57] Nous sommes là dans les faubourgs, dans un parcellaire morcelé, où étaient installés probablement assez anciennement les dieux et les morts. Les grandes dimensions des parcelles agricoles des catalogues fonciers et des *hippoteia*[58] et la morphologie du territoire, avec des grands espaces probablement disponibles, permettraient de les situer dans la plaine orientale, qui, naturellement irriguée, avait autorisé la mise en exploitation de terres nouvelles, à une époque impossible à déterminer, selon un mode de division géométrique, comme peu de cités grecques de l'espace égéen auraient pu le faire encore à l'époque hellénistique.

57 HELLY (1970) ; SALVIAT / VATIN (1983) ; HELLY (2019).
58 TZIAFALIAS / HELLY (2013).

6. Conclusion

Dans l'historiographie française principalement, au tournant des années 1970, la notion de cadastre a été utilisée pour rendre compte de l'analyse historique que l'on faisait des phénomènes d'appropriation de la terre, surtout en contexte colonial. L'invention du mot "cadastration" pour désigner la division régulière de la terre dans le contexte des centuriations romaines et rapporté aussi au contexte de la fondation des cités coloniales grecques a suscité sur le terrain, pour un temps, la recherche des régularités de la division foncière, qui correspondaient aussi aux hypothèses de distributions originelles et égalitaires de la terre des récits littéraires.[59] Lorsque le terme fut rapporté à l'épigraphie et au contexte des cités métropolitaines, comme à Larissa, son emploi a peut-être contribué à fixer de même le récit des origines de la distribution de la terre au citoyen-soldat.[60]

Et même si l'on en revient au sens premier du mot "cadastre", désignant strictement un outil d'enregistrement, il me semble pouvoir écrire finalement que la notion de cadastre est peu pertinente pour décrire les manières dont les Grecs enregistraient la propriété foncière : enregistrements *ad hoc* pour rendre compte de l'état du parcellaire, enregistrement souvent "local", à l'échelle de la subdivision civique ou de l'entité qui administrait cette portion du territoire, enregistrement ni systématique, ni global et enfin enregistrement sans plan, ni carte, les méthodes étaient donc assez éloignées des registres et des plans parcellaires des cadastres modernes.

En revanche, à titre heuristique, la notion moderne de cadastre a démontré, il me semble, son efficacité. En nous obligeant à mesurer les écarts, la distance, entre elle et les pratiques des cités grecques, elle nous a forcé à scruter les documents, mot à mot, pour tenter d'appréhender le parcellaire, même partiellement, des zones exploitées. Puisque les modes d'imposition

[59] Asheri (1966).
[60] Helly (1995) 279-328.

n'obligeaient pas à un recensement fiscal systématique des propriétés, la priorité était manifestement donnée à la publicité foncière ; en termes de justification des droits de propriété, on se contentait d'une mémoire relativement courte, à l'échelle de deux ou trois générations tout au plus ; enfin pour ce qui est de la géographie, l'échelle des représentations était celle immédiatement utile, celle du territoire, et même celle de certains secteurs du territoire, et surtout à "hauteur d'homme" : sans plan, ni carte, c'est à l'autopsie, au parcours sur le terrain et à la mémoire vivante et collective des lieux que l'on s'en remettait et ce sont ces déambulations et ces constats qui fondaient les descriptions enregistrées dans les archives de la cité.

Au cadastre des archéologues, nous pouvons confronter le parcellaire que les sources épigraphiques nous livrent en creux : les vestiges archéologiques ne peuvent suffire à reconstituer l'histoire de la distribution des terres.[61] Rechercher les traces des parcellaires anciens non plus seulement sur le terrain, mais aussi dans les sources textuelles permet d'approfondir l'étude de l'histoire des terres, de leur répartition et de leurs phases d'appropriation, dans un tableau cependant rarement complet spatialement et chronologiquement.

Bibliographie

ARENA, A. (2018), "Epigrafi inedite da Halaesa Archonidea: due nuovi frammenti delle *Tabulae Halaesinae* (IG XIV 352)", *PP* 73, 83-122.

ARNAUD, P. (1989), "Pouvoir des mots et limites de la cartographie dans la géographie grecque et romaine", *DHA* 15, 9-29.

ARVANITOPOULOS, A.S. (1911), "Inscriptions inédites de Thessalie", *RPh* 35, 282-305.

ASHERI, D. (1966), *Distribuzioni di terre nell'antica Grecia* (Turin).

[61] Voir par exemple, à propos du territoire de Métaponte, ZURBACH (2017) 621 ; à propos des lots de Chersonèsos de Crimée, cf. MÜLLER (2010) 148-151.

AUPERT, P. / FLOURENTZOS, P. (2008), "Un exceptionnel document à base cadastrale de l'Amathonte hellénistique. (Inscriptions d'Amathonte VII) ", *BCH* 132, 311-346.

BOFFO, L. / FARAGUNA, M. (2021), *Le poleis e i loro archivi. Studi su pratiche documentarie, istituzioni e società nell'antichità greca* (Trieste).

BOISSINOT, P. (2010), "Des vignobles de Saint-Jean du Désert aux cadastres antiques de Marseille", in H. TRÉZINY (éd.), *Grecs et indigènes de la Catalogne à la Mer Noire* (Aix-en-Provence), p. 147-154.

BRUNET, R. / FERRAS, R. / THÉRY, H. (²1993), *Les mots de la géographie. Dictionnaire critique* (Montpellier).

CHANDEZON, C. (2003), *L'élevage en Grèce, fin Vᵉ - fin Iᵉʳ s. a.C. L'apport des sources épigraphiques* (Pessac).

CHOUQUER, G. / CLAVEL-LÉVÊQUE, M. / FAVORY, F. (1982), "Cadastres, occupation du sol et paysages agraires antiques", *AnESC* 5/6, 847-882.

CORSARO, M. (1984), "Un decreto di Zelea sul recupero dei terreni pubblici ("SYLL.", 279)", *ASNP*, Serie III, Vol. 14, 2, 441-493.

DRELIOSSI-HERAKLEIDOU, A. / HALLOF, K. (2018), "Eine neue Grenzziehungsurkunde aus Lepsia", *Chiron* 48, 159-170.

DUBOIS, L. (1989), *Inscriptions grecques dialectales de Sicile. Contribution à l'étude du vocabulaire grec colonial* (Rome).

ENGELMANN, H. (1987), "Inschriften von Erythrai", *EA* 9, 133-152.

ÉTIENNE, R. (1990), *Ténos*. II, *Ténos et les Cyclades : du milieu du IVᵉ siècle avant J.-C. au milieu du IIIᵉ siècle après J.-C.* (Athènes).

FAGUER, J. (2020), "Ventes immobilières et sûretés réelles à Ténos et Paros, *BCH* 144, 155-207.

FARAGUNA, M. (1997), "Registrazioni catastali nel mondo greco: il caso di Atene", *Athenaeum* 85, 7-33.

— (2000), "A proposito degli archivi nel mondo greco: terra e registrazioni fondiarie", *Chiron* 30, 65-115.

— (2019), "Loans in an Island Society: The Astynomoi-Inscription from Tenos", in S. DÉMARE-LAFONT (éd.), *Debt in Ancient Mediterranean Societies. A Documentary Approach. Legal Documents in Ancient Societies VII, Paris, August 27-29, 2015* (Genève), 215-234.

— (2020), "La città greca e il controllo amministrativo sulla terra: ἀναγραφαί su base personale e su base reale", in M. FARAGUNA / S. SEGENNI (éd.), *Forme e modalità di gestione amministrativa nel mondo greco e romano. Terra, cave e miniere* (Milan), 189-209.

GAME, J. (2008), *Actes de vente dans le monde grec. Témoignages épigraphiques des ventes immobilières* (Lyon).

HABICHT, C. (1976), "Eine hellenistische Urkunde aus Larisa", in V. MILOJCIC / D.R. THEOCHARIS (éd.), *Demetrias. Die deutschen archäologischen Forschungen in Thessalien I* (Bonn), 157-173.

HELLMANN, M.-C. (1992), *Recherches sur le vocabulaire de l'architecture grecque, d'après les inscriptions de Délos* (Athènes).

HELLY, B. (1970), "À Larisa, bouleversements et remise en ordre des sanctuaires", *Mnemosyne*, S. IV, XXIII, 250-296.

— (1995), *L'État thessalien. Aleuas le Roux, les tétrades et les tagoi* (Lyon).

— (2019), "Le 'camp de l'hipparque' à Larisa : chevaux d'armes, chevaux de courses et concours hippiques pour les Thessaliens", in J.-C. MORETTI / P. VALAVANIS (éd.), *Les hippodromes et les concours hippiques dans la Grèce antique* (Paris), 99-118.

JACOB, C. (1992), "La diffusion du savoir géographique en Grèce ancienne", *Géographie et cultures* 1 (Paris), 89-104.

KRITZAS, C. (1992), "Aspects de la vie politique et économique d'Argos au Ve siècle avant J.-C. ", in M. PIÉRART (éd.), *Polydipsion Argos. Argos de la fin des palais mycéniens à la constitution de l'État classique, Fribourg (Suisse), 7-9 mai 1987* (Athènes), 231-240.

MARTIN, R. ([2]1974), *L'urbanisme dans la Grèce antique* (Paris).

MÜLLER, C. (2010), *D'Olbia à Tanaïs. Territoires et réseaux d'échanges dans la mer Noire septentrionale aux époques classique et hellénistique* (Bordeaux).

PERNIN, I. (2007), "L'impôt foncier existait-il en Grèce ancienne ?", in J. ANDREAU / V. CHANKOWSKI (éd.), *Vocabulaire et expression de l'économie dans le monde antique* (Pessac), 369-383.

— (2022), "IG VII 3170, une inscription 'oubliée ' : Orchomène de Béotie et la division de son territoire", *ZPE* 223, 53-61.

PIÉRART, M. (1974), *Platon et la cité grecque. Théorie et réalité dans la constitution des* Lois (Bruxelles).

PRESTIANNI GIALLOMBARDO, A.M. (1992), "Codex Matritensis 5781, ff. 86-89 : un'ignota trascrizione della Tabula Halaesina", *Epigraphica* 54, 143-165.

ROESCH, P. (1965), *Thespies et la confédération béotienne* (Paris).

ROUSSET, D. (2002), *Le territoire de Delphes et la terre d'Apollon* (Athènes).

SALVIAT, F. / VATIN, C. (1971), "Inventaire de terrains sacrés à Larissa", in F. SALVIAT / C. VATIN, *Inscriptions de Grèce centrale* (Paris), 9-34.

— (1974), "Le cadastre de Larissa", *BCH* 98, 247-262.

— (1983), "Le cadastre de Larissa de Thessalie, état des questions", in M. CLAVEL-LÉVÊQUE (éd.), *Cadastres et espace rural* (Paris), 309-311.

Segre, M. / Pugliese-Carratelli, G. (1949-1951), "Tituli Camirenses", *ASAA* 27-29, 141-318.

Thonemann, P. (2011), *The Maeander Valley. A Historical Geography from Antiquity to Byzantium* (Cambridge).

Thür, G. (1998), "Grundbuch", in *Der Neue Pauly Wissowa*, vol. V.

—— (2006), "Grundbuch", in *Der Neue Pauly*, hrsg. von Hubert Cancik, Helmuth Schneider (Antike), Manfred Landfester (Rezeptions- und Wissenschaftsgeschichte). Consulté en ligne le 28 octobre 2022 <http://dx.doi.org.acces.bibliotheque-diderot.fr/10.1163/1574-9347_dnp_e500030> First published online: 2006.

Tziafalias, A / Helly, B. (2013), "Décrets inédits de Larisa organisant la vente de terres publiques attribuées aux cavaliers", *Topoi* 18/1, 135-249.

Westermann, W.L. (1921), "Land Registers of Western Asia under the Seleucids", *CPh* 16, 12-19.

Zurbach, J. (2017), *Les hommes, la terre et la dette en Grèce, c.1400-c. 500 a. C.* 2 vol. (Bordeaux).

DISCUSSION

M. Faraguna: La documentazione analizzata è certamente entro certi limiti comune alle nostre relazioni ma diversi sono gli angoli di visuale. Vorrei sottolineare due punti. Il primo riguarda la definizione di "catasto". Lasciando da parte l'origine del termine moderno, che non mi è mai stata, nei suoi passaggi, del tutto chiara, è necessario, sul piano euristico, partire innanzitutto da una sua definizione. I catasti moderni possono essere significativamente diversi quanto a natura e funzioni. Per fare un esempio, io sono cresciuto a Trieste, a lungo parte dell'impero austro-ungarico, dove, nella tradizione del *Grundbuch*, continua tuttora ad essere in uso il "catasto tavolare", mentre in gran parte dell'Italia si trova un sistema diverso, quello definito del "catasto ordinario". Una delle differenze è che il catasto tavolare ha valore giuridico, in altri termini efficacia probatoria ai fini dei trasferimenti di proprietà; quello ordinario ha invece soprattutto, anche se non soltanto, finalità fiscali ed è soltanto "indicativo" ai fini dell'accertamento del titolo di proprietà. Posso immaginare che, se in Italia, per ragioni storiche, vi sono queste variazioni sostanziali a livello locale, lo stesso deve valere in grado ancora maggiore nel resto dell'Europa. Bisogna quindi innanzitutto tenere ben presenti quali sono le funzioni e le finalità di un catasto. Sotto questo profilo, nella storiografia moderna del secondo dopoguerra sono emersi approcci e prospettive molto diversi: da un lato, i lavori, che hanno avuto un enorme impatto sugli studi, di M.I. Finley che partiva dal presupposto che quella della *polis* fosse una "face-to-face society" dove si sapeva bene quali fossero le proprietà di un individuo — Finley negava di conseguenza in modo reciso che ci fosse il bisogno concreto di registrazioni scritte di tipo fondiario o catastale; dall'altro, invece, i lavori sul terreno degli archeologi che con le loro prospezioni (e la fotografia aerea) hanno bene messo in luce le forme dell'organizzazione e della suddivisione geometrica dei territori indagati.

Il secondo punto concerne il frammento delle *Leggi* di Teofrasto (fr. 650 Fortenbaugh) sulla pubblicità nelle transazioni immobiliari che culmina, come è noto, con la ἀναγραφὴ τῶν χρημάτων καὶ τῶν συμβολαίων. In realtà, non sappiamo se qui Teofrasto intendesse essere descrittivo o prescrittivo. Si trattava in ogni caso, sul piano concettuale, di uno strumento, quello del "registro delle proprietà e delle obbligazioni", piuttosto sofisticato che, come mi è stato fatto notare in passato, nel mondo antico ha avuto un'attuazione pratica soltanto con la βιβλιοθήκη ἐγκτήσεων nell'Egitto romano. Mi trovo perciò senz'altro d'accordo quando sostiene che nelle città greche difficilmente esistevano registri "catastali", intesi come archivi universali e unitari, che offrissero un quadro completo dell'assetto fondiario all'interno della *polis*. Questa è la ragione per cui in passato avevo usato la definizione di "registrazioni fondiarie". Nello stesso tempo sarei tuttavia più positivo, anche soltanto sul piano quantitativo, riguardo alla documentazione, appunto, fondiaria che veniva prodotta per le diverse esigenze amministrative e riguardo alla possibilità, in antico, di ricostruire secondo le diverse finalità, per usare un'espressione finleyana, "who owned what" all'interno della città. Le tipologie di documenti, a cominciare dai registri delle vendite (private e pubbliche) e dalle registrazioni riguardanti le terre pubbliche e sacre, erano molteplici e i registri senza dubbio spesso "frammentati" e tenuti da magistrati diversi, a livello tanto centrale quanto locale, ma le informazioni erano nondimeno disponibili e, come di fatto avveniva mediante un loro uso integrato, potevano essere reperite e usate secondo le diverse necessità.

I. Pernin: La thématique même des *Entretiens* a orienté mon propos sur les aspects de représentation géographique plus que sur la question des archives. Mais sur l'existence de catalogues fonciers à différents échelons dans les cités, je partage entièrement votre point de vue et celui que vous exposiez dans vos travaux notamment à propos des archives foncières à Athènes. À propos de Théophraste et du "registre des biens et des contrats", il est en effet difficile de savoir s'il évoque un outil dont il connaissait l'existence, ou bien s'il propose là une innovation. Dans ce fragment des *Lois*, "Sur les ventes", il décrit en détail les autres instruments qu'utilisent les cités et qu'il présente comme des pis-aller, précisément parce qu'elles ne disposent pas d'un "registre des biens et des contrats". En revanche, Théophraste n'évoque aucune cité ou État qui disposerait d'un tel instrument.

M. Faraguna: Concordo, è vero, Teofrasto non presenta esempi specifici e potrebbe trattarsi soltanto di un modello puramente teorico, ma credo sia importante porsi ugualmente la questione di quale potesse essere l'origine di un'idea apparentemente così avanzata.

D. Marcotte: Les questions que vous posez sont fondamentales dans la perspective qui est la nôtre. La description d'une parcelle met en œuvre tous les ressorts d'une description spatiale quelconque, quelle que soit l'échelle dont il s'agit, locale ou régionale ; une même procédure et une même dynamique se vérifient en chorographie et ce n'est sans doute pas un hasard si le terme même de *chorographos* désignait ce que nous appellerions aujourd'hui le "topographe" ou, dans le domaine civil, le "géomètre". Du reste, on peut voir qu'avec Ératosthène les méthodes de la chorographie ont été également élargies à la description et à la mesure de l'œkoumène entier. Je souhaiterais revenir sur le cas de la cité des Magnètes : que penser de la prescription de Platon ? Recommande-t-il d'élargir un usage qui existait déjà ? Si je comprends bien, vous pencheriez plutôt pour l'hypothèse que Platon aurait évoqué seulement une nécessaire publicité, non pas l'instauration d'un cadastre au sens où nous l'entendons aujourd'hui.

I. Pernin: Dans les *Lois*, Platon estime que la distribution des lots de terre à chaque citoyen, dans la cité des Magnètes, doit faire l'objet d'un enregistrement solennel sur des mémoriaux de cyprès (741c-d). Par ailleurs, à plusieurs reprises dans cette œuvre, Platon évoque la nécessité d'enregistrer les biens pour contrôler le montant des avoirs individuels et empêcher la naissance d'une disparité trop grande entre les fortunes, source éventuelle de discorde dans la cité. L'idée était aussi d'éviter des procès compliqués en l'absence de registres clairement établis, tel celui que décrit Théophraste par la suite. Notons que les enregistrements que préconisait Platon concernaient les biens individuels (*ktêmata*), sans distinguer spécifiquement les biens fonciers.

D. Marcotte: Mais, si j'ai bien compris, l'enregistrement ne suppose pas l'existence d'un cadastre.

I. Pernin: En effet, c'est la lecture que l'on a faite de Platon. Les mots de Platon font référence à la notion d'"enregistrement" avec l'emploi de termes tels qu'*anagraphê* ou *apographê*. Lorsqu'on évoque la notion de "cadastre" à propos de ces passages de Platon qui, à mon sens, ne touchent qu'à la question de l'enregistrement, les commentateurs n'explicitent généralement pas ce qu'ils entendent par "cadastre".

D. Rousset: Au cœur du sujet que nous traitons présentement, se trouve plus que jamais la question de la définition et de la pertinence des concepts. C'est la raison pour laquelle l'argumentaire des *Entretiens* mettait entre guillemets le terme "cadastre", — lequel est assurément sans équivalent en grec ancien.

Si l'on prend comme point de départ les définitions de "cadastre" par exemple dans la République française actuelle, alléguées à juste titre par I. Pernin, il est clair que l'inscription de Ténos, par exemple, n'est pas un registre cadastral, puisque c'est la liste *chronologique* d'actes notariés (peut-être abrégés) énumérés l'un après l'autre, et non pas une récapitulation par ordre *topographique*. Il me semble en effet que la notion de cadastre peut être employée de façon pertinente et éclairante si on la lie à une énumération, à une mise en "fiches" ou à une liste qui suivent une succession *topographiquement* ordonnée, ou bien qui peuvent être consultées suivant une interrogation topographique. C'est la logique topographique qui en fait *in fine* un outil cumulatif, voire synthétique, propre à la consultation par des tiers.

Pour la *polis*, il était important de savoir qui possédait quoi, avançait précédemment M. Faraguna, plaidant ainsi en faveur de l'existence d'archives cadastrales. Cependant, ne faut-il pas être plus nuancé ? D'une part, il y a des États contemporains, pourtant depuis longtemps centralisés, où le cadastre est encore en cours de constitution. D'autre part, dans quelles cités grecques antiques peut-on prouver qu'il a existé une centralisation systématique — à quelque niveau que ce soit dans les institutions publiques — des informations foncières, qui retranscrive suivant un ordre topographique des actes qui, eux, étaient individuels, topographiquement épars, divers en leurs effets juridiques, et discontinus dans l'ordre temporel ? En tout cas, le simple dépôt et le pur enregistrement auprès d'une instance tierce des actes notariés relatifs à des biens fonciers dans l'ordre chronologique de leur établissement ne permettent pas à eux seuls de justifier l'utilisation de la notion de cadastre de façon suffisamment précise et discriminante. En effet, ne devrait-on pas parler de cadastre seulement si, à partir d'un dépôt chronologique et successif des actes individuels, une instance tierce, représentant l'État ou une communauté publique (éventuellement une subdivision de la cité), procède à une transcription propre et différente et à un réordonnancement *topographique*, qui *in fine* permettra de connaître, *en cherchant à partir des lieux*, quel est le statut foncier et juridique de tel bien-fonds ?

C'est également pour ces raisons que j'éviterais, pour ma part, de parler de données "cadastrales" contenues dans un acte de vente précis et individuel tel qu'on les lit dans l'épigraphie de quelques cités grecques égéennes : je parlerais plutôt d'indications topographiques, à moins que l'on ne puisse prouver que, pour confectionner l'acte individuel de vente (ou de location), on est allé puiser — comme le fait aujourd'hui en France un notaire auprès "du cadastre" — ces indications auprès d'un service public centralisé pour que le vendeur et l'acheteur (ou le locataire) puissent a posteriori s'en aider pour ensemble établir leur acte individuel de vente (ou de location) — document qui est lui un acte privé. On ne peut donc, me semble-t-il, appliquer de façon éclairante le terme "cadastre" et l'adjectif "cadastral" que s'il y a une intervention ou un acte tiers et officiel, qui dépassent le simple ressort des parties directement prenantes à la transaction foncière, et qui existent indépendamment d'eux.

D'autre part, si on renonce, comme vous l'indiquez à mon avis à juste titre, à l'idée d'un cadastre dans la plupart des cités grecques, dans quelle mesure peut-on reprendre, en quelque sorte à défaut, le terme "parcellaire" ? Soulignons que ce terme français ne désigne pas une fixation officielle, transcrite et ainsi légalisée dans des archives écrites, mais la division *de fait*, visible par le regard sur l'espace rural, et formée en pratique par les limites des différentes parcelles. C'est donc une réalité topographique de fait, et non pas l'enregistrement, l'application ou la remise en vigueur d'une norme ou d'obligations de droit. Dans quelle mesure les textes que vous avez présentés successivement peuvent-ils donc être présentés sous le titre "rétablissement" ou "modification du parcellaire" ? Selon moi, la "modification du parcellaire" ne pourrait en français signifier que le déplacement effectif d'une ou plusieurs limites de biens-fonds individuels — par exemple à la suite d'une opération de remembrement systématique, comme on en connaît dans les États contemporains —, ainsi que dans le cas rare, pour la Grèce antique, d'Éphèse, cas que vous alléguez.

C. Schuler: Es ist bemerkenswert, dass Sie in der Zusammenfassung Ihrer überzeugenden Ergebnisse einen Aspekt hervorgehoben haben, der sich als roter Faden durch fast alle Vorträge dieser Woche zieht und sich meines Erachtens als wichtiges Leitmotiv herauskristallisiert: "l'autopsie, le parcours sur le terrain et la mémoire vivante et collective des lieux". Autopsie, die Befragung von Einheimischen, die Einbeziehung von Anwohnern und die Berücksichtigung mündlicher Überlieferung sind Methoden, die die Chorographen mit Strabon und Pausanias verbinden, die sich aber auch bei seleukidischen Funktionsträgern oder Polis-Magistraten wiederfinden. Die Konsultation schriftlicher Aufzeichnungen war deshalb keineswegs bedeutungslos, stand jedoch nicht zwangsläufig im Mittelpunkt.

Was die einschlägigen Inschriften betrifft, könnte man zugespitzt formulieren, dass sich die dauerhafte Aufzeichnung auf Stein und das moderne Konzept eines Katasters, der laufend fortgeschrieben werden muss, gegenseitig ausschließen. Auch die Eigentumsverhältnisse in den Polisterritorien veränderten sich ständig, so dass sich in jedem Einzelfall die Frage stellt, aus welchem Grund bestimmte Informationen inschriftlich fixiert worden sind. Die Mehrzahl der Inschriften, die Sie herangezogen haben, betreffen tatsächlich öffentliches/heiliges Land oder Land von Phylen oder anderer Gruppen. In diesen Fällen bestand ein besonderes Interesse, Eigentumsrechte dauerhaft zu sichern. Andere Fälle, wie die Texte aus Zeleia und Ephesos, betreffen krisenhafte Ausnahmesituationen. In dem „Schuldengesetz" aus Ephesos ging es zudem nicht um eine generelle Erfassung der Grenzen und Eigentumsverhältnisse von Grundstücken, sondern um die Vermittlung zwischen Schuldnern, die wegen eines Krieges ihre Kredite nicht mehr bedienen konnten, und deren Gläubigern. Die betroffenen Grundstücke, die zwischen Schuldnern und Gläubigern aufgeteilt werden sollten, waren sicherlich im Territorium von Ephesos verstreut. Insofern stellt sich die Frage, aus welchen Gründen oder in welchen Umständen eine Polis und ihre Bürger überhaupt daran interessiert sein konnten, privates Grundstückseigentum in einem öffentlichen Register systematisch zu erfassen. Insbesondere die Nekropolen und die Eigentumsrechte an Gräbern könnten dafür in Frage kommen.

I. Pernin: sur le vocabulaire dans l'inscription d'Éphèse, je suis d'accord. La *diairesis* prévue par l'inscription n'est pas une redistribution des terres au sein du corps civique ou une division nouvelle des terres en général, mais une nouvelle distribution de certaines terres privées, entre leurs propriétaires et les créanciers auprès desquels elles avaient été hypothéquées.

Sur la question des droits de propriété et de leur éventuel enregistrement par la cité, comme dans le cas d'espaces dévolus aux sépultures, il existe en effet des attestations d'enregistrement de contrats (testaments, hypothèques, ventes) que l'on pourrait qualifier de "notariés", soit qu'on les dépose auprès d'un tiers de confiance, soit comme à Ténos, qu'ils aient été enregistrés par un magistrat de la cité. Mais il s'agit d'actes privés, de mutations foncières : on a du mal à percevoir un contrôle systématique de la cité, laquelle ne semble pas chercher à connaître l'état de la propriété privée en général. Quelques attestations littéraires, en dehors de l'inscription inédite et problématique d'Argos, que j'évoque dans l'article ci-dessus, indiquent néanmoins, que, dans des cas de crises financières (par ex. la guerre), les cités pouvaient ordonner de recenser les avoirs des individus, y compris les propriétés foncières de manière systématique (cf. les attestations pour des cités de Chalcidique dans l'*Économique* du pseudo-Aristote).

W. Hutton: I agree with what Christof said about the concreteness of the spatial specifications in most of these inscriptions, and particularly with his observation that these are descriptive elements that, unlike abstract talk of distances and compass directions, have no sense outside of the particular physical landscape they refer to. I would add that they only work in a relatively limited time frame, as many of the reference points (such as the name of a neighbor) might easily become obsolete by the time anyone wants to resolve a question or dispute using these documents. I think Christof is correct that the concreteness of these descriptions ties in with a lot of the topics we have already discussed, including the trend toward 'hodological' description visible in several texts (not the least Pausanias). I was wondering if you thought we had enough evidence to say that this was not only a common way to describe space, but the proper way to describe space in the minds of the ancient Greeks. Perhaps this reflects a belief that an accurate understanding of a space cannot be communicated through abstractions (however consistent and eternal such abstractions may be), but must be based on direct experience with the place and dialogue with its human inhabitants.

I. Pernin: L'idée que le rédacteur aurait éprouvé des difficultés face à la description des réalités spatiales est une idée intéressante. Elle pose la question des "savoirs", des "compétences" dont disposait le rédacteur. Se pose également la question du document d'origine, qui, dans le cas précis de l'inscription de Ténos, semble avoir été recopié, en détail.

INDEX

A. AUTEURS ET TEXTES ANCIENS

B. INSCRIPTIONS ET PAPYRUS

Inscriptions:
(Les abréviations sont celles de *GrEpiAbbr.* Liste des abréviations des éditions et ouvrages de référence pour l'épigraphie grecque alphabétique <https://aiegl.org/grepiabbr.html>.)

C. NOMS DE LIEUX, DE PERSONNES ET DE DIVINITÉS

D. INDEX THÉMATIQUE